泉·石
财富管理研究院

中国家庭资产管理与财富传承全书

金融·法律·信息技术

邢恩泉　耿宾 / 主编
国旭　钱欣彤　潘越 / 副主编
李宝伟　杨巍　宋健 / 顾问

中国法制出版社
CHINA LEGAL PUBLISHING HOUSE

编者按

在两位编者看来，财富管理并不仅仅是高净值人士的需要，每个家庭甚至每个人都应当进行财富管理。当下，伴随着法律工具的完善，金融科技的发展，亟须一本书在财富管理领域传递正能量，传播普惠金融理念，这正是编写本书的一个原因。另一个原因就是编者希望与好朋友、好学生们借此机会共同完成一件有价值的事情。古人讲："志同道合，便能引其类。"本书凝结了各位同道中人的心血，更可见意义非凡。

如果用一种事物来比喻财富的话，用水来形容再合适不过。都说财源滚滚、财富如水，古人早已将水视为财富的代表。天下莫柔弱于水，而攻坚强者莫之能胜。同时，如能再配合石的坚定与悠远，将财富之水进行正确的设计和引导，就会形成每个家庭的泉池与泉眼。那么对于每个家庭来说，泉眼通畅、泉池稳固，财富的泉水便会牢牢地聚集，顺着家庭设计的方向流淌，灌溉良田，滋润希望。

泉为财涌，石为财聚，两者兼顾财富的创造和传承积淀，这也是两位编者联合创设"泉·石"财富管理研究院的初衷。两位编者能力一般，水平有限，如有疏漏与不妥之处还望各位读者朋友批评指正。

愿本书能够帮助每一个中国家庭找到自己的财富之泉，一汪白水，汩汩不停，青石环抱，泱泱满池。

邢恩泉　耿宾

序言1

最近十年，随着中国家庭可投资性资产的快速上升，针对各类家庭理财与高净值人士财富管理的书籍逐渐增多。从传统银行到非银金融企业，从广场舞大妈到快递小哥，都开始关注如何在纷繁复杂的现实环境中把握财富保值与财富增长的逻辑，如何在从业⇛结婚⇛生子⇛医疗⇛养老的过程中保持财富的独立与人生的自由，更好领略不同人生阶段的曼妙风景。

《中国家庭资产管理与财富传承全书》一书的付梓令人耳目一新。

不同于常见的以“贩卖焦虑”为主的虚悬作品，全书用邻家大哥的语气，从医生问诊的视角，以发生了什么⇛为什么会发生⇛如何解决问题⇛不同方案的差异在哪儿⇛各种治疗工具的功效如何为主线展开论述。逻辑清晰、语言平实，其中引用真实案例过百，更是增加了作品的通俗性与可读性。

本书的不同之处还在于：在遵循一般财富管理逻辑的基础上，创造性地将现代信息技术与传统财富管理进行完美结合，赋予了这个从中世纪瑞士私人银行发祥的古老行业以崭新的时代感和未来感。机器学习、人工智能、区块链技术与标准金融的融合产生了智慧金融下的资产配置无人管理和资产组合的超人管理。其写作的科技感跃然纸上。

邢恩泉老师是我的多年挚友，为人豁达、学养深厚。我们因会议而识、因专业而知、因缘分而近、因品行而友。当年邢老师迁居北大未名湖时，居无所、出无车，我也曾提醒他京城米贵，久居不易；而他淡泊名利，欣然接受。

邢老师在金融市场工具和金融市场风险管理的理论领域造诣颇深；在金融实践领域亦认识独到，尤其就区块链技术和互联网金融领域的研究和创新在业内崭露头角；相映成趣的是，邢老师作为互联网新技术的一流专家却钟情于传统联络工具，对于广为接受的微信交流甚至是数字移动通信极为抗拒，其性格之鲜明一如其专业的卓然，矛盾中寻找统一，混沌中达到和谐。

财富管理是一门新型学科，感谢有邢老师等同仁和我们一路同行，精卫填海、未知倦怠。

是为序。

宋健　于北京灵通观

2019 年 12 月 12 日

序言 2

邢恩泉及耿宾等合著的《中国家庭资产管理与财富传承全书》一书全面系统地介绍了目前中国家庭资产管理与财富传承的现状及未来，从发展历史、包含要素、法律依据、科技影响等方方面面，描绘了家庭资产管理和财富传承所涉及的各个领域的全貌。

书中尤其强调了家庭资产管理与财富传承的新时代特色：目前我们处于一个信息技术日新月异，并且不断与金融工具、法律法规相融合的特殊时代。这三种力量，尤其是技术力量的出现，推动有着悠久历史的家庭资产管理和财富传承模式发生了巨大的结构性变化，甚至影响了某些最基本的规则。比如区块链技术以及数字货币，可能从根本上改变了“资产”和“财富”的面貌以及分配和传承的方式，未来还会有人工智能、大数据、5G 通信、基因工程等众多技术从各个方面改变“资产”和“财富”的状态。因此，从某种意义上说，我们正处于这个行业伟大的革命性变革之中，如何评价技术对财富的影响都不过分。书中对技术的影响做了大量的阐述，非常具有前瞻性，值得深入学习与思考。

同时，中国改革开放 40 多年的伟大实践，也经历了整整一代人的生命周期，改革开放初期意气风发的年轻人，在付出了巨大的努力，创造了巨大的财富之后，基本上都面临着财富传承的命题。家庭作为社会的细胞，是社会结构的基石，而家庭财富的传承，并不仅仅是某一个家庭的问题，更是关系到中国改革开放以来所创造出的巨额财富，是否能历经数代人，不断传承积累，最终转化为全社会共同财富的问题。

纵观世界各个大国崛起的历史，“家庭财富传承”在其中所起到的促进有效“资本原始积累”问题，都是触及根本的。直到现在，欧美还有如罗斯柴尔德家族办公室、盖茨基金会等组织。可以说，只有建立了健全的家庭财富传承制度，才能降低财富在代际传承间的损耗，将更多的个人家庭财富转化为真正的社会财富，从而促进社会的发展，使得每个人创造的财富真正成为全人类的福祉，而不是某个家庭的“财富诅咒”。

本书以案例的形式，全面地分析了中国家庭资产管理及财富传承的现状以及普遍存在的问题。在分析案例的同时，全面系统地介绍了融资类信托、普惠保险、大额保单、家族信托，以及资产证券化、私募股权基金等丰富的金融工具，并且结合我国现行法律法规深入分析了以上问题的法理基础，给出了有针对性的解答。

非常荣幸受到邢老师的邀请为本书做序，作为一家有着百年历史的外资保险公司在东部某省的第一家分支机构的首批拓荒牛，我在工作中经常遇到客户对家庭资产管理和财富传承的相关问题，也深刻地了解他们的困惑，相信这本书的及时出现能帮助他们解答很多类似的疑问，并为千千万万个中国家庭的资产管理和财富传承起到传道解惑的作用。

友邦保险

何亚胜

目录 CONTENTS

概览篇

金融篇

法律篇

信息技术篇

概览篇

概览篇执行负责人：钱欣彤　潘　越

其他成员：（按姓氏笔画排序）

任　田　朱乔稷　汪　洋　钟静雯

郭津铭　曹蕾娜

案例导读：中国家庭资产管理与财富传承的伤与痛

案例一：极富家庭富过三代的秘方

【案例描述】传承跨越一个多世纪的洛克菲勒家族[①]

洛克菲勒财团位列美国十大财团榜首，它以石油行业为根基，通过金融机构把势力范围扩展到各行各业，控制着大通曼哈顿银行、纽约化学银行、都会人寿保险公司等百余家金融机构。这些金融机构涉足冶金、化学、橡胶、汽车、食品、航空运输、电信 事业等各个行业，甚至包括军火工业。2017 年 3 月，洛克菲勒家族的第三代主理人、传奇大亨戴维 · 洛克菲勒在家中去世后，虽然还没有人能成为统领整个家族的主理人，但依然有超过 200 名洛克菲勒家族的成员活跃在社会的各个领域。洛克菲勒家族跨越一个多世纪，如今已经传承了六代，却从未出现家产纠纷，堪称奇迹。

洛克菲勒家族的财富史是从约翰 · 戴维森 · 洛克菲勒（John Darison Rockeffeller）开始的，他曾经创办了美国规模最大的石油企业——标准石油公司，这使他成为人类史上第一位亿万富翁，他去世时的财富占到了美国 GDP 的 1.5%，在家族的资产管理与财富传承事业方面，他的许多举措直到今天都值得借鉴。

（1）家族文化："接触资本是最大的罪过，你应努力靠自己的收入生活"

约翰 · 戴维森 · 洛克菲勒出生于纽约州里士满的一个农场，他的家境并不富裕，因此造就了他节俭、勤劳的品性。

---

① 林蔚仁 . 艾克森美孚：石油六世帝国 [J]. 中国工业评论，2016（09）：92-99。

在创业成功后，约翰·戴维森·洛克菲勒仍然保持着他一贯的节俭，他曾说过："我不喜欢钱，我喜欢的是赚钱。"为了防止儿女挥金如土，老约翰不让他们知道自己的父亲是个富翁，因此，约翰的几个孩子在长大成人之前，从没去过父亲的办公室和炼油厂。老约翰还不断教育孩子"坏习惯能摆布我们，左右成败，它很容易养成，却很难伺候"，"机会永远都不会平等，但结果却可能平等"，留下了许多流传全世界的教育金句。

直到今天，洛克菲勒家族教育子女依旧坚持祖上的传统，年轻的时候不接触资本，做想做的事情要靠自己赚钱。家族成员只有到了 21 岁，才会在哈德逊山谷（Hudson Valley）的家族聚会上接受"成人礼"仪式，把自己介绍给大家，正式成为家族中的一员。

（2）资产管理与财富传承：以职业经理人代替家族继承人

老约翰在让小约翰担任公司董事长的同时，却让基层员工出身的阿奇博尔德接任总经理一职，这让洛克菲勒家族后代明白：企业管理需要选贤任能，而非任人唯亲。同时老约翰还建立了享誉至今的世界上第一个家族办公室——洛克菲勒家族办公室，为洛克菲勒家族提供了家族传承的服务。

在小约翰手中，他开创了将家族办公室与信托结合的先例。据说每个洛克菲勒的家族成员都拥有一个为自己服务终身的家族信托，而洛克菲勒私人信托公司则是每个家族信托的受托人，即名义上的所有权人。洛克菲勒家族办公室负责信托金融资产的投资，信托委员会则在私人信托公司内部负责决策和监督。家族成员在 30 岁前只能获得分红收益，不能动用信托本金，30 岁之后如果动用信托本金需要信托委员会同意。

【案例分析】

洛克菲勒家族跨越一个多世纪的传承史无疑是家族传承的典范之一，其中家族文化、家族办公室和信托机制发挥的重要作用不容小觑，洛克菲勒家族正是利用这三点才打破了"富不过三代"的魔咒。

在洛克菲勒家族信托的所有权结构中，家族财富的所有权属于信托公司，而控制权在信托委员会的手中，经营权由家族办公室掌握，家族成员则享有最终的受益权。这使得家族财富保持完整，既避免了因财产分割造成的减少，也避免了传承过程中的损失，可发挥规模优势，获得更好的经济效益。

这种“用专业的人做专业的事”的办事风格使洛克菲勒家族的财富得以保全乃至进一步增加，家族企业最终成为庞大的商业帝国。但由于传统文化的影响，华人家族通常不信任外人，将家族企业的权利移交给职业经理人而使财富所有权、经营权与收益权分离的行为在华人家族中极为罕见，这也直接导致华人家族在传承中常受到人为与心理因素的干扰，困难重重。

案例二：富裕家庭遗产争端“碟中谍”

【案例描述】[①]

刘某某于 2010 年 8 月 15 日死亡，遗留房屋、汽车等遗产共计 1900 余万元，未留遗嘱。刘某某于 1989 年 8 月与藏某红结婚，生育一女藏某某。1995 年 2 月，刘某某与藏某红协议离婚，约定：藏某某由藏某红抚养，刘某某每月负担抚养费 1000 元，藏某某为双方当事人今后各自拥有财产的合法继承人之一。1997 年 12 月，刘某某又与姚某某结婚，生育子女刘甲、刘乙。刘某某死后，藏某某主张继承遗产。姚某某私自采集藏某某的头发与刘某某生前使用牙刷中的遗留物，隐名送鉴定机构进行 DNA 检测，结论排除二人有亲子关系，遂拒绝分配遗产给藏某某。藏某某起诉请求继承刘某某的遗产，被告姚某某等人提出对藏某某与刘某某之间是否存在亲子关系进行鉴定。若存在亲子关系，则藏某某享有继承权；若无亲子关系，则藏某某不享有继承权。藏某某不同意进行鉴定，被告姚某某等人认为应适用《最高人民法院关于适用〈中华人民共和国婚姻法〉若干问题的解释（三）》（以下简称《婚姻法解释三》）第二条第二款之规定，认定藏某某不是刘某某的亲生女儿，没有继承权。

① 重庆市第五中级人民法院 . 藏某某与姚某某继承纠纷再审案——裁判继承权纠纷不以亲子关系鉴定为依据 [J]. 人民司法 · 案例，2017（14）。

重庆市九龙坡区人民法院经审理认为，在原告拒绝鉴定时，推定原告不享有继承权无法律依据，也不符合我国婚姻、家庭、道德观念的原则。因此，不同意被告的鉴定申请，原告在该案件中享有继承权。据此，依照《中华人民共和国继承法》第二条、第三条、第十条、第二十六条之规定，判决被告姚某某向藏某某支付遗产约 276 万元。

【案例分析】

刘某某拥有 600 万元以上的金融资产，遗产共计 1900 余万元。但是由于没有利用遗嘱、保险、信托等方式进行家庭资产管理与财富传承的规划，导致家庭支柱刘某某突然离世后，不仅现任妻子姚某某和前妻藏某红因为合法继承人与财产分割之事大打出手，而且上演“家庭碟中谍”后发现前妻女儿藏某某与刘某某没有亲子关系。但由于没有遗嘱，亲子鉴定必须由父母提出，前妻藏某红拒绝鉴定后，法院判决前妻女儿藏某某依然享有遗产继承权。

可谓：人一走，茶就凉；安排不周详，两妻对簿公堂；女儿非亲生，遗产仍有份；若是天上有灵，唯有泪千行。

案例三：小康家庭用保险分担风险

【案例描述】①

2018 年浠水县人民法院审理了这样一桩案件，徐某称何某 1、何某 2 的父亲何某文在生前向她借了人民币 5 万元，并出具了借条。何某文在 2016 年 9 月 26 日向中国平安人寿保险公司浠水分公司购买了人身意外伤害保险，受益人是他的两个孩子，保额为 13 万元。2017 年 8 月 17 日何某文因交通事故

① 湖北省浠水县人民法院．徐某与何某 1、何某 2 被继承人债务清偿纠纷一审民事判决书 [EB/OL].http：//pkulaw.cn/case/pfnl_a6bdb3332ec0adc46e50dd7fdaf025783d20c4788a17a2e7bdfb.html?keywords=%E5%BE%90%E6%9F%90%E4%B8%8E%E4%BD%95%E6%9F%901%E3%80%81%E4%BD% 95%E6%9F%902%E8%A2%AB%E7%BB%A7%E6%89%BF%E4%BA%BA%E5%80%BA%E5%8A%A1%E6% B8%85%E5%81%BF%E7%BA%A0%E7%BA%B7%E4%B8%80%E5%AE%A1%E6%B0%91%E4%BA%8B%E5%88%A4%E5%86%B3%E4%B9%A6&match=Exact，2018-5-16。

死亡，徐某认为保险金应该用来偿还借款，因此原告徐某就被继承人债务清偿事件起诉被告何某 1、何某 2 以及何某 1、何某 2 的法定抚养人杨某。而被告提出原告与死者何某文生前系同居关系，对双方之间债务关系的真实性存疑，且保险金不属于继承人继承的遗产，孩子获得保险金是因为其保险合同中的受益人身份。

法院认为，借条的真伪与本案的判决结果无关，指定了受益人的人身保险，被保险人死亡后，其人身保险金应付给受益人，受益人应得的保险金不能列入遗产范围，不能作为遗产继承，也不能用来清偿死者生前所欠的税款和所负的债务，拒绝了原告的请求。

【案例分析】

何某文生前是家庭的主要收入来源，从家庭资产风险管理的角度看，为何某文购买人身意外伤害保险对妻子杨某及两个未成年的孩子来说，是非常有必要的。在本案中，徐某和何某文的关系复杂，欠条的真实性存疑，如果这笔钱以遗产的方式存在，官司将会更加复杂，孩子的抚养教育资金也不能得到很好的保障。而购买一定额度的人身保险，在意外发生时，能给受益人带来相对来说较为确定的一笔资金，因此要在一定程度上做好财富传承的风险管理。

案例四：如何平衡受益权与控制权？

【案例描述】①

一位女客户，离婚后自己带着女儿。孩子成年后，她手里还有一点钱，想买套房子，但是在“怎么在房产证上写名字”这个问题上，有些纠结：如果只写自己的名字，她担心假如未来开征遗产税，女儿继承房产要缴一大笔税，不合算；如果只写女儿的名字，万一哪天女儿要把房子拿去卖了，自己一点

① 德萃资讯．财富传承的过程中，你不可回避的 5 个话题 [EB/OL]. http：//www.sohu.com/a/195172502_481610，2017-9-28。

控制权也没有。在律师的建议下，她将自己和女儿的名字都写在了房产证上，她占 5% 的比例，女儿占 95% 的比例，这样她可以实现自己的控制权并且即使未来开征遗产税，女儿继承遗产也只需要缴纳 5% 的税；如果女儿将来要想卖房，必须自己在场签字同意、提供相应的证件才可以，这样就能平衡受益权和控制权的问题。

后来，女儿结婚了。有一天小夫妻吵架，女儿一气之下就开车上了高速公路，结果很不幸发生车祸，当场死亡。那么，女儿的这套房子怎么分呢？由于女儿没有立遗嘱，因此该套房子属于遗产，既然是遗产，就得按照我国继承相关法律制度来执行：法定第一顺位继承人是父母、配偶和子女。女儿还没有子女，房子应由父母和配偶来继承，于是，由该名女客户及其前夫、女婿一起来分女儿那 95% 的房产所有权。

【案例分析】

对于这位女客户来说，她想实现收益权和控制权的平衡，可惜人算不如天算，不仅要承受女儿离去的不幸，而且还要接受她最不愿接受的事实：和她最不想面对的两个人——前夫和女婿平分房产。其实这位女客户在资产管理与财富传承方面已经考虑得非常完善了，但是最终结果却并不尽如人意。

在财富传承的过程中，所有权、控制权和收益权这三项权利是非常重要的，所以在设计方案时需要特别慎重，需要考虑到这三项权利的平衡。在这个案例中，如果想要使所有权、控制权和收益权达到一定平衡，则需要女客户的女儿再写一份遗嘱，如果使用现金等其他方式赠与财产则完全无法拥有控制权。在家庭财富传承与资产管理方面，我国的绝大多数家庭是有欠缺的，这也引发了一系列问题。

案例五：独生子女继承房产也复杂？

【案例描述】[①]

刘女士是独生女，父母相继去世。父亲生前在武汉留下一套136平方米的房子，价值约400万元。刘女士拿着房产证和父母的死亡证明到了房产局，要求过户。房产局却说，仅凭这些东西没法给刘女士办理过户手续。刘女士要么提供公证处出具的继承公证书，要么拿出法院的判决书，他们才给办。刘女士没办法，又不愿意打官司，只好去了公证处。谁料，公证处却告知说，刘女士要把法定继承情形下属于父母第一顺位继承人的近亲属全部找到，带到公证处才给办公证。可刘女士父母的近亲属全国各地都有，有的都出国了，到哪儿去找他们呢？无奈之下，只能寻求专业律师的帮助。

专业律师称，刘女士这样的情况属于非常典型的案例。作为独生子女的刘女士，却无法顺利获取父母去世后留下的房产。刘女士的父母没有留下遗嘱，那么这其中既有夫妻财产分配的问题，又有法定继承的问题，牵扯到刘女士爷爷奶奶、外公外婆的财产继承问题。其间，律师也为刘女士计算了在理论基础上的房产继承份额，她可以获得7/8的房产份额，另外的1/8在其他6位亲戚手中，但具体就这套房子进行遗产继承，会更为复杂。律师表示，这套房子，要由刘女士一个人继承，除非其他有继承权的人到公证处或者到法院明确表示放弃。

【案例分析】

看似很简单的独生子女房产继承问题，竟然需要经历如此复杂的法律程序，身为独生子女，却无法顺利继承父母的房产。如果想要规避这种情况，有两种方式：一是刘女士的父亲生前留下遗嘱，明确将其房产留给刘女士；二是刘女士的母亲生前留下遗嘱，明确将其房产份额留给刘女士，且刘女士父

① 毛丹平．不同家庭婚姻关系下的财富传承[J]．大众理财顾问，2018（11）：61-62。

亲的其余第一顺位继承人（刘女士的爷爷奶奶）声明放弃房产继承权。

由于我国普通大众家庭财富传承以及资产管理意识的欠缺，这种情况的出现在当今社会并不是个案，具有一定的普遍性。

在我国，人们认为父母的财产留给子女是理所当然的，却忽略了当子女先于父母离世时，父母对子女财产的继承权。按照我国的继承法律制度，父母是子女遗产的第一顺位继承人。而由于中国传统家庭观念的影响，不少老人将生前讲身后事看作破坏家庭和谐、不吉利的事情，这给家庭的财富传承留下隐患。而继承人也存在对相关法律法规的认识不清晰、不及时行使继承权等问题，最终导致了遗产继承纠纷频发，对原本和谐的家庭关系造成了更严重的破坏。

创富不易传富更难，财富传承重在规划，传承财富的同时更是在传承爱，所以我们必须重视家庭资产管理与财富传承的重要性，摒弃老旧的观念，提前、合理地进行财富的规划，避免悲剧的发生。

第 1 章 “健康”“亚健康”或者“不健康”？

1.1 我们眼中的中国家庭

回顾过去的五年（2015—2019 年），我国的宏观经济发展在“新常态”下保持高速增长。2015 年全国 GDP 增速为 6.9%，2016 年略微放缓至 6.7%，2017 年又回到 6.9%，2018 年 GDP 增速为 6.6%①，总体来看，我国经济总量踏上新台阶，经济发展稳定运行，中国经济发展平稳步入新常态。与此同时，国内的财富管理市场规模也在不断地增长，从 2006 年的 26 万亿，到 2016 年的 165 万亿，十年间财富管理市场增长近 5 倍，全民对财富管理的关注度越来越高。为了便于研究分析我国私人财富市场，更好地解决拥有不同财富管理需求的家庭的问题，我们根据家庭资产规模将国内家庭分为以下四类。②

1.1.1 A 类家庭——“金字塔的顶端”

A 类家庭是四类家庭中资产规模最庞大的，拥有一亿元人民币及以上的家庭资产规模，为“超高净值”家庭，参考图 1.1。截至 2018 年 1 月，我国亿万资产规模的家庭（A 类家庭）达 13.3 万户，比上年增长 9.9%。

① 数据来源于国家统计局官网 http：//data.stats.gov.cn/easyquery.htm?cn=C01，2018-11-30。

② 本书中的家庭分类仅供参考，不作为硬性标准。

在A类家庭的资产构成中，企业资产往往占其家庭总资产的60%以上，这些家庭拥有2000万元以上的可投资资产（现金及部分有价证券），而房产仅占他们家庭总财富的15%。[①]

总资产家庭数量

亿万人民币资产	截至2017年1月1日	增长率	截至2018年1月1日
总体数量	**121000**	**9.9%**	**133000**

总资产家庭数量

亿万人民币资产	截至2017年1月1日	增长率	截至2018年1月1日
其中企业家数量	**90750**	**17.2%**	**106400**

图 1.1　2017—2018 年大中华地区 A 类家庭情况图[②]

A类家庭的成员主要包括上市公司的创始股东，公司的董事、监事、高管，垄断行业大型民营企业家等，这充分验证了一句话——“非原始股不富”。对于上市公司的创始股东来说，他们的家庭资产主要分布在本公司股权（包含流通股及限售股）、投资性房地产和未上市公司（如集团控股公司、上市公司参投公司等）的股权上；对于上市公司的董事、监事、高管来说，他们的家庭资产主要分布在其所就职公司的股权（多为股权激励所得的股票）、投资性不动产以及各类金融工具（如大额保单、家族信托）上；对居于行业领军地位的非公有制企业的企业家来说，他们的家庭资产主要分布在企业的股权（多为非上市公司的股权）、投资性房地产以及股票、债券等进攻型金融工具上。

① 胡润研究院. 2018 胡润财富报告（Hurun Wealth Report 2018）[EB/OL].http：//www.hurun.net/CN/Article/Details?num=BC99B12B6DAF，2018-11-20。

② 胡润研究院. 2018 胡润财富报告（Hurun Wealth Report 2018）[EB/OL].http：//www.hurun.net/CN/Article/Details?num=BC99B12B6DAF，2018-11-20。

截至 2018 年 1 月，我国有 1893 位企业家财富超过 20 亿元人民币，其中 620 人财富超过 70 亿元人民币，393 人财富超过 100 亿元人民币。从 2017 — 2018 年 A 类家庭的地区分布来看，北京是 A 类家庭数量最多的地区，其次分别是广东、上海、香港及浙江，这也表明一个地区的 A 类家庭数量与当地的经济发展水平和人口数量有关。①

1.1.2 B 类家庭——“中流砥柱”

B 类家庭是指家庭可投资金融资产在 600 万元以上的家庭，是我国经济的中流砥柱。由于 B 类家庭的数量占比大，家庭金融资产总量多，且 B 类家庭的总规模相较私人财富市场总体规模来说较大，可以说 B 类家庭的资产配置与分布是社会金融稳定的压舱石。

B 类家庭主要包括中小企业主、地方民营企业家、专业投资者和一些社会名流。对于中小企业主及地方民营企业家来说，家庭资产主要包括企业资产、投资型房地产以及一部分金融资产。对于专业投资者我们可以分为两类来讨论：一类是专注于股权、股票投资的专业投资者，他们的家庭资产主要配置为持有的股权、股票以及一些金融类理财产品；另一类则是专注于房地产投资的专业投资者，他们的家庭资产主要配置为投资型房地产及一些金融类的理财产品。社会名流则包括一些运动员、演员及画家，他们的家庭资产的主要配置为投资性房地产和部分金融类的理财产品。近几年 B 类家庭的境外投资热情也有所增加，但由于对境外市场的了解有限，境外资产的配置主要分布于海外房地产、储蓄、现金、股票和债券类产品等投资类别，追求的是“看得懂”而非“收益高”，并且资产规模越大的人群境外资产配置越分散。

在 2018 年，除港澳台地区外，我国拥有 600 万元资产的家庭数量已经达到 387 万户，比上年增加 25 万户，增长率达 7%，其中拥有 600 万元可投资

① 胡润研究院. 2018 LEXUS 雷克萨斯？胡润百富榜 [EB/OL].http：//www.hurun.net/CN/Article/Details?num=9EC300E06721，2018-10-10。

资产的B类家庭数量达到了136.5万户。北京是拥有最多B类家庭的地区，而且B类家庭的数量还在不断增长，广东拥有的B类家庭数量是全国第二，上海紧随其后排名第三，香港和浙江分别位列第四和第五（如表1.1所示）。

表1.1　2018年600万元资产家庭城市分布排名①

	城市	600万元资产富裕家庭数量（比上年增加） 单位：户
1–	北京	696000（+61000）
2–	上海	594000（+44000）
3–	香港	546000（+18000）
4–	深圳	166000（+11000）
5–	广州	160000（+10000）
6–	杭州	122000（+9000）
7–	宁波	93400（+9900）
8↑	佛山	71400（+4300）
9↓	台北	68940（+1540）
10–	天津	63500（+2000）
	其他	2298760
	2018年总数	4880000

来源：胡润研究院

–排名与上年一样　↑排名比上年上升　↓排名比上年下降

1.1.3 C类家庭——“确幸家庭”

C类家庭之所以被称为“确幸家庭”，是因为C类家庭指的是那些拥有100万—600万元可投资金融资产的家庭，C类家庭在除去家庭衣食住行等方面的基本生活消费支出后，仍具备较高的消费能力及投资能力。C类家庭的主要构成包括一些小微企业主、企业白领和高级技术人员。其中，北京是拥有最多C类家庭的城市，其次是上海。北京、广东和上海三个省市的C类家庭数量可以占到全国（除港澳台外）C类家庭数量的50%。②

① 胡润研究院. 2018胡润财富报告（Hurun Wealth Report 2018）[EB/OL]. http：//www.hurun.net/CN/Article/Details?num=BC99B12B6DAF，2018-11-20。

② 胡润研究院. 2018中国新中产圈层白皮书[EB/OL]. http：//www.hurun.net/CN/Article/Details?num=F5738E8F8C63，2018-11-23。

经调查，C 类家庭都有非常积极向上的精神面貌，首先他们关注的重点主要聚焦在子女教育、投资理财上，其次分布在职业发展、健康及医疗、父母养老等问题上。根据对这些家庭的采访，他们投资的首要目的是资产增值，其次是资产保值。在理财产品的配置上，选择以传统型理财产品为主，新型互联网金融产品为辅，受到政策及市场的影响，对房地产和 P2P 网贷的增配意向减弱。对于理财，他们面对着“风险控制能力不足”“没有充足的时间去打理投资”“不知道该怎么投资，专业知识不足”等困难，对于请专业理财服务机构帮其进行投资理财的意向非常强烈，在选择理财平台时，比较看重“公司综合资源背景”“客户口碑”“品牌知名度”。① 股票是 C 类家庭选择最多的理财产品，其次是宝宝类互联网理财、房地产、商业保险和银行储蓄（如图 1.2 所示）。

目前主要选择的理财产品TPO10　　胡润百富　恒创集团 HENGCHUANG GROUP　金原投资集团 JINYUAN INVESTMENT GROUP

排名	理财产品	占比	未来理财产品选择的变化
❶	股票	53%	○○○○○○●● -2% ○○○○○○○○ ↓
❷	宝宝类互联网理财	29%	○○○○○○○○ +4% ●●●●○○○○ ↑↑
❷	房地产	29%	●●●●●●●● -8% ○○○○○○○○ ↓↓↓
❷	商业保险	29%	○○○○○○○○ +3% ●●●○○○○○ ↑
❷	银行储蓄	29%	○○○○○○○● -1% ○○○○○○○○ ↓
❻	互联网理财-P2P网贷平台	18%	●●●●●●●● -8% ○○○○○○○○ ↓↓↓
❼	黄金等贵金属	12%	○○○○○○○○ +4% ●●●●○○○○ ↑↑
❽	债券	11%	○○○○○○○○ +4% ●●●●○○○○ ↑↑
❽	互联网理财-银行发行	11%	○○○○○○○○ +6% ●●●●●●○○ ↑↑↑
❽	互联网理财-基金公司直销	11%	○○○○○○○○ +2% ●●○○○○○○ ↑

图 1.2　C 类家庭选择最多的理财产品②

① 胡润研究院 . 2018 胡润财富报告（Hurun Wealth Report 2018）[EB/OL]. http：//www.hurun.net/CN/Article/Details?num=BC99B12B6DAF，2018-11-20。

② 胡润研究院 . 2018 中国新中产圈层白皮书 [EB/OL].http：//www.hurun.net/CN/Article/Details?num=F5738E8F8C63，2018-11-23。

1.1.4 D 类家庭——“我们身边的大多数”

不同于之前讲到的能够称为极富群体的 A 类家庭，能够称为富裕家庭的 B 类家庭，具备较高的消费能力和投资能力的 C 类家庭，私人财富市场上具有投资需求的还有这样一类人，他们的金融资产在 100 万元以下，还有一套及以上的不动产，他们是“我们身边的大多数”，我们将他们定义为 D 类家庭。

近年来，D 类家庭对理财产品的需求也随着经济的发展不断增加。根据《2017 普惠金融报告》①，在全国人口中，有 45.97% 的成年人购买过投资理财产品，在农村地区的比例为 32.79%，虽然农村地区投资理财的意识相对较低，但全国仍有近半数的成年人购买过投资理财产品。北京市有 66.4% 的成年人购买过投资理财产品，这与市民平均收入水平高、理财市场相对活跃不无关系。D 类家庭的主要理财方式有银行储蓄、互联网宝宝类产品、银行理财类产品及商业保险等。对比之前的三类家庭，D 类家庭还有金融知识水平不足、投资风险承受能力低、投资经验不足及可投资的种类较少等问题。

1.2 资产管理与财富传承

“逆水行舟，不进则退”，不管是令人羡慕的 A 类家庭、B 类家庭，还是奋斗中的 C 类家庭和 D 类家庭，都离不开资产管理与财富传承。但资产与财富的界限在哪里？资产管理管什么？财富传承又传什么呢？

1.2.1 资产和财富

我的房产是资产还是财富？我的家训是资产还是财富？

房产本身具有价值，所以它算作资产，也算作财富。

---

① 中国人民银行. 2017 年中国普惠金融指标分析报告 [EB/OL].http：//www.pbc.gov.cn/goutongjiaoliu/113456/113469/3602384/index.html，2018-8-13。

家训是上一代留下来的宝贵的精神财富，却无法称作资产。它不能被用于银行抵押，也不能作为资本借贷。

资产，在国民账户体系中，是指经济资产，即所有者能对其行使所有权，并在持有或使用期间可以从中获得经济利益的资源或实体，它分为金融资产和非金融资产两大类。金融资产是指以价值形态或以金融工具形式存在的资产，如股票、债券、黄金、特别提款权等；非金融资产指非金融性资产，按照是否作为生产过程的产出分为生产资产（如固定资产、存货等）和非生产资产（如土地、专利权等）①。通俗来说，资产就是“过去拥有的、自己所有的、看得见摸得着的、能带来经济利益的”资源。

财富，是一个社会和国家以各种形式存在的物质资料和劳动产品的总和，它可以分为物质财富和精神财富两大类。物质财富包括自然资源以及作为劳动工具的物质资料、劳动对象、劳动产品等；精神财富包括各种科学文化艺术遗产、理论作品、家训家规等。② 精神财富有的以一定的物质形式存在，有的是潜在的，不以一定的物质形式存在。通俗来说，“人类占有形成财富，物质财富是看得见摸得着的经济基础，精神财富可能是看不见摸不着的上层建筑”。

通过上述房产和家训的例子和定义解释，资产和财富的区别应该已经比较明晰了，资产分为流动资产、固定资产等。虽然形式各异，但都是有经济价值的，也能够在产品市场上见到；而财富，不仅包括物质财富，还包括非物质财富，非物质财富包括运用脑力劳动创造的智力成果（如知识产权）或者与人身相联系的肖像、名誉、隐私等，甚至还有家风传承等精神财富，可以说，资产只是财富的一部分。③

① 刘树成．现代经济辞典 [M]. 凤凰出版社，2005：87-89。

② 财富词条．证券投资大辞典 [M]. 化学工业出版社，2007：135。

③ 钱欣彤．婚姻中高净值人士财富传承研究 [D]. 北京大学，2019。

1.2.2 资产管理管什么？

资产管理，就是对资产进行有效配置，实现资产的保值增值。传统的资产管理定义为资产管理人根据资产管理合同约定的方式、条件、要求及限制，对客户资产进行经营运作，为客户提供证券、基金及其他金融产品，并收取费用的行为。①

资产管理的对象包括公司或者个人的流动资金，投资商品及其金融衍生品等，不一而足。当下，部分大中型城市的房产作为投资品的属性越来越凸显，不动产在资产管理中扮演越来越重要的角色。资产管理的范围也从非实物资产扩大到公司或个人拥有处置权的资产，通过对资产的安排提出建议或者在授权下直接进行处理。

但现阶段国内资产管理部门的客户群体仍以企业为主，面向个人客户的资产管理业务尚不成熟，且对于个人用户有着较高门槛。以中国工商银行为例，工银私人银行专户服务仅面向可投资金融资产达 5000 万元以上的签约超高净值客户，为其提供一对一量身定制投资策略、设立单独建账、单独管理的专户产品。②

但 B 类、C 类和 D 类家庭就不需要进行资产管理了吗？

实际上，就算没有专业人士的指导也可以进行简单的资产管理。以股票为例，虽然“天台永远不缺人”，但股票作为生活中触手可及的资产管理方式，一直在民众心中有着极高的热度。

近年来，随着国人收入水平的不断提高，资产配置和财富管理问题受到越来越多人的关注。

1.2.3 财富传承传什么？

财富传承就是把个人或者家庭、家族的财富安全有保障地传递给自己的

① 程家斌．我国资产管理业务的法律风险及防范 [D]. 上海社会科学院，2015。

② 工商银行官方网站．[EB/OL].https：//mybank.icbc.com.cn/icbc/newperbank/perbank3/frame/frame_index.jsp，2018-8-24。

后代。常见的财富传承工具包含保险、遗嘱、信托，等等。

而对于普通家庭（C 类 /D 类）来说，财富传承似乎遥不可及，其实最常见的遗嘱也是财富传承的一种工具。如何帮助下一代利用上一代的财富在社会上打拼立足对于普通家庭来说也是一个重要的议题，即使相对于富裕家庭（A 类 /B 类）来说可选择的方式较为有限，但其重要性却不容忽视。

财富传承不同于继承，传承是一项严谨而复杂的长期工作，需要事前谋划，事中践行，随时调整。而继承则是从被继承人身故之后开始的短期工作，只是传承中的一部分。法定继承看似公平，实则处处受限，难以满足不同家庭个性化的需求，已经逐渐被种类繁多的传承手段所取代。

财富传承中的问题除包括能否把财产顺利交到下一辈手里外，教会下一代如何打理财富则更加具有挑战性。据香港中文大学范博宏教授的研究统计，中国香港、中国台湾和新加坡的 250 家上市家族企业在交班的 5 年之内市值平均滑坡幅度高达 60%。也就是说 100 元在交班完之后的 5 年内，平均只剩下了 40 元。①

古语有云：“授人以鱼，不如授人以渔。”财富传承，传承的不仅是物质财富，更重要的是精神财富。即使完成了物质财富的传承，缺乏财富规划和经营手段等精神财富的传承，物质财富也像“握不住的沙”。古有同仁堂祖训：“炮制虽繁必不敢省人工，品味虽贵必不敢减物力。”精神财富的传承，更需要家庭周详的考虑与不懈的努力。财富传承表面上看是物质财富的传承，实质上也是精神财富的传承，即“家风”传承。从大量的财富传承案例中可以发现，没有精神财富的传承，物质财富的传承也无法长久。②

1.2.4 资产管理，迫在眉睫

“君子爱财，取之有道。”然而套用如今很流行的一句话来说，“取财”与“理财”则犹如“车之双轮，鸟之两翼”。当前中国经济的发展重心由高速度

① 范博宏，马新莉 . 传承从来是难题 [J]. 商学院，2012（11）：14，17。

② 钱欣彤，婚姻中高净值人士财富传承研究 [D]. 北京大学，2019。

发展转向高质量发展，综观我国家庭财富管理现状，中国家庭需要制定科学的家庭资产配置策略，从而实现家庭财富的保值增值。资产管理的迫切性与必要性就不言而喻了。

2017 年，我国城市家庭户均总资产规模为 150.3 万元，远远低于 2016 年美国家庭的 530 万元，我国家庭的平均净资产规模为 142.9 万元，同样远远低于美国家庭 467.2 万元的平均净资产规模。值得一提的是，虽然我国城市家庭的总资产规模与平均净资产规模都无法与美国相匹敌，但是我国总资产规模在前 20% 的城市家庭的平均净资产规模与美国相当。①

现存的家庭财富健康指数评价体系，其构建的数据基础是 2017 年中国家庭金融调查数据；构建的理论基础是家庭生命周期理论与家庭投资组合理论。最新评价结果显示，我国城市家庭财富管理整体处于“亚健康”状态，有将近四成的家庭是不合格的。随着近些年我国房地产业的发展，房价不断攀升，“重房产，轻金融”这一特点在我国家庭的资产配置中表现得越来越明显。住房资产占比过高，就会大大降低家庭资产总体的流动性，并且房价的波动将引起家庭财富的剧烈震荡。中国人向来都比较传统，惧怕“风险太大，血本无归”，因此更偏向规避风险，做任何事情都追求“保本”，所以家庭金融资产配置大部分都分配到银行存款上，风险类则比较少，造成了投资组合单一化、集中化，使得家庭抵御系统性风险能力大大降低。尽管部分家庭倾向于投资风险类金融资产，却呈现风险类资产占比过高、风险过大这样极端化的现象。此外，我国家庭存在商业保险覆盖率低的现象。大多数家庭都未投保商业保险，即使有投资商业保险的家庭，尚且存在很多投保误区：如仅为家中未成年子女投保，而忽略了对家中“顶梁柱”的保护，大大削弱了家庭抵御风险的能力。正是由于以上种种现象，中国城市家庭财富管理水平整体不高，也就是处于上文所说的“亚健康”状态。

2018 年以后，网贷平台爆雷事件层出不穷，从“e 租宝”事件到“钱宝网”

① 广发银行，西南财经大学 .2018 中国城市家庭财富健康报告 [EB/OL]. http：//www.cgbchina.com.cn/Info/22769202，2019-3-18。

事件，再到“唐小僧”事件，特点均可归纳为涉及资金额巨大，人员众多，社会影响极坏，给投资者造成了无法挽回的损失。无论对哪一类家庭来说，投资失败都是一记狠狠的重棒与打击。

电视剧《都挺好》中，女主苏明玉的二哥苏明成由于投资失败导致夫妻失和，不仅失去本金还欠债 10 万元，爸爸苏大强盲目理财被骗 6 万元，这些虽然只是电视情节，但影射出的却是生活中真真切切存在着的值得我们每个人深思的现象。网上流传着一个段子：“跟大咖们学会了分散投资的理财，于是我把资金分散到了十多个平台，结果现在有维权的地方就能见到我的身影。”这是很多投资者的真实写照，在空有投资意识却缺乏投资知识的情况下，许多投资者的盲目跟风给家庭带来了重创。

“只顾着挑利息高的，没想到被坑了。”

“踩雷了 48 万元，有 10 多万元是向父母借的，如果钱不回来，一家三口的性命不保，小孩学费没着落。”

“一下子爆雷两个，打工 15 年的积蓄全在里面了。”

这些都是投资者在爆雷跑路事件发生之后的懊恼与唏嘘，带给我们更多的是教训和启示。当今社会，四类家庭都普遍具有一种通病：在投资的时候，总是存在着一种侥幸心理。尽管很多平台早就被指出存在问题，但就是由于对“天上掉馅饼”这种好事的幻想，很多人还是义无反顾上了船，最终赔了夫人又折兵，结果并不会“都挺好”。

“一个人想要有钱也许并不难，但是想要一辈子都有钱却并不容易”，找到“巴菲特”帮你管钱固然好，但问题是，找一个“巴菲特”容易吗？

在足球比赛中，攻要大快人心，守要无懈可击，攻守兼备，前锋、后卫、守门员无缝配合才能赢得胜利。目前中国的家庭财富管理往往是善攻不善守，善守不善攻，很难攻守兼备。攻得很厉害的人，往往超额回报非常高，但是很难长期持续；守得滴水不漏的人，往往收益很低，资金闲置。

资产管理是战役，而不是战斗，最终决定它成败的绝不是买定离手，孤注一掷。我国的家庭财富管理行业处于阶段性转变的关键时期，中央一直强调“房子是用来住的，不是用来炒的”，2016 年美国家庭总资产中投资在房地产的规模大约为35%，中国2017年的数据大概是78%。为什么差距这么大？因为美国市场还有很多其他的投资机会，而且这些投资机会在风险受控的情况下，收益率甚至高于房地产。[①]

我国财富管理行业已经初具规模，在未来，散户投资将会渐行渐远，机构投资是大势所趋，改革开放40年以来，我国的“创一代”已经纷纷进入退休阶段，财富的管理与传承是他们迫切需要解决的问题，再伴随着我国私人财富市场的快速发展，我国财富管理行业的未来不容小觑。

1.2.5 财富传承，未来可期

（1）财富传承恰逢其时

“我们都下海吧。”20世纪80年代，随着改革开放的号角吹响，所有人都在用这样的话语相互激励。这其中，真正鼓起勇气下海经商，在全国各地创办民营企业的小企业主，随着中国经济腾飞，私人财富不断积累，成长为中国第一代企业家，也成为现今A类/B类家庭的顶梁柱。

40年的时间，以企业家为代表的中国高净值人士积攒了体量巨大的财富。据波士顿咨询（BCG）测算[②]，2018年国内个人可投资金融资产达600万元人民币以上的高净值人士（A/B类家庭成员）数量超过130万人，个人可投资金融资产总额达到39万亿元。

40年的时间，也让企业家们逐渐步入退休年龄。研究表明，中国高净值人士目前多集中在40－60岁，已是“知天命”的岁数。

① 广发银行，西南财经大学. 2018中国城市家庭财富健康报告 [EB/OL]. http：//www.cgbchina.com.cn/Info/22769202，2019-3-18。

② 兴业银行私人银行，波士顿咨询公司BCG. 中国财富传承市场发展报告：超越财富·承启未来 [EB/OL]. https：//www.cib.com.cn/cn/personal/private/news/20170706.html，2017-7。

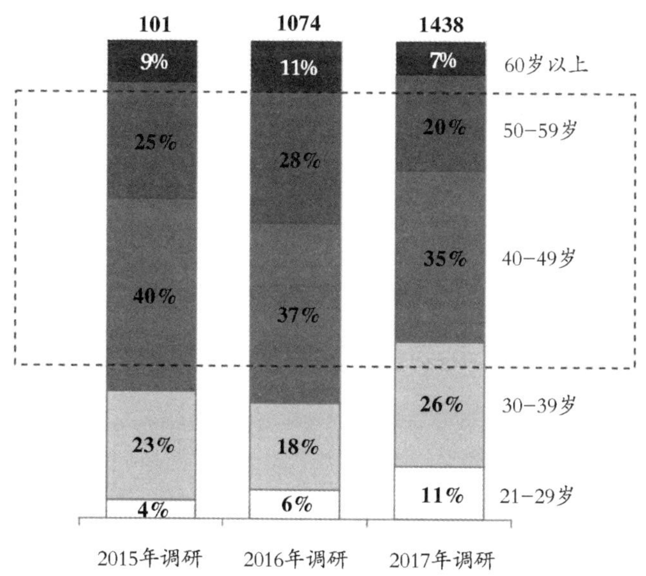

图 1.3 兴业银行 2015—2017 年高净值客户年龄分布

对于创造财富、接近退休的富一代来说，将白手起家拼下的基业延续下去，采用妥善的方式将大量的财富传承给家庭成员，进行家产交接，是现阶段面临的核心问题。

因此，财富传承这个对于中国家庭不甚熟悉的概念，开始逐渐步入公众视野，可以想见，随着未来中国经济的不断发展、各类家庭财富的逐渐积累，财富传承将登上舞台大放异彩。

（2）财富传承直击“财富痛点”

据统计①，中国的高净值家庭在财富传承上有着许多区别于欧美的独立性和复杂性，特别体现在家业不分、家事复杂、代际差异明显上。财富传承安排可通过一系列“组合拳”直击中国家庭的“财富痛点”。

①直击“家业不分”，形成资产隔离

中国的第一代企业家多是白手起家，在企业初创阶段往往是举全家之力运

① 兴业银行私人银行，波士顿咨询公司 BCG. 中国财富传承市场发展报告：超越财富 · 承启未来 [EB/OL]. https：//www.cib.com.cn/cn/personal/private/news/20170706.html，2017-7。

作企业，企业资产、家庭资产和个人资产往往混杂在一起，风险未能有效隔离。

一旦企业发生债务危机，可能使得家财尽散，父母子女连最基本的生活都难以保障。因乐视旗下手机业务贷款欠息，法院查封实际控制人贾跃亭夫妇名下银行存款共计人民币 12.34 亿元。贾跃亭失去的不仅仅是辛苦打拼的事业，还有巨额家庭财富。

反观商业巨鳄李嘉诚的家族信托体系，包含多个信托基金，分别持有旗下公司的股份，每个信托基金都有指定的受益人。由于家族信托将资产的所有人与受益人分离，一旦李氏财富全部注入家族信托，这笔钱将会独立存在。也就是说，即使将来家族企业全部破产，已经注入信托基金的这笔钱仍然安然无恙，可保证子孙后代衣食无忧。

通过财富传承安排，可以尽早地将已有的家庭资产和有风险的企业资产隔离开，相当于在企业和家庭之间建立起一道防火墙，无论未来企业风云如何变化，留给子女的是一份不受影响的“稳稳的幸福”。

②直击“婚姻变天”，保护婚前财产

根据民政部 2018 年统计数据[①],2017 年依法办理离婚手续的共有 437.4 万对，比上年增长 5.2%，近年来离婚率不断上升，2017 年离婚率为 3.2‰，而 10 年前仅为 1.59‰。

同时，国内高净值人士由于离婚遭受的财产损失也十分巨大。2017 年胡润女企业家排行榜第三位，龙湖集团董事长吴亚军婚姻破裂，前夫分走 200 亿元财产；三一集团创始人之一,三一重工高级副总裁袁金华离婚，妻子通过财产分割获得三一集团市值 24 亿元股份。

而国外不少名人通过缜密的财富传承安排，很好地保护了婚前财富。以世界传媒大亨默多克为例，他与邓文迪于 2013 年结束 14 年婚姻，邓文迪分得两套房产，总价值不足默多克财产的 1%，不足前妻所分财产的零头。因为默多克早已通过财富传承安排紧握企业的管理权、所有权和继承权。婚前和婚后协议中的相关条款和家族信托基金的保护，使得默多克财富的主要受益

① 中华人民共和国民政部 .2017 年社会服务发展统计公报 [EB/OL].http：//www.mca.gov.cn/article/sj/tjgb/2017/201708021607.pdf,2018-8。

人仍然是他与前两任妻子养育的四名子女。

由此可见，妥善的财富安排可以保证家族财富不受婚姻分流，国外财富传承的成功案例值得国内富豪们借鉴学习。

③直击“代际差异”，完成企业传承

中国目前的富一代和富二代之间，由于成长环境、所受教育不同，呈现出明显的代际差异。

专怼明星小网红的“国民老公”王思聪和父亲王健林的性格迥异，在生意布局上也存在很大差异。王思聪具有特立独行的行事风格和超前的投资意识，其兴趣在电竞、社交、体育、医疗业上。王氏家族起家所倚靠的地产业就面临着在王健林退休之后能否顺利交接的问题。

对于子女与父母事业方向不同或者子女不愿意接班的情况，解决方法之一是寻找职业经理人帮助打理家族事业，再成立家族信托，让子女们成为不参与公司事务的受益人，最大限度地满足子女意愿又保证企业顺利运行。

除此之外，财富传承安排还可解决资产代持、海外资产布局、外籍家庭成员财富继承的问题。对于拥有大量财富的 A 类、B 类家庭而言，财富传承安排形式多样、对症下药、直击痛点，未来必将大有所为。

1.3 中国家庭资产管理与财富传承的体检报告

上一节详细地说明了资产管理、财富传承的定义，以及对中国家庭的必要性。既然资产管理与财富传承如此重要，不容回避，那当前中国家庭的资产管理与财富传承现状如何？让我们给中国的家庭资产管理与财富传承把把脉，做一次全面的“体检”。

1.3.1 不断增长的家庭总资产

改革开放 40 年来，中国家庭的总资产可谓“扶摇直上”，古语有云：“仓廪实而知礼节，衣食足而知荣辱。”[①] 中国家庭在物质财富不断富足的情形下，对精神财富乃至财富传承的追求越发热切。许多白手起家的富一代们乘上了经济飞速发展的快车，个人财富也一日千里，他们中的一部分或许根本没有接触过系统的资产管理，但随着财富滚雪球似的急剧膨胀，他们喜悦的同时心里也有一丝恐慌——如何去驾驭这些财富？如何让家庭资产保值增值并将财富传承给下一代？如何打破“富不过三代”的魔咒？纷乱的市场上众说纷纭、莫衷一是，许多家庭四处碰壁，靠试错来进行资产管理，对一些高风险资产抱有侥幸心理，最终悔不当初。本书希望通过对中国家庭资产管理与财富传承的现状进行剖析，之后对症下药，找到适合不同类别家庭资产管理与财富传承的良方，帮助各类家庭将财富绵延，保值增值。

首先，我们数说改革开放 40 年来家庭财富的变迁情况。

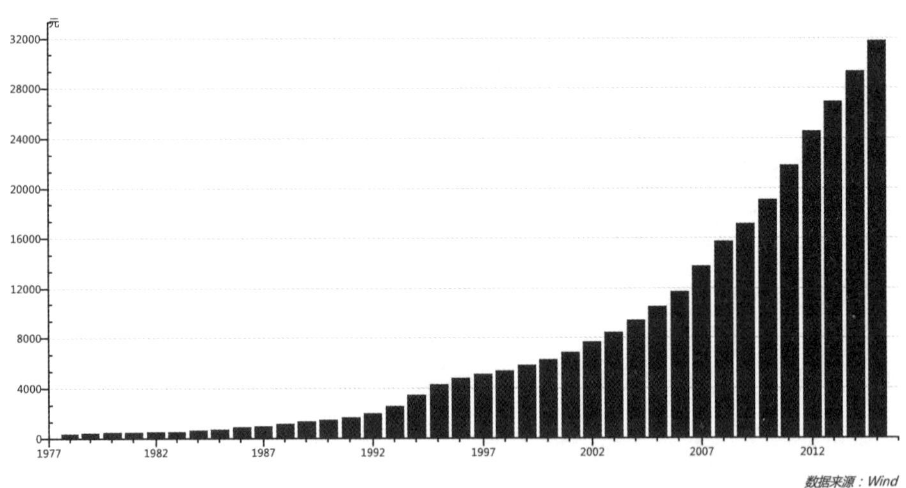

图 1.4　城镇居民人均可支配收入变化柱状图

根据 Wind 数据，城镇居民家庭人均年可支配收入由 1978 年的 343.4 元到 2015 年的 31790.3 元，上涨 91.58 倍，年复合增长率为 13.02%，领先于同时期美国的对冲基金平均年复合增长率。换句话说，中国所有城镇居民家庭在改革开放 40 年来平均超越了同时期美国的大部分对冲基金，这是由中国经

① 引自《管子·牧民》。

济的腾飞带来的。

根据广发银行发表的《2018 中国城市家庭财富健康报告》，2017 年，中国城市家庭户均总资产规模为 150.3 万元，全国城市家庭总资产规模高达 428.5 万亿元。中国居民财富总值已经位列世界第二，而中国家庭资产的增速已经超过美国。根据《2018 胡润财富报告》，中国 2017 年 GDP 为 82.71 万亿元，而中国富裕家庭（家庭资产超过 600 万元）的总财富达 133 万亿元，约为当年 GDP 的 1.5 倍。

总的来说，改革开放 40 年来，不仅居民财富整体有了质的飞跃，并且造就了一批“极富家庭”，他们都达成了家庭资产管理和财富传承的第一步——“仓廪实”。

1.3.2 备受青睐的实物资产

中国人民一直以来对于固定资产有一种执念，无论是“有恒产者有恒心”，还是王朝更替中的土地兼并，都是对土地、房产等的激烈追逐，对配置实物资产的极力鼓吹。近几年，社会上流传着一个俗语——“买房穷三代，不买毁一生”，也从侧面展现了房产对居民财富的虹吸效应，对家庭情绪的显著影响。

根据《2018 胡润财富报告》，中国富裕家庭（家庭资产超过 600 万元）分布排前五的省市合计有 301.5 万户，这五个城市分别为北京、上海、深圳、香港和杭州，恰好是中国房地产平均价格最高、房市最火热的五个城市。这 301.5 万户富裕家庭中，有 106.1 万户除了房产等固定资产，还具备 600 万元以上可投资金融资产的家庭仅占 35.19%。换句话说，这 106.1 万户才是“货真价实”的富裕家庭，而剩下的 195.4 万户以房产等资产为主，甚至可能被银行套牢，仅为“纸上富贵”。

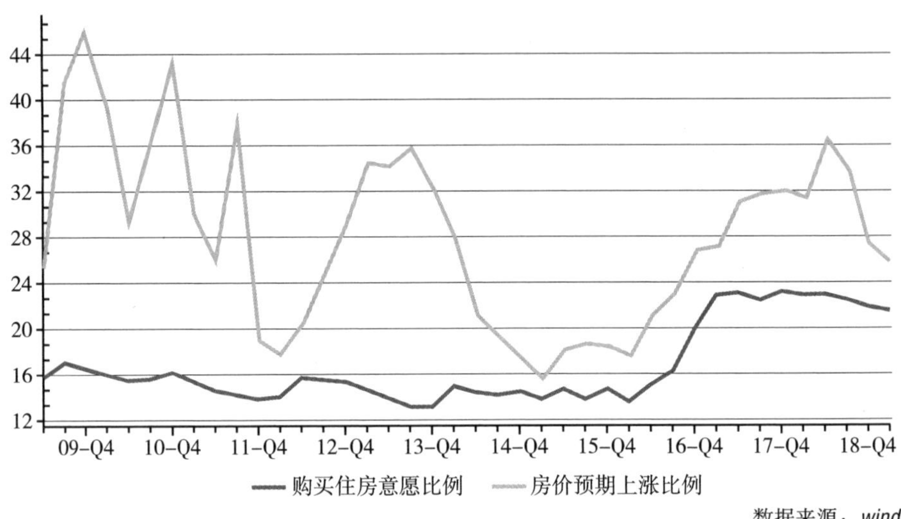

数据来源：*wind*

图 1.5　购买住房意愿比例与房价预期上涨比例折线图

根据 Wind 数据，自 2009 年 6 月至 2019 年 3 月，央行关于住房的问卷调查中，城镇居民购买住房意愿比例与房价预期上涨比例的关系以 2014 年年底作为分水岭，呈现鲜明的两极分化。2014 年 Q4 以前，房价预期上涨比例一直以 20%（每季度）为最低限额大起大落地震荡，而购买住房意愿比例一直稳定在 16% 的水平，二者几乎没有协同相关性。自 2014 年 Q4 以后，两者比例出现了显著的协同相关性，以惊人相似的趋势共同上涨。即在 2014 年 Q4 之后，居民对房价上涨的预期在不断提高，而购买意愿也与日俱增，“全民渴望买房”已经成为一个不容忽视的社会问题，全民抱有对房价上涨的狂热信心，房价上涨自然成为一个“预期的自我实现的问题”。

从另一个角度看，根据《2018 胡润财富报告》中不同资产额度的高净值家庭的构成，炒房者的比例有着有趣的变化。千万资产高净值家庭中，炒房者所占比例为 10%，而亿元超高净值家庭中，炒房者比例上涨为 15%。换句话说，从千万资产跳过亿元的“龙门”，企业家与炒房者的成功概率是远远大于职业股民和金领的。这也从侧面展现了近 30 年来房产显著的财富效应。

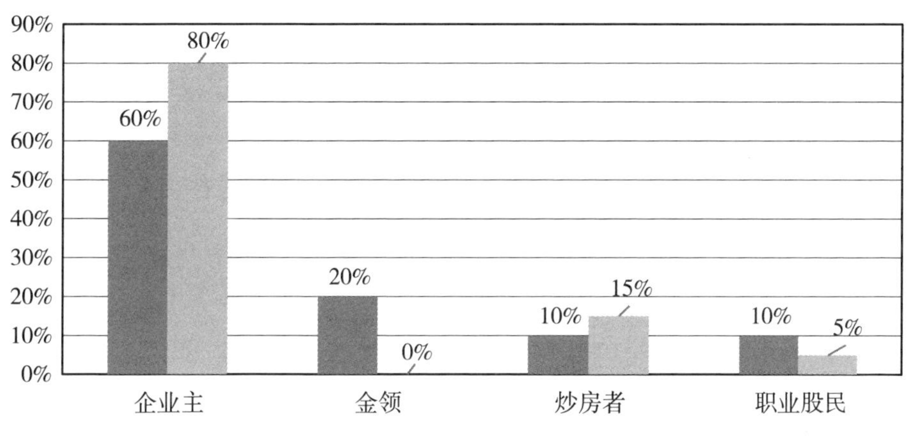

图 1.6 不同资产额度高净值家庭占比情况对比①

1.3.3 不受待见的金融资产

聊完中国家庭对房产的狂热崇拜，这一节我们谈一谈备受冷落、不受待见的金融资产，其中的典型代表就是股票。

股市上流传，炒股者“七亏二平一赚”，没有一颗“大心脏”，是没法成为老股民的。甚至有人戏称，股民就像韭菜，一次熊市割一茬，等到下一次市场更迭，又开始新一轮的收割。无论是 2008 年累计跌幅高达 70.71% 的“史无前例大熊市”（2007 年 10 月从最高点 6120.04 下跌到 2008 年 10 月的 1664.93），还是 2015 年杠杆牛市破灭后的去杠杆熊市，都让股民哀鸿遍野，甚至倾家荡产。惨痛的经历让许多人含泪离开了股市，发誓再也不回这个伤心地；甚至让许多不明就里的家庭对股票产生了畏惧、冷淡与不待见的情绪。

如果把中国家庭财富管理的工具看成一个班级，那么股票就是其中成绩忽上忽下、发挥极不稳定、风险又极高的“刺儿头”，特别是与成绩一直稳步上涨、发挥很稳定的“尖子生”——房地产相比，更显得它等而下之，因而

① 胡润研究院. 2018 胡润财富报告（Hurun Wealth Report 2018）[EB/OL].http：//www.hurun.net/CN/Article/Details?num=BC99B12B6DAF,2018-11-20。

被许多家庭弃若敝屣。

近 20 年间，上证综指上涨了 1.75 倍（从 1999 年的 1120.93 点到 2019 年 4 月 30 日的 3078.34 点），年复合增长率 5.18%；低于同时期城市房价的涨幅，与一线城市的房价涨幅更相形见绌。如果就波动率与风险性而言，股票投资的不确定性就越发明显。

根据《2018 中国城市家庭财富健康报告》，中美家庭总资产配置有着显著差异。在住房资产方面，我国家庭住房资产占比高达 77.7%，比美国的 34.6% 高出一倍有余；在金融资产配置方面，我国家庭总资产中金融资产占比仅为 11.8%，美国这一比例高达 42.6%，换句话说，我国家庭金融资产的配置仅为美国家庭的 1/4。

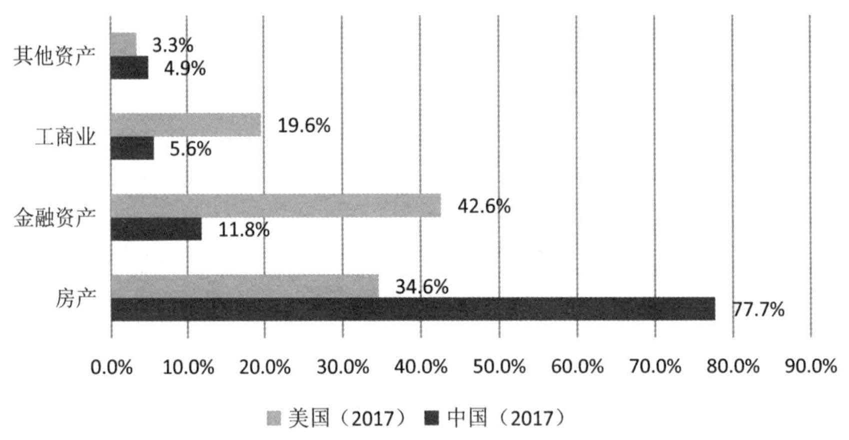

图 1.7　中美家庭总资产配置对比

与世界各国家庭相比，我国家庭的金融资产配置比例属于超低水平。我国现在已经是全球第二大经济体，超越了以前的全球第二大经济体日本。而 2017 年，日本家庭的金融资产配置比例高达 61.1%，是我国家庭的近 6 倍。[①] 这从侧面反映出，我国家庭对金融资产的了解还不够全面，金融资产配置过低，与我国的经济体量不相适应。

① 中国数据来源于中国家庭金融调查与研究中心网站 https：//chfs.swufe.edu.cn/，其他国家数据来自瑞信，全球财富报告 [EB/OL]. 2017-11。

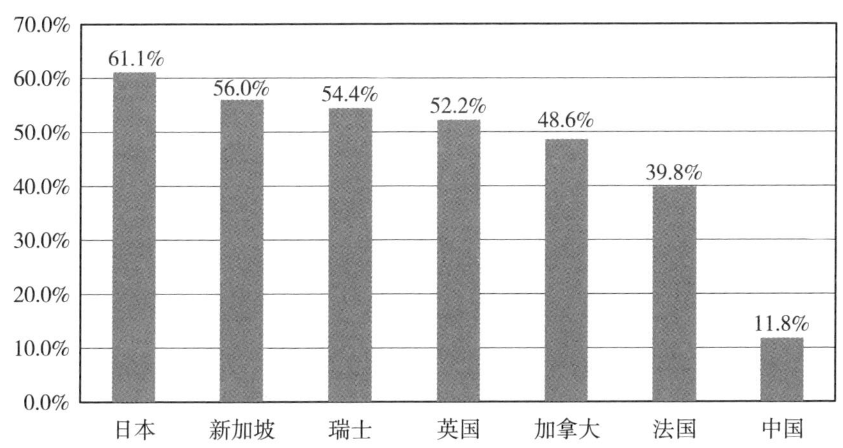

图 1.8 世界各国家庭金融资产配置占比图（2017）

1.3.4 “富不过三代”的紧箍咒

在 20 年前，财富传承问题尚未被中国家庭列入日程，因为人们更多考虑的是怎么吃饱穿暖，怎么让“钱生钱”，但随着家庭资产的普遍、快速增长，中国家庭越来越关心如何能将自身的物质财富和精神财富传承下去，造福子孙。

以高净值人群为例，“保证财富安全”已经成为高净值人士最关心的财富目标，也更加重视“财富传承”。调查显示[①]，2015 年以后，“财富传承”已经取代了“创造更多财富”，成为高净值人群最关注的前三位财富目标之一。

“君子之泽，五世而斩；小人之泽，五世而斩。”[②]说的是君子的功名事业，经过五代传承就消耗殆尽了，小人的不良影响，经过五代传承也荡然无存了。“富不过三代”的俗语就来源于此，孟子一语成谶，“富不过三代”成为无数中国家庭财富传承的紧箍咒。史书上记载中国封建王朝存在时间最短的后汉从建立到覆灭仅持续了三年时间，王朝的延续凝结了能臣的心血，尚且无以为继，何况普通家庭。

① 招商银行，Bain&Company. 2017 中国私人财富报告 [EB/OL].http：//gb.cmbchina.com/gate/gb/www.cmbchina.com/privatebank/PrivateBankInfo.aspx?guid=1ee0c4f0-f7f1-4554-b2ba-6320521e677b，2017-6-20。

② 引自《孟子 · 离娄章句下》。

"眼看他起朱楼，眼看他宴宾客，眼看他楼塌了。"① 这样的情形在中国家庭中并不鲜见。海翔药业的创始人罗邦鹏，将海门化工厂一步步通过改制变为家族企业，通过40年奋斗使海翔药业发展成为知名医药化工生产企业并成功上市。但在2014年，他却只能眼睁睁看着儿子罗煜竑推动企业转型失败，减持企业股权，最终将自己的毕生心血拱手让人。可谓："辛勤奋斗四十年，成功上市交班。毕生心血转头空，企业依旧在，几度换股东。白发奋战商场上，惯看水复山穷。再回首恍然如梦，多少心酸事，人已惘然中。"

福荫子孙看似简单，实则困难重重，意外事件、人身风险、家庭情况变化风险、资产混同风险和交班不利风险随时可能成为财富传承的"拦路虎"。

（1）意外事件

在各个领域都存在意外事件，意外事件的发生难以预测，却通常导致惊人的连锁反应。比如2007年席卷美国并逐步波及日本、欧盟的次贷危机，在发生之前几乎毫无预兆，但在房价泡沫破裂后，次级抵押贷款机构破产、投资基金倒闭、股市震荡迅速发生，并引发了国际金融危机，无数家庭资产因此缩水。

（2）人身风险

家庭成员的人身安全关系到家庭的未来，同样影响着家庭的财富传承，毫无预防措施的话，家庭成员患病、受伤甚至不幸身故都可能造成家庭资产流失或者财富传承中断。

（3）家庭情况变化风险

在面临家庭成员结婚、生子、离婚时，家庭中成员的变化可能引发家庭资产的分配和分割，甚至导致企业控制权旁落。2019年4月4日，美国电商亚马逊的创始人兼执行长杰夫·贝索斯与妻子麦肯齐·贝索斯正式宣布完成离婚手续，离婚后，麦肯齐·贝索斯将拥有约4%的亚马逊股份，这笔资产的价值接近360亿美元。②

---

① 引自清代文学家孔尚任《桃花扇·余韵·离亭宴带歇拍煞》。

② 环球网.贝索斯离婚细节敲定　亚马逊仍处创始人控制之中 [EB/OL]. https://baijiahao.baidu.com/s?id=1629939181871821806&wfr=spider&for=pc，2019-4-5。

（4）资产混同风险

私营企业主在创业时可能以家庭资产为企业提供担保，这种方式确实能帮助企业渡过短期难关，但在企业与家庭资产混同的情况下，如果两者同时遭到冻结，将给家庭资产带来无法挽回的损失。

（5）交班不利风险

A 类家庭和 B 类家庭通常拥有家族企业或者一定份额的企业股权，当创富一代垂垂老矣，子女能否顺利接班、继续领跑企业就成了一道难题，比继承股权更重要的是维护企业品牌，维持企业的创新性、创造力，这需要新一代领导者具有强大的管理能力。但管理能力的培养需要投入极大的时间和精力，如果“富二代”没有接班意愿很可能功败垂成。调研显示[①]，尽管多数企业主仍然希望由子女来继承企业，但“富二代”的接班意愿并不高，14% 的家族企业二代明确表示不愿意接班，高达 45% 的“富二代”对于接班的态度尚不明确。除去接班意愿外，接班能力更是需要等待时间的检验。

但资产管理与财富传承的意识落后、资产配置的不健康状态、财富传承安排不善、对专业人士没信心且不信任、资产保值增值手段有限都使得中国家庭在面临这些风险时毫无防守和还击之力。

1.3.5 中国家庭的“家教”和“家风”

中国家庭的财富传承不仅包含物质财富的传承，还包含精神财富的传承，也就是在“家教”下的“家风”传承。

中国人素有“天下之本在国，国之本在家”之说[②]，无论时代如何变化，家庭对个人的成长都发挥着重要作用。“家风”是一个家庭的精神内核，是一个家庭长期以来的智慧结晶，是一个家庭能否源远流长、薪火相传的关键，好的“家风”令家庭成员团结一心、积极向上，对家庭充满归属感，对事业

① 中国民营经济研究会家族企业委员会. 中国家族企业传承报告 [M]. 北京：中信出版社，2015：3-4。

② 引自《孟子 · 离娄上 · 第五章》：孟子曰：“人有恒言，皆曰：‘天下国家。’天下之本在国，国之本在家，家之本在身。”

充满认同感；而不好的“家风”则令家庭成员心存芥蒂、消极对抗，家庭内部纷争不断，事业分崩离析。

“家教”是传承“家风”的唯一途径，家庭成员从呱呱坠地开始，就接受着家庭教育的熏陶，潜移默化、耳濡目染，成为相近世界观、价值观的一分子。古时曾有“画荻教子”的故事，讲的是欧阳修的父亲为官清廉，幼时家境清贫，父亲去世后，其母郑氏无法送欧阳修上学，为了教导欧阳修，她以沙盘为纸，以芦苇秆为笔，手把手教欧阳修写字，反复练习，直到书写工整为止。这成就了欧阳修高深莫测的文学造诣，勤奋刻苦的学习态度，一丝不苟的做事风格和廉洁奉公的为官原则。

“非知之艰，行之惟艰”①，“家教”和“家风”的重要性毋庸置疑，许多人都在树立什么样的“家风”和如何通过“家教”树立“家风”上犯了难。

何为优良“家风”？古人早已给出了答案，《朱子家训》中说：“一粥一饭，当思来之不易；半丝半缕，恒念物力维艰。”倡导勤俭节约的家风，唯有珍惜一粥一饭、半丝半缕，才能兢兢业业，对前人开创的事业加倍重视。曾国藩则在为官 30 年后反省自身，写下了《曾国藩诫子书》，提到了“慎独”的概念，要求儿子即使一个人独处时思想、言语、行为也要谨慎，这样才能修身养性、问心无愧。

如何通过“家教”树立“家风”呢？在中国更多依靠的是“家训”“家规”式的言传身教。中国有“父子之严，不可以狎；骨肉之爱，不可以简。简则慈孝不接，狎则怠慢生焉”的说法，倡导严慈相济的亲子关系，提醒父母在教育子女过程中，无论是过分溺爱还是过分严厉都是不可取的。在继承与发扬中国优良传统的“家教”“家风”基础上，许多富裕家庭还向其他国家越洋取经，并结合中国现实情境，汲取、借鉴了家族治理体系。比如以调料发家的李锦记家族曾经历过两次内乱，痛定思痛后，李锦记家族远赴世界各地考察，形成了独特的家族治理模式，成立家庭内部沟通平台——家族学习与发展委员会，下设家族办公室、家族投资公司、家族基金和家族培训中心，同时制

① 引自《尚书·说命中》：“说拜稽首曰：‘非知之艰，行之惟艰。’”

定《李锦记家族宪法》，定期召开家族会议，解决了家族企业治理、接班人培养、家族内部规范等问题，传递“家族至上”“思己及人”“永远创业”的价值观，使得李锦记家族获得了长久的和谐发展。

1.4 中国家庭的资产管理与财富传承得了什么病

通过对中国家庭的资产管理与财富传承进行体检，我们发现中国家庭的总资产是在不断增长的，但其中实物资产处在至高地位，严重挤压了金融资产，资产配置的不平衡和由此带来的风险使得多数家庭的资产管理处于“亚健康”状态。意外事件、人身风险、家庭情况变化风险、资产混同风险和交班不利风险威胁着中国家庭的财富传承，“富不过三代”已经成为牢牢制约中国家庭的紧箍咒。

中国家庭的资产管理与财富传承表现出了种种“亚健康”体征，那么究竟是得了什么病呢?

1.4.1 脑部疾病——资产管理与财富传承安排不足

脑部是人的中枢神经系统的最重要组成部分，长期以来，人们认为大脑是意识的载体，给中国家庭的资产管理与财富传承做的“脑部 CT”表明一部分中国家庭就是患上了“脑部疾病”，即缺乏资产管理与财富传承的意识，表现在行动上就是筹划和安排不足。

也许有人会认为，家庭的资产有限，并不需要规划，但从案例导读中大家就能看到毫无防备可能带来的后果。不论 A 类、B 类、C 类还是 D 类家庭都需要未雨绸缪，提前开展资产管理与财富传承工作，只是四类家庭需要采用的资产管理与财富传承工具不尽相同。

A 类、B 类家庭为了规避风险，一般采取多个投资渠道分散投资的方式进行资产配置，通过个人操作、私人银行、保险公司、第三方理财机构、信托公司等机构，选择存款、房地产、基金、保险、信托、股票等多种产品进行投资。根据研究[①]显示，随着市场上投资品类的丰富和高净值人士风险意识的加强，高净值人士的资产配置越来越多元化。2009 — 2017 年中国高净值人群境内可投资资产配置比例如图 1.9 所示。

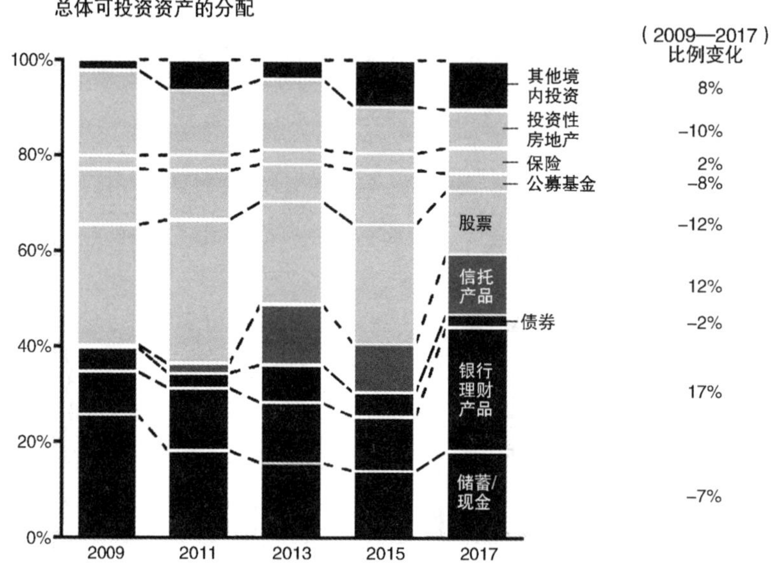

图 1.9　2009 — 2017 年中国高净值人群境内可投资资产配置比例[②]

可以看出，2009 年时高净值人士的资产配置集中于储蓄 / 现金、股票和投资性房地产，这三类投资占了当时高净值人士整体可投资资产的近 70%；到 2017 年，随着各类资管业务放开，高净值人群的资产配置分布更加均匀和分散，除了储蓄、现金和固收类银行理财产品以外，在信托产品和其他新兴投资品种上的资产比例也不断攀升。这种多元化的资产配置方式虽然有利于资产的保值和增值，却加大了资产管理与财富传承的阻力。

① 招商银行，Bain&Company.2017 中国私人财富报告 [EB/OL].http：//gb.cmbchina.com/gate/gb/www.cmbchina.com/privatebank/PrivateBankInfo.aspx?guid=1ee0c4f0-f7f1-4554-b2ba-6320521e677b，2017-6-20。

② 招商银行，Bain&Company.2017 中国私人财富报告 [EB/OL].http：//gb.cmbchina.com/gate/gb/www.cmbchina.com/privatebank/PrivateBankInfo.aspx?guid=1ee0c4f0-f7f1-4554-b2ba-6320521e677b，2017-6-20。

著名相声演员侯耀文就不幸遭遇了资产管理和财富传承的“滑铁卢”。2007 年 6 月侯耀文突发心脏病猝死，由于他并未订立遗嘱，生前的两次婚姻又均以离婚收场，两个女儿随前妻生活，在他去世后两个女儿对父亲的财产情况完全不了解，甚至长女只能通过起诉妹妹的方式要求法院进行遗产清点，调查发现侯耀文的银行存款和贵重物品被多人不法侵占，并经历了长时间的诉讼。

面对分布在各个机构的种类繁多、数额庞大的资产，A 类、B 类家庭在进行资产管理与财富传承的安排时很难面面俱到，但如果没有对资产进行盘点，即使不被恶意侵占，也将造成代际传承的中断。

C 类、D 类家庭虽然与 A 类、B 类家庭相比，拥有的资产种类相对较少、规模也相对较小，但并不意味着无法进行资产管理，或者没必要提前进行传承规划。合理的资产管理虽然不能令你“一夜暴富”，但能让你实现“车厘子自由”，妥善的传承规划虽然不能使子孙后代“家里有矿”，但至少能让他们“无后顾之忧”。据调查显示[①]，目前中国家庭的房产配置占总资产配置高达 77.7%，可想而知，C 类和 D 类家庭可能拥有更高的房产配置，这种资产配置方式降低了资产的流动性，也令家庭资产时刻受到房价波动的影响，而房产的传承也不能简单依靠法定继承，因房产继承引发的纠纷屡见不鲜。

1.4.2 心脏疾病——对专业人士没有信心，不信任

心脏是人体的发动机，是心血管系统的核心。长期以来，人们认为心脏是生命的载体，生命的微观形态存在于“咚咚咚”的心跳声中。给中国家庭的资产管理和财富传承做“心脏 CT”，发现大部分的中国家庭都患上了“心脏疾病”，即缺乏对资产管理与财富传承的系统认识，表现在行动上就是对专业人士缺乏信心，不信任。

综观中国家庭资产管理与财富传承的现状，发现中国家庭大多处于“粗

① 广发银行，西南财经大学. 2018 中国城市家庭财富健康报告 [EB/OL]. http：//www.cgbchina.com.cn/Info/22769202，2019-3-18。

放式”管理状态，实物资产配置以房产为主，金融资产配置比例较小，并且大多分布于银行存款、债券等低风险资产，家庭财富配置健康指数较低。甚至有很大一部分家庭遭遇过金融诈骗，主要是集资、理财诈骗和电信诈骗。根据广发银行《2018 中国城市家庭财富健康报告》，高达 89.6% 的家庭都遇到过金融诈骗，其中“集资、理财诈骗”占比最高，达到 43.5%，这也加深了中国家庭对将资产交于他人打理的不信任感。泥沙俱下的市场环境中，许多家庭不具有明辨理财骗子和专业人士的慧眼，而信任错付后的惨痛案例，也让其余的家庭心有戚戚然，对专业人士有了天然的不信任感，增加了双方的信任成本。

根据该报告数据，中国家庭对资产配置与投资的顾问服务有旺盛需求，且需求率随着家庭可投资资产的增加而提高，可投资资产在 100 万元以上的家庭对投资顾问的需求率为 20.0%，是可投资资产在 5 万元以下家庭需求率（5.0%）的 4 倍。这也从侧面说明了 A/B/C/D 类家庭对资产配置管理的巨大需求。

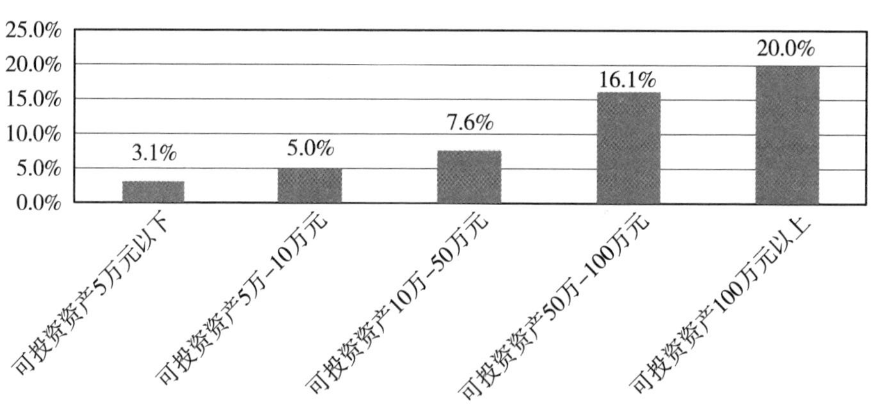

图 1.10　不同家庭对投资顾问服务需求率对比

然而，虽然我们用数据揣摩了中国家庭的心理，发现他们对资产配置和财富传承的需求量并不低，但是现状却不容乐观——中国家庭在资产配置等投资顾问服务中参与度很低，根据报告，全国仅有 1.3% 的家庭有理财顾问，真正属于“百里挑一”；其中，可投资资产在 10 万元以下的家庭投资顾问的拥有率仅为 0.2%，10 万— 100 万元的家庭拥有率为 1.7%，100 万元以上的家庭拥有率也仅为 5.5%。可见，无论是哪一种家庭，实际求助专业人士的比率均低于其表达的诉求率。这也从侧面显示了，即使是高净值家庭，对专业人士依然处于一个信任“破冰期”，未来还需要更多的努力去融化家庭与专业人士之间信息不对称、无法建立信任的坚冰。

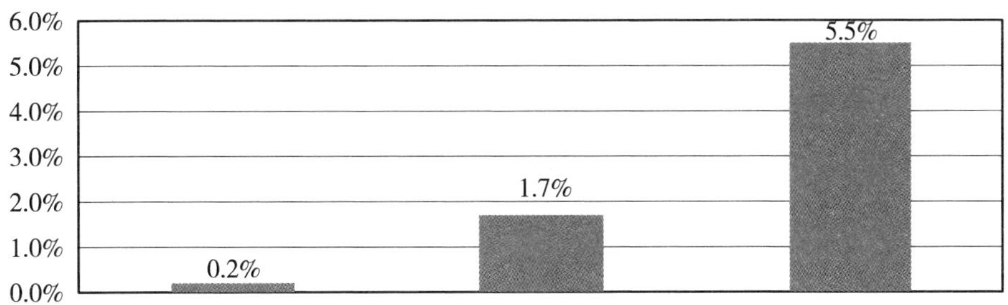

图 1.11 不同家庭对投资顾问服务拥有率对比

俗话说，“心病还需心药医”，如何解决中国家庭资产管理与财富传承中对专业人士不信任的“心病”，从根本上说还是要减少信息的不对称，降低双方的信任成本。从需求端而言，首先是降低区分专业人士的难度；其次是提高信息交流的透明度，降低信息不对称的成本；最后是让选择专业人士的家庭看到实实在在的收益，也充分知晓其中风险，让他们踏实、安心。从供给端而言，专业人士应该有权威的资格认证，根据不同家庭的不同需求有相适应的系统方案，提升自己的服务水平。

1.4.3 腿部疾病——资产管理和财富传承手段极为有限

除了脑部疾病和心脏疾病之外，中国家庭的资产管理与财富传承还患上了腿部疾病，表现为资产管理和财富传承的手段极为有限，行动力不足。

许多中国家庭对资产管理的认识还停留在投资买房、银行定期存款和购买理财产品上，胡润百富发布的《2015 年度中国高净值人群资产配置白皮书》显示，即使是中国的富裕阶层在管理自身财富方面一样“并无太多经验和创意，他们仍在大量且广泛使用最传统的理财方式，如存款和投资房产”。针对投资信息来源，最受信赖的渠道是私人投资顾问和朋友亲戚推荐，信赖度分别为 32% 和 31%。资产配置方面同质化过于严重，缺乏个性和差异化，远达不到合理配置资产的程度。

由于改革开放诞生了新中国第一批企业家，令中国家庭步入财富创造期，积累了一定的财富，40 多年后的今天，中国的第一代企业家和其他中国家庭中的改革开放受益者已经逐渐步入退休年龄，同时面临着由独生子女政策带来的历史后遗症，使财富传承变得迫切而艰难，放任自流采取法定继承可能带来始料未及的风险。

根据《中华人民共和国民法典》第一千一百二十七条规定，配偶、子女、父母为第一顺序继承人，兄弟姐妹、祖父母、外祖父母为第二顺序继承人，在继承开始后，优先由第一顺序继承人继承，法定继承人可以均等地享有财产的权利。表面上看法定继承是完全公平的，但法不容情，人却有情，这种公平不一定能满足每个家庭的需求。

以中国家庭最关注的房产继承为例，可以采取协商继承、公证继承和诉讼继承三种方式，协商继承和公证继承需要全部法定继承人对房产的分配达成一致，而诉讼继承则是在继承人之间无法达成一致时诉诸法院，待法院出具判决文书后按照文书办理房产继承。可无论采取哪种方式都可能引起家庭内部争端，加大财富传承的难度，稍有不慎就会产生令人啼笑皆非的结果。

张女士的父母先后过世，留下一套价值 200 万元的房产，一直登记在张女士父亲名下，在父母过世后她想去办理过户手续，却四处碰壁。后来经过咨询律师才了解到，这套房产是张女士父母的婚内共同财产，在张女士的父亲过世后，房产的 1/2 归母亲，剩余的 1/2 属父亲遗产，按照法定继承程序，应当由张女士的母亲、张女士和奶奶（爷爷先于父亲去世）三人平分，张女士的母亲因此共分得 2/3 房产，张女士和奶奶各分得 1/6 房产。奶奶过世后，属于奶奶的 1/6 房产由张女士的父亲和三个兄弟姐妹继承，每人可分得 1/24 房产。因张女士大伯和父亲先于奶奶过世，由晚辈直系血亲代位继承，张女士因此再获 1/24 房产。张女士母亲过世后只有她一个继承人（外公外婆早已去世），母亲的遗产全部由张女士继承，因此又获 2/3 房产。综上，张女士共获得 1/6+1/24+2/3=7/8 的房产。[①] 如果张女士想要获得整套房产，则必须与父亲的兄弟姐妹协商，使其他人放弃对这套房产的继承权。

① 信息时报. 独生子女未必能完全继承父母房产 [EB/OL]. https://jinhua.house.qq.com/a/20170422/004934.htm，2017-4-22。

第 2 章 望闻问切，找到病因

2.1 缺乏保护意识，相关知识匮乏的“脑部疾病”

对中国家庭的资产管理与财富传承做了“体检”，判定出得了什么“病”之后，下一步，我们需要对上文的“脑部”“心脏”“腿部”等疾病望闻问切，找到这些“病痛”的根源，挖掘“病因”。

中国资产管理与财富传承的“脑部疾病”表现为对财富传承不够重视，安排不足，可从财商知识储备、财富传承意识误区等方面深究其原因。

2.1.1 案例导读——小马为何不再奔腾[①]

北京小马奔腾文化传媒股份有限公司 (以下简称“小马奔腾”) 是一家以投资影视制作为主的娱乐传媒公司，成立于 2009 年，曾签约知名导演宁浩，打造了《无人区》《黄金大劫案》等知名影片。

2011 年 3 月，小马奔腾的一轮融资吸引了超过 40 家机构参与竞投，当月小马奔腾与建银文化基金公司等多家机构分别签订了《增资及转股协议》。据建银文化基金公司介绍，该公司投资 4.5 亿元，小马奔腾的实际控制人李明等

① 新京报. 小马奔腾夫债妻偿案二审开庭 [EB/OL]. https：//baijiahao.baidu.com/s?id=1632899180935436369&wfr=spider&for=pc，2019-5-8。

与该公司签订《补充协议》约定：若小马奔腾未能于 2013 年 12 月 31 日前实现合格上市，则投资机构有权要求实际控制人按约定的利率回购投资人持有的股权。

而小马奔腾未能如期上市，在上述“对赌”协议到期后第二天，也就是 2014 年 1 月 2 日，李明去世，其遗孀金燕出任小马奔腾的董事长及总经理。

2014 年 10 月，建银文化基金公司提起仲裁，2016 年 2 月 23 日中国国际经济贸易仲裁委员会作出裁决：李明的继承人金燕，以及李明的姐妹，在继承遗产的范围内对李明的股权回购义务承担连带责任，要求李明妻子金燕和李明的姐妹共同承担 2 亿元股权回购债务连带责任，投资款加利息总计 6.35 亿元。然而金燕和李明的姐妹李莉、李萍根本无力偿还这笔巨款，李莉、李萍将持有的股权变卖凑出 1.55 亿元，其余的债务在北京一中院的一审判决中，根据《最高人民法院关于适用〈中华人民共和国婚姻法〉若干问题的解释（二）》第二十四条，债权人就婚姻关系存续期间夫妻一方以个人名义所负债务主张权利的，应当按夫妻共同债务处理，判定按照“夫妻共同债务”由金燕承担。金燕不服判决，提起上诉，在诉状中提出自己自始至终未实际参与小马奔腾任何经营活动，并有自己独立的工作和收入来源，李明负债显然属于其单独从事的生产经营负债，不应纳入夫妻共同债务。2019 年 5 月 7 日，该案在北京市高院二审不公开审理。经历了三年多的官司撕扯，小马奔腾已经从估值 54 亿元人民币跌至仅剩 3.8 亿元。

金燕也曾为重振小马奔腾努力过，2014 年 10 月她提出自己借款 7 亿元，回购外部股份，将本金还给建银文化基金公司，然而建银文化基金公司联手股东李莉、李萍罢免了金燕的董事长职务，亲人间的内乱成为压死小马奔腾的最后一根稻草。

小马奔腾的悲剧源于创始人的骤逝，更源于家族治理和传承的缺失，未对公司债务和个人债务进行合理隔离，发展中的股份代持、家族内乱、管理层动荡、投资机构维权等一系列事件的处理都不得当，而激进的投资协议则加速了家庭财富的衰落。

2.1.2 不懂理财，资产管理“走迷途”

金融资产相关的知识门槛高，使得许多家庭没有渠道、没有精力了解金融资产，对金融资产存在偏见、对理财风险没有正确的认识，是中国家庭资产配置失衡的“脑部”病因之所在。

根据中国家庭金融调查结果①，中国家庭金融资产组合的风险分布呈现“两头大，中间小”的特点，即金融资产的配置要么是风险极低，基本没有风险，表现为选择银行存款和银行保本理财；要么是风险极高，大比例持有股票（中国家庭配置衍生品的比例极低）。而风险收益适中的资产组合则少有家庭问津。

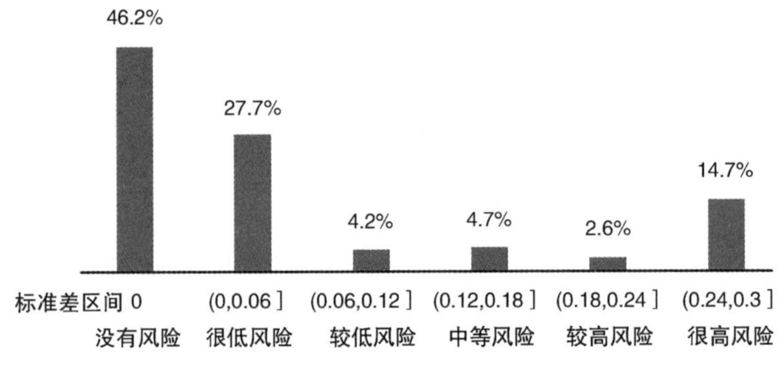

图 2.1　中国家庭金融资产组合风险分布

这种两级分化严重的资产配置现象，本身就说明了中国家庭在资产管理方面的不成熟。保守的家庭视股票等高风险资产为洪水猛兽，断不接受，拒之门外。激进的家庭又视其为一夜暴富的秘诀，甘做“韭菜”，趋之若鹜。

究其原因，还是大部分家庭缺少基本的资产管理常识。“保守”“害怕”是因为厌恶风险，不了解通过资产管理可以达到分散风险的作用；“激进”“狂热”是因为“看着别人赚钱心痒痒”，忽视高收益始终伴随着高风险的匹配关系，盲目跟风所致。

然而，即使投资风格既不保守，也不激进，要想将家庭资产配置得当，处于风险适中的水平，也绝对不是一件简单的事情！家庭成员不仅需要掌握

① 中国家庭金融调查与研究中心，小牛资本．中国家庭金融资产配置风险报告 [EB/OL].2016-10-28。

各种金融产品最基本的原理知识和交易方法，还需要关注国家政策、时事热点，并能对关键性信息进行解读，进行资产的动态调整，此外，各个家庭还需要根据各自家庭的情况，进行整体规划。即使是学经济、金融出身的科班生，也需要到工作岗位上实操很多年，才有可能总结出行之有效的投资方法。对于绝大多数不具有金融学科背景的家庭来说，可谓“难于上青天”。

在“80 后”到“00 后”的年青一代中，缺少理财能力的知识性焦虑也是普遍存在的。

“脑部”知识的缺乏令中国家庭资产管理走上迷途。

2.1.3 不够重视，财富传承“进误区”

根据调查数据[①]，超过半数的财富拥有者对“财富传承规划”这个重大课题“不感兴趣”“先不考虑”“再观望一下”。属于 A 类家庭的超高净值客户仅有 27% 开始了财富传承的安排，27% 的客户表示在 3 年内会积极考虑，而剩余 46% 的客户则表示在短期内不会考虑财富传承的安排。即使在年龄较高、更应该有动机规划财富的退休人群中，这种对于财富传承略显冷淡的心态也未有所改变，仍有 47% 的客户表示在短期内不会考虑财富传承的安排。

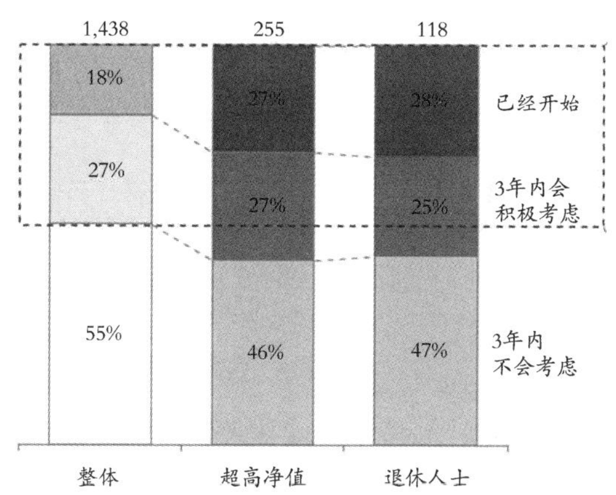

图 2.2　高净值受访者是否已经开始考虑财富传承

① 兴业银行私人银行，波士顿咨询公司 BCG. 中国财富传承市场发展报告：超越财富 · 承启未来 [EB/OL]. https：//www.cib.com.cn/cn/personal/private/news/20170706.html，2017-07。

为什么拥有巨量财富的 A 类、B 类家庭在财富传承面前还会犹豫徘徊，甚至根本不屑一顾？主要还是由于大多数家庭走入了财富传承的误区，总结起来主要有以下两大误区：

（1）误区一：传承 =“年迈”

提到“传承”两个字，多数人总觉得只有垂垂老矣的老翁才需要，对处于 40 — 50 岁年富力强的中年人来说，似乎还有点遥远，没必要现在就着手规划。

然而越早进行财富传承规划，财富才能越安全，面对不可抗力风险时才会更加游刃有余。当疾病和意外突然来临时，我们甚至来不及对财富进行妥善安排，常常是空有想要守护所有家人幸福的决心，却没有足够的时间去完成这个过程。

《礼记》曰：“凡事豫则立，不豫则废。”财富传承也不例外。趁着年轻力壮的时候开始规划，有足够的时间完善自己的财富传承计划，才能让整个财富安排完全遵照自己的心意去设计、完成、执行，保护每一个想要保护的人。

（2）误区二：传承 =“身后事”

在中国文化中，最怕谈及与生死有关的话题，人们普遍认为谈论生死是件不吉利的事情，其中又以生意人为最。这些创造财富的企业家们普遍追求大吉大利，所以面对财富传承这种仿佛与“身后事”挂钩的问题时，都有意无意地绕道而行。

然而有趣的是，企业家们一方面避谈财富传承，另一方面却在生活中进行着诸多财富传承安排。比如让子女进入家族企业工作，并完成一系列股权分配；为新婚的子女购置房产；为第三代购买大额人寿保险；提前将房产赠与子女；等等。

为什么企业家们做上述事情的时候并未觉得有何不妥，但是在进行科学专业的财富传承方案设计时，却认为不吉利了呢？这可能与先入为主的印象有关，他们有财富传承的需求，却又忌讳谈论财富传承的事宜，认为如果不把这件事“摆到桌面上”，仿佛就可以回避生命的无常与生老病死的自然规律。因此，日后还需要通过从业者们长足的努力，使得更多的人转变观念——财富传承并非不吉，反而是真正的大吉大利，因为它通过系统科学的设计，使财富和幸福拥有了更长久的生命力，确保家庭成员能够一直受益。

2.1.4 案例解析——梅艳芳的遗憾

梅艳芳出生于中国香港，是香港著名歌后及演员，生平获奖无数，声名遍布整个华人世界。

她自幼丧父，由母亲抚养长大，有两个哥哥和一个姐姐，姐姐于 2000 年先她而去。2001 年梅艳芳发现自己患有宫颈癌且病情严重，一向敬业的她一边进行治疗，一边继续工作。直到 2003 年 11 月 27 日，她才开始住院治疗，并设立了以家人为受益人的家族信托。这份家族信托的受托人为汇丰国际信托公司，受益人是梅艳芳的母亲和侄子、侄女（兄长和姐姐的孩子），信托财产是现金和物业。[①]

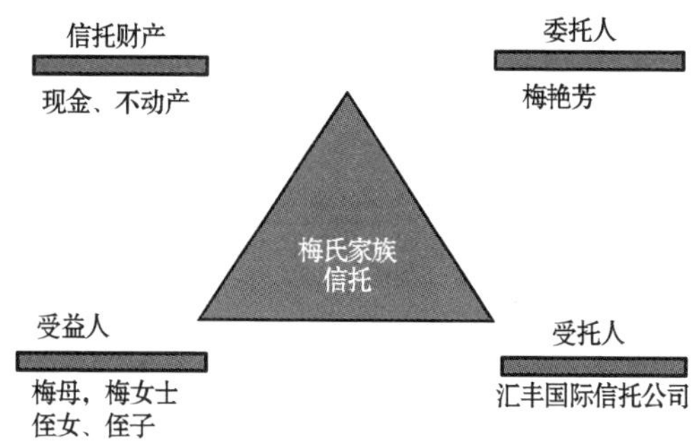

图 2.3　梅氏家族信托示意

同时，梅艳芳在“信托意愿书”中要求受托人将两处物业赠与生前挚友——造型师刘先生，也留出 170 万港元支持侄子、侄女的教育，并且每月支付母亲 7 万港元的生活费。此外，梅艳芳要求该家族信托的条款必须对所有受益人保密。

从条款安排可以看出，梅艳芳知道母亲和兄长有挥霍的习惯，希望通过信托安排，保证家人生活所需，满足下一代教育所需，同时通过保密条款，

① 娱乐现场. 回顾梅艳芳遗产案始末 [EB/OL].http://blog.sina.com.cn/s/blog_4ad9d86601017qdi.html，2011-06-02。

防止利益关系人的矛盾冲突，让家族信托正常运行。

家族信托设立后的一个月，2003年12月30日，梅艳芳在香港医院病逝，终年40岁。

我们不禁好奇，梅艳芳在最后的时光里，煞费苦心设立的家族信托是否使她得偿所愿，让母亲和哥哥们安享余生了呢?

答案是否定的。

2004年年初，当社会各界人士还沉浸在梅艳芳去世的悲痛之中时，梅母向法院提起诉讼，质疑女儿遗产分配真实性，控告受托人、主治医师、造型师刘先生等串通欺骗梅艳芳，正式拉开遗产之争的序幕。

此后的数十年里，梅母与受托人之间进行了旷日持久的官司，而高昂的诉讼费全部由信托资产买单。据悉，梅艳芳去世时留下价值3000万至3500万港元的资产，随着香港房价上涨，其遗产2011年被认定升值到近1.7亿港元。据说如今信托资产已经消耗了大半，能不能完全保障梅母的晚年生活还是个未知数。

回顾这个财富传承失败的案例，我们发现最主要的原因就是，这个家族信托的设立实在太过仓促，原本缜密的安排都输给了时间。

梅艳芳看似缜密的安排到底是如何输给了时间呢？我们来揭开这个谜底。

首先，病情的恶化速度远快于设立信托推进的速度，导致信托没有真正安排妥当。

梅艳芳于2003年11月27日住进医院，而信托于2003年12月3日成立，可以说信托的设立时间已经非常快了。但是很遗憾，家族信托真正产生“效果”的时间却并不取决于信托设立，而是取决于信托财产置入信托的时间。

而梅艳芳将财产置入家族信托的时间，恰恰被圣诞假期耽误了。由于计划置入信托的财产涉及现金和物业，办理过户需要时间，而假期又已临近。梅艳芳遂与受托人约定在假期之后才将财产置入信托。但是梅艳芳没等到假期结束就去世了。

最终梅艳芳的财产只能通过遗嘱的安排置入家族信托，她在遗嘱中写道：“将生前所有财产置入家族信托。”正是这一点变化，导致梅艳芳的许多精心安排归于无效，并且引发后来的诉讼。

如果梅艳芳在生前已经将财产置入信托，则信托安排作为已经执行完毕的协议，难以受到挑战。然而，梅艳芳是在去世后通过生前立下的遗嘱进行财产置入，而遗嘱本身又很容易受到挑战和质疑——只要继承程序中有一个继承人对遗嘱提出异议，继承程序就要停下来。

通过遗嘱完成财产置入，造成的第一个后果就是长年累月的争辩、协商和诉讼。第二个后果是梅艳芳苦心安排的信托保密机制完全失效了。梅母、梅兄作为梅艳芳的继承人，当然会被告知遗嘱安排，当他们发现与自己想要立刻进行财产过户的想法相悖时，立刻引发了财产之争。

其次，由于时间仓促，梅艳芳为母亲预想的每个月支付 7 万元港币生活费的想法，在通货膨胀、货币贬值的情况下，显得非常缺乏弹性，导致梅母多次上诉，请求增加受托人每月支付的生活费。

2.1.5 小结

听完一代巨星梅艳芳的遗产纠纷案，我们不禁感叹，如果梅艳芳提早为自己的巨额财富安排好去处，一切都会不一样，她想保护的家人和朋友们也会有更妥善的生活，不至于为了利益展开旷日持久的拉扯，让梅艳芳的一片苦心付诸东流。而当下，仍有很多家庭认为身处壮年不必考虑财富传承，我们希望通过介绍一代巨星的遗憾，让抱有这种“无知无畏”侥幸想法的人们有所改变。谁也无法预知明天和意外哪一个先来，小概率事件并不是不会发生，而财富传承的优势就在于，能以最从容的态度去面对人生的波折。尽早走出财富传承的误区，尽早规划，才能不使苦心白费！

2.2 信息不对称、相关机构无信用的“心脏疾病”

中国资产管理与财富传承的“心脏疾病”，表现为对专业人士的不信任，可从委托代理问题、相关机构违约成本低等方面深究其原因。

2.2.1 案例导读——e 租宝案

首先，我们聊一聊爆雷不断的 P2P 平台，这是信息不对称、无信用机构的“重灾区”。什么叫 P2P 呢？它的全称是 person-to-person，学名叫“个体网络借贷”，说得通俗点就是一个人通过网络平台借钱给另一个人。而为何 P2P 的风险如此之高呢？这就不得不说到 P2P 平台的变迁史。2016 年前，P2P 平台野蛮生长，据网贷之家统计，截至 2016 年 6 月底全国正常运营的网贷机构共 2349 家，借贷余额 6212.61 亿元，两项数据比之 2014 年年末分别增长了 49.1%、499.7%[①]，发展之势如火如荼，野火燎原，P2P 平台发展呈“快、偏、乱”的现象，即规模增长势头过快，业务创新偏离轨道，风险事件时有发生。此阶段大部分网贷机构异化为信用中介，业务集中于自融自保、违规放贷、设立资金池、期限拆分、大量线下营销活动；然而 2016 年 8 月《网络借贷信息中介机构业务活动管理暂行办法》实行之后，P2P 平台就开始了一系列痛苦的转型，监管方开始严禁 P2P 平台的信用中介行为，明令禁止 P2P 平台吸收公众存款、归集资金设立资金池、自身为出借人提供任何形式的担保等。监管的趋严，业务面的变窄，资金的收紧，都像一只只手，扼住了 P2P 平台的咽喉，拖住了其在错误方向狂奔的野蛮步伐，转而走向一条更长远、更可持续的道路。但是，这痛苦的转型过程中，P2P 爆雷事件如雨后春笋，层出不穷，其中既有令人唏嘘不已，痛心疾首的案例，也有令人啼笑皆非，深感荒谬的奇葩跑路事件，然而每一桩每一起，每一个爆雷平台的背后，都蕴藏着无数家庭财富管理失败后的痛苦血泪，都让无数家庭的财富灰飞烟灭，让无数人悔不当初，痛不欲生。其中最为著名的就是 e 租宝案。

e 租宝案[②]是指“钰诚系”下属的金易融（北京）网络科技有限公司运营的网络平台，打着“网络金融”的旗号上线运营，“钰诚系”相关犯罪嫌疑人

① 徐晨曦．监管办法出台，P2P 未来 12 个月不好过 [J]. 中国战略新兴产业，2016（18）：38-40。

② 乔鹏程．回归金融本质：互联网金融创新与“e 租宝”案 [J]. 财务理论与实践，2018（11）：52-54。

以高额利息为诱饵，虚构融资租赁项目，持续采用借新还旧、自我担保等方式大量非法吸收公众资金，累计交易发生额达 700 多亿元。

2014 年 2 月，钰诚集团收购了这家公司，并对其运营的网络平台进行改造。2014 年 7 月，钰诚集团将改造后的平台命名为“e 租宝”，打着“网络金融”的旗号上线运营。

公安机关发现，至 2015 年 12 月 5 日，“钰诚系”可支配流动资金持续紧张，资金链随时面临断裂危险；同时，钰诚集团已开始转移资金、销毁证据，数名高管有潜逃迹象。为了避免投资人蒙受更大损失，2015 年 12 月 8 日，公安部指挥各地公安机关统一行动，对丁宁等“钰诚系”主要高管实施抓捕。

办案民警表示，从 2014 年 7 月“e 租宝”上线至 2015 年 12 月被查封，“钰诚系”相关犯罪嫌疑人以高额利息为诱饵，虚构融资租赁项目，非法吸收公众资金，累计交易发生额达 700 多亿元。警方初步查明，“e 租宝”实际吸收资金 500 余亿元，涉及投资人约 90 万名。

“e 租宝”的犯罪手法并不高明，是一个彻头彻尾的“庞氏骗局”，具体手段为：虚构融资项目，把钱转给承租人，并给承租人好处费，再把资金转入其公司的关联公司，以达到事实挪用的目的。

一年半内非法吸收资金 500 多亿元，受害投资人遍布全国 31 个省市区。而 2018 年 1 月该案件二审后，依照判决估计用于偿还投资人投资款的部分为待还金额的 20% — 25%，也就是说，投资 100 万元，历时两年的艰难维权后，最多只能拿回 25 万元，可谓“一错投成千古恨，再回首钱财已丢”。

2.2.2 资产管理与财富传承过程中的“委托—代理”问题

不论采用哪种方式，家庭的资产管理和财富传承都离不开律师、保险经纪人、私人银行家等专业人士的帮助。资产管理和财富传承对于每个家庭来说都事关重大，合适的人选自然能使财富增值、绵延，但所托非人则可能使基业毁于一旦。因此在选择专业人士时，信任永远比能力更重要，这时，其中的关键“委托—代理”问题就值得所有人重视。

什么是“委托—代理”问题呢？首先我们了解一下“委托—代理”理论。

“委托—代理”理论建立在资产的所有权与经营权相分离的基础上，强调委托人和代理人之间利益不一致且存在信息不对称性，在“委托—代理”关系中，委托人追求自己的财富最大化，而代理人则追求自己的工资、福利、闲暇时间最大化，这样二者就不可避免地产生利益冲突，从而引发逆向选择和道德风险。

那么我们再来看看“委托—代理”问题，亚当·斯密最早提出“委托—代理”问题，他指出在合伙经营中，董事和代理人意见常常不一致，这便产生了最早的“委托—代理”关系，委托人给代理人支付报酬，但是委托人对于代理人的所思所想，是否真心实意为自己“办事”却无从得知，缺乏信息优势；相反，代理人拥有信息优势，这种信息不对称再加上委托人与代理人的目标不同导致代理人倾向于使自己的利益最大化而非委托人的，这就损害了委托人的利益。①

这里引入了一个关键概念——“信息不对称”。信息不对称性从时间上可以分为事前信息不对称和事后信息不对称。事前信息不对称导致了逆向选择，事后信息不对称则导致了道德风险。在委托代理关系中，逆向选择就是指由于信息不对称，委托人可能错误选择不符合条件的代理人，代理人可能利用信息优势，做出对自己有益的决定，也就是无能的代理人利用自己的信息优势制造出假象让委托人以为自己“捡了宝”。道德风险最初被用在保险行业中，比如寿险中，投保人与被保险人为了得到赔偿金而串通起来做出一系列欺瞒保险人的事情，在委托代理关系中，道德风险是指由于信息的不对称和监督的不完全，代理人的付出远低于他所得的报酬。②

过去，“富二代”最恶劣的表现，无非就是每天花天酒地、香车美女。但是现在呢？他们最快的败家方式，就是眼高手低，信心满满地做大额的投资。为什么呢？花天酒地、香车美女，搭进去的钱和身体都是有限的，而做投资的话从富翁到负翁也就是一个决策的工夫，并且有可能是个无底洞。我们且

① 李春仙，李香菊. 转轨时期我国国有企业的委托代理问题研究——以沪深两市的 14 家上市银行为例 [J]. 技术经济与管理研究，2018（10）：60-63。

② 李科. 我国个人理财委托代理关系问题研究 [D]. 云南财经大学，2010。

不说道德与否，从投资理财的角度来说，“富二代”如此，普通人亦如是。在如今的中国经济环境下，家庭财富创造模式已经从“一马平川”到了“风起云涌”，机会和风险并存，而投资理财亦由顾问时代取代“自驾时代”，那么顾问时代中，“委托—代理”问题也就不可避免。

制约我国家庭理财市场发展的原因不是单一的，而这些问题的根源可以追溯到“委托—代理”问题未能得到很好的解决，解决“委托—代理”问题的关键就在于构建一个有效的约束、激励机制，让委托人能够监督制约代理人的行为，使得代理人心甘情愿地为了双方利益最大化而努力，实现双赢，“两情相悦”岂不美哉？

2.2.3 相关机构违约成本低

颜值，是现下十分流行的词，就是拿分数来衡量一个人的长相，但是长得好看能当饭吃吗？也许有人会坚定地说：“能！看那些很多长得好看的明星都在靠脸吃饭呀。”是的，没毛病，但是如果一个人没有了信用，长得再好看还有用吗？因此信用值才是值得守护一生的东西，可是近些年不断爆出的网贷平台跑路事件，金融机构诈骗事件等，他们几乎都没有把信用放在眼里，把值得一生维护的信用，变成一次性的圈钱机器。

在当下的中国市场，尽管道德与市场经济都呼唤市场诚信，但我国金融市场缺乏诚信度是一直存在的问题，就像前文提到的 A 类、B 类、C 类、D 类四类家庭资产管理与财富传承的案例以及近些年层出不穷的网贷平台爆雷事件。我国金融市场缺乏诚信度主要有以下几大原因：首先，很多机构往往是“利益熏心”，常常以高回报率为诱饵来误导投资人购买产品，而隐瞒不报产品本身的风险，导致后期各种纠纷的发生；其次，理财信息来源的不足，也极大地影响了家庭理财的科学决策，家庭成员在理财过程中难以获得足够详尽真实的理财信息与数据，更无法得出靠谱的理财计划，这也让许多投资者对我国金融市场进一步丧失了信心；再次，信息参考价值不高，“小道消息”风靡，一些亲朋好友“口耳相传”的推介以及企业缺乏可靠性的自我宣传，不真实的信息与信息传导的失真使信息进一步丧失了真实性与可靠性；最后，互联网产品监管不力，风险较高，很多机构打着“无须任何费用”的旗号，再拿出来与银行收益对比之间的标准等来诱导投资者，然而这其中的“猫腻”却不为人知，同时政府监管的不到位更是“雪上加霜”。种种原因汇总，使得我国家庭的资产管理与财富传承有些寸步难行。

随着我国互联网金融产业的快速发展，各细分领域都迎来了春天，为中国家庭拓宽了金融服务渠道，提供了更丰富多样的金融产品。在2016年相关行业法规和监管机制出台前，由于互联网金融行业相对宽松的市场环境，虽然行业内部发展迅猛，却导致了鱼龙混杂、恶性事件频发。

其实网贷平台是有一些限制性条款的，比如为了防止肆意挪用资金而设置了“第三方存管”，为了避免出现拿资金拆东墙补西墙从而累积风险的情况规定了“不设资金池”，“专款专用”则保证了不存在期限错配，但是在实际经营过程中，很多平台为了牟利大都突破了这些限制，却未受惩处，因为压根就没有针对这几条规则的惩罚条款，都是在平台跑路出事以后才进行惩罚，那不是“亡羊补牢，为时已晚”吗？不难发现，在所有出问题的平台中，一类为主观跑路，这一类还是挺容易辨认的；另一类则为经营不善，这就相对有点复杂，问题大部分就出在缺乏违约后的一系列有效制约，法律法规不健全，诉讼成本高、周期长，再加上我国不健全的征信体系，这就使得很多机构并不担心违约的后果，违约成本很低，认为违约后好像对自己影响也没有很严重，这就加剧了违约率的不断攀升，给投资者造成损失。现在，很多平台为了给投资人提供保障都积极引入第三方担保，但是，有了第三方担保就“万事大吉”了吗？其实，第三方担保并不等于“零风险”。

目前网贷行业承包第三方担保业务的主流平台有两种：融资性担保公司、小额贷款公司。其中，融资性担保公司、小额贷款公司等担保主体并没有金融牌照，而且大多数融资性担保公司和小额贷款公司拿着的是地方金融办盖了红戳的一张纸，另外，虽然有些平台引入了担保机构，但这个机构与平台却存在关联性，让第三方担保成了“一纸空文”，成为变相的自担保。本来，平台自身违约风险就不容小觑，担保机构又不靠谱，再加上无震慑力的违约后果、不到位的惩罚措施，这就让很多投资者失去了信心与兴趣，感觉钱还是握在自己手里最安全——这导致很多家庭的资产管理与财富传承仍然偏向走保守路线，家庭财富的管理呈现“亚健康”状态。

2.2.4 案例解析——钱宝网案

2012 年，张小雷成立钱宝网。钱宝网迅猛发展，截至 2017 年 8 月底，钱宝网已经投资 30 多家公司，机构遍布全国 10 余个省市，用户注册量已超过 2 亿，根据此前钱宝网官方公布的数据，其交易金额已经超过了 500 亿元。

2017 年 12 月 26 日，钱宝网实际控制人张小雷因涉嫌违法犯罪，向南京市公安机关投案自首，钱宝网爆雷。[①]

钱宝网的运营模式也非常简单：钱宝网的会员缴纳一定数额保证金，就能从“任务大厅”中领取到试玩游戏、观看广告、填写问卷等任务，通过完成任务可以获得一定的收益。由于声称的具有“保本保息 50% 年化收益率”，吸引了一大批拥趸（也就是“宝粉”）。如此低风险高收益的背后，可想而知就是骗局。

而张小雷投案自首后，“宝粉”上演了一出令人啼笑皆非的现代黑色幽默剧。他们中的一大部分不仅仍然相信张小雷，呼吁派出所将已投案的张小雷放出来，并大骂警方“多管闲事”；甚至有些人认为是警方钓鱼执法，张小雷是“欲加之罪，何患无辞”，甚至去声援张小雷微博，质疑警方微博“被人盗号”。有一句名言是：“永远也叫不醒一个装睡的人。”而钱宝网的案件让我们看到了一群被高收益蒙蔽，不愿相信现实的赌徒，他们在钱宝网编织的高收益美梦中沉沦，但愿长醉不复醒。其实，这些所谓的“宝粉”，是真的打心眼里觉得钱宝网的经营模式不是骗局吗？并不是的。他们心中清楚这种经营模式一定是庞氏骗局，是不可持续的，但是他们无法接受的是，自己是这个骗局倒下的最后一批“接盘者”，他们无法接受在这个击鼓传炸弹的游戏中，炸弹在他们手中爆炸，所以尤其恨让鼓声停止的人，可悲地希望这个鼓声继续，时间仅需要充裕到自己把炸弹传给下一个人，全身而退即可。

① 实业不实，资金链断：钱宝网“赢利神话”真相调查 [J]. 中国防伪频道，2018（13）：33-35。

根据对 P2P 案例的总结，P2P 平台爆雷的原因大致可分为两类——纯诈骗和因不同融资目的而引发的经营不善问题。

纯诈骗的具体手法有以下几种：

表 2.1　P2P 诈骗手段与代表平台

诈骗手法	代表平台
虚拟 P2P	优易网、旺旺贷
自融自保	东方创投
庞氏骗局	e 租宝、钱宝网

“虚拟 P2P 平台”，即欺诈平台披着 P2P 网贷的外衣，在互联网上圈钱；恶意自融自保平台，即老板开办网贷平台为自己难以在传统融资渠道融到资金的实业提供资金血液，背后企业或项目运营不善将引起资金链断裂；庞氏骗局平台，发布虚假的高利借款标的募集资金，甚至直接虚拟标的，并采用拆东墙补西墙、借新贷还旧贷的庞氏骗局模式运营。

深挖 P2P 爆雷不断的原因，首先，我们需要理解的是 P2P 网贷机构的定位，它的本质应该是信息中介而非信用中介。何为信用中介呢？通俗地说，信用中介和银行的生意其实比较类似，主要是一个资金池模式，然后在资本盈余方和短缺方之间进行期限和金额的搭配，就像银行一样，短存长贷，并且赚取差价。而信息中介，是指为借款人和出借人（贷款人）实现直接借贷提供信息收集、信息公布、资信评估、信息交互、借贷撮合等服务的机构。[①] 因此，当 P2P 平台违规设立资金池、捏造虚假标的、参与平台项目时，它就背弃了它的初心——信息中介作用，从而异化成了一个粗糙版的网络信用中介，但是它的风险控制、客户门槛均无法达到信用中介的要求，风险就在 P2P 平台上累积了。

其次，我们需要理解投融资方的“金融跷跷板”理论，一个项目的投融资方就像是在跷跷板的两头，不可能两头都低，即如果投资方“囊中羞

① 唐子艳，程思绮. 校园贷问题研究 [J]. 江西科技师范大学学报，2018（03）: 30-36。

涩”，那么融资方不能也“囊中羞涩”，否则风险会急剧累积，双方的风险承受能力就会无法匹配。因此 P2P 平台信息中介的业务本质应该是：帮助“囊中羞涩”的融资方找到“高富帅”投资者（合格投资者，资金充足，有较强的风险承担能力）；或者帮助“囊中羞涩”的投资方找到“高富帅”的融资者（正规、风险在投资方承受范围内的融资项目），这才是成功的信息中介业务的根源。

最后，我们需要分析一下许多 P2P 爆雷平台投资者的心态。根据对钱宝网等案例受害者访谈的整理，发现许多投资者并不是不明白这些风险，也不是不明白这种骗局不能长久，但是高收益打动人心，他们心怀侥幸，击鼓传炸弹，总希冀自己可以在爆雷之前跑出去。而这种对高收益贪婪、对风险抱有侥幸的心理，最终导致了数百亿元灰飞烟灭，数万用户悔不当初。

2.2.5 小结

中国家庭资产管理与财富传承的问题中，“心脏疾病”是家庭与机构的信任坚冰。以 P2P 为例，许多 P2P 平台毫无底线，利用投资者追求高收益的心态进行诈骗，雨后春笋般的 P2P 爆雷案例又加剧了投资者对机构的不信任；而许多 P2P 投资者一味只求高收益，忽视风险的心态短板，金融知识薄弱的认知短板，信息不敏感的行动短板，都为投资失败埋下了伏笔。而如何去打破这种信任坚冰，如何去解决双方心态的问题，是改善中国家庭资产管理与财富传承现状的重要问题。

2.3 知易行难的“腿部疾病”

中国资产管理与财富传承的“腿部疾病”表现为资产管理和财富传承的手段有限且有专业的“注意事项”，如果一旦用不好可能得不偿失。以遗嘱为例，下文将从无效遗嘱、多份遗嘱效力判定、伪造遗嘱的严重后果等进行说明。

2.3.1 案例导读——论《都挺好》剧中苏大强遗嘱的法律风险[①]

2019 年的网红电视剧《都挺好》，通过展现原生家庭的爱恨纠葛，塑造了有血有肉的家庭成员形象，成功火遍了大江南北。在电视剧第 44 集中，好友老聂的突然中风吓坏了懦弱自私又小气的父亲苏大强，让他感受到了生命的无常与脆弱。苏大强深感年龄渐大、时日无多，生怕自己有朝一日突然撒手人寰而来不及告知子女自己的财产安排，于是决定订立遗嘱。虽然在立遗嘱这个事上，他做得可圈可点，可是从法律的角度说，他立的遗嘱却又犯了许多错误，有巨大的法律风险。

亮点一：在遗嘱内指定遗产管理人

苏大强宣布遗产分配方案的时候，虽然表示出了对苏明玉的愧疚，但还是不出观众所料地把财产都留给了苏明成。苏大强说，因为苏明成丢了工作又没房子，是最需要钱的那一个。但是为了防止苏明成胡乱花钱，他将这些钱放在苏明玉手中，由她保管。这就是“遗产管理”的思路。换句话说，苏大强指定苏明玉作为他的遗产管理人。

亮点二：法律与情感的双运用

当苏大强将财产分配内容宣读完之后，他坦诚地剖析了自己的内心——他为自己没尽过当父亲的责任而内疚，但已走到人生的边上，他现在还是希望能留给子女一些念想。他反思说：过去好友老聂劝他尽情享受不要想着把钱留给儿女，但是当他现在意识到自己的时间已经不多时，心里最放不下的还是三个儿女。

最后，苏大强表示希望他们兄妹三人以后常走动，维系亲情纽带。这种亲情牌无疑是一种催化剂，促进了子女们对遗嘱分配方案的接受程度。

然而，这份遗嘱从法律的角度来看，却存在诸多错误、画蛇添足与不严谨处，可能造成法律效力存疑。主要有以下问题：

---

① 中华遗嘱库案例库 . 都挺好剧终，苏大强遗嘱竟有巨大法律风险 [EB/OL].https：//www.will.org.cn/portal.php?mod=view&aid=847，2019-4-19。

问题一：召集家庭会议

在苏大强立遗嘱前，他已经深刻地意识到了此事关系重大，所以要求三个子女全部在场，一个也不能缺席。他以绝食为要挟让苏明哲搭乘最早的一班飞机从国外回来，并在立遗嘱当天，叫来了朱丽（苏明成已经离婚的配偶）、石天冬（苏明玉的男朋友）。照常理苏明哲的现任老婆也应该在场，只是因为要在国外带孩子，实在没办法到场。等苏家一家人到齐了，苏大强才拿出遗嘱准备给大家宣布。

殊不知，根据《中华人民共和国民法典》第一千一百三十一条规定："对继承人以外的依靠被继承人扶养的人，或者继承人以外的对被继承人扶养较多的人，可以分给适当的遗产。"换句话说，苏大强的这份自书遗嘱无须见证人在场，不需要任何人的同意，也不需要告诉任何人，只要合法订立，就是有效的。苏大强召集所有家人并当众宣读遗嘱，此举可谓"画蛇添足"。

在现实生活中，在遗嘱人尚未离世期间，遗嘱内容的暴露常常会引起伦理、家庭的纠纷，甚至会出现以遗嘱订立人为圆心的"情感拉锯战"，违背遗嘱人订立遗嘱的初衷。

问题二：真实意思表示无证明 / 无法证明遗嘱订立人具有完全行为能力

苏大强在立完遗嘱之后不久就确诊了阿尔茨海默症，俗称老年痴呆。如果后期苏明哲和苏明玉要对遗嘱效力提出质疑，主张苏大强立遗嘱时已经患有相应的病症，不具备正常的辨识力，不是完全民事行为能力人，那么相应遗嘱的效力可能会受到巨大影响，而苏明成几乎没有证据能为遗嘱的有效性进行辩护。

《中华人民共和国民法典》第一千一百四十三条规定："无民事行为能力人或者限制民事行为能力人所立的遗嘱无效。遗嘱必须表示遗嘱人的真实意思，受欺诈、胁迫所立的遗嘱无效。伪造的遗嘱无效。遗嘱被篡改的，篡改的内容无效。"立遗嘱的人必须具备完全民事行为能力，限制行为能力人和无民事行为能力人不具有立遗嘱能力，不能设立遗嘱。

因此，患老年痴呆症的患者所立遗嘱是否有效，主要取决于其订立遗嘱时是否具有完全的行为能力，或者遗嘱是否是根据遗嘱人的真实意思形成。

这时候，专业机构的证明、有效的法律文件就显得至关重要。

苏大强的案例，可谓：荒唐人生荒唐事，立遗嘱又起风波，法律情感双运用，亲情相容法难容，若要打好遗嘱牌，法律条文要熟悉，专业事项若不懂，往往效力要存疑！

2.3.2 无效文件的产生及影响

许多人将遗嘱简单认定为能代表个人意愿的书面文件，但实际上遗嘱的确立对形式要件有严格要求，在缺少专业人士指导的情况下可能无法有效订立遗嘱。比如法律规定代书遗嘱、录音遗嘱和口头遗嘱的订立需要有两个以上无利害关系的见证人；遗嘱人在危急情况下所立的口头遗嘱，在危急情况解除后，遗嘱人能够以书面或录音录像形式立遗嘱的，所立的口头遗嘱无效。为满足遗嘱成立的各类形式要件，必须对其进行长期存证，不仅需要留存书面文件，有时还需要留存录音、录像文件，如果欠缺这些，遗嘱的效力将会受到影响，徒增家庭纠纷的可能性。①

可见许多文件并不是一经签订就有效的，在一些情况下文件可能会被认定无效。那么怎样能认定为无效文件呢？无效文件具体有哪些表现形式呢？

无效文件主要从文件形成的视角去看该文件的效力，是指文件虽然已经成立，但因其严重欠缺一些有效要件，因此在法律上不能按照当事人之间的意思表示，赋予文件法律上的效力。总体来看，无效文件要么是具有违法违规性，损害了他人的利益，要么就是不代表当事人真实的意思表示。

在现实生活中，对于各类家庭来说，立遗嘱都是一件相当重要的事情，遗产依法分配这一途径能有效减少子女之间关于继承遗产的矛盾。那么为了避免形成无效遗嘱，我们应该注意哪些问题呢？

第一点是遗嘱人拥有立遗嘱的能力，即遗嘱人是具有完全行为能力的，在神志不清时迷迷糊糊说出的话是没有法律效力的；第二点是保证遗嘱是自愿设立的，因为贪图老人钱财进行威逼利诱等手段是无效的，篡改遗嘱的行

① 钱欣彤. 婚姻中高净值人士财富传承研究 [D]. 北京大学，2019。

为更是无效的，这些情况一旦被发现并经查证，哪怕是已经获得了遗产，也会被依法剥夺；第三点是遗嘱不能违反社会公德，比如将遗产留给“小三”或者处理他人的财产，这些情况下遗嘱可能是无效的；第四点是不能剥夺无保障人员的继承权，虽然我们都享有遗嘱权，但并不代表遗产就可以随意分配，比如自己的某个子女生活已经没有保障，但在立遗嘱时并没有考虑到将来他们的生活状态，那么这份遗嘱将来也有可能是无效的（但是要注意，这里所谓的无保障人员指的是没有收入来源且失去了劳动能力，而不是那些“啃老族”）。

通过充分了解导致遗嘱失效的各种因素，中国家庭可以在实践中一定限度地避免遗嘱失效。如果想进一步保证遗嘱的有效性，可以采取律师见证遗嘱或公证遗嘱，由专业的人员审核把关，在订立程序上也更加严格。避免无效文件能减少不必要的纷争、诉讼，有利于家庭关系的和谐，实现遗嘱人立遗嘱的初衷。

2.3.3 多份文件的产生及影响

多份文件，指在两份文件都有效的情况下只能有一份文件拥有法律效力的情况。此时根据《中华人民共和国民法典》第一千一百四十二条规定：“遗嘱人可以撤回、变更自己所立的遗嘱……立有数份遗嘱，内容相抵触的，以最后的遗嘱为准。”

按照“长江后浪推前浪”的原则，更晚立的遗嘱能够覆盖之前的遗嘱，成为在法律上唯一有效的遗嘱。不仅是遗嘱，所有的资产管理与财富传承的文件，大部分都具有唯一有效性。

但是多份文件在生活当中并不常见，因为在正常情况下文件制定人都不会自己制定相违和的两份文件。基本上只有在遗嘱无法对证的情况下才会出现两份有效的文件同时在场。虽然法律要求是在清醒的情况下，可是如果出现在立遗嘱的现场，只有继承人和被继承人在场，即使继承人神志不清，被继承人也会为了自己的利益隐瞒实情。立遗嘱的时候有其他人在场，也有为了分一杯羹隐瞒实情的动机，所以遗嘱是否有效并不依据是否有第三人在场而进行判定。这样无效的遗嘱就登上了和前一份遗嘱竞争的舞台，正式成为多份文件。

虽然“长江后浪推前浪”，但是前浪的挣扎未必无效。所以即便在遗嘱原则上面有着相关的保护，也并不能阻挡多份遗嘱带来的蝴蝶效应。虽然多份遗嘱有着“长江后浪推前浪”的原则（更晚的遗嘱相比之前的遗嘱有着更高的法律效力），当带着放大镜看这一份稍稍有些凄凉的文件，一旦遗嘱上的问题被发现，后立的遗嘱作废，那就是前立的遗嘱翻身做主人了。

多份遗嘱产生的闹剧并不是只存在于豪门之中，也存在于寻常百姓家。百姓家里多份遗嘱的纷争基本上是以能拿出来的后立的遗嘱为最终结果。

无法证明无效的文件，出于对继承人的尊重都需要列为有效的遗嘱。所以对于整个家庭，如果有多份遗嘱，将使得这个家庭分崩离析，家庭成员站在对立面，甚至是对簿公堂。至于继承人真正的遗愿，又有谁真正地关注呢?

2.3.4 伪造文件的产生及影响

伪造文件，在法律上，是指故意制造假的文件或删改文件以致误导他人的目的的行为，通常会因此得到利益，但并不以此为构成要件。

和其他文件类型不同，多份文件和无效文件本质上都是制定者本身意愿的体现。或是由于时间的变迁，或是由于法律的规定成为一纸空文。而伪造文件本质上是对制定者本身遗愿的篡改。伪造文件的盛行并不是因为文件本身的伪造难度低，而是因为文件背后的高利润。

作为一种低成本，高回报的“投资方式”，正如罪恶衍生罪恶，谎言创造谎言一样，牵涉大额的资金，伪造文件的可能性随着收益的提高慢慢进入大众的视线——当利益足够高时，逐利者就敢于挑衅人间一切的法律。例如，康美药业对于财务报表的伪造，造成盈利的假象吸收社会资金。如此一轮又一轮，终究是纸里包不住火，引火烧身。

伪造的文件如同滚雪球一样，需要更多的谎言或者伪造来覆盖这部分的伪造现实。可是纸终究包不住火。伪造重要的文件被发现之后，伪造者面临的将是牢狱之灾。在《刑法》第二百八十条中，其第一款规定：“伪造、变造、买卖或者盗窃、抢夺、毁灭国家机关的公文、证件、印章的，处三年以下有期徒刑、拘役、管制或者剥夺政治权利，并处罚金；情节严重的，处三年以上十年以下有期徒刑，并处罚金。”第二款规定：“伪造公司、企业、事业单位、人民团体的印章的，处三年以下有期徒刑、拘役、管制或者剥夺政治权利，并处罚金。”

2.3.5 案例解析——龚如心案

能够称得上“世纪大案”的遗产纠纷案件，只有香港女首富龚如心的遗产纠纷案了。该案涉及的民事诉讼是香港历史上历时最长的民事诉讼。

龚如心出生于我国上海。她和她的丈夫王德辉创办了华懋置业，随后生意越做越大，成为 20 世纪 70 年代香港最大的私营地产商之一。1990 年，王德辉突然遭到绑架。龚如心交付了 2 亿 4000 万港元的赎金，但未能赎回。事后，香港警方拘捕的几个疑犯的口供表明，1990 年 4 月 13 日，他们驾驶的小艇遭遇了内地巡逻艇的跟随，绑匪只好把王德辉扔到了公海里，遗体至今没能寻回。

随后，王德辉的父亲王廷歆出示了王德辉 1968 年所立的遗嘱，在这份遗嘱中，几乎所有的财产都留给了父亲王廷歆。谁知龚如心也拿出了一份遗嘱，王德辉在 1990 年的遗嘱中说明所有的遗产都留给自己的妻子龚如心。龚如心出示的这一份遗嘱上每一页都有王德辉的签名。

经过了 171 天的审讯后，香港高院原诉法庭作出了一审判决：龚如心所出示的遗嘱是伪造的，王廷歆出示的遗嘱是真实的，判决王廷歆取得王德辉的遗产。原来王廷歆请的美国专家表示：他得出了结论，龚如心的这一份遗嘱是 1997 年才写上的，而王德辉早在 1990 年就被撕票。所以，遗嘱是伪造的。

然而，就在终审法院审理之前，法院发现：王廷歆的专家竟然向法院说了谎。这位专家出的问题并不直接指向鉴定结论，而在于这个专家表示自己曾与助手一起办过美国档案的鉴定，但是经过审查，专家在办这个美国档案的时候，他所谓的助手还没有上大学。按照道理来说，仅仅作为一个助手，也仅仅是年龄的问题，应该对于整个案件无关痛痒。

错就错在法官不是这么想的。

这个案件中，法官认为这位美国专家伪造了证词。所以，2005 年 9 月，香港特别行政区终审法院裁定香港华懋集团主席龚如心胜诉。

不仅是关于丈夫王德辉的遗产争夺案，这位传奇女士龚如心去世之后，也在香港司法史上掀起了轩然大波。龚如心于 2002 年曾公开透露已立下遗嘱，她的全部身家除预留照顾“老人家”所需外，余数会拨入名下的华懋基金作慈善用途。但 2007 年 4 月，一位风水大师——陈振聪召开记者会，自认是龚如心遗产的唯一受益人，并通过代表律师公开他在 20 世纪 90 年代与龚如心的合照，为案件增添了浓重的八卦意味。华懋慈善基金持有的龚如心于 2002 年订立的遗嘱，和陈振聪持有的 2006 年遗嘱，哪份才是龚如心的有效遗嘱呢？

据《东方日报》报道，为了证明陈振聪所持遗嘱的无效性，龚如心的胞妹龚中心在提交给法院的文件中指出，“2006 年遗嘱”签署前 5 天，龚如心最后一次在竹脚妇幼医院接受癌症化疗，当时她“记忆有困难，曾投诉指脑里一片空白”，“她确实知道那是她生命的最后阶段”①。由此可见，龚中心想以龚如心订立 2006 年遗嘱时意识模糊，任人摆布，并不具有行为能力，来证明陈振聪所持的文件是无效的。

但是在这起案件审理过程中，法官只想通过证明两份文件的真伪性来得出判决结果。2010 年 2 月，香港高等法院判定，在已故华懋集团主席龚如心的千亿遗产争夺战中陈振聪败诉，并且判定陈振聪所持的 2006 年遗嘱系伪造。

遗嘱是财富传承的最基本工具，一方面，利用遗嘱明确继承人之间的遗产分配基本已被世人所接受和理解；另一方面，相对于保险、基金会、信托等方式，遗嘱接受程度更广，手续更加简便，保密性较高且成本较低。因此几乎每一个有财富传承需求的高净值人群，都会采用遗嘱这种相对来说最为方便、快捷的方式，一份完整有效且全面的遗嘱一般可以满足一定的财富传承

① 南方都市报 . 龚如心遗产战打到新加坡 求证订遗嘱时精神状态 [EB/OL].http：//law.southcn.com/c/2007-10/12/content_4257390.htm，2007-10。

需求。但是，通过龚如心的遗产纠纷案我们可以发现，遗嘱固然是一种最基础的财富传承方式，但是如何确保遗嘱有效才是最大的问题。恰恰是龚如心、王德辉在早年订立的遗嘱最终导致了纠缠多年的“遗产案”。

为了能够安全、准确地达到财富传承的目的，需要通过合理的安排和严谨的程序避免因这些因素引发遗嘱的效力之争。根据这两起“遗产案”的分析，并结合中国法律，影响遗嘱文件效力的因素可能会有如下几个：

首先，制定文件时需严谨，避免出现无效文件。

文件的订立人在订立文件时须具有完全行为能力。根据《中华人民共和国继承法》第二十二条[①]第一款规定：“无行为能力人或者限制行为能力人所立的遗嘱无效。”也就是说，立遗嘱人在订立遗嘱时必须具有完全民事行为能力，如果在订立遗嘱时不具有行为能力，则即使日后恢复了行为能力其所订立的遗嘱也应当是无效的，反之，在其订立了遗嘱后才丧失了相应的行为能力，则其此前所订立的遗嘱也是有效的。

其次，需要注意遗嘱效力覆盖问题，避免出现多份文件。

无论是龚如心丈夫的遗产争夺案，还是龚如心离世后的遗产纠纷案，都存在数份遗嘱的问题。《中华人民共和国民法典》第一千一百四十二条规定：“遗嘱人可以撤回、变更自己所立的遗嘱……立有数份遗嘱，内容相抵触的，以最后的遗嘱为准。”而中国香港地区“遗嘱条例”第十三条也有相似的规定，任何遗嘱的全部或任何部分可以因另一有效的遗嘱而撤销。

因此，除非订立公证遗嘱，否则在遗嘱内容变更后，必须立即销毁之前订立的遗嘱，避免影响后立遗嘱的有效性。

最后，从自身做起，与伪造文件作斗争。

在王德辉的遗产判决案中，一审法院作出了判决后，龚如心不仅丧失了获得遗产的机会，还因为涉嫌伪造证据，律政司对她提起了追诉，有可能被判处刑罚。在龚如心的遗产案中，法官认为陈振聪在案中不诚实，滥用司法程序，裁定伪造遗嘱罪名成立，以及伪造及使用虚假文书两罪并罚，判处入

① 该条对应《中华人民共和国民法典》第一千一百四十三条。

狱12年并罚款。[①] 由此可见，伪造文件的惩罚力度相当大，我们不能以身试法。当有人使用伪造文件时，可以聘请专业的鉴定机构，取证相关当事人，以达到“公平、公正、公开”。

2.3.6 小结

对中国家庭的资产管理与财富传承望闻问切，找出疾病的根源后，我们从病因入手，就可以找到更有效的解决方案。要制订一个健康的资产管理与财富传承方案，首先就要从思想上不排斥，增强“财商”与财产保护意识；其次尊重专业人士，识别专业机构，委托专业并靠谱的机构顾问咨询最适合自己的方案；最后要用好资产管理与财富传承的工具，按照各种工具的“注意事项”严格执行。愿“天长地久有时尽，财富绵绵无绝期”。

① 豪门遗产纠纷录——香港龚如心世纪遗产争夺案 [EB/OL].https://www.sohu.com/a/298500207_120055348。

第 3 章
对症下药，开出药方

3.1 “维生素”——金融产品

要解决中国家庭资产管理与财富传承的“疾病”，出发点和落脚点还是在于要合理地使用和配置各类丰富的金融产品，以此来达到“强身健体”的目的。

随着全面深化改革的不断推进，我国的金融市场也在高速发展，各类金融产品也在不断丰富，可以满足中国家庭资产管理和财富传承的各类需求。金融的两个核心特征就是收益和风险，正确地运用各类型金融产品的关键就在于获取收益的同时，严格防控住风险。为此，我们将多种多样的金融工具分为进攻型工具和防守型工具，进攻型工具主要是根据各类中国家庭的需要，达到资产有效地保值增值，而防守型工具则是通过金融产品，来达到“趋吉避凶”的目的。

进攻型工具中，现金是每个家庭都需要的最基础的工具，也是资产配置的起点，虽然每个人都常接触现金，但其中的门道并不少，小到个人消费需求，大到整个经济环境的变化，都应在现金的配置中进行考虑；而固定收益类资产和股票基金，则是中国广大家庭最熟悉的金融产品，但总有人感叹没有获得很好的收益，而我们将介绍这两种产品简单却有效的打开方式；还有私募股权基金、资产证券化产品和融资类信托这些平时看起来“高大上”，可能离大多数家庭相对比较远的金融产品，我们也将揭开它们的神秘面纱，也许未必每一个家庭都会使用到它们，但了解它们一定会对资产管理和财富传承带来更多的启示。

防守型工具中，普惠保险虽然未必会给中国家庭资产的保值增值产生直接的效果，但却会作为家庭幸福的“隐形守护者”为每个家庭保驾护航，带来资产管理和财富传承的间接收益；而大额保单作为高端的金融工具，更加灵活，会带来很多财产保险的配置思路；最后，家族信托会作为财富传承的载体登场，让我们一睹定制化金融产品的风采。

相信在如此多种多样的金融产品的加持下，每一个中国家庭都能够找到适合自己的“攻守兼备”的资产配置与财富传承的解决方案。

3.2 “速效救心丸”——法律工具

我们都知道“无规矩，不成方圆”，其实这所谓的“规矩”就是法律。司法是维护社会公平正义的最后一道防线。可以说，法律一直扮演着一个角色——坚强的后盾，不可否认，财富传承需要法律。本篇将进入六大法律工具的世界，以便广大读者更好地用法律来维护自己的合法权益，避免不必要的纠纷与损失。

婚姻财产协议是维持婚姻的防火墙，现阶段我国离婚率不断攀升，不但白头偕老看起来遥不可及，而且“枕边人”还有可能是中山狼，做好婚姻财产协议，也许就是对婚后的自己最好的保护。

谈到遗嘱，每个人都不陌生，它是最基础的财富传承工具，但世界上没有“万能药水”，遗嘱也不是解决财富传承问题的“万能药水”，它究竟是“尚方宝剑”还是“绣花枕头”，在法律篇中都会有答案。

赠与，既是一份心意也是一份传承，但是有时候赠与也会带来麻烦，用好赠与协议，无论是心意还是财产都会更好地传承下去。

有时候，人的预感就是好的不灵坏的灵，不怕一万，就怕万一，人总是最了解自己的，既然预想到不太好的未来，那么找一个信得过的人比什么都重要，意定监护就是未雨绸缪。

对于高净值家庭来说，财富传承不仅仅是“传承”，更多的是希望这份“财富”能够恒久远，做好家族信托，更好地实现财富传承的细水长流。

任何事物的最高境界就是实现其价值所在，财富传承也不例外，由富一代到富二代、富百代，家族基金会无疑是富人财富的最佳归宿。

让我们一起走进婚姻财产协议、遗嘱、赠与、意定监护、家族信托、家族基金会这六大法律工具的世界一探究竟，循法传家，用好这最后一道防线。

3.3 “维骨力”——信息技术

随着金融科技的创新和发展，信息技术对中国家庭财富管理的影响越来越大，已经成为不可忽视的重要影响因素和力量。科技创新对我们的影响有正反两个方面：一方面，金融科技的创新无疑将带来新的收益与红利；另一方面，目前金融科技创新还处在婴儿阶段，仍然存在许多技术的局限性，同时也给中国家庭财富管理带来新的风险与挑战。我们的技术篇正是围绕这两个方面展开的。

（1）金融科技创新与收益

我们认为金融科技创新将给财富管理带来无限的发展空间。本书试图从资产管理和财富传承两个视角，探究科技创新对中国家庭财富管理的积极影响。

其中，对于 C 类和 D 类家庭，我们结合资产管理与普惠金融的概念，深度解析了“在线理财平台”与“智能投顾”两大案例。

对于 A 类和 B 类家庭，我们着重探讨了科技给财富传承带来的新趋势，创造性地探索区块链运用到财富传承中所能创新出的“遗产链”概念，此外我们也思考人工智能在财富传承中能够发挥的作用。

（2）科技的局限性与风险

当前四大金融科技前沿——人工智能、区块链、云计算和大数据的技术发展迭代极快。但收益往往与风险并存，高歌猛进的科技创新在带来新的发展的同时，也带来了很多新的风险与挑战。包括信息安全风险、操作风险、“科技失灵”风险和法律风险，这些风险和我们中国家庭的财富管理日常息息相关。本书希望通过朴实的文字，让中国家庭能够不会被这些新鲜词汇所迷惑，对科技的不足能够有一定“免疫力”，帮助中国家庭在新风险面前提升风险意识和增强财富保护能力。

金融篇

金融篇执行负责人： 郭津铭

其他成员：（按姓氏笔画排序）

王　御　王立增　许泗强　张泽宇

张书豪　张思萌　宋　柳　时　岩

陈修国　郑　靖　洪舒林　董　纪

潘　越

本篇基于前文对于四类家庭的分类，针对金融产品在不同家庭的适用性，进行了整理和总结。我们认为，有的金融产品是普适性的，如现金类资产、固收类资产和股票型基金；有的金融产品门槛相对较高，如私募股权基金和家族信托，无论是否采用，了解各类金融产品都会对自身家庭资产管理和财富传承带来一定的启迪。不同金融产品对每类家庭的适用性具体如下表所示：

进攻型工具：

家庭类别 / 工具	现金类资产	固收类资产	股票型基金	私募股权基金	资产证券化	融资类信托
A 类家庭	√	√	√	√	√	√
B 类家庭	√	√	√	√	√	√
C 类家庭	√	√	√			√
D 类家庭	√	√	√			

防守型工具：

家庭类别 / 工具	普惠保险	大额保单	家族信托
A 类家庭	√	√	√
B 类家庭	√	√	
C 类家庭	√		
D 类家庭	√		

第 4 章
进攻型工具

4.1　现金类资产：现金加持，内心不慌

现金类产品的品类很多，主要包括商业银行的活期存款、通知存款、银行 T+0 理财产品等[①]。现金类产品适用于 A 类、B 类、C 类、D 类四类家庭，虽然在四类家庭的资产配置中占有不同的比重，但是现金类产品都是其不可或缺的投资选择。

4.1.1　案例导读——李先生的房市遭遇[②]

李先生原本只是上海一个普通白领，2014 年年底，深圳房价刚刚开始出现异动的时候，他敏锐地发现了其中的机会，立刻辞去工作回深圳专职炒房，以 100 多万元做首付在福田买了第一套房子进行投资，没过多久这套房子从 400 万元涨到了 800 万元。

看到房价涨得这么快，李先生把爸妈名下的房子也都拿去做了加按揭贷款，亲戚的指标也都借来买房。通过不断地加按揭贷款滚动操作，在 2015 年深圳房产大牛市中，李先生手里的房产市值达到了 5000 万元，个人资产翻了

① 杨建刚. 现金管理类理财产品的比较与选择 [J]. 金融经济，2013（24）：108-109。

② 为帮助读者理解，本案例由作者综合若干典型案例编制。

十几倍。然而他每个月需要还 20 万元的贷款，压力非常大，如果每个月没有 20 万元的现金流进账，就有断供的可能。2016 年 10 月，深圳出台了史上最严限购政策，非深圳户籍购房由三年社保提高为五年，同时二套房首付提至七成，市场成交量大幅下滑，这让李先生十分担心。

为了获得足够的现金流，保证资金链的安全，李先生陆续将手里的 3 套房子降价挂牌出售，平均每套房相对于最高价时期降了 10%。另外，由于深圳楼市进入量价齐跌的阶段，他也一改以往实收的交易模式，愿意承担一部分的税费。

相比于李先生来说，深圳新加入炒房队伍的投资客，目前正承受着更大的资金压力，他们大多通过银行消费贷款和信用贷款，或者将第一套房从银行做抵押贷款，作为第二套房、第三套房的首付款。这些炒房客的现金链随时可能崩盘。①

资金的流动性在家庭生活中扮演着至关重要的角色，所谓“钱到用时方恨少”，那么各类家庭应该怎么进行现金类资产管理呢？

4.1.2 “现金”等同于现金类资产吗？

“您支付宝 188****8888 花呗 6 月账单 3000 元，6 月 10 日自动还款，可登录支付宝—花呗查账及还款，已还忽略【花呗】。”这条短信的内容是不是很熟悉呢？每个月月初，不少人的手机上都会收到花呗发来的这样一条短信。近年来伴随着电子商务和互联网金融的发展，类似于网络信用卡的新支付方式——蚂蚁花呗也应运而生。把银行卡里的一部分钱存入支付宝的余额宝中，每个月月初通过余额宝自动还花呗，成了不少人的首选。这样操作，既享受了花呗借款支付得到的高效、便捷，又获得了余额宝资金带来的利息，一举多得。而余额宝，本质上是一种现金类产品，这种现金类产品已经深刻融入了人们的日常生活。

起初，现金类资产主要包括银行存款。随着中国市场化经济体制改

① 央视财经. 深圳炒房客 100 万变成 5000 万只用 2 年 如今降价甩卖 [EB/OL].http：//news.cnr.cn/native/gd/20170223/t20170223_523616349.shtml，2017-2-23。

革的推进、国民经济的发展、居民收入水平的提高，各类家庭的理财意识都越来越强，各类家庭不再仅仅满足于银行存款提供的现金保障和收益。针对不同的风险、经济形势，产生了多样化的现金类投资需求。与此同时，伴随着科技的进步，金融市场的蓬勃发展，各种现金类金融产品应运而生，商业银行等各类金融机构为中国家庭提供了越来越丰富的现金类资产投资选择。现金类资产在一个家庭的资产配置中扮演着不可或缺、越来越重要的角色。

现金类资产是指能够灵活、方便地进行现金管理的资产，其特点有：

（1）投资灵活。现金类资产的申购、赎回手续简单便捷，特别是随着移动支付和手机银行的发展，某些现金类资产可以实现随时随地的申购、赎回。同时，现金类理财产品在资金数额上没有过多限制，可以帮助家庭实现闲散流动性资金的“碎片化”管理。聚沙成塔，积少成多，在实现资金灵活性的同时，又获得财富收益。

（2）风险较小。现金类资产的安全性相对较高，大多数属于中低风险，部分产品可以实现工作日本金利息及时到账，降低了资金损失的风险。

（3）收益稳定。现金类资产的收益率多与银行的固定利率不同，实行浮动收益率，一般以预期年化收益率的形式供各类家庭选择。除银行存款外，其他现金类资产的主要卖点之一就是收益与银行活期存款相比较高。

现金类资产主要包括：商业银行的活期存款、通知存款、银行 T+0 理财产品、证券公司的国债逆回购、券商 T+0 资管产品、基金公司的传统货币基金、创新 T+0 货币基金以及超短债基金。

表 4.1　各类现金资产比较分析[①]

现金资产名称	流动性	安全性	收益性	发行机构
活期存款	★★★★★	★★★★★	★☆☆☆☆	商业银行
通知存款	★★★★☆	★★★★★	★★☆☆☆	
银行 T+0 理财产品	★★★★☆	★★★★☆	★★★☆☆	

① 杨建刚 . 现金管理类理财产品的比较与选择 [J]. 金融经济，2013（24）：108-109。

续表

现金资产名称	流动性	安全性	收益性	发行机构
国债逆回购	★★★★☆	★★★★★	★★★★☆	证券公司
券商 T+0 资管产品	★★★★☆	★★★★☆	★★★☆☆	
传统货币基金	★★★☆☆	★★★★☆	★★★★★	基金公司
创新 T+0 货币基金	★★★★★	★★★★☆	★★★★☆	
超短债基金	★★★★☆	★★★★☆	★★★★☆	

现金类资产受众广泛，种类繁多，下面我们将介绍一种经常使用的现金类资产——余额宝，并通过案例分析详细了解现金类资产的配置情况。

2013 年 6 月，蚂蚁金服旗下的第三方支付平台支付宝推出了其余额增值服务和活期资金管理服务产品——余额宝。余额宝的实质是天弘基金旗下的余额宝货币基金。其具有操作方便、灵活取用、不仅可以获取收益还可以随时消费的特点，是新型现金类资产的典型代表。

用户将资金放入余额宝账户之中，实质上相当于购买了一款名叫“余额宝”的货币基金，拥有了一种现金类资产。

自余额宝成立并推出以来，其规模发展极为迅速，目前已成为全球最大的货币基金。那用户为什么会选择余额宝作为现金类资产而持有呢？余额宝之所以成为大多数家庭主要选择的现金类资产，主要原因包括：

（1）余额宝投资准入门槛较低。其他现金类金融产品往往有投资金额门槛限制，而余额宝货币基金几乎无门槛，将用户申请注册门槛设为完成支付宝实名认证的 18 周岁以上的中国大陆居民。一元即可购入余额宝，实现了闲置小额资金的“碎片化理财”。

（2）收益率高于银行同期活期存款和短期定期存款。余额宝的本质是货币基金，其收益率一般高于银行活期存款利率，并且会随着货币基金市场的利率变化而波动。但是余额宝“T+0 赎回”的特点，自然而然让人们将其与银行活期存款进行比较。在获得活期存款流动性的同时，可以获得更高的收益率，使得余额宝更具吸引力。

（3）操作流程简单方便。用户的支付宝账户和余额宝账户既相互关联，又不相互影响。双方可以随时随地相互转入转出。通过支付宝账户进行转账支付，不会影响到余额宝理财账户的收益。同时余额宝账户上的资金和收益可以随时用于支付宝账户的支付，同时满足了用户的消费和投资需求。

4.1.3 现金类资产——资产配置的起始点

谈到现金类资产对于各类中国家庭的意义，我们先来了解一下人们为什么会持有货币。凯恩斯认为，人们对于货币需求主要来源于以下三种动机：交易动机、预防动机、投机动机。①

交易动机是指人们为了应付日常的商品交易而需要持有货币的动机。不管是金融资产较丰厚的 A 类、B 类、C 类家庭，还是“我们中的大多数”的 D 类家庭，都要留足日常生活开支所需要的现金。预防动机是指人们为了应付不测之需而持有货币的动机。天有不测风云，人有旦夕祸福。生活中往往会有一些意料不到的需要支出的事情发生，为了应对不时之需，各类家庭都会预留一部分资金以便应急之用。投机动机是指人们根据对市场利率变化的预测，需要持有货币以便满足从中投机获利的动机。对于 A 类、B 类、C 类家庭来说，或许现金类资产的收益占整体资产收益的比重很低，但是在满足流动性的同时，获得更多的资金收益，何乐而不为！对于 D 类家庭而言，现金类资产的收益在其资产配置中则显得更为重要。

现金类资产在每个家庭的资产配置中扮演着不可或缺的重要角色，其用途有如下几个方面：

（1）家庭日常开支。柴米油盐酱醋茶，吃穿住用行，对于 A 类、B 类、C 类、D 类四类家庭，不管其金融资产或寡或丰，每天的正常运转都离不开维持日常生活的各种开支。如果将全部资金投资到流动性较低的金融产品中，看似会获得更多的收益，其实需要经常去金融机构进行赎回交易，无疑会带来高

① ［英］约翰·凯恩斯，［美］阿尔文·汉森．就业、利息和货币通论 [M]. 湖南：湖南文艺出版社，2011：44-48。

昂的交易成本、时间成本，也会给生活带来极大的不便。因此，每个家庭必须准备充足的现金类资产，以用于家庭的日常开支。现金类资产具有较高的流动性，特别是一些新型现金类产品，如余额宝、零钱宝，在工作日可以实现移动端随时随地取出，可以满足家庭对于日常开支资金及时支取的使用需求。

为支付家庭日常开支准备的现金类资产数额，需要根据每个家庭的月开支金额具体分析，一般现金类资产的合理数值范围应该为家庭每月总支出的3—6倍，最高不应超过12倍。

（2）紧急备用金。“花无常好，月无长圆。”一切顺遂只是人们的美好愿望，现实生活中，由于天灾人祸等各种原因造成的收入突然中断或者支出突然增加而陷入短时财务困境的现象时有发生。例如，朋友圈里亲友突患重病的筹钱消息频现，让人们在唏嘘人生无常的同时，更对合理进行资产配置以应对紧急情况多了一分重视。

关于紧急备用金的数额需要根据现金需求的不同原因具体分析：

（1）失业或者暂时失去劳动能力而导致收入突然中断。紧急备用金的数额要根据失业后多久可以找到工作，或者多久可以恢复劳动能力的时间而定。一般情况应该至少准备三个月的支出作为紧急备用金。

（2）突发重病或意外灾害导致支出剧增。此种情况所需金额一般较大，预留的紧急备用金往往不能满足需求，还需要动用其他类资产以解决突发的巨额资金需求问题。

（3）其他类投资的备用金。C类、D类家庭往往是按月、按年取得收入，收入是不断积累增加的，一般情况下不会一下子获得一大笔收入。同时由于我国金融市场还不成熟，各类金融产品结构复杂，风险与收益并存。如果一个家庭要作出高风险、高收益的投资决策，通常需要较长的时间进行规划和准备资金。将在准备阶段所获得的收入投资于现金类金融产品不失为一个很好的选择。准备阶段所获得收入及时投资于现金类金融产品，获得较稳定的收益。同时现金类资产灵活度高，可以及时转移到其他类投资中。

（4）日常资金结算。移动支付已经深入我们日常生活的方方面面，许多家庭（多为B类、C类、D类家庭）从事生产经营性活动，其主要收入来源于移动支付，且每日移动支付的资金收入巨大。移动支付平台与现金类资产账户相关联，实现每日资金的及时转入。在获得每日资产收益的同时，还可以通过现金类资产账户完成日常资金结算的功能。

总而言之，现金类资产巧妙地融化了三种货币动机，既可以很好地满足人们对资金流动性及日常交易的需求，又可以及时应对不时之需，获得一定的利息，同时实现保值增值。

4.1.4 “现金为王”对中国家庭的意义

我们在前文提到了现金类资产的流动性、安全性和收益性三种特性，在配置现金流资产的时候，各类家庭需要根据自身的情况，分析未来一段时间现金流资产的需求情况，来决定在现金类资产上配置的比例，并综合考虑自身家庭可以配置的现金流资产的流动性、安全性和收益性三种特性，来确定具体需要配置的现金流资产的品种。

同时，由于现金流资产具有其他资产不具有的流动性和安全性的特点，实际上在考虑现金类资产的配置方案时，整体的经济环境情况也是不得不考虑的重要影响因素，尤其是在经济下行周期，现金流资产的地位会变得十分重要。

当前世界经济正面临着十分严重的下行风险，国际货币基金组织和世界银行在 2019 年上半年都下调了对于世界经济增长的预期。

国际货币基金组织预计全球经济增速将从 2018 年的 3.6% 降至 2019 年的 3.3%；2020 年可能略微上升至 3.6%。[①]

世界银行预计 2019 年和 2020 年全球经济增速分别为 2.6% 和 2.7%。其中，发达经济体 2019 年经济增速预计放缓至 1.7%，2020 年将进一步降至 1.5%。

面对全球经济复苏出现乏力迹象，为应对经济下行压力，多国纷纷采取降息等释放流动性的政策应对，全球似乎又陷入了新一轮的量化宽松潮。低利率环境可能会使得金融机构的商业模式发生变化。首先，低利率环境会对

---

① 中华人民共和国商务部. 国际货币基金组织再次下调 2019 年全球经济增长预期至 3.3%[EB/OL]. http：//www.mofcom.gov.cn/article/i/jyjl/k/201904/20190402851118.shtml，2019-04。

固定收益资产的收益率产生负面影响。短期内，在低利率的政策下公司债券、政府债券等固定收益类产品直接承担利率风险，此外其信用风险也将加剧，公司债券的收益率降低。中长期内，低利率政策降低了中长期的基准利率，从而降低了固定收益类产品的长期预期收益率。低利率政策无疑会减少固定资产投资者的收益，导致其无法获得维持家庭正常运转的现金流。债券等其他资产短时间内无法变现，各类家庭特别是A类、B类家庭等缺乏现金类资产和足够的现金流，以至于需要变卖其他资产来获得所需的现金。

正如上文所述，在世界下行的经济背景和经济环境下，我们可以看出现金类产品显得尤为重要，正可谓“现金为王”！

4.1.5 案例解析——张先生待优化的资产配置①

张先生和张太太生活在某二线城市，有一个2岁的儿子。张先生31岁，是一名建筑工程师；张太太31岁，在一家上市公司做财务主管。张先生夫妇较为年轻，正是事业起步阶段，目前收入稳定，税后年收入分别为19.5万元和13万元。随着两人经验、阅历的增长，未来事业、收入将有较大的上升空间。夫妇二人均享有社保和商业团体补充医疗保险，张先生购买了个人商业保险，主要为寿险和重疾险15万元，意外伤害险15万元；张太太享有商业团体大病保障基金80万元；儿子享有北京“一老一小”医疗保障。全家全年保费支出6000元。

张先生家庭年生活支出约4万元。夫妇每年出国旅游一次，预算2万元。自住房产一套，现价260万元，房贷总额80万元，月还贷0.8万元，剩余未还贷款本金63万元。机动车一辆，现值22万元，车辆年度费用支出2.5万元。打算1－2年内为妻子买车，预算10万元以上。家庭在余额宝里有20万元，股票现值1万元。②

由资产状况可知，张先生家庭属于典型的D类家庭。通过前文对余额宝

① 为帮助读者理解，本案例由作者综合若干典型案例编制。

② 金梦媛.中年家庭理财规划[J].大众理财顾问，2019，427（01）：54-57。

的介绍可知，对于张先生这种 D 类家庭来说，现金类资产的主要功能是备用以及家庭日常开支备用，现金类资产的合理数值范围应该为家庭每月总支出的 3 — 6 倍，最高不应超过 12 倍。张先生家庭的年支出具体为：房屋按揭还款 9.6 万元、日常生活支出 4 万元、保费支出 6000 元、车辆费用支出 2.5 万元、旅游支出 2 万元。合计年度支出总额为 18.7 万元，平均每月支出约 1.6 万元。而张先生家在余额宝中存放有 20 万元，为每月支出的 12.5 倍，高于现金类资产的合理数值范围。说明张先生家庭中的投资结构不够合理，把绝大部分资金存放在了余额宝里，现金类资产较多，资产的流动性过多。

余额宝能给张先生家庭带来多少收益呢？

成立初期，余额宝的收益率维持在高位，特别是在 2014 年 1 月月平均七日年化率最高可达 6.5777%。此后，余额宝的收益率不断下降，在 2016 年 9 月月平均七日年化率最低降至 2.3371%。2017 年 5 月余额宝收益率又不断上升，大部分时间都维持在 4% 左右。2018 年上半年，余额宝的收益率维持在 3.8% 左右。从 2018 年 6 月中旬开始，余额宝收益率一路下滑。虽然在 2019 年年初收益率有小幅上升，但是整体上仍然呈现下降趋势，2019 年上半年收益率始终在 2.5% 左右徘徊。

4.1.6 小结

现金类产品在中国家庭的资产配置中处于基础地位，特别是对现金需求量比较大的家庭来说，现金类产品显得尤为重要。因此，中国的各类家庭都需要权衡投资的风险和收益，合理地配置现金类产品。

4.2 固定收益类资产：财富管理的“人气网红”

在中国家庭的资产配置当中，固定收益类资产因其受众广泛、风险相对可控、资产规模大、投资占比高，已成为我国财富管理市场最重要的资产类别之一。

固定收益类资产的“固定”二字，源于其英文 fixed income，即这类资产的显著特点之一，是其在存续期内可提供“固定的支付频率”或者“稳定的现金流”，当然这并不是唯一的判定标准，要判定某一类资产属于固定收益类还需结合其他要素。

需要提醒广大投资者注意的是，“固定收益”是对该类资产的现金流形式的描述，并不涉及对投资本金的保证；这与投资者通常所理解的“既然收益固定，则本金也应该是安全的”是有较大差异的。

4.2.1 案例导读——风险事件警钟长鸣

2019 年 7 月 8 日，诺亚财富发布公告称，旗下上海歌斐资产管理公司的信贷基金为承兴国际控股相关第三方公司提供供应链融资，总金额为 34 亿元人民币，承兴国际控股实际控制人近期因涉嫌欺诈活动被中国警方刑事拘留。“目前我们不知道 34 亿元供应链融资款还能收回多少，但相关的基金已经被延期了。”一位诺亚财富上述信贷基金投资者向记者透露。[①] 同日，诺亚财富在官方网站发布公告说明所涉及产品主要为上海歌斐资产管理有限公司管理的“创世核心企业系列私募基金”。目前，21 世纪经济报道记者独家获悉，在遭遇踩雷承兴控股事件后，诺亚财富已决定从 7 月起，暂停供应链金融等“单一”非标类固收产品业务。[②] 非标类固收产品由于之前监管不严以及潜在信用风险等原因存在很大问题。同时由于投资者缺乏净值化分散投资的理念，偏好投资于封闭式非标类固定收益产品的历史原因，产生很多违约事件。

4.2.2 “固定收益”的正确打开方式

固定收益类资产，是指投资者可以按照预先约定的支付频率来获得稳

① 陈植. 诺亚财富 34 亿踩雷始末：风控之殇还是“庞氏骗局”？[EB/OL].http：//www.21jingji.com/2019/7-10/0NMDEzODBfMTQ5NzI0Ng.html，2019-07-10。

② 陈植 . 独家揭秘承兴控股供应链金融操作内幕：“高卖低买”循环刷单创造巨额应收账款凭证 [EB/OL]. http：//www.21jingji.com/2019/7-25/yOMDEzNzhfMTQ5OTcyOA.html,2019-7-25。

定现金流的一类金融资产。固定收益类资产的风险、收益特性，取决于其所实际投向的底层资产的风险、收益特征。考虑到财富管理实际开展当中的投资者接受度、当前配置主流、未来转型方向等因素，本章节主要介绍以下四种固定收益类产品：定期存款、商业银行理财产品、公募债券基金、私募债券基金。

此外，《关于规范金融机构资产管理业务的指导意见》对于固定收益类产品也有约定[①]，即资产管理产品按照投资性质的不同，分为固定收益类产品、权益类产品、商品及金融衍生品类产品和混合类产品。其中固定收益类产品投资于存款、债券等债权类资产的比例不低于 80%。

（1）存款

银行存款是最基础的固定收益类产品。存款的发展，既可以弥补存款人闲置资金的利息损失，又可以为商品交易提供方便，有利于货币资本的流动。依据中国人民银行发布的《存款统计分类及编码》（JR/T 0134—2016），与中国家庭密切相关的银行存款大致包括活期储蓄存款、定期储蓄存款、定活两便、通知存款四种产品，从中国人民银行发布《大额存单管理暂行办法》（中国人民银行公告〔2015〕13 号）后，各大银行开始推出大额存单产品。其中活期存款属于之前提及的现金类产品，而其余四种银行存款则属于固定收益类产品。因为定期存款 50 元起存，人民币通知存款个人起存金额为 5 万元[《通知存款管理办法》（银发〔1999〕3 号）]，所以较低的门槛让每一个人都有机会参与到资产增值的过程中。自 2015 年 5 月 1 日起实施的《存款保险条例》（国务院令第 660 号），要求境内各银行业金融机构依据本条例投保存款保险，存款保险机构既为各银行金融机构提供了担保，又为存款人的利益提供了保护，可进一步消除存款人对银行违约的担忧，增强了银行存款的安全性。加之普通人的投资渠道较少和中国人投资普遍趋于保守的民族特征，虽然银行存款获得的收益相对于其他的理财方式更少，却是普遍适用于 A 类、B 类、C 类及 D 类家庭的理财方式。

---

① 中国人民银行，中国银行保险监督管理委员会，中国证券监督管理委员会，国家外汇管理局．关于规范金融机构资产管理业务的指导意见 [EB/OL]. 2018-3-28。

（2）银行理财

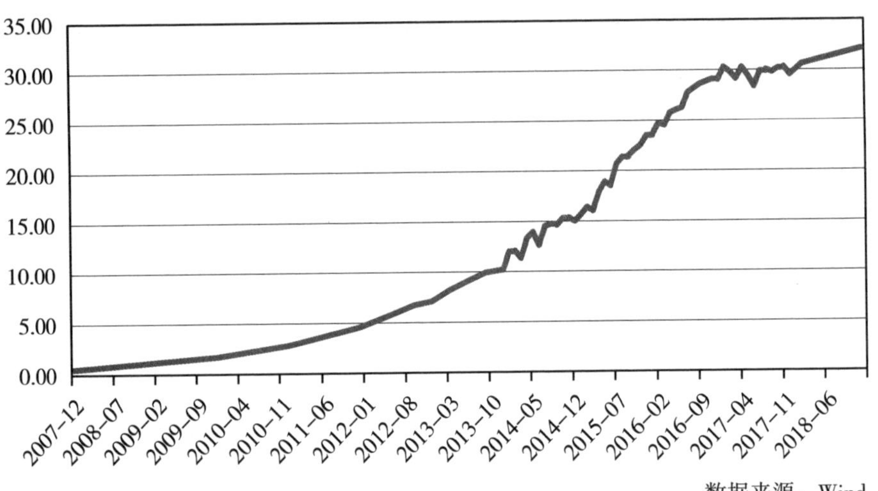

图 4.1　银行理财产品资金余额

随着银行存款利率的逐渐降低和通货膨胀率的上升，把钱存在银行里可能会导致个人财富贬值，银行理财作为新的理财方式开始出现并普及。依据银监会出台的《商业银行理财业务监督管理办法》（中国银行保险监督管理委员会令〔2018〕6 号），通常所说的“银行理财产品”属于商业银行个人理财业务中的一种，是指客户授权银行代表客户按照合同约定的投资方向和方式，进行投资资产管理，投资收益与风险由客户或客户与银行按照约定方式承担。观察 2007 年 12 月— 2018 年 6 月的银行理财产品资金余额图可以看出，过往 11 年来商业银行理财产品的规模呈现出不断扩大的态势。银行理财产品有不同的分类方式，若按照委托期限分类，银行理财产品一般可以分为超短期产品（委托投资期限 1 个月以内）、短期产品（委托投资期限 1 — 3 个月）、中期产品（委托投资期限 3 个月— 1 年）、长期产品（委托投资期限 1 年以上）以及开放式产品（产品可以每天或者在约定的日期申购、赎回，如银行 T+0 理财产品）。通常来说，理财产品的期限越短，则流动性越好，预期收益率越低。投资于固定收益类资产的商业银行理财产品整体风险相对较低，具有适用 A 类、B 类、C 类、D 类四类家庭的普惠性。

2018 年 4 月 27 日《关于规范金融机构资产管理业务的指导意见》出台后，在净值化产品比重日渐增多的趋势下，预期收益型产品在市场上发行数量呈下降态势，银行理财产品的预期收益也在持续减少。Wind 数据显示，2019 年 7 月 8 日 — 14 日，共有 347 家银行 2553 款理财产品到期，已经公布实际年化收益率的 117 款银行理财产品平均收益率仅为 4.43%，与此前一周相比下降了 0.01 个百分点。按照实际年化收益率看，实际年化收益率在 0% — 3% 的产品有 0 款，实际年化收益率在 3% — 5% 的产品有 108 款，实际年化收益率在 3% — 5% 的产品有 9 款，实际年化收益率在 8% 以上的产品有 0 款。由于传统投资者对净值型理财产品理解和接受能力差，所以为了增加理财产品对投资者的吸引力，有的银行调整了投资者门槛，有的银行对产品的购买形式作出调整。例如，多家商业银行发行了多款 1 万元起购的低门槛银行理财产品，预期最高收益率达到 4.9%，为资金有限的投资者提供更多选择空间。而某商业银行发布公告，自 2019 年 3 月 22 日起，其月成长的净值型产品开放频率由原来“每个月 1 日开放申购、赎回”变更为“每个交易日开放申购、赎回”。

（3）公募债券基金

就如《关于规范金融机构资产管理业务的指导意见》第四条所言：资产管理产品按照募集方式的不同，分为公募产品和私募产品。公募产品面向不特定社会公众公开发行。公开发行的认定标准依照《中华人民共和国证券法》执行。

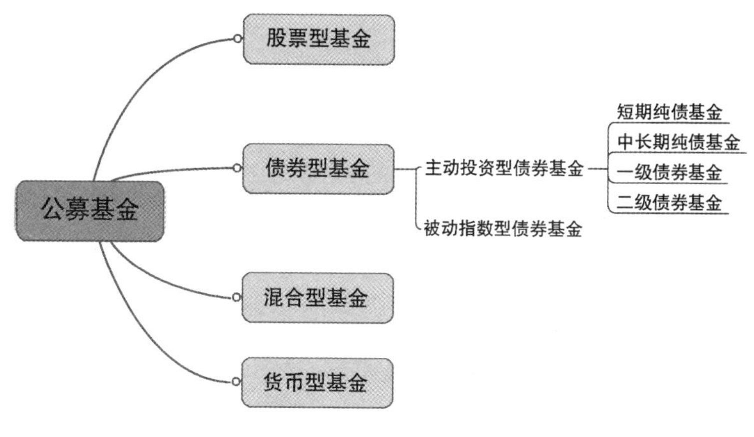

图 4.2　公募基金分类

公募基金在法律的严格监管下，有着信息披露、利润分配、运行限制等行业规范。依据中国证监会根据投资范围对基金的分类标准，基金资产 80% 以上投资于债券的为债券基金。债券基金的投资对象主要是国债、金融债和企业债。按照投资策略，公募债券基金可以分为主动投资型债券基金、被动指数型债券基金。主动投资型债券基金依据其底层资产中股票所占资金比例，又可以分为短期纯债基金、中长期纯债基金、一级债券基金和二级债券基金四类。普通大众可能会困惑：债券就属于典型的固定收益类产品，收益一般高于银行定期存款，难道不是更简单、更安全的理财工具吗？简单解释一下：个人投资者若直接购买债券属于直接投资，若购买债券基金则属于间接投资。由于债券基金是通过集中众多投资者的资金，对债券进行组合投资以寻求较为稳定的收益，投资范围更广、投资风险更分散，所以债券基金比债券更容易实现资金风险和收益的均衡。

Wind 数据显示，自 2002 年 8 月，首只债券基金——南方宝元债券型基金成立至 2019 年 3 月底，中国的债券市场基金总资产规模累计约 30182.88 亿元，总资产规模持续上升。其中短期纯债基金主要投资于短期融资券及超短期融资券，且债券组合的久期较短，作为货币基金的最佳替代品，风险收益介于货币基金和债券型基金之间，且流动性较强。对于有资金避险需求或是有对流动性资金进行管理需求的投资者，可考虑把短期纯债基金作为理财工具。

《关于规范金融机构资产管理业务的指导意见》实施后，公募基金公司在中短期纯债基金产品方面积极完善产品，在提高流动性，控制净值波动的情况下，调整债券策略，努力获得比货币基金更高的收益，以吸引之前货币基金市场和银行理财市场的客户。所以公募债券基金适用于 A 类、B 类、C 类家庭，D 类家庭可依据其实际风险承担能力挑选匹配的公募债券基金。

（4）私募债券基金

中国基金业协会网站 8 月 15 日发布数据显示，截至 2019 年 7 月底，存续备案的私募基金共 78734 只，基金规模为 13.4185 万亿元，其中私募证券投资基金共 39197 只，基金规模为 2.4 万亿元，占比仅为 17.89%，而私募债券基金仅为私募证券投资基金的其中一种，所以说目前国内私募债券基金属于小众市场，规模占比较小。首先由于今年以来投资市场整体波动较大，投资者的风险偏好明显下降，避险情绪加剧资金流入债市；其次由于私募基金产品提供的多数为绝对收益型产品，投资策略更灵活，理论上可以规避市场风险、获得相对确定的收益；最后由于《关于规范金融机构资产管理业务的指导意见》的实施，私募基金产品的管理愈加规范，市场对私募基金的认可度不断提高。这几方面都使得追求低风险及较高收益的私募债券基金具备更大的发展空间。

由于私募产品面向合格投资者通过非公开方式发行，《关于规范金融机构资产管理业务的指导意见》第五条第一项对于“合格投资者”重新作出界定：“具有 2 年以上投资经历，且满足以下条件之一：家庭金融净资产不低于 300 万元，家庭金融资产不低于 500 万元，或者近 3 年本人年均收入不低于 40 万元。”这体现了《关于规范金融机构资产管理业务的指导意见》中的“投资者适当性管理原则”，即金融机构应向投资者销售与其风险识别能力和风险承担能力相适应的资产管理产品。这也意味着金融机构可建议具有一定投资经验的高净值群体选择高风险的金融产品，而建议普通投资者选择风险相对较低的金融产品，所以私募债券基金产品应该更适合 A 类、B 类家庭作为资产管理产品配置。

4.2.3 刚性兑付产品的“迟暮”

“刚性兑付”这个词汇来源于信托产品，是指信托产品到期后，如果信托计划无法正常兑付本金和收益，需要信托公司来兑付。“刚性兑付”产生的背景是 2011 年银监会下发《关于信托公司风险监管的指导意见》（即 99 号文）至各信托公司，要求“项目风险暴露后，信托公司应尽全力进行风险处置，在完成风险化解前暂停相关项目负责人开展新业务”，信托公司为了能够继续开展业务及保护自己的牌照，最直接有效的化解风险的方式就是进行“刚性兑付”。诞生于信托行业的“刚性兑付”，后来逐步延展到商业银行、基金公司、保险资管等行业。

因为投资者对于金融机构兜底的惯性认知，极易产生“不重视投资风险，只看重收益水平”的非理性投资行为，所以我们应该意识到刚性兑付的弊端：①对于投资者而言，会产生“低风险高收益”的错觉，在选择产品的时候不充分了解风险，也未评估自身的风险承受能力，从而忽略了产品可能发生的风险。②对于金融机构而言，刚性兑付产品的滚动发行和销售，使其更容易获得客户认可。如果金融机构未能足够重视对“投资者适当性原则”的执行，或者缺乏“持续了解客户”[①]的环节，则容易在推介产品的过程中产生误导。③对于市场而言，“刚性兑付”背离了“风险与收益相匹配、高风险匹配高收益”的市场规律，既不利于金融市场的稳健发展，也不利于市场对资源的有效配置。

自2017年起，监管层多次出台相关文件。2017年2月10日，证监会发布《关于避险策略基金的指导意见》，市场上也不再有新的保本基金备案发行。2018年4月28日，《关于规范金融机构资产管理业务的指导意见》第十九条指出存在以下行为的视为刚性兑付：①资产管理产品的发行人或者管理人违反真实公允确定净值原则，对产品进行保本保收益；②采取滚动发行等方式，使得资产管理产品的本金、收益、风险在不同投资者之间发生转移，实现产品保本保收益；③资产管理产品不能如期兑付或者兑付困难时，发行或者管理该产品的金融机构自行筹集资金偿付或者委托其他机构代为偿付；④金融管理部门认定的其他情形。第二条提出金融机构开展资产管理业务时不得承诺保本保收益。出现兑付困难时，金融机构不得以任何形式垫资兑付。《关于规范金融机构资产管理业务的指导意见》从产品形式、刚性兑付定义、惩处措施、外部机构审计等多个角度引导资产管理机构逐步转型，使底层资产透明化，从而最大限度地保证投资者的知情权。

4.2.4 真净值型产品的“新生”

《关于规范金融机构资产管理业务的指导意见》第十八条：金融机构对资

① 业内也称之为：持续“了解你的客户”，即“Know Your Customer”或简称“KYC”环节。

产管理产品应当实行净值化管理，净值生成应当符合企业会计准则规定，及时反映基础金融资产的收益和风险。

部分投资者不了解什么是净值型产品，或者对“净值”的概念感到陌生。这里引用证券投资基金来举例，证券投资基金通常“按照金额认 / 申购、按照份额赎回”。比如：投资者出资 1 万元购买 A 基金，投资时该基金净值是 1.0 元，则投资者买到的份数为 1 万份（1 万元 /1.0 元 =1 万）；后续基金净值涨到 2.0 元每份，如果投资者想用 1 万元，则应该赎回多少份呢？应该赎回 1 万元 /2.0 元 =5000 份。

依据《关于证券投资基金执行〈企业会计准则〉估值业务及份额净值计价有关事项的通知》（证监会计字〔2007〕21 号）文件的规定，单位基金资产净值 =（总资产 - 总负债）/ 基金单位总数，其中总资产指基金所投向的所有底层资产，包括股票、债券、银行存款、银行理财和其他有价证券等；总负债指基金运作及融资时所形成的负债，包括应付给他人的各种费用、应付资金利息等；基金单位总数是指当时发行在外的基金单位的总量。由于资产的市场价格是不断变化的，所以需要每日对单位基金资产净值重新计算，才能及时反映基金的价值变动。

同样具有净值型特征的理财产品是一种开放式、非保本浮动收益型理财产品，在发行时没有设定预期收益。净值型理财产品每日、每周或每月进行开放，在开放期内可以申购和赎回。投资者通过净值可以算出理财产品的当前收益率：成立时初始净值是 1.0，假设一款理财产品已经运行了 365 天，最新公布的当前净值变成为 1.05，则其年化收益率 =（当前净值 - 初始净值）/ 初始净值 / 已成立天数 ×365 天 =（1.05-1）/1/365×365=5%。

一些投资者会觉得净值型产品的风险更高。其实理财产品“净值化”并没有改变它的风险评级，而是通过净值披露的形式，更加准确、真实、及时地反映了底层资产的价格波动。比如，某开放型净值型产品，其所持有的公司债发生违约，则投资者在看到净值波动之后，可以及时赎回，从而尽可能减少损失。

既然未来的产品都是净值型产品，那么如何区分“真或伪”净值产品呢？

区别的关键在于采用何种估值法，而背后还有资金和资产期限错配的问题。[①] 伪净值型理财产品以摊余成本法为计算口径，即计价对象以买入成本列示，按票面利率或商定利率每日计提利息，并考虑其买入时的溢价与折价在其剩余期限内平均摊销。[②] 摊余成本法得出的净值曲线由于平均摊销，导致基本是一条直线。而真净值型产品类似开放式公募基金产品，采用市值法估值，也就是由基础资产价格市值变动直接映射至产品单位净值变化，投资者获得的收益与产品净值相关，是资产管理机构回归“受人之托，代客理财”本质的重要载体，更加合理。[③]

4.2.5 资产配置的压舱石

从长期来看《关于规范金融机构资产管理业务的指导意见》的颁布，使得整个金融体系得以更加健康地运转，进一步推动了财富管理业和资产管理业的市场化进程。在未来几年内，将持续为标准化资产输入增量资金，使得以债券市场为代表的直接融资工具迎来更大的发展。

首先，有助于推动债券市场化进程，并且利于实现风险和收益的匹配，使整个债券市场更趋于稳定。其次，使我国的信用利差水平更加客观，有利于我国债券市场的国际化。国际增量资金也在加速进入我国债券市场：2018 年 3 月 23 日，彭博宣布把人民币计价的中国国债和政策性银行债券加入彭博巴克莱全球综合指数（Bloomberg Barclays Global Aggregate Index），标志着我国债市首次被纳入全球主要债券指数，这一里程碑式的决定更将吸引上万亿人民币资金在两年内流入中国债市。[④]2019 年来多国央行降息，全球开启降息

---

① 杨晓宴 . 扒一扒真伪净值型银行理财产品 [J]. 中国战略新兴产业，2017（10）：72-74。

② 巢燕若 . 我国货币市场基金收益率研究 [J]. 世界经济情况，2007（3）：26-29。

③ 钱箐旎 . 银行理财净值化转型提速 [N/OL]. 经济日报，2018-6-14。

④ 南方东英资产管理 . 跟不上外资加码中国债券的步伐？ ETF 来了！ [EB/OL].https：//mp.weixin.qq.com/s?__biz=MzA5MDg1MjUyMA==&mid=2650812914&idx=1&sn=0d6174cba93cd38b135cffe5fd54ee99&chksm=8bf1cc35bc864523bb0e297622563aed7f3b9de59ca902747139b68d6f265f3418ee3191a643&mpshare=1&scene=1&srcid=0624r3PpF9RmPhfjQ7cw8LAf&pass_ticket=LBg5VSArLo2%2BRPA%2BnKSoP8IIyA65qyv4LL08eTtg1pgYGUZ85nAc0WoCWI3BLN2S#rd,2019-06-24。

潮，走低的利率环境有利于债券走势的整体表现，在严防信用风险的前提下，可以获得不错的投资回报。

（1）定期存款

定期存款是最基础的固定收益类资产之一，主要包括普通定期存款、大额存单、结构化存款等。定期存款基于银行信用，具有本金安全、收益适中、可提前支取（结构性存款一般不支持）等特点，适合 A —D 类家庭。其中尤以大额存单近几年颇受欢迎。

兴起于 2015 年的大额存单，随着我国利率市场化进程的不断推进，近年来发展迅速。其与普通定期存款的区别在于起存金额、利率水平，前者的起存金额通常为 20 万元、50 万元、100 万元不等。大额存单的利率多采用较基准利率的上浮定价，部分商业银行还为客户提供了灵活的转让服务。以某大型商业银行为例，只需安装该行的手机银行 APP，就可以在相应界面进行大额存单的转让。这一金融创新，有别于您所熟知的提前支取，最大限度地降低了存单在变现时所遭受的利息损失。既为存单的持有人一解燃眉之急，又为存单的受让人提供了更多的期限选择。

此外，自 2015 年 5 月 1 日起实施的《存款保险条例》（以下简称《条例》）和 2019 年 5 月 24 日成立的存款保险基金管理有限责任公司，进一步增强了对存款人利益的有力保障，有助于及时防范和化解金融风险，意义非凡。《条例》对受其约束的银行业金融机构也作出明确界定：“在中华人民共和国境内设立的商业银行、农村合作银行、农村信用合作社等吸收存款的银行业金融机构。”《条例》同时规定：“存款保险实行限额偿付，最高偿付限额为人民币 50 万元。”并为最高偿付限额的调整预留了空间。存款保险制度在我国的不断推进，极大地保障了存款所有人的权益和资金安全。

（2）商业银行理财产品

商业银行理财产品的购买渠道，主要是商业银行柜台及自助渠道（包括但不限于手机 APP、网上银行、电话银行等）。根据 2011 年 8 月 28 日中国银行业监督管理委员会令 2011 年第 5 号《商业银行理财产品销售管理办法》的规定，“商业银行理财产品（以下简称理财产品）销售是指商业银行将本行开发设计的理财产品向个人客户和机构客户（以下统称客户）宣传推介、销售、办理申购、赎回等行为”。投资者在购买时应注意区分商业银行自营理财产品和银行代销产品，二者并无优劣之分，但投资者理应拥有充分的知情权。

具体的辨识方式，可以通过查询银行理财产品的登记编码来判断，投资者可以登录中国理财网[①]，查询银行理财产品的相关信息。

对于投资者而言，购买商业银行理财产品时，应首先关注理财产品的投资方向，具体在前述部分已有说明。理财产品因投资方向、投资比例的差异，其相应风险也有所不同。以某大型商业银行为例，产品评级从R1—R5（R可理解为Risk rating，即风险评级）分为五级，风险由低至高阶梯上升。固定收益类理财产品投资于存款、债券等债权类资产的比例不低于80%。[②]本着对投资者负责的出发点，商业银行和投资者本人，应如实进行风险承受能力评测，按照《关于规范金融机构资产管理业务的指导意见》当中的“投资者适当性管理要求”开展理财业务，做到“卖者尽责、买者自负”。

根据银行业理财登记托管中心的数据显示，2018年封闭式非保本产品按募集资金额加权平均兑付客户年化收益为4.97%，因此投资者本着追求风险收益的平衡，需要评估好自身的风险承受能力，选择适合的银行理财产品。

（3）债券型公募基金

截至2019年2月末，公募债券基金，较2017年年末增长66.30%。[③]公募债券基金的购买渠道比较广泛，包括商业银行代销、券商代销、互联网金融平台代销、基金公司直销等。需要强调的是，无论从哪种渠道购买，该销售机构都应经过监管准入。

债券型公募基金的主要风险点如下：首先，由于公募债券基金主要投资于债券市场，市场利率变化会对债券价格产生影响，当利率水平上升时债券

① 中国理财网网址：https：//www.chinawealth.com.cn/。

② 中国银保监会. 商业银行理财业务监督管理办法 [EB/OL]. http://www.gov.cn/xinwen/2018-09/30/content_5326706.htm,2018-9-26。

③ 杨慧敏 .“资管新规”发布1周年，各行业都有啥变化 [J]. 理财，2019（6）：14-17。

价格下跌，反之债券价格上涨，一般情况下债券离到期日越长，投资者面临的利率风险就会越大。其次，基金所投的债券发行主体若因经营不善等原因，无法完全履约支付本金和利息，则投资者有可能因此遭受违约风险；同时，其他风险还包括大额赎回产生的流动性风险。最后，在基金管理运作过程中基金管理人的实操经验等，会影响其对信息的占有和对经济形势、债券价格走势的判断，这可能导致管理风险。

在公募债券基金购买过程中，家庭投资者需要考虑多方面因素，以达到在控制风险的前提下获得收益的目的。首先，由于利率风险和信用风险是投资者无法控制的风险，因此在购买公募基金时应仔细了解基金公司的管理规模与业绩表现，选择业内口碑良好、能够更好地把握市场趋势的基金公司。其次，针对于流动性风险，投资者要根据自己的风险承受能力和投资目的来安排基金品种比例，分散投资降低风险。同时，针对管理风险，应在考察基金公司的同时优先选择管理经验丰富、过往管理业绩优秀的基金经理。最后，一定要仔细阅读基金合同条款，了解基金投资方向及风险提示等重要因素。

（4）债券型私募基金

私募债券基金的购买渠道主要为：商业银行代销、私募基金公司直销、证券公司代销等。

私募债券基金的风险，首先在于投资债券市场所产生的利率风险，利率变化会对债券价格产生直接影响；同时，由于债券发行主体信用状况恶化可能产生到期无法兑付的信用风险。其次债券发行主体经营不善可能导致其偿债能力受影响，导致基金收益下降，产生经营风险；同时基金管理人的基金运作能力可能影响基金收益水平，产生管理风险；基金管理人在投资组合调整过程中无法按预期价格买卖债券或遭遇投资者大额赎回可能导致流动性风险。最后由于私募债券基金本身非公开方式发行和交易的特点，可能由于信息披露不及时充分导致风险，同时若私募债券基金募集机构违规操作也会产生相应的风险。Wind 官方统计显示，2019 年上半年债券策略私募基金平均收益率为 3.83%。

由于私募债券基金对于投资者的资产规模和风险辨识能力、风险承担能力有了相对较高的要求，因此在对私募债券基金投资的过程中，投资者需要从自身的理财实际需求出发，对照合格投资者标准，把握私募债券产品的流动性以及风险评估的全面性与客观性，选择与自己风险承受能力相匹配的私募债券基金。通过登录中国基金业协会网详细了解基金管理人及私募机构的以往业绩、市场口碑诚信度等信息，同时仔细阅读基金合同内容约定的权利义务以及风险提示等条款，通过正规机构购买私募产品，购买之后持续关注私募债券基金信息披露内容，持续学习基金知识并关注基金运作情况。

4.2.6 案例解析——徐先生的困惑

徐先生一家定居在某一线城市。徐先生 45 周岁，是某房地产公司地区总经理，税后年收入 85 万元；徐太太 42 周岁，是国家公务员，税后年收入 16 万元；育有一子 14 周岁，初中在读。除社会保障体系外，家庭成员还享有商业团体补充医疗保险，并投保了个人商业保险等。在所居住的城市有两套房产，在某旅游城市有一套房产，除一套自住外，闲置房产可获得租金收入。

徐先生家庭年度支出约 50 万元，并需筹划孩子 4 年之后面临的高等教育。其在金融机构的风险评测是进取型，目前其家庭可投资金融资产约 600 万元，其中 300 万元投资于融资类信托产品，200 万元投资于股票及权益类产品，100 万元投资于第三方理财机构的现金管理产品。

自 2019 年以来，徐先生家在第三方理财机构的部分资金出现了延期兑付，使他极为担心本金的安全。基于多年的刚兑信仰，徐先生一直将 50% 以上的资金投资于融资类信托产品。《关于规范金融机构资产管理业务的指导意见》出台之后，“打破刚性兑付”频繁出现在财经媒体的报道当中，并且他发现信托产品不再兜底，已有几家信托公司出现违约的舆情，这在以前是很罕见的。原本在理财方面“驾轻就熟”的徐先生忽然间困惑了。

综上可知，徐先生家庭的可投资金融资产规模，属于典型的 B 类家庭。根据徐先生的金融资产分布、投资目标以及目标在金融机构的风险测评的资产投资方向，考虑徐先生属于平衡型投资者。

要解决徐先生的困惑，首先，需要投资理念的转变。在“打破刚性兑付”的投资环境下，资产管理机构的“兜底”将不复存在；徐先生应该秉承“风险与收益相匹配”的投资理念。其次，徐先生要对自身的风险承受能力以及要求的预期收益做合理的定位，同时厘清投资者与资产管理机构之间的权利、义务。

若徐先生认可预期收益的下降，更注重资产安全，可将大部分资金投资于国债及大额存单，收益更加稳定。如果徐先生以过往收益作为基准，同时不想将预期收益降得太低，那么将投资组合多元化以控制整体风险是比较好的选择。

鉴于 4 年后的高等教育支出，可以购买一部分固定派息类产品，以满足现金流的需要。比如将 150 万元投资于大额存单或国债，现行利率 4% 左右，提前锁定未来 3—5 年的收益率，寻求确定性。

满足稳健增值的需要，可以选择顺应货币政策的金融产品。比如，2019 年多家央行纷纷降息，利好债券市场的表现。可以用 200 万元购买开放式公募债券基金，一方面把握降息给债券投资带来的机会，另一方面还保持了流动性[①]以应对不时之需。投资公募基金，应该时常关注净值变动、基金定期报告、基金临时公告等信息，从而更快判断基金的运作情况。

100 万元用来购买银行的净值型理财产品，通过参考公开披露的要素文件，可以全面了解所需信息。在固定收益类资产多元配置的基础上，余下的 150 万元资金预算可投资于风险较大的权益类产品。

4.2.7 小结

综上所述，随着《关于规范金融机构资产管理业务的指导意见》的出台，打破刚性兑付、产品形态向净值型转化，势必对固定收益类资产在我国的发展产生深远影响。从短期来看，资产管理机构面临一定的转型压力，投资者

① 开放式基金的赎回期，多按照证券交易日来执行，对投资者来说具有较高的流动性。

也需逐渐适应市场的变化；从长期来看，无论是资产管理机构还是投资者，都将见证固定收益类资产在我国财富管理市场的更大发展。

希望广大投资者深刻理解《关于规范金融机构资产管理业务的指导意见》的内涵与本质，对自身的风险承受能力有准确的认识，对预期的投资目标有清晰的定位。并在财富管理的具体执行过程中，了解资金所投向产品的底层资产，用好固定收益类资产这一大类工具，使其成为家庭财富管理的“压舱石”。

4.3 股票型基金：提高收益的“急先锋”

在最新的《关于规范金融机构资产管理业务的指导意见》中规定：权益类产品投资于股票、未上市企业股权等权益类资产的比例不低于 80%。[①] 权益类投资主要是为了赚取资本市场的长期复合增长，因此要求投资者具备适当的风险承受能力以及预先规划出与其相匹配的投资期限。本书中的权益类资产，按照《关于规范金融机构资产管理业务的指导意见》当中权益类产品的投资标的，分为股票型基金（投资于上市公司股票）和私募股权基金（未上市企业股权）两部分来介绍。本章重点介绍股票型基金，下一节重点介绍私募股权基金，总体来看，股票型基金可以覆盖 A—D 类家庭的权益类投资需求，而私募股权基金则给 A 类、B 类家庭提供了更多选项。

4.3.1 案例导读——股票型基金的长期收益

李先生和李太太生活在某准一线城市，有一个刚出生的宝宝。李先生是一名互联网从业者，李太太是某国企中层。李先生夫妇都是 30 岁出头，收入

① 中国人民银行，中国银行保险监督管理委员会，中国证券监督管理委员会，国家外汇管理局. 关于规范金融机构资产管理业务的指导意见 [EB/OL]. 2018-3-28。

稳定（税后收入分别为 30 万元和 12 万元），对生活品质有一定的要求。购置了一台宝马 3 系轿车和入门级叠拼小别墅，偶尔自驾出游，小资情调十足，夫妻两人从来没有考虑过理财的事情。按照之前对中国家庭的划分，李先生家算是中国家庭中的 C 类家庭——“确幸家庭”。

虽然李先生夫妇收入稳定，且有不少存款，但从宝宝出生后，李先生夫妇总感觉不敢花钱了，消费降级严重。两人首次尝试算一下年家庭支出，李先生家庭年生活支出约 4 万元。每年出国旅游一次，预算 2 万元。房贷总额 180 万元，月还贷 0.9 万元，剩余未还贷款本金 160 万元。夫妻两人目前都在某双一流大学进修，每年 14 万元（2 年共计 28 万元）。年用车成本 3 万元左右，物业费 6000 元，宝宝的保险费用每年 8000 元。还要考虑上李先生所买的商业保险，以及宝宝所需的各种婴幼儿产品。近期还打算购置一台新能源家庭用车。如果想要未来的生活质量不受影响，必须让自己短期不用的存款能够保值增值。从此以后，李先生就开始留意市面上的各项理财产品了，细心的他对比市场上品类众多、五花八门的资管产品后发现：长远来看，股票型基金的投资收益要远高于李先生家庭其他资产所匹配的现金类产品，股票型基金投资绝对应该是他资产配置中的重要一环。

4.3.2 多样的募集与运行方式

（1）募集方式之“重在参与”和“专属定制”

人们在理财的时候往往根据自己对于风险的偏好程度来选择适合自己的理财产品，一部分偏好高风险的选择了自己炒股票或者购买股票型基金产品。股票型基金产品具体包括哪些呢？今天我们来聊一聊适合 C 类、D 类家庭的公募类股票基金和适合 A 类、B 类家庭的私募类股票基金。

如想只以小资金量参与到股市中，公募基金无疑是门票最便宜的“游戏”。公募基金是受政府主管部门监管的，向非特定投资者公开发行受益凭证的证券投资基金，我国公募基金自 20 世纪末诞生以来，就以投资门槛低、透明度高、佣金较低等优点被投资者广泛采用。

公募基金根据投资对象的不同，可分为货币式基金、债券型基金、股票型基金和混合型基金等，我们这里仅讨论股票类产品，根据股票资产占基金资产总值的比例可以划分为股票型基金和混合型基金：

①股票型基金是指以股票为主要投资对象的基金。[①] 根据中国证监会对基金类别的分类标准，基金资产 80% 以上投资于股票的为股票型基金。而在牛市，股票型基金一般都会将 90% 以上的资金投资于股票。

②混合型基金是指同时投资于股票、债券和货币市场等工具的基金。根据投资于股票的比例不同，混合型基金还可以分为偏股型、偏债型、股债平衡型和灵活配置型四种。偏股型基金中，股票占比在 50% —70%。偏债型基金则相反，债券占比 50% —70%。股债平衡型基金的股票和债券的配置比例则较为均衡，比例在 40% —60%。灵活配置型基金则是由基金经理操作来变换的。一般来说，偏股型混合基金的产品波动与股票市场有强相关性。

如果说公募基金是基金中的“便宜货”，一般在代销渠道上 100 元甚至 10 元即可参与，那么私募基金就算是“奢侈品”了。私募证券投资基金，是指以非公开方式向特定投资者募集资金并以特定目标为投资对象的证券投资基金，主要投资于公开交易的股份有限公司股票、债券、期货、期权、基金份额以及中国证监会规定的其他证券及其衍生品种。[②]

私募证券投资基金的起投门槛是 100 万元，至少要中产家庭才能玩得起私募的游戏，那么私募基金为什么要设置如此高的门槛呢？2014 年 7 月 11 日，证监会正式公布的《私募投资基金监督管理暂行办法》中将合格投资者单独列为一章来明确规定，明确私募基金的投资者金额不能低于 100 万元。100 万元的门槛是为了保护投资者，将风险承受能力较低的投资者排除在这种投资品种之外，除此之外，《私募投资基金募集行为管理办法》规定，私募基金必须向特定投资者（合格投资者）募集，不得公开宣传。

表 4.2 针对私募基金与公募基金的差异进行对照：

---

① 中国证券基金投资业协会 . 证券投资基金 [M].2017：59-63。

② 中国证券基金投资业协会 . 证券投资基金 [M].2017：49-50。

表 4.2　公募基金与私募基金差异对照

	公募基金	私募基金
发行对象	面向社会公众发售	面向特定投资者
募集方式	公开发售	非公开发售，不能公开宣传（PS：朋友圈宣传都不可以）
投资者人数	>200 人	<200 人
投资金额	互联网代销平台 >100 元即可购买	>100 万元
募集规模	1 亿以上	无明确要求，只要满足两个投资人即可发行。运作规模因策略不同而各异
投资标的和运作	较为严格	更加灵活，可以投资衍生金融工具，多空交易限制较少
收费方式	基金管理费等固定费率，与基金产品规模挂钩	除管理费外，会收取业绩报酬，与基金产品业绩挂钩
投资比例限制	《公开募集证券投资基金运作管理办法》规定： （一）一只基金持有一家公司发行的证券，其市值超过基金资产净值的百分之十； （二）同一基金管理人管理的全部基金持有一家公司发行的证券，超过该证券的百分之十	法规无比例限制，具体投资比例限制依照私募基金合同

由于公募型股票基金与私募型股票基金投资标的相同，在资产配置中的地位和挑选原则也较为类似，所以在下文中主要从公募型产品的角度对股票型基金进行介绍。

（2）运行方式之“主动出击”和“铁面无私”

从募集方式区分，可以将权益型基金产品分为公募基金与私募基金，让你了解到权益型基金产品在财富管理中有什么作用。接下来再从运行方式角度来介绍主动管理型股票基金和被动型股票基金。

大家对于主动管理型股票基金应该都比较熟悉，常见的主动管理模式为基本面研究，基金经理凭借多年的投资经验和对公司的深入研究，选择成长性好、竞争格局好、现金流稳定的好公司并重仓持有，希望能够与公司一同成长，赚取公司业绩增长的钱。对于这类主动管理型基金来说，基金经理的投资能力是基金业绩的决定性因素。但是主动管理基金的净值难免会受到基金经理投资风格、主观情绪的影响。而在基本面研究模式外，近年来量化投资的投资方法也在蓬勃发展，量化投资基金以数量模型为核心，投资过程中没有人为操作，而是通过数量模型的结果来进行投资决策。

不论是基本面研究还是量化投资，都避免不了基金经理的情绪波动和主观观点对于投资的影响，那么怎样才能避免这些影响呢？“铁面无私”的被动型基金管理模式可以做到。被动型股票基金通过对市场上的股票指数进行复制，不以追求超额收益为目的，而是为投资者带来市场的本身波动的相对平稳收益。被动型股票基金可以分为两类：

第一类是纯被动型基金。被动型基金一般复制某个指数的持仓，使得基金业绩与指数一致。这类产品由于并不需要过多的投资理念，因此收费较低，是一种工具性产品，大多数都是公募基金产品。对于这类产品而言，投资者要有自己的主观判断，因为择时和挑选指数的工作落在了投资者肩上。一般牛市初期，各个行业的股票轮涨，主动管理型基金很难抓住每一轮涨幅，因此在这段时间内，往往指数基金的表现最好，因为它最真实地反映了市场的整体走势。投资经验丰富的读者们可能要说牛市初期往往创业板指数涨势最喜人，因为牛市初期小票是最能够被带动起来的，也受情绪的影响最大。但是问题来了，普通投资者并不能判断牛市何时到来。因此，投资者要根据自己的投资能力来判断自己是否适合波段参与被动型基金产品。

第二类是指数增强基金。指数增强基金对标市场上某一指数，希望持续选择出优于指数的股票并持有，以期能够战胜对标指数，创造相对于指数较大的超额收益。常见的指数增强型产品有沪深 300 指数增强和中证 500 指数增强产品。指数增强产品在公募基金和私募基金中都有较大的存量。公募指数增强基金产品在 2017 年大放异彩，因为公募基金倾向于选择公司质地较高的股票，模型更关注公司基本面数据，因此在 2017 年蓝筹股爆发的时候，获得了非常显著的超额收益。私募指数增强产品从 2013 年开始大规模出现，经历了一轮大洗牌。从历史统计规律来看，中国股票市场中小票相比大票跑得更好，因此很多量化私募团队配置了更多的小票，然后在 2017 年小票一直下跌，蓝筹股普遍上涨的环境中，紧靠配置小票的策略不仅跑输市场，很多该策略的产品业绩都很难看。而深挖贡献超额收益因子，不在大小票上暴露过多偏离，策略更新迭代能力较强的私募管理团队在度过艰难的市场环境之后脱颖而出。有些团队从高频入手，希望找到更多错误定价的瞬间；有些团队深挖贡献超额收益的因子，从市场价量、公司基本面等多维度挖掘有效因子；有些团队尝试使用人工智能算法，希望找到数据之间的非线性关系，从而得到更多的收益贡献来源。指数增强策略最吸引人的地方在于其业绩大多数时间都会超过市场指数，从而让投资者在股市中有了收益的安全垫。

下面以指数增强型产品为例，感受下量化增强的业绩效果。选取市场上几只较为优秀的可以在私募排排网等第三方平台查询到历史业绩的指数增强型产品，做成产品组合。图 4.3 可以看出指数增强产品相比于中证 500 指数有非常稳定、可观的超额收益。

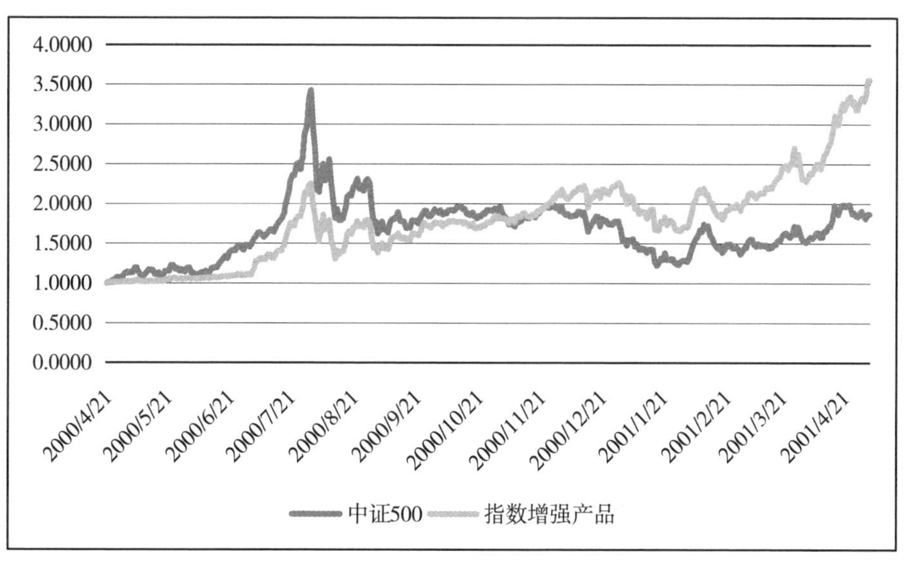

图 4.3　中证 500 与指数增强产品对比

通过上面的分析，相信你也了解了主动型投资和被动型投资各有各的优势，你可以根据自己的偏好来进行选择。

4.3.3 别再“谈股色变”

虽然民间不乏牛散，可以从身无分文玩到身家过亿，但实际上大部分散户（即非机构投资者）直接投资股市都难以获得满意的收益甚至是亏损，跑赢市场指数者在散户中都是凤毛麟角般的稀少存在。

我们在此找了一只存续时间较长，且市场认可度较高的东方红 4 号股票型公募基金产品，其投资经理是价值投资的践行者，在其管理期间，该产品为持有人创造了不菲的收益，十年之间净值翻了 7 倍。再看看与之对应的市场指数，无论是上证综指还是股民最爱的中小板指数，在 10 年之间基本没有什么变化。这也就意味着，如果你的投资水平跟上市场，十年投资你仅仅是没有亏欠而已，而 2015 年亏得负债累累的大有人在。

对于非职业投资者，想要在股市获得超额收益确实是极难的事，许多家庭缺乏在股市上获得符合预期的收益所必需的本金、专业知识和精力。这种情况下公募基金产品绝对是参与股市的最好工具。公募基金的投研资源、投资经理多年的投资经验，都相对散户单枪匹马有很大优势，拉长时间来看，大概率可以创造超越市场的收益。

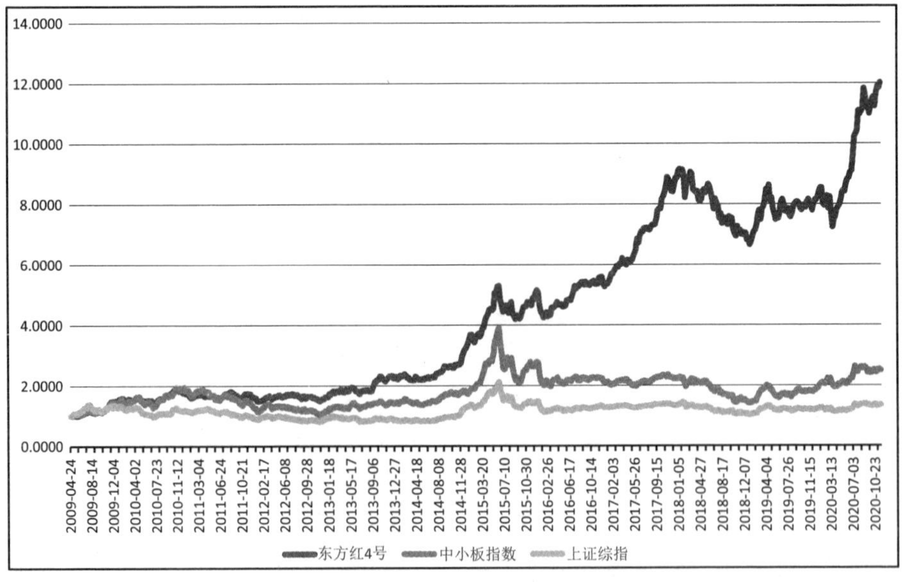

图 4.4 公募基金业绩表现与市场指数对比

接下来我们再聊聊私募基金有哪些优势所在，为什么门槛那么高，只服务“高帅富”。私募基金门槛较高主要是因为私募基金组织架构灵活，决策灵活，在市场上有更大的盈利潜力，另外也是由于其激励制度中，除管理费外，还有业绩分成，更容易激发基金经理的积极性。正是与公募基金截然不同的收费模式，私募基金管理人的利益与投资者的利益深度绑定，只有基金产品获取了较为可观的收益，私募基金管理团队才能获得更多的费用报酬。举个例子，让我们看看私募基金的收费模式是怎样计算的。

“本基金就基准日基金份额累计净值（未扣除当期应计提业绩报酬）高出水位线的部分提取业绩报酬，并从基金财产中扣除。水位线为 1.0000 元与各历史基准日的基金份额累计净值（扣除该基准日已计提的业绩报酬）中的最高者。如该基准日满足业绩报酬提取条件但管理人放弃提取该次业绩报酬的，则当前基准日的水位线将更新为该基准日基金份额累计净值（未扣除管理人放弃提取的业绩报酬），直至出现更高的水位线。业绩报酬的提取比例（Y）为 20%。”

上面是私募基金合同中常见的业绩报酬收费表述，这么绕口的一段话你可能已经晕了，这一段话到底要表达什么呢？让我们来理解一下，如果期初你投资 100 万元参与某只私募基金产品，一段时间之后你的账户变成了 120 万元，如果这个时候你想要赎回，那么 20 万元的收益并非都是你的，你需要支付 4 万元（20×20%）作为基金管理团队的劳动报酬，剩下的 16 万元才是你的费后收益（该费用计算结果不精确，仅为使大家更好地理解私募基金的业绩报酬收费标准）。那么如果你期初投资了 100 万元，不巧的是，股灾随之而来，一段时间之后，你的账户变成了 90 万元，如果这个时候你想要赎回，90 万元都是你的资产，因为私募基金团队并没有帮你挣到钱，因此也不会向你收取基金业绩报酬。

正是因为私募基金团队收取费用报酬模式的不同，不仅使得管理团队与投资者利益一致，对产品更大的影响是净值的稳定上涨变得至关重要。设想如果产品净值随着股票市场“上蹿下跳”，私募基金团队就变成了“三年不开张，开张吃三年”的状态，但是私募基金团队是否可以支撑过不开张的三年呢？所以，大部分私募基金都是秉承着绝对收益的投资理念，这样既可以提高投资者的投资感受，也会使得私募投资团队有持续稳定的收入。

而公募基金向来是以相对收益来进行考核的，是否能跑到同类基金的靠前水平是公募基金经理最为关注的事情，过分注重排名难以避免会使投资行为产生一点点“赌性”，进而导致净值波动和排名都不稳定。图 4.5 比较了股票型私募基金和公募基金指数。

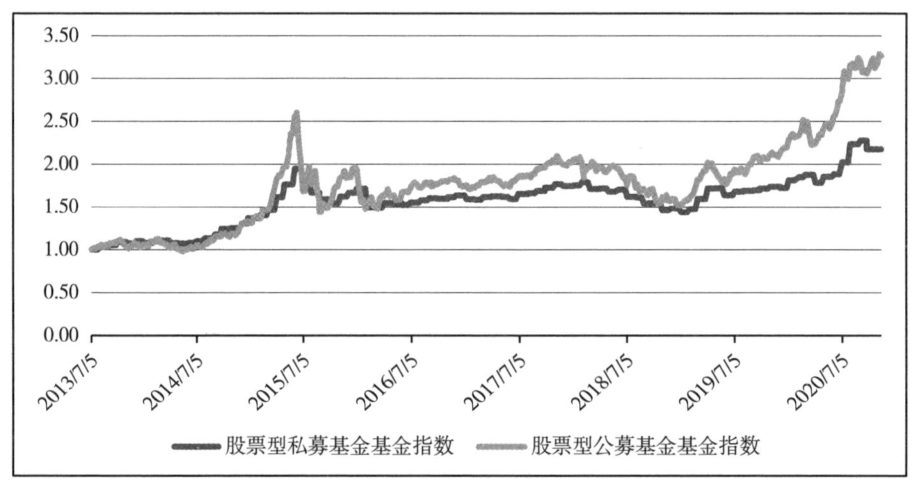

图 4.5 2013 年以来股票型私募基金与公募基金指数对比

公募基金与私募基金指数的整体走势是一致的，但是在市场急剧下跌的环境中，私募基金也因为仓位灵活，而且以绝对收益为核心目标，因此回调的幅度较小，综合来看，私募基金的平均水平相比于公募基金有更稳定的业绩。

4.3.4 慧眼识珠选股基

对于股票投资，大家都知道择时是非常有必要的，在牛市中入场在熊市中去找其他的投资机会是最正确的投资选择。可是我想问问，大家真的知道牛市什么时候启动，熊市又是什么时候到来吗？

我们统计了上证综指从东方红 4 号成立以来日涨幅超过 4% 的天数，一共只有 19 天，如果不是长期埋伏在股市中，估计很难碰到这 19 天的涨幅。如果把这 19 天剔除，十年之间指数竟然是下跌的。这足以见得，择时有多重要。

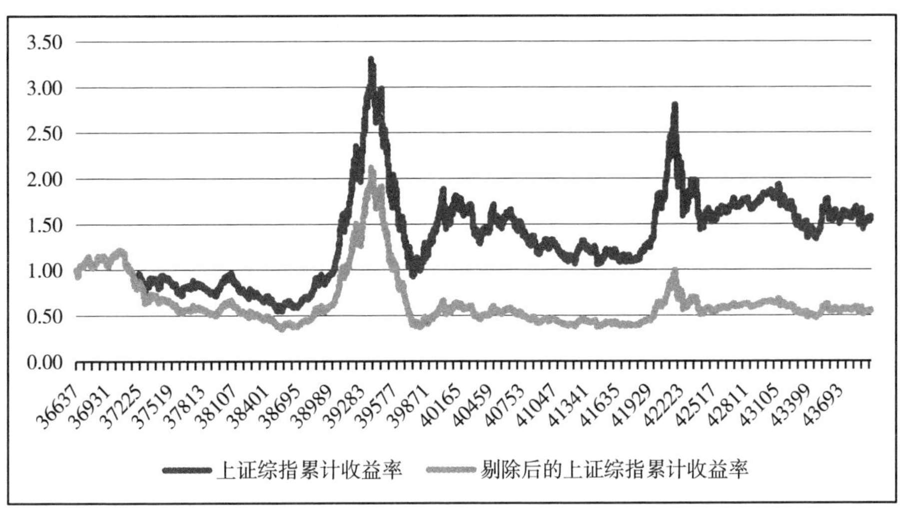

图 4.6　上证综指与剔除后累计收益率对比

除此之外，让我们来看看择时效果如何，图 4.7 是上证综指与单月新发行基金规模的对照，因为公募基金的大部分持有人都是散户，基金发行规模往往代表着散户的择时意愿。可以看到每次发行规模变大，大家申购基金的热情上升的时候，都是市场的高点，因此大多数热闹时入场的朋友，都很难挣到钱，这也就是散户们的择时业绩。

图 4.7　上证综指与单月新发行基金规模对比

所以如果大家需要投资公募基金产品，建议挑选任职时间较长的投资经理管理的股票产品，而且不要轻易随着市场情绪进进出出，因为自己择时的结果真的未必好。二级市场是一个“博傻”的过程，大家往往听过一句话，“别人恐惧我贪婪，别人贪婪我恐惧”，尽量少被市场非理智的投资情绪冲昏头脑。了解基金产品，并选择适合自己的基金产品可能会是一种更好的选择。

看了这么多你肯定要说，天啊，基金产品策略类型这么多，择时这么难，那么选择一款好的基金产品，让专业的投资经理替你打理资产岂不是更好的选择。在选择基金的时候首先要根据自己的资金风险承受能力确定选择货币基金、债券基金还是股票型基金，然后才正式进入基金选择环节。以股票型基金为例，选择的时候有一些需要关注的指标：

表 4.3 股票型基金风险指标

风险调整收益	Jensen 指数（贝塔系数调整）
	Sharpe 比率（标准差调整）
投资管理能力（业绩归因）	择时能力
	选券能力
业绩持续性	业绩排名的类 Sharpe 比率

上面的指标看起来很难，不知道是什么意思，那我们以一款适合大众的手机应用软件天天基金为例，介绍如何通过里面的图形走势、简单的指标计算等比较出基金产品的优劣。

（1）收益率（业绩表现）。选择产品的时候业绩表现一定是您最为关注的指标，但是不能唯收益率论，我们要看产品的收益率是否稳定，是不是每年都在市场平均水平以上。因为股票市场上没有常胜将军，如果某一只基金产品在某一年的收益率远超同业水平，但是其他年份业绩平平，大概率是这位投资经理的投资风格与当年的市场风格比较一致，如果市场风格转变，他可能无法继续创造优秀的业绩。因此选择收益稳定的基金产品至关重要。

（2）最大回撤。表示在一定时间内，净值小于 1 时净值损失的最大百分比，最大回撤越小意味着业绩越稳定，可以与收益率结合分析。

（3）夏普比率。夏普比率衡量的是单位波动下可以获得的超额收益，衡量的是产品经风险调整后的收益水平，更能增强不同基金产品间的可比性。夏普比率越高，产品承担单位风险所获得的收益越高。

（4）胜率。即盈利概率，市场中性产品的盈利概率为产品收益率超过零的比率，盈利概率越高，产品的获利能力越强。胜率的分析频率越高，胜率越低，如一只产品的日度胜率 < 周度胜率 < 月度胜率。

下面以中欧医疗健康混合（003095）和富国精准医疗混合（005176）的对照为例，分析两只产品的差异。截至 2019 年 6 月，中欧医疗健康的表现更好，在牛市中显示出了较好的弹性。但是从长期来看，富国精准医疗一年期的表现优于中欧医疗健康，且富国产品的波动率和回撤均优于中欧医疗健康。如果你不厌恶风险，希望通过暴露一定的风险获得较为可观的收益，可以选择中欧医疗健康。如果你希望产品的回撤控制更好一点，那么富国精准医疗更适合你。

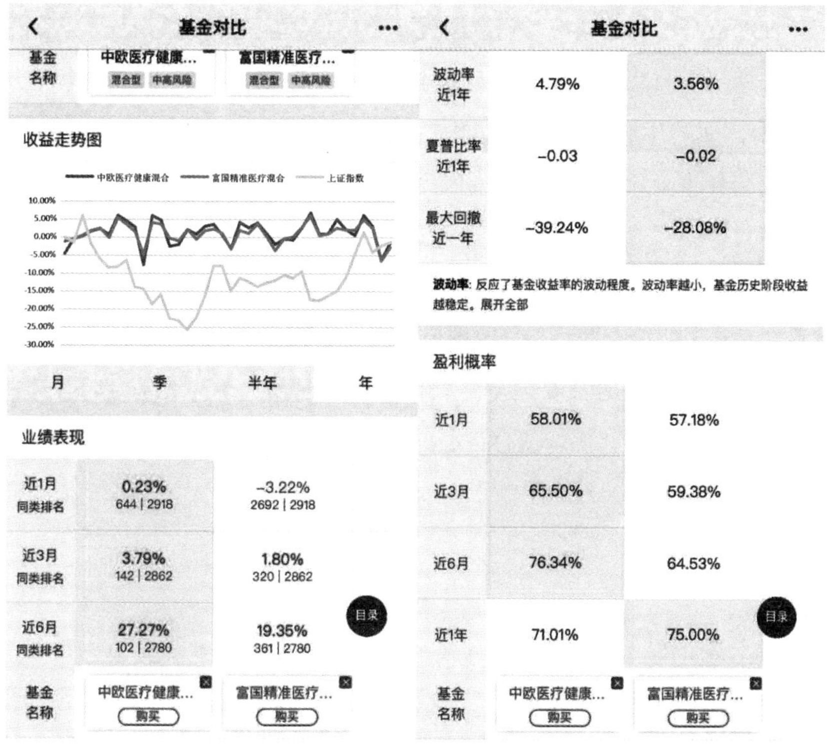

图 4.8　中欧医疗健康混合基金与富国精准医疗混合基金产品差异对比

4.3.5 案例解析——个人投资者困境

从事财务工作的金先生，就是这样一位个人投资者。出于职业习惯，他很乐于用数据来分析自己关心的金融产品。而每当基金年度业绩榜单公布的时候，金先生都会仔细研究一翻，然后找出业绩居前的基金产品，作为自己来年的投资备选。不过几年下来，金先生发现自己买入的基金，投资绩效却表现平平，有的还出现了较大比例的亏损。金先生很疑惑，到底是自己的方法不对，还是运气不好呢？

上述是非常典型的个人投资者困境。即自己选择了表现好的基金（后面我们称之为"快跑基金"）来进行投资，后来却发现投资效果并不理想，正在阅读本章的您或许也遇到过类似的情况。那么，这到底是什么原因呢？

其实，按照基金业绩榜单来挑选基金，其本质上是"追涨"。因为"快跑基金"在上一年独占鳌头的原因，往往是由于该基金的重仓股与当年的市场行情契合度很高，从而取得了超越同类基金的业绩表现；多数情况下，这一业绩表现也超越了该基金经理的个人生涯平均年化回报（比如：某基金经理从业10年以来，他的生涯平均年化回报是8%。然后某一年，该基金经理以45%的涨幅摘得年度业绩桂冠时，我们是否应该买入这只基金呢？相信您心中已经有了答案）。

这就告诉我们，在挑选基金产品的时候，不要仅关注基金产品最近一年的涨跌幅，基金业绩长期稳定、历史最大回撤（近似等于最大连续下跌幅度）、夏普比率、绝对胜率等都要关注，只有各项指标都优于同类基金时，才能选出优秀的产品。当然，挑选适合自己的基金产品不能纸上谈兵，还要多关注、多比较、多尝试，在实践中不断了解权益类产品。

4.3.6 小结

经过上述介绍，想必您一定了解到了股票型基金可以覆盖A—D各类家庭的投资需求。对于D类家庭，在投资时主要考虑的是本金的安全性和预期收益的稳定性，可以考虑被动投资的指数型基金；对于C类家庭，在兼顾D

类家庭投资目标的基础上，可以承受更高的波动性，因此可以尝试多种公募基金的定投，以达到“稳中求进”；可选择的工具包括股票型、偏股型、指数型、混合型等权益类公募基金，具体请咨询您的理财顾问，按照投资者适当性原则来匹配。对于 A 类和 B 类家庭，由于其家庭年收入或存量净资产符合私募基金的合格投资者要求，因而可以选择起点更高的私募股票型基金。将资金交由知名的私募基金管理人来打理，省力省心，但需要注意的是，私募型股票基金仍是高风险的配置。

4.4　私募股权基金：权益投资的高级产品

如果说股票型基金是资产配置中获取超额收益的重要手段，那私募股权基金就是这种获取超额收益手段的“加强版”，不论是从投资准入门槛，还是从对投资者投资能力的要求上，私募股权基金的要求都更高，但同时，私募股权基金也有可能为投资者带来更为丰厚的回报，随着中国经济的稳健发展，必将有更多优质的企业发展壮大，而它们也必将通过私募股权基金形式投资于它们的投资者，带来更加超额的收益。

4.4.1 案例导读——源码资本的 LP

源码资本由曹毅先生（原在红杉资本中国任投资副总裁）于 2014 年创立，致力于发现并助力信息革命浪潮中的领袖企业。目前源码资本管理资金 15 亿美元、35 亿人民币，受托管理的资金主要来自全球顶尖的主权财富基金、大学捐赠基金、慈善基金、养老基金、母基金、家族基金、领袖企业等顶级机构和产业资本，以及国家级引导基金、大型央企等。

与此同时，源码资本的 LP 阵容中还有一股不可忽视的力量（LP 是英文 Limited Partnerships 的简称，指的是私募股权基金的有限合伙人，有限合伙人对私募股权基金只以其出资为限对基金承担责任，并不参与日常的经营管理），即阵容“豪华”的企业家个人 LP，包括美团点评创始人王兴、字节跳动创始人张一鸣、链家地产创始人左晖、58 同城创始人姚劲波、汽车之家 / 理想汽车创始人李想、牛电科技创始人李一男，而源码资本同时也是美团点评、字节跳动、链家地产、理想汽车、牛电科技的投资方。企业家是中国高净值人群的重要组成部分，也是参与私募股权基金投资的活跃人群，源码资本是由一流投资人创办的一线风险投资基金，企业家们将个人资金投入风险投资基金中，交由优秀投资人管理，在获得财务回报的同时，也基于源码资本收获了与其他个人 LP 的密切“连接”，收获更多的业务拓展与协同机会。由源码资本的 LP 我们可见，越来越多的高净值人群想获得收益投资私募股权。

4.4.2 分享企业早期成长红利

对企业的投资可以分为股权和债权两种形式，而在股权投资中，又可分为投资已上市公司的股权和非上市公司的股权，前者为股票投资，后者即为私募股权投资。私募股权投资基金指非公开募集的，投资于非公开交易的股权的基金，主要包括投资非上市公司的股权或者上市公司非公开交易股权两种方式。私募股权投资追求的不是股权收益，而是通过上市、管理层收购及并购等股权转让路径出售股权而获利。[①]

私募股权投资基金在中国基金业协会的规定中分为以下几类[②]：

创业投资基金：主要向处于创业各阶段的未上市成长性企业进行股权投资的基金（注：新三板挂牌企业视为未上市企业；对于市场所称“成长基金”，如果不涉及沪深交易所上市公司定向增发股票投资的，按照创业投资基金备案，如果涉及上市公司定向增发则按照私募股权投资基金中的“上市公司定增基金”备案）。

创业投资类 FOF 基金：主要投向创投类私募基金、信托计划、券商资管、基金专户等资产计划的私募基金。

① 中国证券基金投资业协会. 证券投资基金 [M].2017：29-32。

② 金融界 . 私募基金分类巨变 [EB/OL]. http：//mapp.jrj.com.cn/news/simu/2016/09/0916 921441555.shtml，2016-9-9。

私募股权投资基金：除了创业投资基金以外主要投资于非公开交易的企业股权。

私募股权投资类 FOF 基金：主要投向私募基金、信托计划、券商资管、基金专户等资产管理计划的私募基金。

通常在业界实践中，上述创业投资基金被称为 VC（Venture Capital），私募股权投资基金被称为 PE（Private Equity）。

随着我国资本市场的逐渐成熟，在国外十分常见的并购基金（Buyout Fund）近年来也在中国快速发展，我国知名私募股权投资基金甚至创业投资基金均开始设立并购基金，以杠杆收购（LBO）等方式进行对企业的并购型（通常投资获得的股份比例在 50% 以上）投资，投资机构获得公司的绝对控制权，并深度参与公司经营，投资与产业的界限越来越模糊。如高瓴资本牵头完成的百丽国际私有化，高瓴资本成为百丽国际的控股股东，并投入专门的团队深度参与百丽国际业务运营，对百丽进行数据化零售改造，以科技赋能百丽，通过投后管理获得更大的投资增值空间。

另外，企业本身也开始以产业基金及并购的方式进行私募股权投资，较为典型的例子是腾讯与阿里。腾讯设立了腾讯产业共赢基金，与其企业并购部结合，以控股 + 参投结合的模式进行业务协同性投资布局，比如早期对京东、大众点评、美团、滴滴及近期对拼多多、每日优鲜、猫眼的投资，腾讯的投资风格更多偏向于开放与共享，与被投企业共赢发展，给予被投企业管理团队充分的自由度，倚赖原管理团队实现企业的发展，在“产业”与“投资”两者之间更偏向于“投资”。而阿里倾向于进行并购型投资，如对优酷土豆（后并入阿里大文娱体系）、饿了么的并购，相较于腾讯而言，更强调对企业的绝对控制，并购后由阿里系元老接管公司管理层，即每一次并购相当于阿里进入一个新的产业，在“产业”与“投资”两者之间更偏向于“产业”。

4.4.3 超额回报源于市场认知

相对于股票型基金，由于 VC 与 PE 投资的是非上市公司股权，以至于该投资的股权不具备在公开市场交易的流动性，该种股权投资具备更高的风险；

同时，也由于无法在公开市场实时交易且公司业务及财务数据不作公开披露，其价值与价格的偏离也更容易出现，投资机构依靠信息不对称及自身对行业、公司的超出市场的深刻认知，也更容易获取超额回报。所以，整体上，私募股权投资相比股票投资，风险更高，但预期回报也更高。可以作为A类和B类家庭追求超额回报的一个重要手段。

VC多投资于发展初期的公司。伴随公司所在行业的发展、用户需求的增加等，公司不断成长，VC在公司进入发展成熟阶段时寻求退出。因此，VC获取回报的途径是企业的业务增长带来的价值增长。

对于一家VC的投资人员来说，除对商业逻辑具备一定的判断能力外，更重要的是具备广泛接触优质项目的能力和对创业者的判断能力。

对于广泛接触优质项目的能力，这是VC投资一家优秀公司的基础条件，如经纬中国张颖所说“我不接受一个非常好的公司，我们没有见过”，接触足够多的项目是发现市场“信息不对称”带来的投资机会的前提条件。VC的项目投资可以用“漏斗模型”来描述，即接触的项目数量是最终投资的项目数量的数十倍甚至上百倍，而最终获得正向回报的项目数量只占投资项目数量的1/10甚至更少。因此，VC对于一笔投资的期望回报倍数非常高，投资的每一家公司都要有十倍、百倍的回报潜力，从而成功的投资才足以覆盖失败投资带来的损失，并在基金整体层面获取良好回报。从“概率”及“赔率”的角度去分析，VC是一种“低概率”“高赔率”的投资方式。

由于VC投资的是初创型企业，通常这类企业尚未形成规模化的收入、利润等财务数据，甚至更早期阶段的公司，连规模化的业务数据也不具备。在此种情况下，对创业者的能力判断就显得十分关键，包括创业者是否具备企业家级别的视野与胸怀、是否具备极强的学习能力和执行力、行业经验与从业经历是否足够丰富、是否有能力搭建并带领优秀的业务团队等，创业者或者领军人物的素质与能力直接决定了一家公司发展的天花板和成功的概率。而对“人”的判断比对行业、业务的判断难度更大，对于投资机构从业人员本身的水平要求极高，也是投资中非常具有艺术性的环节。

而对于PE来说，投资的企业发展阶段较VC更偏后期，获取回报的周期相较于 VC 更短（VC 基金的回报周期一般为 5—8 年甚至 10 年），国内 PE 更加关注公司在近期（2—3 年）内上市的可能性，因此更加关注：第一，公司的财务状况，包括资产规模、收入、利润、利润率、增长性、负债率等指标，是否满足上市标准；第二，法律合规，公司是否存在影响上市的政策限制或法律瑕疵，是否存在税务问题，等等；第三，公司的基本面，判断公司的市场地位、竞争力、市占率等；第四，公司估值水平是否合理。对于 PE，其尽职调查的详细程度远超 VC，需要对以上各点进行核实与判断，需要业务、财务、法务的专业团队共同参与，并且一般会聘请专业的外部尽调机构，与专业律师及会计师团队共同完成尽职调查，通过详尽的尽职调查增加获得投资回报的确定性。一只 PE 基金投资的项目数量不会如 VC 那样有几十上百个（PE 一般在 10 个左右，每个项目投资金额占该只基金总规模的 10% 左右），每个项目的预期回报也不如 VC 高，一般一个 PE 投资项目可以带来超过 10 倍回报的话，就是一笔非常优秀的投资，因为这一笔投资几乎赚回了该只 PE 基金的全部本金，业界称为“home run deal”。PE 是一种“高概率”“较低赔率”的投资方式。

再简要介绍一下 VC、PE 机构从业人员获取回报的方式，专业投资人员获取回报的方式主要有工资、奖金、业绩报酬（Carry）、跟投四种形式，其中工资和奖金主要来自基金 LP（有限合伙人，出资方）支付给 GP（管理合伙人，基金管理人）的管理费，业绩报酬和跟投来自基金投资项目的收益分成，工资和奖金为近期回报，业绩报酬和跟投为远期回报。观察一家投资机构中从业人员获得回报的构成，可以为判断该机构的能力与水平提供参考，如果从业人员获取回报主要来自工资和奖金，那么意味着这家机构存在以下几个问题中的至少一个：1. 投资回报水平低，导致收益分成低下；2. 募资能力大于投资能力，以管理费为机构人员的核心收入来源；3. 从业人员就职时间普遍较短，团队建立的不是长期的合作关系，各成员更关注短期利益；4. 激励机制不合理，投资收益的分成只集中在少数合伙人范围，而中层及基层的从业人员无法分享。这种投资机构很容易导致从业人员自身利益与基金整体利益的不一致，难以实现基金整体的高回报。

4.4.4 强者共舞与“马太效应”

由于私募股权投资基金的投资门槛较高，而且具有高风险，因此私募股权基金管理人一般首先选择风险承受力较强的机构投资人，之后是企业，最后才是高净值的个人。高净值个人直接投资私募股权基金有一定难度，直接投资优秀的私募股权基金难度更大。

但高净值个人依然需要选择头部的优质私募股权基金进行投资，才有可能获取高回报。VC 与 PE 机构的头部效应越来越明显，资金、优秀从业人员、优质项目不断向头部机构集中，形成良性循环，而处于长尾部分的新厂牌基金，难以建立起合格的专业化投资团队，得不到 LP（有限合伙人）的信任，无法获得优秀项目的投资机会，无法获得高额回报，甚至连第二期基金的募集都十分困难。

根据投中网的统计数据①，2019 年上半年，VC/PE 募集完成基金共 271 只，同比下降 51.69%，募集总规模 544.38 亿美元，同比下降 30.17%。虽然大部分机构面临募资难题，但头部优质机构依旧能获得大量资金。在募集完成的 271 只基金中，12 只基金募集规模超 10 亿美元，数量占比不足 1.5%，但募资总额却高达 308.08 亿美元，占 2019 年上半年募资总额的 56.59%，基金募资两极分化越发严重。

由于私募股权投资不是一个劳动密集型行业，从业人员均为知识工作者，十个水平一般的投资从业人员所能创造的回报远远不如一个出色的投资人员。而投资本身是系统性思维的过程，也很难通过协作来提高判断的准确度，更多的是依赖投资从业人员自身的判断力。所以导致了投资是一种少数人管理巨额资金的行为，资金、顶尖人才向头部机构集中。优质的企业投资机会是稀缺的，而获得头部机构的投资对于企业有极强的品牌背书效用，优质企业也倾向于接受头部机构的投资，也即导致了非头部机构无法获得资金、人才和项目。

① 解旖媛 . 上半年美元基金逆势而上 [EB/OL].https：//funds.hexun.com/2019-07-25/197973505.html?utm_source=UfqiNews，2019-07-25。

未来私募股权市场上，巨额规模基金的数量会越来越多。如 2018 年高瓴资本募集的“高瓴基金四期”，募资规模达到了 106 亿美元，打破了此前 KKR 亚洲三期基金募集总额 93 亿美元的纪录。再如软银集团在 2016 年成立的“软银愿景基金一期”，目标融资规模达到了 1000 亿美元。

那么我们应该如何判断一家投资机构是不是头部机构呢？一般有以下两个标准：第一，管理资产总规模，基金规模越大，说明获得了越多资金方的认可，该机构的能力越强；第二，该投资机构管理基金的历史回报水平，一般有 IRR（内部收益率）、DPI（投入资本分红率）等指标。

除了在机构的选取时聚焦选择头部机构之外，投资私募股权基金的年份选择也十分重要。由于私募股权基金一旦募集，管理人就必须在规定的投资期间将资金全部配置完毕（如果大量资金闲置，LP 没有理由支付高额的管理费将资金交给 GP 运营），一旦私募股权基金进行资产配置的周期选择错误，整体基金收获良好回报的概率非常低，回报将十分有限，投资需要“顺势而为”。

除直接投资私募股权基金外，高净值人群也可以选择通过 FOF 或购买私募股权基金的结构化产品的形式进行私募股权投资，这些方式的优点是门槛更低，资产组合更分散，但缺点是无法享受最头部基金带来的市场最高水平的回报。

如果高净值人群难以获得投资头部私募股权基金的机会，也可以考虑以合理的价格在公开市场买入产业巨头的股票，这也是参与私募股权投资并获取投资回报的另一种方式。因为如今产业与投资的界限已经越来越模糊，以腾讯和阿里为代表的产业巨头在私募股权投资市场十分活跃。根据亿欧网 2019 年 2 月的统计数据，2018 年腾讯以 162 笔投资成为中国市场最活跃的投资机构，超越了知名投资基金红杉资本中国、真格基金、IDG 资本、经纬中国等，阿里巴巴以 70 笔投资位列第七。而如腾讯、阿里等产业巨头，能够依托公司主业为被投企业提供全方位的投后增值服务并发挥业务协同效应，且其投资资金不存在固定年限的退出压力，相较于财务投资基金具备天然的优势，投资也几乎成了腾讯的核心主业之一。在公开市场买入产业巨头的股票这种方式不仅收获产业巨头本身业务发展带来的价值增长，同时也收获其对外投资带来的协同效应。

4.4.5 案例解析——收益之外的收益

我们在章节的开头介绍了源码资本“阵容豪华”的企业家们，源码资本创立了其独特的企业互助联盟“码会”，由 30 多家新经济领袖企业 / 企业家出资人和近 150 家源码成员企业组成，定期组织举办交流活动，为创业者和企业家提供高效精准的连接、实效深度的资源合作、有效多维的经验分享。源码企业家 LP 所代表的企业和源码的被投企业均是新经济领域的优秀公司，不断地连接和交流让各方碰撞出合作的火花，如美团点评与源码被投公司易酒批的战略合作，即由源码资本创始人曹毅亲自牵线完成，王兴、李想、张一鸣等人也多次评价源码资本及曹毅“和创业者平等做朋友”“和创业者走得很近”，源码资本的首期六只基金也均创造了同年份行业最高水平 IRR 和 DPI，十多家源码成员企业成长为独角兽乃至超级独角兽，企业家 LP 也收获了丰厚的财务回报。因此，高净值人群投资私募股权，不仅能获得客观的收益，还能积累一定的人脉。

4.4.6 小结

近年来，伴随着我国多层次资本市场建设的完善，股权投资的退出渠道也随之不断拓宽，未来宏观政策对私募股权行业仍持续利好，国内股权投资行业已进入快速发展期，私募股权正从“另类资产”一步步走向“主流资产”。

在当今的经济环境下，投资环境表现为资产轮动加快、单一资产不确定性增多、投资回报不断承压以及刚性兑付制度被逐步打破，传统上依赖存款、理财、不动产的配置组合有待优化调整。如果投资者想获得有吸引力的长期投资回报，就需要在不同大类资产之间进行合理化、分散化配置，扩展有效投资边界。

基于高净值人士资产配置转型需求和私募股权特性，私募股权投资在高净值人群资产组合中长期配置价值凸显。伴随资本市场不断完善、国家政策支持以及监管利好，我国私募股权投资市场会不断成熟完善。同时，私募股权市场规模的扩大、私募基金管理人的多元化以及投资策略的丰富，将为高净值人群和家族财富拉长投资周期实现财富增值与传承提供保障。

4.5 资产证券化：风险主体不同的固定收益类资产

本小节将为读者带来有关资产证券化（ABS）投资方面的介绍。

因为目前相较于其他投资产品，资产证券化产品投资准入门槛较高，又因为产品本身的复杂性，加上一些其他的因素，目前运用资产证券化来做这种质押回购加杠杆的行为也不是很多，总体来看该产品在二级市场上交易不太活跃。因此投资于 ABS 类产品的个人投资者主要为 A 类及少数 B 类家庭。

4.5.1 案例导读——敏锐洞察的王先生

王先生经过多年的奋斗，成为公司的高管，家庭财富不断积累。喜欢投资的王先生十分热衷于尝试新兴的投资产品，进行多样化的投资。王先生和众多投资者一样，自 2005 年资产证券化在中国出现时，就开始留意这种已经在国外发展较为成熟的投资产品。但是随着 2008 年金融危机的不期而至，资产证券化产品在这场危机中扮演了导火索的角色，国内资产证券化产品的发行也在此时被叫停，王先生认为这种投资产品的风险较高，放弃了投资这类产品。

2012 年，王先生注意到资产证券化在国内迎来了新的发展契机，政策开始放松，试点恢复。王先生与业内人士商谈后，结合国内市场的发展情况，决定试水资产证券化产品。之后几年时间里，资产证券化产品在中国发展迅速，2014 年发行量开始井喷，到 2017 年时增长速度持续加快，年发行量首次突破 1 万亿元。之后，资产证券化产品成为王先生乐于投资的产品，涉及的基础资产类型也越来越广泛，包括商业住宅抵押贷款、应收账款、企业债权等资产证券化产品。近年来，中国电子商务的强势发展也让王先生意识到消费金融资产证券化产品未来发展的广阔前景，这类资产证券化产品在极大程度上已经成为投资者在这一领域投资的首选。王先生回顾自己过往投资证券化产品的经验时发现，此类投资产品的违约率一直保持在较低水平，明显低于其他类的投资产品。

4.5.2 解构资产证券化

华尔街有一句名言：给我一个现金流，我就能将它证券化。那么什么是证券化呢？很多人都听说过这个词，却没有机会去深入了解它。其实大家的衣食住行都和资产证券化有密切的关系。现实生活中许多基础设施，如公路、桥梁，都是利用资产证券化来融资的。下面我们就来简单地介绍一下资产证券化。

资产证券化业务，是指以特定基础资产或资产组合所产生的现金流为偿付支持，通过结构化方式进行信用增级，在此基础上发行资产支持证券的业务活动。① 它是以特定资产组合或特定现金流为支持，发行可交易证券的一种融资形式。对于发行人来讲：资产证券化盘活了存量资产，降低了融资成本，增加了新的融资渠道，而且更为便捷、高效、灵活，同时实现了表外融资，特别是在企业信用不高、融资条件较高的情况下，开辟了一条新型的融资途径；资产证券化实现了从主体信用到资产信用，一个主体评级 BBB 级的企业可以通过资产证券化形式发行 AAA 级债券，弱化了发行人的主体信用，更多地关注基础资产的资产信用。②

资产证券化产品结构复杂，参与机构众多，一般主要涉及以下机构：原始权益人、特殊目的载体、信用评级机构、信用增级机构、承销商等。资产证券化流程涉及很多的专有名词，对于王先生这样的一般投资人来说，短时间内无法很好地理解什么是资产证券化。下面我们通过一个简单有趣的例子告诉你什么是资产证券化。③

---

① 中国证券监督管理委员会．证券公司资产证券化业务管理规定 [EB/OL]. 2013-3-15。

② 搜狐网．资产证券化超深度解析 [EB/OL]. http：//www.sohu.com/a/339836633_ 100014524，2019-9-9。

③ 搜狐网．卖煎饼的故事，让你秒懂资产证券化 [EB/OL]. http：//www.sohu.com/a/129189460_ 183324，2017-3-18。

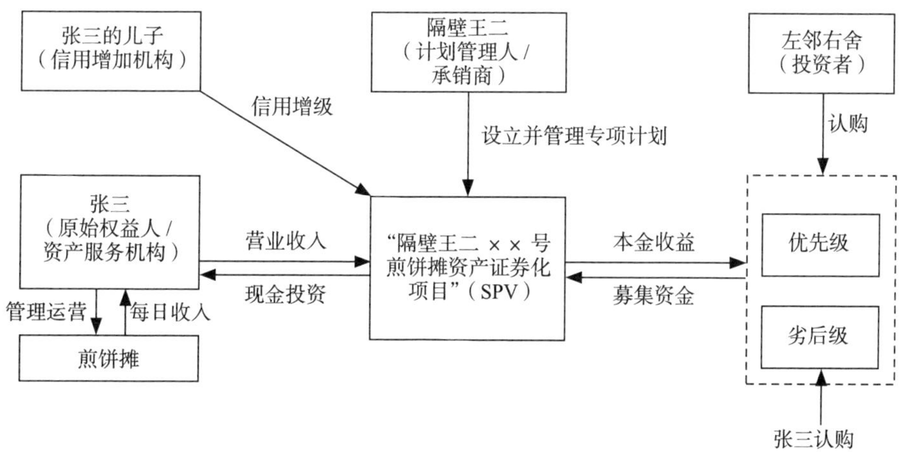

图 4.9　煎饼摊收入现金流的资产证券化

张三在菜市场开了个煎饼摊，每天能有 500 元现金流入。张三看生意不错，想再买个小面包车进货，把生意做大。买面包车需要 7 万元，找银行借吧，银行嫌张三没什么值钱的东西抵押，怕他跑路，而且这么小额的贷款没什么搞头，不愿贷款。隔壁王二看张三发愁，就想了个办法：

你看，你现在一天能有 500 元流入，一个月的现金流就是 15000 元。要不这样吧，我明天就掏给你 7 万元，未来五个月赚的钱就直接打我卡上，也就是说现金流就归我了。

其实王二自己也没钱，但他找到了李四叔、宋五婶，说我找了个好项目，你们来投资，只要一次性把钱投给我，每个月都能返本金和利息。

邻里们有些担心，说你又不是开银行的，怎么能保证按时还钱？王二说，别担心，张三每个月赚的钱都会给我，再说了，张三的儿子在城里打工，每个月都往家里寄钱，就算张三赖账大不了找他儿子要啊！

有人知道这个收益是要靠张三卖煎饼赚出来的，问万一煎饼不赚钱了咋办，张三自己出来说话了，你们投资的保证书啊，我也签一张，投资一万元，要是赔钱了，先从我这赔，优先保证还上你们的钱！

王二筹到了钱，给左邻右舍都写好了按月付收益的保证书。张三接过钱，高兴地买车去了，生意一天天红火下去，赚到的钱每月打给王二，王二又把钱转给拿了保证书的人，当然自己也雁过拔毛留了一小点。

以上例子里的张三、隔壁王二、张三儿子、左邻右舍分别对应的是资产证券化项目里的发行人、专项计划（SPV）管理人、增信机构和投资者的角色。

煎饼摊产生的现金流，就是基础资产；王二写的保证书，就是资产支持证券；万一张三赖账，他儿子拿自己的钱出来抵债，叫外部增信；张三自己也投一万元，煎饼不赚钱的话先从那一万元里亏，也就是自己持有了劣后级，其他投资者持有的是优先级，这一过程叫内部增信。

通过上述例子可以看出，资产证券化交易结构主要包括了四个主要程序①：

（1）筛选基础资产（煎饼摊产生的现金流）

管理人在发起资产证券化之前需审慎筛选发行人的基础资产，具体筛选需满足基础资产的要求。管理人筛选基础资产的同时也是资产证券化的发起人的自我评估过程，发行人拟通过资产证券化来融资的话需将未来能够产生独立、稳定、可预测现金流的资产进行剥离、整合，形成资产池，以备管理人进行筛选。这一步骤是资产证券化发行的前提条件，只有管理人筛选到合适的基础资产作为资产池，才会继续发行为发行人融资。

（2）组建特殊目的载体（“隔壁王二××号资产支持专项计划”）

经过第一步管理人已经筛选到了基础资产，此时需要将基础资产以转移或者出售等方式移转给SPV，其目的是破产隔离，这是资产证券化运行的关键一步。SPV的形式有多种，可以为信托型SPV，或者证券公司/基金子公司专项资管计划，同时SPV将基础资产进行重新组合配置，组建特殊目的载体的过程中还需要设计SPV的结构、增信及评估等。

（3）发行、推广

进入发行阶段，管理人需要有承销商或自己销售，即SPV在中介机构的帮助下发行债券，向债券投资者进行融资活动。

① 搜狐网.资产证券化超深度解析 [EB/OL]. http：//www.sohu.com/a/339836633_100014524，2019-9-9。

（4）运作管理

对资产池实施存续期间的管理和到期清偿结算工作。

资产证券化成功之后，SPV 聘请专业机构对资产池进行管理，主要工作包括收取资产池的现金流，账户之间的资金划拨以及相关税务和行政事务。同时到了到期结算日，SPV 根据约定进行分次偿还和收益兑现。在全部偿付之后，如果仍有现金流剩余，将返还给发起人。一般在实践中，为了保证债券投资者能够及时地获得证券化债券的本息支付，在资产证券化交易中都会有专门的资产服务机构来负责从债务人处收取本息的工作，目前最为常见的安排是由债权资产的原始持有人来承担此项职责。

4.5.3 未来将大显身手

资产证券化产品究竟有何魔力，让王先生等投资者竞相追捧？其实，资产证券化产品作为一种创新的金融产品对投资者有诸多的益处：

首先，资产证券化能提供新的金融市场产品，丰富资本市场结构。资产证券化将流动性较差的资产转变为信用风险较低、收益较稳定的可流通证券，丰富了证券市场中的证券品种，特别是丰富了固定收益证券的品种，为投资者提供了新的投资工具。资产证券化产品具有风险低、标准化和流动性高的特点，其市场前景广阔。

其次，资产证券化的发展依赖于三大基石，破产隔离、风险重组和信用增强。破产隔离的设立使得未来发行的资产证券化产品的风险与原始权益人脱节，既可以保护投资者的利益，也使得原始权益人的利益得到保障。风险重组使得投资人在投资风险和收益方面达到合理匹配。对风险厌恶的投资人可以购买具有多重本息保障措施的高等级信用债券，对风险偏好的投资人可以购买具有高收益的债券。

4.5.4 如何筛选资产证券化产品

目前交易所 ABS 面向合格投资者发行，合格投资者是指：（1）具有 2 年以上投资经历，且满足以下条件之一：家庭金融净资产不低于 300 万元，家庭金融资产不低于500万元，或者近3年本人年均收入不低于40万元。（2）最近1年末净资产不低于1000万元的法人单位。（3）金融管理部门视为合格投资者的其他情形。合格投资者投资于单只固定收益类产品的金额不低于30万元，投资于单只混合类产品的金额不低于40万元，投资于单只权益类产品、单只商品及金融衍生品类产品的金额不低于100万元。可见资产证券化产品适用于A类和少部分B类家庭，因为资产证券化产品的风险来源于底层资产而不是信用主体，所以资产证券化产品可以在A类和B类家庭的资产组合中起到分散风险和灵活地根据偏好获取特定行业或类别资产收益的作用。

ABS不同于传统债券的投资逻辑在于:（1）相比主体信用，更看重基础资产本身资质;（2）多种增信措施设计，对优先级进行保护。因此投资者在进行ABS产品投资时，需要从基础资产的角度进行综合考量，包括基础资产的质量，原始权益人的情况，ABS产品的结构、增信措施等，根据自身家庭的风险偏好以及对基础资产的了解程度来选择合适的ABS产品，我们会在下文的案例解析里对关注要点进行详细阐述。

4.5.5 案例解析——消费金融的启示[①]

以京东白条为基础资产的消费金融ABS，是证券化市场耀眼的明星。京东白条是指京东世纪贸易在京东网上购物商城（以下简称京东商城）推出的允许符合条件的京东注册会员在京东商城购买商品时进行赊购（即先消费、后付款）的支付服务。用户申请使用京东白条，可选择延后付款或分期付款的支付方式。

由于京东白条用户（债务人）的小额消费贷款在未来有着较为稳定的现金流收入（京东白条用户被要求在确认收货后的下月完成还款），北京京东世纪贸易有限公司（发起人，以下简称京东世纪贸易）可以将这些预期能产生稳定现金流收入的贷款资产转移给一个叫作特殊目的载体（SPV）的资产管理计划。比如京东白条ABS就选择了华泰证券资产管理有限公司（以下简称

① 招商证券.京东白条二期应收账款债权资产支持专项计划发行说明书[EB/OL]. https://max.book118.com/html/2019/0328/8110115102002014.shtm，2015-11-13。

华泰资管）作为计划管理人，设立资产支持专项计划作为项目的 SPV。然后 SPV 负责将这些消费贷款资产放入一个资金池中，通过对资产池的现金流进行重组、分割和信用增级，从而以此为基础发行一系列具有不同收益和风险特征的有价证券。

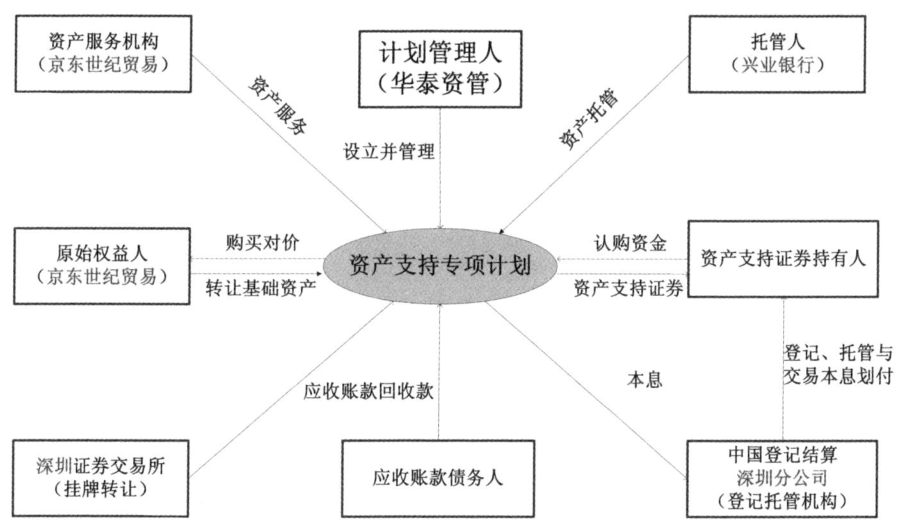

图 4.10　以京东白条为基础资产的消费金融 ABS

在京东白条 ABS 中，交易结构主要分成几个环节：

（1）计划管理人（华泰资管）设立专项计划，认购人认购资产支持证券，成为资产支持证券持有人。

（2）计划管理人将专项计划所募集的认购资金用于向原始权益人（京东世纪贸易）购买应收账款债权资产。

（3）原始权益人（京东世纪贸易）作为资产服务机构，对基础资产进行管理，包括但不限于基础资产资料保管、对借款人应还款项进行催收、运用前期基础资产回收款滚动投资后续资产包等。

在循环购买期，原始权益人通过 IT 系统自动筛选符合合格标准的京东白条应收账款债权资产并向计划管理人发送该次拟购买京东白条应收账款债权资产的清单。

（4）托管人依据《托管协议》的约定，管理专项计划账户，执行计划管理人的划款指令，负责办理专项计划名下的相关资金往来。

（5）计划管理人按照合同的约定将基础资产的收益分配给专项计划资产支持证券持有人。循环期内每季度兑付优先级投资人收益；后 12 个月为本息摊还期，摊还期内按月兑付优先级的利息和本金；待优先级本金全部偿付，将剩余收益支付于次级投资人。

作为投资者，我们需要重点关注证券化产品的基础资产和交易结构增信措施设计：

京东白条 ABS 的基础资产是根据京东白条业务，京东世纪贸易依据买卖合同和相关服务协议享有要求用户按期足额支付应付货款、服务费及其他应付款项（包括但不限于违约金，如有）的债权，即应收账款资产。入池的基础资产具有分散度高、现金流稳定、贷款周期短的特点。

京东白条 ABS 采用了内部增信方式，主要有证券分层和信用触发机制。

（1）证券分层

与普通资产支持证券相同，京东白条 ABS 采用了内部分层的增信方式，将资产支持证券分为优先档、次优档和次级档，从资产池回收的资金将会按约定的现金流支付顺序支付，排序在现金流支付顺序最后的证券档将承担最初的损失。次级档证券为优先档和次优档证券提供 12% 的信用支持，次级档和次优档证券为优先档证券提供 25% 的信用支持。

（2）信用触发机制

京东白条 ABS 设置了信用触发机制，若加速清偿事件被触发，基础账户内的资金不再用于循环购买，证券化服务账户现有全部资金划转至专项计划账户；资产服务机构会将后续收到的回收款转至专项计划账户，计划管理人将每月对专项计划资产进行分配。在分配顺序上，在偿付相关税费后，优先清偿优先级、次优级的预期收益，再清偿优先级、次优级本金，最后再对次级进行分配。

与其他交易所资产证券化不同，京东白条 ABS 原始权益人并没有提供差额补足承诺，也没有由外部担保人提供担保，资产支持证券的信用增进主要通过内部增信方式。

京东白条 ABS 是继阿里小贷资产证券化后又一款由电商推出的资产证券化产品，基于京东商城的业态模式，京东白条 ABS 的基础资产具有笔数多、金额低的特点，基础资产分散度极高。作为大型电商，其所具有的完善的大数据分析和先进 IT 系统也为京东白条应收账款债权提供了较为先进的风控体系和后续持续购买支持。因此，基于其分散的基础资产和完备的风控体系，此类资产证券化产品的投资风险较低。相对于现金类投资产品及固定收益类产品，ABS 具有较高的收益率，消费金融 ABS 又有基础资产、资产风险高度分散、产品期限较短、久期风险也较低等优点，因此具有较好的配置价值，可以满足我国 A 类家庭及少数 B 类家庭的投资需求。

4.5.6 小结

在非标准化债务融资逐步收紧的背景下，ABS 作为一大类重要的直接融资工具，因其融资范围广泛、总规模增速可观，成为近年来我国资本市场上耀眼的明星。因此，高净值人群无论是为自家企业（包含非上市公司）寻找新的融资渠道，还是选择 ABS 作为家庭资产配置的工具之一，都有必要对这一领域的要点进行了解。

资产证券化产品本身的交易结构复杂、参与机构众多，这可能是至今其在高净值家庭的资产分布当中占比不高的原因。用通俗的语言来普及证券化知识成了当务之急。本节内容用生活中耳熟能详的生意举例，讲述了证券化的本质及参与机构在其中扮演的角色，接下来对某互联网消费金融证券化的案例进行深入剖析，使读者更加深入地了解这一类资产在实际生活当中的应用。笔者希望读者在了解资产证券化产品之后，认识到这是众多财富管理工具当中，一片前景广阔的蓝海市场。进而根据自身的风险承受能力、流动性要求、预期收益区间等投资要素，来评估其是否适合参与这一类产品的配置。

4.6 融资类信托：财富托管的又一选择

融资类信托是信托业的重要组成部分，也是经济发展的助推器之一。在房地产、基础建设等国家重要产业中，融资类信托从合格的投资者手中募集资金，为相关企业提供了多样化的融资渠道，助推实体经济的发展。它是沟通投资者与相关融资企业的桥梁，为两方带来双赢——不仅为相关融资企业与产业带来资金支持，也为投资者带来财富托管的又一选择，增加新的投资渠道，获得合理投资收益。它适用于本书B类及以上的家庭。

4.6.1 案例导读——欲哭无泪的张阿姨与从失败中吸取教训的李阿姨

案例一：

年近60岁的张阿姨是土生土长的北京人，她和其他200多名投资者合计出资6800万元，并共同委托王某某作为代表人于2010年8月2日与中诚信托签署了编号为“2010年中诚信托字FT第188号”的《资金信托合同》。王某某作为该单一信托的委托人指定受托人中诚信托将全部信托资金以贷款形式发放给沈阳圣地雅阁房地产开发有限公司（以下简称沈阳圣地雅阁）[①]，用于欧风小镇项目的开发，贷款期限为18个月。沈阳圣地雅阁的贷款期限在2012年2月到期，但到期后沈阳圣地雅阁却无法偿还本息，中诚信托公司处理抵押物时，发现抵押物被圣地雅阁公司违约销售给了善意第三人（许多购房者），这造成了抵押物的处置困难——中诚信托与购房者为求偿权不断拉扯，开启了漫漫的诉讼之战，在这场战争结束前，抵押物由于司法纠纷也无法进行拍卖处理，而张阿姨辛苦积攒的几百万元投资本金，在诉讼结果出来之前，也没有收回的希望，可谓“欲哭无泪”。

---

① 中诚信托有限责任公司．关于欧风小镇项目的情况说明 [EB/OL]. http://www.cctic.com.cn/notice/6512.jhtml,2018-5-23。

案例二：

李阿姨自 2011 年就成为信托产品的忠实投资客户，在信托产品的投资经历中，李阿姨尚未遇到所投信托产品无法兑付的窘境。在信托产品投资的初始阶段，李阿姨基于对当地金融机构的了解，通过朋友推荐选取了注册地在当地的信托公司发行的某款一年期融资类信托产品。在该信托产品到期兑付后，李阿姨相继通过该信托公司的理财经理购买了几款信托产品。在后续的投资过程中，李阿姨逐步总结形成了“重受托人、辨融资人、鉴风控措施、直销购买、长短错配”的信托产品投资思路，不仅保证了自身理财资金的安全性，而且也为自己赚取了较高的投资收益。

4.6.2 剖析融资类信托产品

接下来，我们将从概念、分类、产品特点、资金来源方面对融资类信托产品进行深入的剖析。

信托，是指委托人基于对受托人的信任，将其财产权委托给受托人，由受托人按委托人的意愿以自己的名义，为受益人的利益或者特定目的，进行管理或者处分的行为。[①]

根据信托财产运用方式的不同，信托可以分为融资信托、投资信托和事务信托等。其中，融资信托是由受托人将委托人交付的信托资金集合起来，用于向借款人发放借款，基于借款人的还本付息，以期获取收益，实现信托财产的保值增值。

产品特点方面，融资类信托产品往往具有投资期限适中、投资收益率较高、投资方式较为稳健、投资收益来源确定、风控措施齐全等特点，因此在高净值家庭 / 个人的投资理财中占有较高的资产配置比例。

合格投资者方面，融资类信托产品对投资者的要求十分“挑剔”——适合风险识别、评估、承受能力较强，且符合《关于规范金融机构资产管理业

① 全国人大常委会．中华人民共和国信托法 [EB/OL]. http：//fgk.mof.gov.cn/law/getOneLawInfoAction.do?law_id=81203,2001-4-28。

务的指导意见》要求的合格投资者。合格投资者是指具备相应风险识别能力和风险承担能力，能够识别、判断和承担信托计划相应风险，投资于某只信托产品不低于 100 万元人民币且符合下列条件的自然人、法人或者依法成立的其他组织：（一）具有 2 年以上投资经历，且满足以下条件之一：家庭金融净资产不低于 300 万元，家庭金融资产不低于 500 万元，或者近 3 年本人年均收入不低于 40 万元。（二）最近 1 年末净资产不低于 1000 万元的法人单位。（三）金融管理部门视为合格投资者的其他情形。这也意味着融资类信托的主要适用群体为本书中的 A 类和 B 类家庭。

同时，融资类信托产品对于资金来源也有相应的要求——自然人投资者应当以自己合法所有的资金认购信托产品，不得非法、违规汇集他人资金参与信托计划，不得以违法、犯罪所得参与信托计划，不得使用贷款等筹集的非自有资金投资信托计划。[①] 换句话说，投资金额必须 100% 自有！

4.6.3 受欢迎的非标资产

配置融资类信托产品，对于投资方（B 类及以上家庭）而言，主要可从安全性、投资期限与收益率三方面体现其财富管理的作用。

从安全性而言，信托产品的预期收益率一般为固定收益率，基于受托人（信托公司）较强的管理能力、风控水平、风险处置能力，信托产品的预期收益率一般能够得到较好的保证。

从投资期限而言，融资类信托产品的投资期限主要集中在 1—2 年，符合大多数高净值投资者的投资期限需求。一方面，1—2 年的投资期限可以使投资者锁定当期的市场收益率，投资得当可以使投资者在理财收益率普遍下降时期获得较其他投资者更高的收益率。另一方面，1 —2 年的投资期限使投资者具有较强的配置灵活性，在投资退出后，投资者可以将资金投资于其他产品。

① 中国银行业监督管理委员会 . 信托公司集合资金信托计划管理办法 [EB/OL]. http://www.gov.cn/gongbao/content/2007/content_823792.htm,2019-2-4。

从收益率而言，相对于银行理财、保险理财产品的收益率，信托产品的预期收益率较高。根据信托产品期限、底层资产、推介方式、发行时间等方面的不同，融资类信托产品的年收益率一般在 6% 以上。

4.6.4 融资类信托产品的“使用说明”

融资类信托产品是 B 类及以上家庭资产管理与财富传承的工具之一，其具有显著的投资优势，也有特有的“使用说明”。如果“使用不当”，不仅可能使投资者无法获得合理的投资收益，而且可能会造成投资者的本金损失。因此，在投资融资类信托产品前，投资者需对自身的风险承受能力和信托产品进行评估，最终作出适合自己的投资决策。

投资者不防从以下几个方面找到适合自身的信托产品：

（1）选择主动管理类信托产品

单一事务管理类信托产品是由委托人自主决定信托设立、信托财产运用对象、信托财产管理运用处分方式等事宜，受托人在单一信托项下仅承担一般信托事务的执行职责，不承担主动管理职责，受托人仅依照信托合同约定履行必须由受托人或必须以受托人名义履行的管理职责。但是，自然人投资者并不具备重大资产投资的决策能力、资产管理运用能力和资产处置能力，所以自然人投资者应通过“投资代表人”集合投资资金，通过单一事务管理类信托进行投资往往会面临着血本无归的风险。

主动管理类信托产品是由受托人承担主动管理职责，由受托人对融资人、信托资金投向、抵质押物及担保人进行尽职调查，由受托人进行贷后管理。受托人具备专业的投资决策、资产管理运用和资产处置能力，其不仅可以在贷前决策时和贷后管理工作中一定程度上避免投资损失，也可以在风险处置上为投资人减小损失。

所以，自然人投资者应通过正当途径购买由信托公司发行的主动管理类信托产品。

（2）判断自己是否属于信托产品的合格投资者

因为受托人在管理、运用或处分信托财产过程中可能面临多种风险，信托财产本身存在盈利或亏损的可能，受托人对管理、运用和处分信托财产产生的盈亏不提供任何承诺，需要投资人承担相应的信托投资风险，所以信托产品的合格投资者除要具备相关法律规定的合格投资者的要求外，还要评估自身的风险承受能力和资金的周转情况，在自己可承受的范围内进行投资。换句话说，就是“有多大锅下多少米”，先判断自己有多大的风险承受能力，再选择适宜自身情况的信托产品与投资金额。

（3）选择合适的受托人

截至 2019 年 6 月末，全国范围内共有 68 家正常营业的信托公司，各信托公司的股东背景、管理水平、展业风格各不相同，而受托人的不同特点也在一定程度上决定了投资者投资的成败，因此选择适合自己的受托人也至关重要。在其他条件相同的情况下，投资人可以选择股东背景较强、管理能力和化解风险能力较强、口碑较好的信托公司发行的信托产品。

（4）选择合适底层资产

信托产品底层资产的质量最大程度上决定了信托投资的成败。所谓“底层资产决定上层建筑”，较差的底层资产可能会导致更高的风险。第一，投资者可以在自己熟知或在资深信托经理推荐的行业领域内选择信托产品投资的方向，尽量选择“容易看懂”的投资方向。当投资方向涉及艺术品、酒类等特殊领域的，投资者尽可能需要具备该领域的投资经验及投资能力，普通投资者尽量不要涉及这些“不容易看懂”的领域。第二，投资者应该选择财务水平较高、信誉较好的企业作为融资人的信托产品。第三，投资者应选择经济社会发展水平较高、市场活跃的区域作为底层资产所在区域的信托产品，尤其要注意回避多年人口净流出地区的房地产信托项目，容易发生烂尾风险。

（5）选择合适的购买途径

基于信托产品的不同特点，信托公司主要通过直销、代销等形式线下销售信托产品。虽然投资者购买途径不同，但是承担信托产品管理职责的都是信托公司，即通过其他合法合规机构销售的信托产品并不会改变信托产品的风险水平。然而，在其他条件相同的情况下，投资者通过信托公司直销途径购买的信托产品往往具有较高的收益率，可增加投资收益。

4.6.5 案例解析——安信信托“安盈 11 号”的兑付危机[①]

安信信托股份有限公司（以下简称安信信托）于 2016 年 9 月 29 日设立“安信 — 安赢 11 号广州油富城项目集合资金信托计划”（以下简称“安盈 11 号”），信托资金以股权和债权的形式投资于平台公司上海阆富实业有限公司（以下简称上海阆富），由上海阆富以股权和债权形式投入广州翰粤房地产开发有限公司（以下简称广州翰粤，是项目的实际融资方），广州翰粤将收到的资金用于收购标的公司 70% 股权及标的项目后续的开发建设（包括土建、配套、税费等）。深圳逸合投资有限公司（以下简称深圳逸合）需在每次信托资金投入前按照不低于 1∶3 的比例对项目公司投入相应资金，信托存续期限两年。截至 2016 年 9 月 29 日，安信信托共募集 25000 万元信托资金并全部向融资方发放信托贷款。[②]

2019 年 6 月 7 日，安信信托发布关于对上海证券交易所 2018 年年度报告事后审核问询函的回复公告。公告显示，安信信托 25 个项目逾期总额达 117.6 亿元。公告称，截至 2019 年 5 月 20 日，公司到期未能如期兑付的信托项目共计 25 个，其中单一资金信托计划 13 个，涉及金额 59.42 亿元；集合资金信托计划 12 个，涉及金额 58.17 亿元。而安盈 11 号就是逾期项目中的一个，安信信托对其延期 1 年，延期后项目到期日为 2019 年 9 月 28 日。

2019 年 6 月 12 日，安信信托董事会表示，公司信托项目整体风险可控，有充足信心和完备方案解决兑付问题，保障投资者财产安全，全额完成兑付。安盈 11 号的投资者在经历了获取较高投资收益和眼见损失投资本金的冰火两重天后，终于等来了信托公司的正面回复。

安盈 11 号项目属于组合投资类信托产品，因此该类信托产品可利用债券、股票、基金、贷款、实业投资等金融工具，通过个性化的组合配比运作，对信托财产进行管理。除复杂的股权质押、足额的土地抵押外，安盈 11 号还具

① 华青剑. 安信信托高薪者交卷 118 亿违约，三高管 7 年狂赚 8200 万 [EB/OL]. http://finance.sina.com.cn/stock/relnews/cn/2019-06-24/doc-ihytcitk7204359.shtml,2019-6-24。

② 数据来源于 Wind：安盈 11 号信托计划书。

有多重保证担保——重庆逸合、深圳逸合、广州翰粤、刘松夫妇为平台公司上海阆富到期足额归还安信信托股东借款本息提供连带责任保证担保；项目公司为平台公司上海阆富到期归还安信信托股东借款本息提供连带责任保证担保，担保金额为广州翰粤向项目公司发放的股东借款本息。但是，安盈 11 号项目仍然出现了融资人逾期的情况，我们可以尝试从以下几个方面对本项目投资不尽如人意的原因进行探讨：

（1）抵押物陷阱

虽然抵押物的价值能足够覆盖信托资金，但是由于抵押物有多方债权人以及复杂的股权抵押结构掣肘，处置困难。债权劣后承诺中，深圳逸合承诺对平台公司上海阆富的所有债权投入均劣后于信托计划受偿；并约定其投入平台公司上海阆富的股东借款以债权信托给受托人方式，确保该部分资金劣后于本信托计划受偿。项目公司以公司财产对银行贷款提供抵押担保，在贷款银行允许的情况下，安信信托有权选择成为抵押财产的第二顺位抵押权人。

貌似足值的抵押品、多重担保的“保护伞”重重保护下的安盈 11 号竟然也发生了兑付危机，这也为许多配置融资类信托的家庭敲响了警钟——相信许多信托的投资者都会有这样的经历：每次向信托公司问及产品风险的时候，信托公司常常回复，产品抵押物可以充分覆盖信托资金，风险可控。给投资者展现的抵押物评估价值常常超越项目金额的数倍，而且这些抵押物绝大多数是固定资产。不明真相的投资者往往觉得，既然可以覆盖，那这个项目就一定能够兑付，最坏的情况不过就是处置抵押物后再赔偿给我们嘛。但是，这种想法是大错特错的。

首先，固定资产等抵押物的评估价值可能不准确，信托公司有道德风险，导致投资者信息不对称；其次，信用不高的项目融资方，可能将抵押物重复抵押，偷偷处置，违约出售……导致抵押物的处置困难，信托资金的无法回收。而金融资产（如股权、债权等）抵押物，更有市场风险、流动性风险、评估失误风险、抵押结构复杂，等等。

如何规避这样的风险呢？对于投资者而言，首先，询问信托项目的底层资产，项目融资方的信用情况、资金状况、财务状况等都是非常必要的；其次，可以通过天眼查等软件观察项目融资方是否有可疑的法律纠纷；最后，可以要求信托公司提供项目抵押物状态报告，并实时追踪把控风险。

（2）谨防信托公司业绩变脸

2017 年，安信信托业务收入全行业排名第一，净利润排名第二，可谓“战绩辉煌”。2019 年 5 月 1 日，安信信托披露更正后的 2018 年报数据，安信信托 2018 年实现营业收入 2.05 亿元，较 2017 年的 55.9 亿元同比下降 96.3%；归属于母公司股东的净利润 -18.3 亿元，同比下降 149.96%。而从净利润指标来看，安信信托在 2014 — 2017 年的年度净利润增速分别为 266.07%、68.26%、76.17% 和 20.91%。可谓“断崖式下滑”，业绩大变脸。①

为何前后的落差如此之大？行业的“领头羊”为何一朝业绩跳水？

回顾安信信托近年来的业绩，业绩跳水的预兆早有端倪。自 2014 年，安信信托的每股收益达到 2.25 元之后，业绩就开始大幅波动——2015 年每股收益 1.04 元，2016 年 1.71 元，2017 年降为 0.8 元，2018 年业绩变脸直接亏损，每股收益变为 -0.31 元。②

根据安信信托自己的解释，业绩变脸主要有两方面原因：其一，信托业务发展受经济形势与相关行业监管影响而放缓；其二，受宏观经济调控影响，部分企业融资能力受限，未能足额支付公司信托报酬，导致公司年度手续费及佣金收入下降。通俗一点来说，就是“经济形势不好，监管趋严，新业务不好做，钱也收不回来”。

抛开安信信托的解释，背后的原因更可能是：“资管新规后，安信信托没能跟上监管的节奏，适应行业的调整。”

① 数据来源于 Wind。

② 数据来源于 Wind。

图 4.11　安信信托官网热门产品[①]

根据安信信托官网的数据，目前安信热销的产品，年化收益率还在 8% 以上！这一年化收益率对标如今市场的理财产品，几乎高出了一倍。[②] 而据中国信登网数据显示[③]，2019 年第一季度信托产品平均收益率为 6.54%。因此，安信信托的部分产品收益率高出平均数，已经有了危险的信号。

如何规避这样的风险呢？首先，查询信托公司的财务状况，近年来是否有经营状况恶化的端倪，并且对标同业公司的经营状况变化；其次，观察信托公司的产品收益率情况，是否大大高于信托业平均水平，警惕“收益率陷阱”；最后，还可以查询该信托公司出现兑付困难的项目情况，以及出现兑付危机

① 内容来源于安信信托官网 https：//www.anxintrust.com/MoneyCaiFu/ProductList，2019-5-25。

② 数据来源于安信信托官网 https：//www.anxintrust.com/MoneyCaiFu/ProductList，2019-5-25。

③ 数据来源于中国信托登记有限责任公司官网 http：//www.chinatrc.com.cn/contents/2019/5/30-5374fdca206b4332af7781747b8f0dce.html，2019-5-30。

后该信托公司的解决手段（尽量避开有大量项目爆雷、延期兑付的信托公司）。时刻牢记："投资前的未雨绸缪，总好过爆雷后的悔不当初。"

4.6.6 小结

融资类信托是财富托管的又一选择，适合于 B 类及以上的家庭，能帮助这些家庭进行资产的保值增值。不过在信托产品逐渐打破刚性兑付的发展状态下，以前"闭眼盲选高收益"的时代已经过去，未来更需要投资者擦亮眼睛，选择"好的信托公司，好的信托产品，好的底层资产"；同时信托公司也需要加强自身的专业实力，加强风控，为投资者筛选更多优质的信托项目。用一句话概括信托业的未来——"信托道路是光明的，发展路径是螺旋上升的。"信托业要实现更好的发展，更需要信托公司与投资者的共同努力。

第5章 防守型工具

5.1 普惠保险：家庭幸福的“隐形守护者”

由于普通保险的投保门槛并不高，在互联网保险出现之后，投保金额甚至可以是1元钱，所以保险具有普惠性，也适合于C类家庭、D类家庭将其作为财富管理的工具。

在这一章节，我们将探讨C类家庭及D类家庭财富蓄水池所面临的风险，以及应对这类风险最主要的家庭财富防守工具之一——保险。本章在帮助读者了解什么是保险的基础上，将与读者分享如何使用保险工具保护好家庭的“钱袋子”，未雨绸缪，对现有的家庭财富蓄水池做好防护，以便在各种不幸来临时，仍能维持充足体面的生活。

5.1.1 案例导读——老李的中年危机

在保险公司宣传的“理赔案例”中，老李通常具有这种形象：35—40岁中年男性，事业有成，家庭幸福美满，双方长辈年事已高，太太贤惠善良，育有一子/女，或已生育二胎宝宝。

案例中老李不幸遭遇中年危机，可能遇到以下4种场景：

场景1：老李突发心梗，医治无效去世。留下老人无人照顾，太太、一双儿女生活无依，几百万元房贷尚待偿还。

场景 2：老李被检查出罹患恶性肿瘤，需要大量资金进行医治。

场景 3：差旅途中，老李不幸发生交通事故，ICU 中昏迷多日，需持续住院照护。

场景 4：老李的子女小李患白血病，老李卖房卖车筹款为小李治病。

万幸的是，这些大多是保险公司的虚构案例，不幸的是，老李有可能是你、是他、是她、是我。

我们需要正视并思考几个问题：

（1）家中主要财务支柱有没有可能遭遇不测，丧失劳动能力甚至撒手人寰？比如，长期不健康的生活方式，工作压力巨大长期过劳导致猝死，抑或某日天降意外。

（2）如果上述“灭绝性”灾难不幸降临到自己家庭的头上，在自己不在，或者收入中断的情况下，家人还能不能维持正常的经济生活呢？

（3）如果第 2 问的答案为否，有没有什么防范措施呢？

当然有，那就是大多数家庭应对未知风险最好的防守型工具——保险，接下来，我们将聊聊保险那些事儿。

5.1.2 保险没那么复杂——化繁为简，理解保险

对于家庭财富的保护及保险配置，大多数普通家庭的态度是：不想看，也不愿看，但在必要时又不得不面对。面对市场上眼花缭乱的保险配置方案及推销，我们的态度应该是：看，要明明白白；选，要拒绝套路。想要拥有一双看穿忽悠真面目的火眼金睛，需了解到底什么是保险。

保险，是在遭受风险时可以获得高杠杆经济补偿（收益）的金融工具。而普惠保险，目前国际上一般认为是指立足机会平等要求和商业可持续原则，以可负担的成本为有保险服务需求的社会各阶层和群体提供适当、有效的保险服务。[①] 可见普惠保险主要是针对 C 类和 D 类家庭而言的，充分利用保险的

① 刘妍，刘长宏，尹燕 . 中国银行保险监督管理委员会工作论文：供给侧结构性改革视角下普惠保险发展研究 [EB/OL]. 2018-6-17。

保障功能，保证这两类家庭的幸福。按照保障的对象（标的）来分，保险分为人身保险和财产保险。我们认为，对于C类和D类家庭，人身保险才是体现普惠保险本质的保险种类，所以本节当中，我们主要探讨家庭财富保全中对“人”的保障，即人身保险这一部分。

人身保险按照是否具有保障功能，分为两大类，即具有保障作用的保险和不具有保障作用的保险；前者主要用于家庭人身风险保障及财富保全，后者主要用于财富传承。同样，为体现普惠保险的精神，本节当中，主要介绍具有保障作用的保险，保障的目的是补偿家庭成员因意外及重大疾病导致的财富额外流出及财富断流。

从产品形态上分，具有保障作用的保险主要分为：重大疾病保险、住院医疗保险、意外保险及寿险。这四类保险又可分为两组，分别用一句话概括：

（1）“人在，钱在，家就是完整的”

重大疾病保险：患者患上的重大疾病在受保障之列时，将获得一次性经济补偿，用于弥补因病导致的未来几年的收入损失，以维持家庭正常生活的经济来源；

住院医疗保险：报销因疾病及意外导致的住院医疗费用，作为社保的有效补充，补偿住院导致的家庭财富流出。

（2）“站着是一台印钞机，躺下是一堆钞票”

意外保险：因意外事故导致伤残死亡时，获得一次性经济补偿，用于弥补家庭未来几年的收入损失，以维持家庭正常生活的经济来源；

寿险：作为极端事件下的死亡补偿，用于弥补家庭未来的收入损失，以维持家庭正常生活的经济来源，保死不保生。

是的，你需要了解的普惠保险最主要的就是这四板斧。

保险之所以复杂，仅仅是因为在销售时，保险公司把产品包装得过于复杂了。[①]

① 各位读者如需了解重疾险的相关内容，可参阅笔者公众号“保藏”中的《买重疾，一定要捂紧自己的钱袋子》一文。

5.1.3 守护家庭财富的十八般工具——花样保险

传统的保险销售人员，甚至包括很多写保险实务的书籍中都反复强调一点：保险最大的功能是“风险转嫁”。

对于这一点，我们提出不同意见。保险有“风险转嫁”功能吗？难道保险能够在被车撞的一瞬间出现，把人们转移到安全地带？或者可以调整车轮的方向？还是能够在人们不幸罹患重疾时，为患者移除这些病灶？好像都不行。

在这里，我们非常想强调的一点是：保险不是保镖，并不具有风险转嫁的功能。保险更像是老母亲，承担的是家庭风险补偿的功能，在你遭遇不幸的时候，出来为你提供经济上的援助。

5.1.4 知己知彼，方能效用最大化——避免误区，规划方案

家庭避险方案的正确打开方式是这样的：

（1）避免误区，明确谁是最重要的人

误区 1 父爱 / 母爱爆棚，先孩子后大人

许多人的保险意识和保险诉求是在做爸爸妈妈之后才萌发的，分分钟父爱 / 母爱爆棚，要为自己的宝宝“佩奇”全部保险。

但是保险和其他商品的属性不同，其他商品多为谁购买谁使用，而购买保险的人大概率享用不到这份保险的受益金，为自己投保，是为家人负责。为家人购买保险，是为整个家庭减负。一些家庭选择先为宝贝配齐保险，再考虑大人的做法是否正确呢？

对于普通家庭而言，最普遍适用的优先顺序应该是：自己 > 父母 > 孩子。要理解这样的优先顺序，首先需明确，谁是最重要的人！

为了便于理解，我们不妨把家庭经济账本简化成“水流的流入与流出模型”。家庭的收入视为蓄水池水流的流入，家庭的消费和其他各项支出视为蓄水池水流的流出，可得最简化的家庭财富蓄水池公式如下：

家庭财富 = 财富流入 − 财富流出

在财富管理的防守思维下，我们首先应该讨论的不是家庭财富流入的方式，而是决定财富流入与流出的“关键人”，即财富由谁而来，因谁而去。

在典型的“1 — 2 — 4”或者“2 — 2 — 4”中国家庭结构中，中间的“2”作为家庭顶梁柱，多为上有老、下有小的成年劳动者，是家庭财富流入的主要来源。从财富流出的角度看，最下面的“1”或者“2”即孩子是家庭财富的主要流出者，其次是中间的中年人“2”，再次为上面的双方父母“4”（请您注意：图例呈倒三角形，反映的是人数比例而非财富流入 / 流出量）。

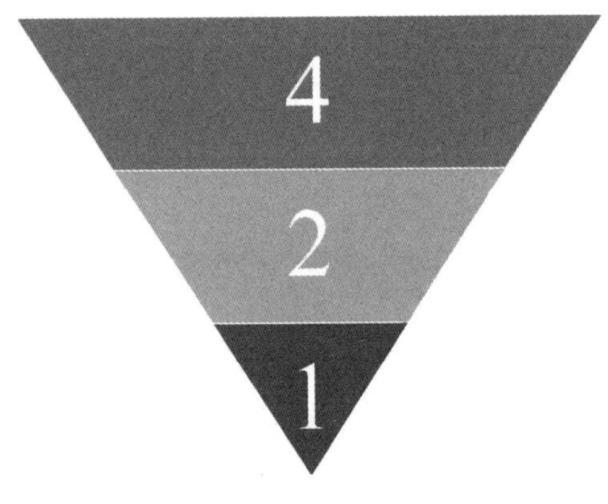

图 5.1　家庭结构示意

在家庭生活维度上，家庭中的每个成员都是平等的，都非常非常重要，如果不认可这一点，那么家庭生活估计和《都挺好》中苏大强老婆在世的时候也没什么区别了。

但是，在家庭经济维度上，家庭中的每个成员的地位都是天然不同的。在财富流入的维度上，肯定是老爸比儿子重要，老妈比女儿重要；所谓“留得青山在，不怕没柴烧”，是恰如其分的比喻。

君不见，作为我国最大的淡水湖，近年来，鄱阳湖频频见底。湖心见底、渔业资源锐减、渔民无奈“上岸”，肆虐的血吸虫病让当地群众谈之色变。而这一切“犹记当年万鸟飞，烟波浩渺蟹鱼肥。而今湖底堪奔马，却令渔舟何处归”的令人心寒的变化，最大的原因是气候变化导致的上游河流断流。[①] 对

① 凤凰网 . 湖心变草原 鄱阳又见底 [EB/OL].http：//news.ifeng.com/a/20150114/42927534_0.shtml，2015-1-14。

于一个家庭的经济生活来讲，同样面临入水口断流风险。家庭财富蓄水池的入水口断流，或者流量减半，对于一个家庭的正常经济生活来讲，是致命的。最易导致断流的两大风险包括：家庭顶梁柱身故或者劳动能力丧失，这两种极端情况主要是由于疾病或者意外导致的。

小沈阳小品里有一句经典台词："人生最痛苦的事情是人没了，钱还没花光。嚎~"师傅赵本山接道："人生最最痛苦的事情是人还活着呢，钱没了。"但现实中，比这两件事情更加痛苦的是：人没了，钱也没了。所谓人财两空是也。

对于财富的出水口来讲，最怕的是血崩风险。通常是家庭成员因疾病（特别是癌症等重大疾病）或意外导致的家庭财富短时间迅速流失，并且由此导致的出水口持续性流量扩增。

若将家庭成员按照"父母 / 壮劳力 / 子女"的维度来划分，一般情况下的风险排序是这样的：

No.1 壮劳力劳动能力断流且血崩。这种情形下将会导致财富流入断流以及财富存量的快速消耗。

No.2 父母年龄较大，患病概率升高，导致家庭财富血崩。

No.3 子女患病风险导致家庭财富血崩。

那么，"谁是最重要的人"的问题自然有了答案。在家庭财富保全角度上，壮劳力永远是最重要的，先保护好自己，再守护好父母和子女。

误区 2 买椟还珠，重收益轻保障

"返本"是存在于老一辈骨子里面的观念，尤其是在保险选购上也要求"返本"，这是不恰当的。许多人非返还产品不买，非有收益产品不买。殊不知保险的主要作用是为了保障，强行将理财的功能寄托在保险身上，导致购买的产品不伦不类，既享受不到保险的高杠杆保障，也享受不到理财产品的高收益。

家庭财富保全，需要依托保险本身提供的高杠杆。即保额 / 保费的倍数。

（2）量入为出，充分覆盖风险

保险虽好，但不要贪杯。每年用于家庭成员的合理花费应该在 5%—15%。

保险资金占用过多，影响家庭正常生活，保险资金投入过少，影响家庭保额配置，达不到财富保全的效果。

在额度配置上，意外 + 寿险的保障额度最优方案是个人年收入的 20 —30 倍，重疾相应的额度是个人年收入的 10 倍左右。

住院医疗险因为遵循损失补偿原则（在所有渠道获得的累积医疗费用报销不能大于个人医疗费用支出，即不能通过医疗险获利），一份现在流行的百万医疗险即可。

（3）明确需求，选择保险配置方案

上面讲过，家庭财富面临的风险主要有两种：家庭成员的意外风险和家庭成员的大病风险。意外风险通过意外险和寿险解决；大病风险通过医疗和重疾险解决。

在产品方案配置中，各险种的价格是意外险最实惠，医疗险其次，寿险再次，重疾险最贵。

在配置中，建议首先给家庭顶梁柱（往往是自己和配偶）配置充分，要各类产品配置齐全，且保额充足。标准的配置是一份住院医疗保险 + 几份意外险产品 + 几份重疾险产品，在此基础上，如有余力，再配置寿险产品。

其次要为父母配置医疗险和意外险。保险的价格随着被保险人的年龄上涨，针对父母的年龄，保险产品有个突出的特点：贵。寿险和意外险非常贵，以致缩小了保险以较少投入获得较大收益的杠杆作用。且从损失的角度来看，父母产生现金流入（入水口）呈下降趋势，但是出水口血崩风险增大，基于这种特点，建议用医疗险覆盖父母可能遭受的风险即可。

孩子的保险，尽可能不占用太多的家庭资金。保监会规定，10 岁以下孩子意外险保额不能超过 20 万元，11 —18 岁未成年人意外险保额不能超过 50 万元。此项规定是为了防止未成年人遭受恶意伤害。为儿童配置保险，建议配置一年期重疾险产品。

典型家庭的保险配置方案参见 5.1.5。

（4）寻找“互联网 +”时代的保险购买渠道

传统意义上，保险营销渠道分为个人代理、银行保险、互联网保险、电话销售四大类渠道。

个险、银保、电销三类为保险销售传统渠道，强依赖销售，营销成本偏高。2014 年以来，随着互联网 + 的蓬勃发展，互联网保险平台如雨后春笋般发展起来，保险投保从此告别了传统代理人 + 纸质投保单的烦琐流程，通过手机使用 APP，填写个人信息就可以直接交保费，轻松投保，电子保单实时发送到个人邮箱。互联网保险投保门槛低，操作便捷易上手的特点，使其近年来受到了越来越多普通家庭的青睐。

以阿里和腾讯两大互联网巨头为例，其分别在“支付宝”及“微信”上开辟了保险专区：

图 5.2　支付宝、微信页面的保险专区

微信将保险服务入口放在了寸土寸金的“支付—九宫格”中，支付宝则将蚂蚁保险入口与芝麻信用、余额宝等服务放在同等重要的位置。

图 5.3　支付宝、微信保险专区风格布局差异

但是两者的风格和布局有很大差异：微信保险服务主打严选，首页分成“车险”“健康”“人寿”“出行”几个模块，每种类型的产品为客户精选定制一款产品，客户在平台上选购产品时，微信引导客户注重产品本身。其优势在于每款产品均为平台定制产品，较好地平衡了性价比和保障作用，省去了客户在选购过程中的对比。但是一个硬币有两面，平台上可供客户选择的产品会比较少（注：笔者深度参与了微医保系列产品的研发及上线工作）。

相对地，支付宝蚂蚁保险主打保险超市服务，产品也涵盖了“车险”“健康”“人寿”“意外”“旅行”几个大类，每种类型的产品，会有很多家保险公司的产品在货架上供消费者选择，价格、品牌、保障内容不尽相同，普通消费者在选购产品时，需要更多个人判断，对于小白客户而言，选择难度会比较大。但是为客户提供了比较充分的选择空间。

相比而言，微信保险服务小而精，更加适合小白客户；蚂蚁保险大而全，需要在众多的商品中挑选出自己中意的一款，更加适合对保险有深度感知的人群。读者们在选购保险时可以对比选择。

除微信保险及支付宝保险两大平台外，普通消费者还可以在“小雨伞”“大特保”“水滴保险商城”等平台进行保险选购。

5.1.5 案例解析——典型家庭的避“险”方案

以一个典型的五口之家为例，假设爸爸每年收入 30 万元，妈妈每年收入 20 万元，每年的保险花费控制在 5万– 10 万元之间是比较合适的。

第一，家人每人一份医疗险（爷爷购买专保癌症的医疗险），合计花费 3000 元左右；

第二，为爸爸选购 300 万元额度的意外险，妈妈选择 200 万元额度的意外险，合计花费 3000 元以内；

第三，为爸爸、妈妈选购重疾险，额度各 200 万元左右，合计花费 3.3 万元，为儿子购买 50 万元额度重疾险，花费 2000 元以内，总计 3.5 万元；

第四，为爸爸购买 300 万元额度的寿险，为妈妈购买 200 万元额度的寿险，花费 1.8 万元。

总计花费 5.9 万元，为家庭构建起 450 万元的重疾保障，500 万元的寿险保障，600 万元的意外保障；以及每人一份的医疗保障。

建议的保险配置方案如下：

表 5.1　五口之家的保险配置方案

单位：元

人员	年龄	医疗险产品及责任	医疗险价格	重疾险产品选择及责任	重疾险价格（50 万元保额，交20年）	寿险	寿险价格（50 万元保额，交20年）
爸爸	35 周岁	某 6 年期医疗险	299	100 种重疾赔付保额的 100%；20 种轻症，赔付保额的 20%（保障至 70 周岁）	4779	某人寿公司寿险，互联网渠道销售（保障至 70 周岁）	2180
妈妈	31 周岁		299		3500		1170
爷爷	61 周岁		超龄		不允许投保		不允许投保
奶奶	59 周岁		1399		不允许投保		不允许投保
儿子	4 周岁		558		1851		不建议投保

注：意外险价格：50 万元　保额：300 元

换句话讲，当爸爸遭遇意外身故时，家庭可以获得600万元的补偿；当爸爸罹患重疾时，住院治疗费用可以获得全部报销，家庭可以获得200万元的补偿；如果爸爸不幸因重疾身故，家庭可额外获得300万元补偿。

5.1.6 小结

本部分内容，我们通过“倒霉的隔壁老李”引出了主角“保险”，介绍了对于普通的C类家庭、D类家庭而言最为常见的保险四板斧：重大疾病保险、住院医疗保险、意外保险、寿险。在此基础上，我们强调保险的作用是“风险补偿”而非“风险转嫁”，最后我们从家庭经济流入与流出的视角，提出了对于C类、D类两类普通家庭而言，保险配置的优先顺序是自己 > 父母 > 孩子，并对如何使用保险更好地保护家庭的“钱袋子”提出了几点建议。

5.2 大额保单：充满魅力的高端金融工具

根据《2019中国私人财富报告》[①]，2018年中国可投资资产1000万元人民币以上的高净值人群已达197万，预计2019年年底将突破220万人。在高净值家庭财富管理的案例中，或是见诸报端的明星家庭八卦新闻中，我们常常会见到大额保单、家族信托的身影。这些高端金融工具到底有何魅力？在大额保单的数字背后，又有怎样的故事？接下来我们就将带大家插上想象的翅膀，一起说说大额保单那些事儿。

5.2.1 案例导读——“有钱人”的烦恼

2019年7月，香港已故粤剧大师邓永祥的夫人洪金梅去世，不仅留下15亿港币的巨额遗产，同时又让这个大家族背后那场长达十几年的家族争产案

① 招商银行，贝恩咨询 .2019中国私人财富报告 [EB/OL].http：//www.cmbchina.com/privatebank/PrivateBankInfo.aspx?guid=bdeb435b-cc83-4b54-b92a-7eab597ecbf7，2019-6-5。

再次回到大众视野。[①] 邓家的家族争产案由于其离奇曲折、峰回路转的事件发展成了不少电视剧的蓝本，比如 1997 年亚视制作的《97 变色龙》，以及 2007 年 TVB 制作的《溏心风暴》，都被认为是在影射邓家。

这让我们不得不思考，“没钱”固然烦恼，但“钱太多”更令人烦恼，当家庭资产净值达到一定数量级，与财富相伴而生的往往还有剪不断理还乱的种种纷扰。如何有效地对家庭财富进行安排、分配以及传承，都是摆在高净值家庭面前的一道难题；如何解决这道难题，或许本节的内容会给大家一些启发。

5.2.2 “大额保单”的前世今生

（1）前世——曾国藩家书“启示录”

同治元年（1862 年）五月，曾国藩调任两江总督不久，便紧锣密鼓地集结清军各主力围攻天京。同时，全国各地 20 万太平军也受命全力回援，一场生死大战正酝酿待发。曾国藩反复推演着每一个部署细节，不敢有丝毫懈怠。此时，一封家书呈置案前，这是他调至新任以来收到的第一封家书。曾国藩忙打开细看，不一会儿，他紧锁的眉头逐渐舒展，脸上露出了多日未见的笑容，原来是次子纪鸿在县试中取得了头名的好成绩，已转入省城学习，准备下一步乡试。曾国藩很是欣慰，本想嘉许一番，但最终还是提笔给纪鸿写下这样一封家书：“城市繁华之地，尔宜在寓中静坐，不可外出游戏征逐。凡世家子弟衣食起居，无一不与寒士相同，庶可以成大器；若沾染富贵气习，则难望有成。愿尔等常守俭朴之风，亦惜福之道也。”写罢，曾国藩仔细将信叠好，差人送出，又再次投入紧张的备战中。

时光转至咸丰十年，曾国藩已在外为官 20 余年，且逢老父曾麟书去世不久，家中事务一应由四弟曾国潢打理。为协助四弟更好地管理家族事务，曾国藩悉心准备了一封家书，赠予“八字诀”治家之道：“书蔬鱼猪，早扫考宝。”曾国藩评此“八字诀”为待人接物的无价之宝，他让四弟将“八字诀”制成

---

① 腾讯新闻 . 新马师曾遗孀洪金梅病逝四子女送最后一程，15 亿遗产恐生事端 [EB/OL].https：//new.qq.com/omn/20190702/20190702A0QWXS.html，2019-7-2。

木匾挂在家中，传于子孙后世。[①]

百余年前的家书让我们得以窥见曾国藩这位晚清时期政治家、战略家和理学家的治家传家之道，即使在最严酷的大战之前，也不忘告诫家人谨守家风。

良好的家风传承对“家族治理”的成功至关重要，这便是百余年前曾国藩家书对我们的传承启示。家风家规是一个家庭宝贵的无形资产和精神财富，不仅曾氏家族，中国历代有无数家庭凭借这份智慧实现了财富的延续，它用质朴而传统的规则让家族财富得以保全和传承。习近平总书记在 2015 年春节团拜会上更是强调了家风传承的重要性：“不论时代发生多大变化，不论生活格局发生多大变化，我们都要重视家庭建设，注重家庭、注重家教、注重家风……”[②]

（2）今生——大额保单“说明书”

时至今日，良好的家风传承依然是家族长盛的法宝。但随着社会法治的进步和金融发展的成熟，对于高净值家庭而言，还可以通过更加“标准化”的金融工具助力财富的保全与传承。接下来我们将为读者打开大额保单的今生“说明书”，详细介绍高净值家庭该如何通过大额保单实现家庭财富的保全和传承。

“大额保单”是业内人士对大额人寿保险的通俗说法，要了解什么是大额保单，首先我们需要知道人寿保险的含义。人寿保险是以人的寿命为保险标的的人身保险。[③]它是以人的生存或死亡为保险给付条件，当触及给付条件时，保险人即需要向被保险人支付保险金。而大额保单是指缴纳保费额度较高，超出件均保费一定金额的人寿保单。其中“大额”特指保单的保费金额、赔偿金额和融资金额都比较大。[④]一般情况下保费金额达到多少才可以称作大额

① 《曾国藩家书 治家篇 致四弟 · 治家有八字诀》，https://www.sohu.com/a/220157438_743805。

② 新华网 . 习近平：在 2015 年春节团拜会上的讲话 [EB/OL]. http：//www.xinhuanet. com/politics/2015-02/17/c_1114401712.htm，2015-2-17。

③ 中国国家标准化管理委员会 . GB/T 36687—2018 保险术语 [S]. 中国标准出版社，2018：11。

④ 白琳 . 玩转大额保单理财 [J]. 中国外汇，2014（20）：60-62。

保单？其实国内各家保险公司设置的门槛不尽相同，有的要求 20万—30 万元，有的则要求 100 万元以上。

大额保单在美国、新加坡、加拿大、中国香港等国家和地区发展得比较成熟。在中国内地，大额保单的发展相对较晚，但随着近年来国内高净值家庭数量的快速增长，大额保单在家庭财富保全方面的优势也越来越受到重视，其发展潜力也日渐凸显出来。据《2018 胡润财富报告》显示，中国大陆拥有 600 万元资产的“富裕家庭”数量已达到 387 万户，拥有千万资产的“高净值家庭”数量达到 161 万户，拥有亿元资产的“超高净值家庭”数量达到 11 万户。[①] 因此大额保单潜在消费人群体量可达千万级，发展前景可观。

值得我们注意的是，因为大额人寿保单是以人的寿命作为保险标的，且保费与保额都远高于普通保单，因此对于保险公司而言，为了防范投保人的道德风险，往往会对大额保单的投保设置一些条件，诸如财务核保和健康核保的要求。比如，国内某大型保险公司人寿大额保单的保费是 50 万元起，投保保费若高于 50 万元或者总保额超过一定金额，需要提供被保险人的健康证明及收入证明。同时对于投保人，也需要考虑巨额保险赔偿金在未来可能带来的利益冲突。因此，在大额保单的实际运用中，往往还会结合信托等金融工具来进行财富规划。在本节后面的内容中，我们将会对“大额保单 + 信托”的配置方法进行详细描述。

大额保单的种类较多，目前国际上比较常见的大额保单有年金类大额保单、储蓄分红类大额保单、万能寿险类大额保单、大额终身寿险保单等。不同类型保单的功能存在一定的差异，不同国家和地区推出的大额保单也存在一定的地域差异。在中国内地，以笔者的实务经验来看，目前各大保险公司主推的大额保单产品主要以年金类大额保单和大额终身寿险保单为主。

（1）年金类大额保单

随着现代社会医疗卫生条件的不断进步，人类寿命也在不断延长，虽然这是我们追求的目标，但如果进入老年，“人还在，钱没了”，那将是非常窘

① 胡润研究院.2018 胡润财富报告（Hurun Wealth Report 2018）[EB/OL]. http：//www.hurun.net/CN/Article/Details?num=BC99B12B6DAF，2018-11-20。

迫的境遇。而年金保险是以被保险人生存为给付保险金条件，并按约定的时间间隔分期给付生存保险金的人身保险。[①] 因此年金保险可以提供与被保险人生命等长的现金流入，较好地满足养老保障的需求。在费率方面，不同于一般人寿保险产品，年金保险的被保险人健康状况越好，寿命越长，保险公司需要支付的年金便越多。所以，年金保险的保费是随着死亡率的降低而增加的。因而，在同等年龄情况下，女性由于平均寿命更长，在购买年金保险时费率往往比男性更高。

按照年金保险的购买方式不同，我们可以将年金分为趸缴年金和分期缴费年金；如果按照保险给付频率来划分，又可以将年金分为按年给付年金、按季给付年金和按月给付年金。国内年金保险产品常见的配置有两类：第一类是“保底年金 + 每年分红”，分红取决于保险公司每年的可分配盈余情况；第二类则是“固定年金 + 万能险”。对于第二类年金险，2017 年保监会 134 号文出台以后，万能险只能以主险形式出现，且第二类没有分红，其固定年金相比前者要高一些，同时年金默认进入万能险储蓄账户进行投资获取收益，根据万能险账户的特点还可以较自由地领取，多用于养老和子女教育等规划。

（2）大额终身寿险保单

终身寿险又可称为终身死亡保险，是以被保险人死亡为给付保险金条件，且保险期限为终身的人寿保险。[②] 只要投保人按时缴纳保费，自保单生效之日起，被保险人不论何时死亡，保险人都给付保险金。按照缴纳保费的方式不同，我们可以将终身寿险分为普通终身寿险、限期交费终身寿险和趸缴保费终身寿险。[③]

终身死亡保险的保险期一般都较长，而且不论被保险人寿命长短，保险人最终都将支付一笔保险金，所以通常情况下，终身寿险的保险费率都较高。也正是由于保费费率高，大额终身寿险保单的现金价值也较高。如果想要变现或领取保单的现金价值，投保人可以通过中途退保，或者限额内贷款

① 中国国家标准化管理委员会 . GB/T 36687—2018 保险术语 [S]. 中国标准出版社，2018：11。

② 中国国家标准化管理委员会 . GB/T 36687—2018 保险术语 [S]. 中国标准出版社，2018：11。

③ 孙祁祥 . 保险学 [M]. 北京：北京大学出版社，2013：136。

的方式来实现。另外，在投保人临时出现资金短缺问题，没有能力再继续缴纳保费的情况下，还可以与保险公司改订保险合同，将终身寿险改为缴清保险（保险期不变，降低保额）或展期保险（保额不变，缩短保险期）。

投保人购买终身寿险，通俗地讲，就是把生前的财富变为身后的财产，如果没有分红，终身寿险对于投保人来讲就是长期的净现金流流出，所以在国内，终身寿险的接受度不如年金保险，但随着国人财富保全和传承的需求日益显著，终身寿险的优势也逐渐显现出来。

5.2.3 说说大额保单那些事儿

大额保单因其动辄成百上千万元的保费，往往成为寻常百姓人家可望而不可即的金融选项。即便是在年轻人勇敢表达财富观念的今天，即便是数以万计的家庭举几代人之力购买学区房的当下，对于大部分家庭而言，也很少想过有朝一日会用不菲的支出去购买人寿保单。而在高净值家庭的财富规划当中，大额保单是最常见的金融工具之一，这个蒙着神秘面纱的“卫士”，到底神奇在何处？

（1）传说中的“避债避税”是真的吗？

关于保险“神奇功能”的描述，最耳熟能详的词汇可能就是“避债避税”，这对于历经商海沉浮的企业家而言，是颇具吸引力的。大额保单就像是一个“保险箱”，似乎只要把钱放进去，各种债务风险、税务筹划都将迎刃而解，而事实真的如此吗？答案是“不一定”。

“避债避税”作为保险营销人员最热衷的一个话题，很可能使投保人形成误解。所谓的“避债”严格意义上来讲并不准确，应该称作债务隔离。首先，要确保所交保费的合法性，如投保人用非法所得进行投保，或存在恶意转移财产的行为，则保险合同会被认定为无效；其次，需要考虑债务的时效性，即“保单生效日”与“债务形成时间”两者孰先孰后。而“避税”的说法则更不妥当，因为税务筹划必须合法且合规。仅以遗产税为例，在有遗产税开征的国家和地区，保险的身故赔偿金也并非都可免税。因此保险的财富保全功能并非万能，还应回到其本质。保单既是一种特殊的法律合同，又是一种专业的金融工具。其功效的发挥，主要在于其财产权利的特殊性和保单架构的合理性：

①特殊的财产权利

保险不同于银行存款、理财产品、证券投资基金等金融工具，其特殊性在于保险姓“保”，代表着保障、保护、保全。保险最早起源于欧洲，初衷是以互助共济的方式抵御自然灾害带来的风险；现代商业保险制度确立以后，其逐步成为社会保障体系的有力补充，也是金融稳定的重要基石。正是因其所固有的特殊性，才应更加详细了解与之密切相关的财产权利。

首先，从税务方面考量，人寿保险因其投保标的是人的生命和身体，所以在大部分国家和地区，人寿保险的赔偿金是可免征个人所得税的。此外，在大多数实行遗产税的国家，因身故保险金会直接赔付给受益人，通常不被列入被保险人的遗产范畴。自 2019 年 1 月 1 日起施行的《个人所得税专项附加扣除暂行办法》，规定了与民生息息相关的“六类专项附加扣除”[①] 可以税前列支。也许在不久的将来，商业保险的蓬勃发展有望使得保费的税前列支成为现实。

其次，在抵御债务风险方面，除了前述合法性和时效性的问题，还有一点比较特殊。即《中华人民共和国民法典》第一千一百六十一条规定：“继承人以所得遗产实际价值为限清偿被继承人依法应当缴纳的税款和债务。超过遗产实际价值部分，继承人自愿偿还的不在此限。继承人放弃继承的，对被继承人依法应当缴纳的税款和债务可以不负清偿责任。”通俗来讲，人寿保险赔偿金是直接支付给受益人的，而不属于被保险人的遗产，因此这笔赔偿金也不必用于清偿被保险人的生前债务。如果受益人是其子女的话，那么在保险的世界里，“父债子偿”的逻辑是不成立的。相比于遗嘱继承或者遗赠，在这个特定场景下，人寿保险更利于定向传承。

保险往往承载着一份家庭的责任，充当着感情的纽带，这份特殊的财产权利因其有了“温度”，而获得了“赦免”。

① 《个人所得税专项附加扣除暂行办法》涵盖“子女教育、继续教育、大病医疗、住房贷款利息、住房租金、赡养老人”这六类专项附加扣除。

②合理的保单架构

在实际案例中，财富规划目标的实现需要依靠合理的保单架构来达成。简单来讲，就是让财富在管道内流动，保单架构就是这个“管道”。看到这里，可能您会有疑惑，如何掌控管道的流向和终点呢？首先，保单架构的巧妙之处在于，保单的各关系人都是与投保人具有保险利益的人，一般为直系血亲，所以财富大概率是在家庭内部流动。其次，保单架构的设计使得财富在保单主体间合理合法地流转。关于保单架构的设计，在“如何运用”这部分会给大家做详细介绍。

由此可以看出，传说中保险“避债避税”的功能的确不是浪得虚名，但也不是放之四海而皆准的灵丹妙药，功能的实现取决于特定的场景以及合理的保单架构设计。

（2）婚姻财富的“保护伞”

在谈论婚姻关系与财富保全的话题时，不得不提到婚姻风险这个词。老一辈的婚姻，能够置办手表、自行车、缝纫机，就算是一门体面的婚事。在物质缺乏的年代，婚姻的变数小，离婚都是一件稀罕事儿，自然也就谈不上什么婚变风险。

随着社会经济的发展、个体独立性的觉醒，近年来离婚率也呈现上升的态势。结婚必备的“老三件”也进化成了“新三件”——房子、车子、票子。水涨船高的结婚成本和接连攀升的离婚率，使得婚变风险对于家庭财富的冲击日渐显著。见诸头条的“天价分手费”更是不断刷新着大众对“婚变风险”的认知。

婚变风险不仅会对家庭财富造成冲击，其破坏力还很可能波及高净值家庭 / 家族背后的企业。土豆网王微因婚变错失上市良机，传媒大亨默多克的第一次婚变险些使其丧失公司的控制权；即便是如贝索斯夫妇这般和平分手，也创下了令全世界瞠目结舌的财产分割纪录。因此对于高净值家庭，在用真心维护与经营婚姻的同时，也要懂得用合理的机制管理婚姻中的或有风险。而大额保单作为有效管理风险的工具之一，其在婚姻关系当中的典型应用场景主要体现在如下两方面：

①婚前财产的“保险柜”

《中华人民共和国民法典》第一千零六十三条明确将夫妻双方的婚前财产定义为个人财产。但实际生活中，很多“好好先生”都是将家庭的财政大权上交夫人，致使双方的现金类资产混同，久而久之很难明确区分财产的时效性及权属。如果双方的婚姻不幸走到尽头，婚前财产往往会因举证难而被视同为夫妻共同财产进行分割。

简单举例。如果在婚前夫或妻一方，将现金资产投保为大额人寿保单。由父母作为投保人和被保险人，受益人是自己（未来可将子女加为受益人），这样就能从时效性上明确该笔财产的初始权属。如果父母过世，则身故受益金是专属于夫或妻一方的财产。

父母对子女的爱有很多种，比起给子女大额的现金赠与，或许以父母的名义给子女投保一份人寿保单，这份爱会更显睿智。在面包和爱情都重要的今天，把个人财产锁定在婚前，也许能让这段婚姻来得更纯粹。

②弱势方的“救命草”

在前面部分，我们主要讲述的是大额保单如何规避婚姻风险对于家庭财富的冲击，而经营一个幸福的家庭，不仅需要规避婚姻风险，还有很多外来的风险可能会影响婚姻关系的稳定，比如家庭支柱的意外、疾病，还有第一部分提到的债务纠纷等，而一旦发生这样的风险，婚姻中的弱势方往往会承受“生命不可承受之重”。

虽然伴随着社会的进步，女性已经撑起半边天，各行各业也不断涌现出杰出的女性精英代表。但对于国内的大部分家庭而言，不管是在薪酬收入上，还是在家庭分工上，女性往往还是家里的相对“弱势方”。因此我们常常会发现，很多全职太太，特别青睐为自己和孩子购买大额人寿保单，不论是年金险、终身寿还是高端医疗保险，都是为了当风险来临时，能够为自己和孩子保障一定质量的生活水平，保证未来持续稳定的现金流。如果考虑到高净值家庭的债务风险，还可以在保单架构上做一些设计，比如以女方父母作为投保人；但如果动用夫妻共同财产进行投保，则需要另一半知晓并同意。保险圈流行着一句话，“保险不是为了改变生活，而是为了生活不被改变”，在高净值家庭的婚姻财富管理中也是如此，必要的时候，它还能成为救命的稻草。而大额保单这把“保护伞”将守护着万千家庭走得更远、更稳。

（3）财富传承，基业长青

2018 年是中国改革开放 40 周年，过去 40 年是中国经济腾飞的黄金时代，一大批企业家、创业者凭借自己的智慧、勤劳、勇敢成了那波率先富起来的人。而伴随着宏观经济进入转型期，创二代也成长起来，交班和传承开始成为中国大部分高净值家庭关注的课题。据贝恩咨询最新统计显示，“财富传承”已经成为中国高净值家庭财富管理的重要目标，在近几年金融市场不确定性增加的背景下，高净值家庭的财富传承已经从意愿提升为行动，超过 50% 的高净值家庭已经在开始准备或者正在进行财富传承的相关安排。

① 从创富到守富

如果说上半场是考验企业家创造财富的能力，那下半场就是考验企业家财富保全和财富传承的智慧。高净值家庭财富传承的核心是财富管理、财富保全、财富传承，财富保全是财富传承的前提。打江山易、守江山难，从创富、守富再到传承，大额保单可以发挥重要的作用。

除了前述债务隔离、税务筹划、应对婚变风险等方面，还有一项重要的功能是保持对财富的控制权。如果继承者没有做好准备，或尚不具备驾驭财富的能力，直接接手一笔巨额财产往往意味着不幸的开始，曾经的山西首富李兆会就是一个典型案例。大额保单首先以特定的财产形式对财富作出隔离，如果用年金险的形式进行投保，不仅可以给家人提供与生命等长的现金流，同时投保人始终掌管着财富的主动权，无须担心财富失控带来的风险，百年以后还能给受益人一笔可观的财富。当然如果配合家族信托的架构，还可对身故受益金进行二次财富管理，以进一步降低不确定性。

② 传给谁，这是个问题

在谈到财富传承，古今中外都存在“富不过三代”的魔咒，而创一代的财富传承，不仅是希望后代能坐拥胜利的果实，更希望后人去种出更大更高的树，让家族财富生生不息、代代相传。而如今，越来越多的企业家在传承过程中面临一个非常现实的问题，就是接班人选。

现年 88 岁，坐拥财富净值 670 亿美元的“股神”巴菲特，似乎也面临这个问题，2.4 万亿元的投资帝国，接班人是谁？没了巴菲特的伯克希尔哈撒韦，是否还能延续传奇呢？股神有两个儿子，大儿子霍华德，潇洒自如，但学业不精，从学校肄业后发现自己很喜欢农业，老爷子就顺着他的意思，帮着买了一个农场；小儿子彼得，大学辍学之后，投身于音乐事业，他们的选择似乎都与父辈之路相去甚远。由于无人接班，股神退休后，可能真的就再无股神了。

在我国，子承父业在人们的观念中也是天经地义的事情。但随着时代的进步，以及创新创业浪潮的涌现，越来越多的“继承人”选择开创自己的事业而不是接班，家族产业传给谁成为新的难题。借鉴国际上的成熟经验，可以将家族财富的所有权、经营权、受益权合理分开；经营权交给职业经理人，通过大额保单、家族信托、家族办公室等来解决所有权、受益权的问题，这样既能让后代享受家族财富的福泽，又可在合理可控的范围内，激发后代的自强意识和开拓能力，助力家族财富基业长青。

（4）老有所依，老有所养

我国自古以来便有“养儿防老”的说法，然而工作的艰辛、生活成本的攀升和“4—2—1”家庭结构带来的压力，使得“儿”早已不堪重负。特别是对于很多城市家庭来讲，养儿并不防老，在水涨船高的结婚成本面前，生儿子反倒变成了“建设银行”，养儿不啃老就不错了。而“买房养老”又因政策影响以及房产变现能力的制约，在实际操作中也面临诸多不便。对于高净值家庭而言，“保单养老”逐渐成为一种趋势。

养老资金追求的是稳定、安全、持续的现金流入。保险资金运作的稳健属性，决定了保险公司在投资理念上倾向长期投资和价值投资，追求资产负债相匹配，从而可以穿透经济周期，抵御通货膨胀，实现资产的保值增值。2004 年至 2017 年，我国保险资金年平均收益率为 5.4%，且相对稳定，没有出现大幅波动。据有关统计，我国近 50%的保险资金投资的标的是银行存款和债券，而在债券投资中，国债和金融债占比 57%，其中企业债中 AAA 级占比超八成；保险资金投资中的股票配置则大多以大盘蓝筹股为主，沪深 300

股票占比约 80%。[①] 这些相对稳妥的投资方式保障了保险资金的安全性，也使得大额保单特别是年金类保单，成为养老规划的理想金融工具。

（5）高净值人士的“流动资金池”

大额保单还具备资金融通功能，在关键时刻可解燃眉之急。近年来，保单质押贷款也因其手续便捷、风险可控，成为保险公司业务开展的重要领域。2018 年，有数据可查[②] 的 71 家保险公司的保单质押贷款余额为 4347 亿元。而在 2013 年，这项数据还仅为 1335 亿元。在 2018 年，有 5 家险企的保单质押贷款业务规模超过百亿元，中国人寿、平安人寿更是超过千亿元。[③] 目前，国内保单质押贷款的期限相对较短，一般为 6 个月，贷款额度通常为保单现金价值的 70%－80%。保单质押贷款的利率一般在保监会规定的利率与同期银行贷款利率较高者再加上 2% 左右，大多在 4%－6%。

保单质押贷款良好的资金融通功能主要体现在以下几个方面：贷款速度快，一般几个工作日就可以完成；贷款比例高，大多为保险合同现金价值的 70%－80%，最高可达 90%；还款方式好，可先只还贷款利息，本金可展期偿还；用款周期灵活，随借随还，按天计息，降低用款成本。

大额保单质押虽然好用，但有几点问题值得我们注意。首先，在国内现行法律中，并无可否开展保单质押贷款业务的明确规定。《中华人民共和国民法典》中没有以列明式的方式提出保单可以担保质押。在特殊法《中华人民共和国保险法》中，第三十四条第二款规定，未经保险人书面同意，保险单不得转让或质押。只是以禁止性规定的形式，从侧面对保单质押予以允许。其次，并非所有的人身保单都可以质押，一般只有具有现金价值的保单才可以办理抵押，比如：终生寿险保单、储蓄型健康保单等；但像意外伤害保单等不具有明确现金价值的保单不可以办理抵押贷款。最后，值得我们注意的是，保单质押贷款的借款人一般为投保人。在通常情况下，只有投保人享有保单

① 周延礼 . 保险资金可助推资本市场健康发展 [J]. 清华金融评论，2019（2）：10-11。

② 数据来自中国银行保险监督管理委员会网站 http：//www.cbrc.gov.cn/cn/archive/9106.html，2019-9-26。

③ 新京报 . 保单质押贷款总规模 4346 亿，有险企产品贷款利率超 8%[EB/OL]. http：//finance.sina.com.cn/roll/2019-06-05/doc-ihvhiqay3624472.shtml，2019-6-5。

现金价值的请求权。

（6）不能说的秘密

在财富传承中，遗嘱继承和赠与方式相对比较简单，但往往很难解决好传承过程中的税收、风险隔离、意愿传承、隐私保密等问题。在中国，遗嘱在执行时，公证机构的要求一般会非常严格，所有法定继承人须出席现场，并在统一表示对遗嘱内容无异议后，公证机构才出具遗嘱生效的公证文件。不仅如此，为避免隐瞒其他可能继承人的情况出现，公证处往往会仔细查询继承人的父母、配偶、子女等亲属信息，这无疑会公开很多被继承人的隐私，也很可能会给当事人造成不必要的困扰。不过，如果想避免核心隐私被公开的尴尬和麻烦，采用私下赠与的方式，却又有可能存在不合法的问题。

相比之下，大额人寿保险则不受继承权公证的约束。只要在可保利益人的范围内，投保人可通过指定受益人以及受益比例，直接将财富以保险赔偿金的方式传承给受益人。如果结合保险金信托，还可以对受益人做更加灵活的安排，不受可保利益人的限制。这样便能相对较好地保护投保人和受益人的隐私，实现财富更加私密、有效地传承。

5.2.4 买不起，看看还不行吗？

通过前述功能部分的介绍，相信各位读者已感受到大额保单对于高净值家庭财富保全的重要性。大额保单和普通保单，虽在保费投入方面有显著差异（比如：总保费 1000 万元的保单和总保费 1 万元的保单），但其保险的本质和财产权利的特殊性却并无不同。因此，了解大额保单的使用指南，能帮助中国各类家庭合理运用保险这项工具，筑起家庭财富的“防火墙”，掌握“防守的智慧”。

对于中国各类家庭而言，投保大额保单的主要渠道包含：保险公司、商业银行、第三方财富管理机构以及持牌的保险经纪公司。[①] 其中保险公司直营和商业银行兼业代理占据了大部分市场份额。

---

① 除保险公司自营业务外，各类保险代理机构均需持有《保险兼业代理业务许可证》方可开展代理业务。

保险配置重在功能和规划，同时保单利益也应该清楚了解，这里需要给大家普及一下预定利率的概念。通俗地讲，预定利率就是保险公司因占用投保人的资金，而以年复利的方式给予保单关系人的权益总和。预定利率和保费的高低直接相关。假设其他要素不变，一款保险产品的预定利率越高，则消费者投保时所需缴纳的保费越少。我国人身保险的预定利率变化经历了几个重要时点。2013 年 8 月保监发〔2013〕62 号《中国保监会关于普通型人身保险费率政策改革有关事项的通知》中明确规定，2013 年 8 月 5 日及以后签发的普通型人身保险保单法定评估利率为 3.5%，上限为法定评估利率的 1.15 倍，这就是预定利率“4.025%”的由来。自 2019 年 8 月 30 日起，普通型人身保险保单评估利率上限为年复利 3.5% 和预定利率的较小者。[①]

投保大额保单应优先考量两点：需要达成的目标、财富保全是基础。在此需要提醒各位读者，获取投资回报并不是投保的主要目的，应避免舍本逐末。实务当中，为了使大额保单充分发挥其价值，在配置时还需注意以下内容：

（1）做时间的朋友——再谈年金保险

在我国，年金保险是大额保单中最常见的险种之一，高净值家庭对于年金保险的接受度普遍比终身寿险高出许多。因为年金保险，是以被保险人的生存为给付条件，生存保险金的给付通常采取的是按年度周期给付，因此通俗地讲，年金保险可以让投保人在有生之年看到持续稳定的现金流入，而且活得越久，领得越多，从这个角度看，大额年金险早买比晚买好，买比不买好。

此外，保单的现金价值每年也在按照一定的结算利率进行复利增值，目前各家保险公司公布的结算利率普遍在 3.5% 左右。2017 年保监会 134 号文件出台以后，规定万能险不能再以附加险的形式出现，所以各家保险公司目

① 中国银保监会 . 关于完善人身保险业责任准备金评估利率形成机制及调整责任准备金评估利率有关事项的通知 [EB/OL]. http://www.cbirc.gov.cn/cn/doc/9103/910303/91030302/6B6F31B8DDBC4B6E887799ADAAD5C7EF.html,2019-8-30。

前主要是以主险结算利率的方式去实现保单现金价值的复利增值，或者是将万能险作为主险，以双主险的形式给客户做配置。但复利的核心不在于回报率，而在于时间，“七二法则”告诉我们，哪怕是1%的回报率，这笔资产也能用72年的时间实现翻倍。所以买得越早，复利时间越长，滚雪球的效应也会越明显。如果选择不领取年金，而是放在结算账户按照结算利率复利生息，保单的现金价值增值相较于所投保费，也是一笔可观的收益。保险公司保费再投资所选标的一般风险较低，收益稳定。因此如果我们用大额年金险作为家庭财富的防守工具，不管是财富保全、还是财富传承，都宜趁早规划，享受时间的红利。

（2）组合的神奇——解读保单架构

在大额保单功能介绍部分，我们数次提到保单架构的重要性，不管是“避债避税”，防范婚变风险，还是把握财富控制权，合理的保单架构设计是保单功能得以有效发挥的基础。而在进行保单架构设计前，我们首先要了解一张保险合同里涉及主体的各项权利、义务。

表5.2　保单主体权利义务说明

主体	权利	义务	备注
投保人	● 保单解约 ● 保单现金价值所有权 ● 保单贷款 ● 变更受益人 ● 变更投保人	● 交纳保费义务 ● 保费来源合法 ● 通知理赔义务 ● 避免损失扩大义务	● 具备完全民事行为能力的成年人
被保险人	● 被保护对象 ● 赔偿金请求权 ● 变更受益人认可权 ● 同意保单转让、质押	● 如实告知义务 ● 提供证明材料	● 被保险人与投保人具有可保利益
受益人	● 被保险人受益金请求权 ● 对受益金享有充分处理权	● 及时通知保险事故 ● 提供单证义务	● 受益人的受益权以被保险人死亡时受益人尚生存为条件

一般来讲，在投保人、被保人和受益人的选择上，有几点注意事项。首先投保人可以控制现金价值、修改受益人，因此对保险财产具有主导权；被保人是保险合同的“标的物”，应选择潜在寿命长或者重要的人；而受益人是保

单利益的最终享有者，生存受益人和身故受益人尽量分开写，以实现保单的保障和传承功能。

在债务隔离的财富保全规划中，在满足财产合法性和保单时效性的前提下，尽量由负债可能性低的人作为投保人。例如，出资人的父母作为投保人，再配合公证遗嘱的方式，明确保单受益权在父母去世后归出资人所有，与其配偶无关；从而将该笔财富定性为专属于夫或妻一方的财产。同时将被保险人设定为出资人、受益人设定为子女，这样可以有效地利用父母和孩子之间的法律屏障进行财富保全，如果受益人为当事人本人，保险受益金无法规避当事人自身的债务风险。

投保人	被保险人	受益人
• 负债可能性极低的主体作为投保人 • 配合公证遗嘱，锁定保单现金价值所有权	• 家庭经济支柱 • 可能面临债务风险的当事人	• 被保险人子女

图 5.4　债务隔离中的保单架构

在婚姻风险管理的财富保全规划中，保单架构的合理设计也非常重要。《中华人民共和国民法典》第一千零六十二条第一款第四项明确规定，夫妻在婚姻关系存续期间所得的继承或者受赠的财产，为夫妻的共同财产，归夫妻共同所有；同时第一千零六十三条第三项规定，遗嘱或者赠与合同中确定只归一方的财产为夫妻一方的个人财产。为了规避婚变风险，我们可以对保单架构做如下设计：

第一种架构是以出资人的父母作为投保人，配合公证遗嘱的方式，明确保单所有权在父母去世后归出资人所有。如果同时将被保险人和生存受益人设定为父母，身故受益人设定为出资人，这样通过指定受益人的方式，也能使得父母的身故受益金以子女婚内个人财产的形式存在，从而避免离婚造成的财产损失。但如果将夫妻共同财产转给父母进行投保，且配偶并不知情，在诉讼离婚时如果被定性为故意转移夫妻共同财产，则保单的现金价值很可能面临分割。

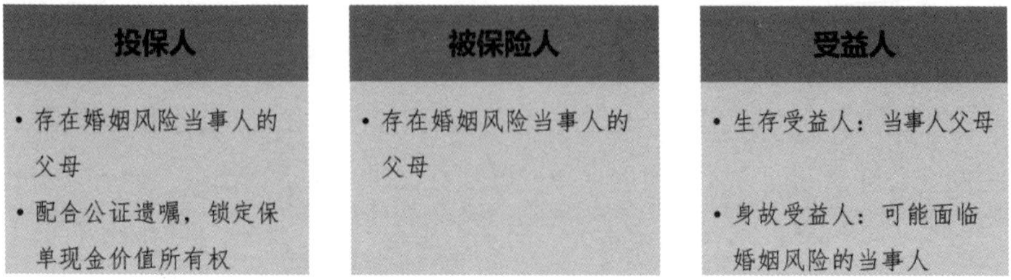

投保人	被保险人	受益人
• 存在婚姻风险当事人的父母 • 配合公证遗嘱，锁定保单现金价值所有权	• 存在婚姻风险当事人的父母	• 生存受益人：当事人父母 • 身故受益人：可能面临婚姻风险的当事人

图 5.5　婚姻风险管理中的保单架构（一）

第二种架构是以担心婚变风险的出资人同时作为投保人和被保险人，出资人的子女作为受益人。因该种架构下受益人是子女，所以一旦出资人面临婚姻风险，出于保护未成年子女 / 善意第三人的利益，保单现金价值被请求分割的可能性不大。如果出资人自然或意外身故，保单的身故受益金会支付给子女，出资人的配偶无权干预；但如果被保险人身故时，子女尚未成年，身故受益金通常由监护人代为保管，或存在一定的资金占用风险。

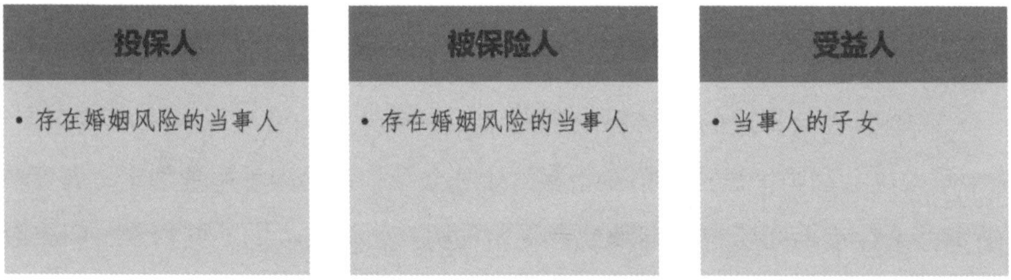

投保人	被保险人	受益人
• 存在婚姻风险的当事人	• 存在婚姻风险的当事人	• 当事人的子女

图 5.6　婚姻风险管理中的保单架构（二）

第三种架构是以担心婚变风险的出资人同时作为投保人和受益人，出资人的子女作为被保险人。与第二种架构类似，保单现金价值被分割的可能性不大。如果子女不幸出现意外，身故受益金赔偿给受益人，相当于资金回流到出资人手中。需要注意的是，如果被保险人是未成年子女，且保单是以身故作为赔付条件的人寿保单，出于对家长道德风险的控制，保险公司会规定保额的上限。

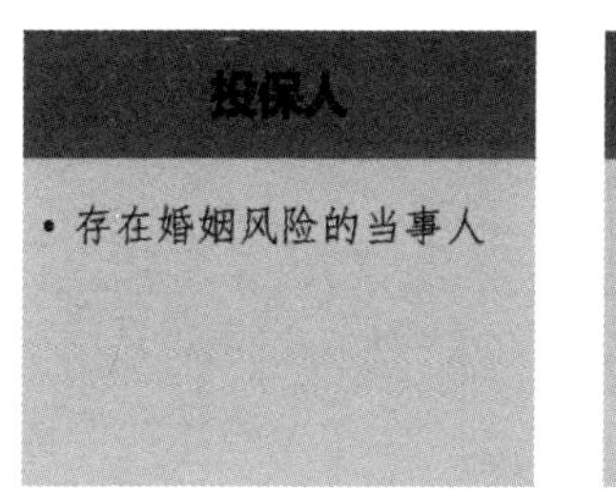

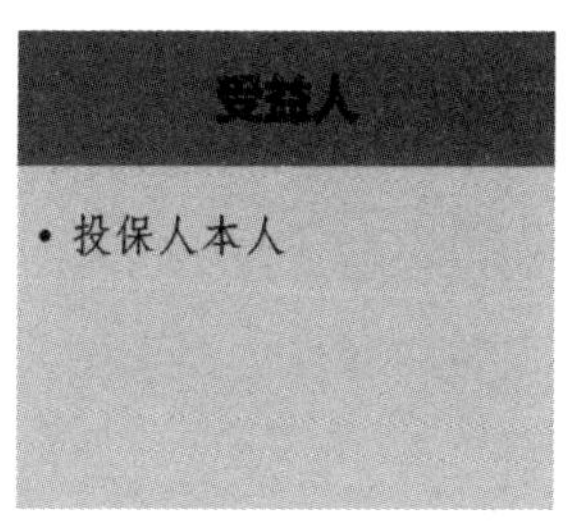

图 5.7 婚姻风险管理中的保单架构（三）

在财富传承的保全规划中，保单架构一般会涉及三代人的代际安排。在此类保单架构的设计中，投保人一般就是财富的所有人和实控人，被保险人是实控人或其子女，第二代作为生存受益人，第三代作为身故受益人，这种架构设计可以有效地规避继承人的债务和婚姻风险，在维持继承者日常基本生活的同时充分保障家族第三代的受益权，保证家族财富在家庭内部的流转与传承。

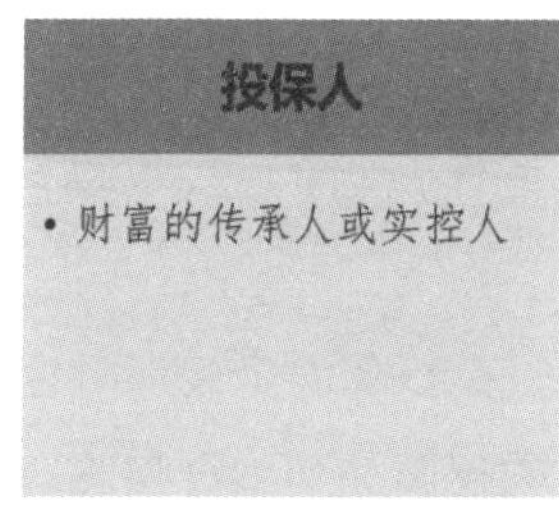

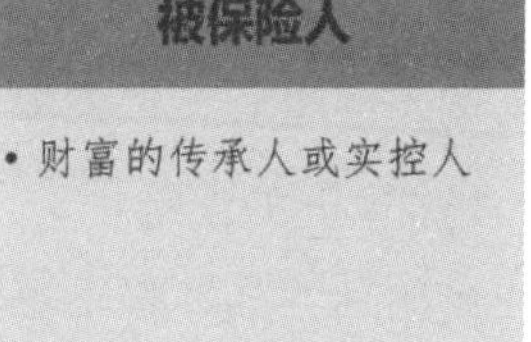

图 5.8 财富传承中的保单架构

只有通过保单架构的设计，才能使得财产在保单主体之间合理合法地流转，从而在特定的场景下，实现财富保全。

（3）最后的卫士——巧用豁免

所谓保费豁免，是指在保险合同约定的特定事项发生后，保险人不再向投保人收取以后的保险费而保险合同继续有效的行为。[①] 例如，投保人或被保险人达到某些特定的情况如身故、残疾、重疾或轻症疾病等，由保险公司获准，同意投保人可以不再缴纳后续保费，保险合同仍然有效。其最好的搭配

① 中国国家标准化管理委员会 . GB/T 36687—2018 保险术语 [S]. 中国标准出版社，2018：20。

应该是养老险、子女教育金等大额保单。

而且在绝大多数保险公司的豁免责任中，豁免对象都是针对“投保人”的，所以在增加豁免功能的时候需要注意，如果妻子作为投保人给子女投保，但保费实际由丈夫承担，而丈夫因为意外失去继续缴费的能力，这时豁免并不能生效。豁免针对的投保人一定要是保费的实际承担者，这样才能充分发挥豁免功能的价值。

曾经有一位私募大佬为子女购买了百万元的少儿教育金保单，就是因为豁免功能打动了他的心。虽然资本市场的收益分分钟可以秒杀保单的复利增值，但这一切的前提是投保人具备正常的劳动能力，但谁也不知道意外和明天哪一个先到，大额保单配合保费豁免，可以在我们有能力为家人构筑一份保障的时候，用最小的成本，锁定最大的收益。

（4）链接的力量——透视保险金信托

在前述部分提到，大额保单和信托架构的组合运用，可以有效地进行财富传承规划。相信各位读者对于已故明星梅艳芳的家族信托案例并不陌生。而随着近年来我国居民财富的不断增长，以及家庭资产种类、资产形式的多样化，家族信托也开始进入更多家庭的视野。

保险金信托是保险与信托相结合的一种金融商品，是以保险金或保险金受益权为信托财产的信托方式，具体而言，指投保人与保险公司签订保险合同，指定或变更信托公司为保险受益人，待保险事故发生时，保险公司直接将保险金交付于信托公司，信托公司根据与委托人（一般为保险投保人）签订的信托合同管理、运用、分配保险金，待信托终止或到期时将全部保险金及投资收益交付于信托受益人。[①]

① 孙洪涛，林莎．我国保险金信托研究 [EB/OL]. http：//fl.sinoins.com/2018-08/08/content_268472.htm,2018-8-8。

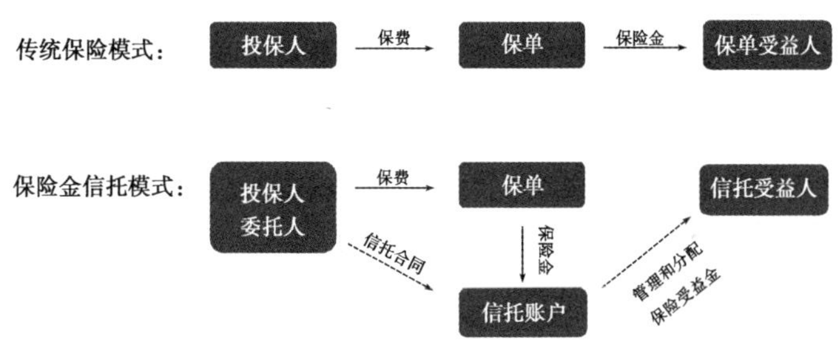

图 5.9　传统保单与保险金信托的区别

“大额保单 + 保险金信托”的模式可以理解为，对于保险受益金的使用增加了投保人即信托委托人的“私人定制”。通常，生存受益金相较于身故受益金来讲数额较小，规划空间相对有限，目前国内的主流是“身故保险金信托”模式，即以终身寿险搭配保险金信托最为常见。

在我国，各类家庭想要设立保险金信托，常见的渠道还是去私人银行（商业银行端）、信托公司、保险公司或者第三方财富管理机构，搭建符合委托人意愿的信托框架，管理机构会同信托公司、会计师事务所以及律师事务所，为投资者提供专业一站式的信托咨询、设立以及后续的信托财产管理服务。

相较于传统的大额保单，“大额保单 + 保险金信托”的模式具有独特优势：

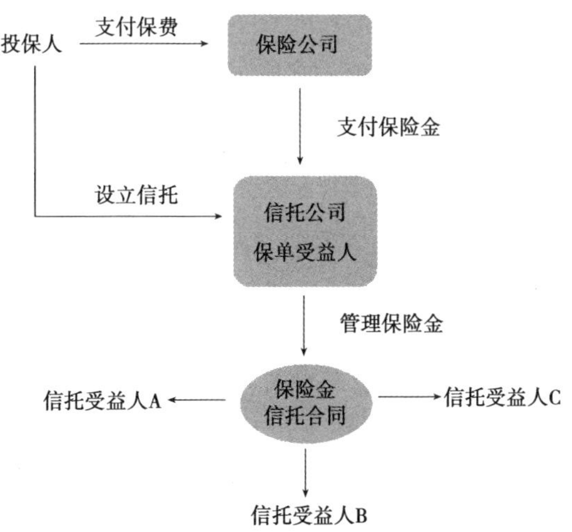

图 5.10　“大额保单 + 保险金信托”模式

①双剑合璧，门槛更低

国内家族信托的设立至少千万元起步，而从近几年实际业务开展情况来看，保险金信托的设立门槛远低于家族信托。目前国内的保险公司，总保费或保额达到一定门槛，可选追加成立保险金信托。尤其是链接终身寿险的保险金信托，能充分利用保单的杠杆倍数[①]，在保单触发赔付后配合信托架构，实现二次财富增值。

②权利分割，隔离风险

信托财产所有权与受益权严格区分，且与委托人、受托人、受益人的其他财产相隔离，保险生存受益金和身故受益金均可进入信托计划，这样可以降低企业经营、婚变风险、道德风险对家族财富的影响。

③财富传承，个性定制

保险金信托可以根据实际需要灵活约定受益人的人数以及范围，不同于保单受益人，信托受益人既可以是确定的人，也可以是确定的范围，未出生的受益人同样享有受益权。受益金的期限、分配条件和分配方式等，还可进行个性定制，这样能最大限度地保护同时也约束受益人的权利，如增加学业激励、提升自我、事业发展、婚育管理、消费引导、养老保障、约束惩罚等个性功能。但保险公司会依据受益人数及个性化定制的内容相应增收费用。

④富过三代，长期有效

保险金信托根据合同记录进行管理，直至合同终止事项出现，且不受可保利益人的约束，如将受益人设置成几代人，信托合同可能持续几十年甚至上百年。

所以，巧用保险金信托，可以让我们的财富传承更加“私人定制”。

5.2.5 案例解析——保险金信托在财富传承中的应用

具体案例：

A先生，年龄40岁，是一名私营企业主，太太30岁，全职在家；儿子，7岁，

① 终身寿险的杠杆倍数是动态的，通常可以理解为“身故保额/总保费”的比值。

小学在读；母亲 60 岁，身体健康。他担心自己的健康风险和企业经营风险会影响自己的家庭生活，同时也开始考虑财富传承的问题，所以他希望通过一定的财富规划方案，以实现自己财富保全和财富传承的目标。

解决方案：

A 先生选择了保险金信托的方式来进行财富规划：

1. A 先生购买了一份年缴费 100 万元，缴费期限 10 年的年金保险，A 先生作为投保人及被保险人，保单产生的年金和身故保险金将自动进入信托账户进行二次分配。

2. A 先生将妻子、儿子、母亲作为信托受益人，并在信托合同中制定详细规则。

3. 约定 A 先生是本信托账户的优先受益人，生存期间 100% 掌控该账户，享有随时支取信托资产的优先权。

4. 家人领取信托利益的安排与条件：

（1）母亲

母亲 70 岁以后，每年可领取养老金 10 万元，若 A 先生身故后太太改嫁，母亲健在，由母亲作为信托财产的控制人。

（2）太太

养老保障：当太太 50 岁时，可每年领取 20 万元生活费，直至信托资产为 0 元。

（3）儿子

定期生活费：

A 先生去世后，每年领取 10 万元，作为基础生活费。可根据物价水平适度调整；

考取学业的奖励：

儿子考取国内双一流大学，可一次性领取 10 万元，同时在读期间每年可领取学费基金 5 万元；考取国外大学本科，可一次性奖励 20 万元，同时在读期间每年可领取学费 50 万元；

生育礼金：

若儿子生育一胎，可领取 20 万元礼金；生育二胎，可领取 30 万元礼金；

可根据物价水平调整；

基业传承：

儿子作为企业的主要管理者在企业工作满 5 年，一次性奖励 50 万元；若在企业工作满 10 年，一次性奖励 100 万元。若自主创业，可一次性支取 100 万元创业基金。儿子 60 岁时，可一次性领取全部剩余信托资产。

5.2.6 小结

本节内容主要介绍了大额保单的“前世今生”，也向各位读者呈现了大额保单对于高净值家庭财富管理的主要功能与核心价值。同时，结合实务操作，重点阐述了如何运用大额保单这项金融工具来实现家庭财富的保全与传承。通过阅读本章内容，希望各位读者可以加深对保险这项金融工具的正确理解，为自己和家庭筑起一道财富的“防火墙”，学会防守的智慧。

5.3 家族信托：家业长青的传承之道

家族信托既是信托业务的重要形式之一，也是家族财富传承的有效方式之一，更是高净值人士管理家族资产的首选载体。根据胡润研究院 2019 年统计数据[①]，中国内地资产超亿元的高净值家庭数量多达 11 万户，其中可投资资产过亿的超高净值家庭总数共有 6.5 万户，该数值比五年前增长 70%。应该强调的是内地超高净值人群平均年龄 47 岁左右，且多数“创富一代”并没有完成家庭财产的传承使命，而在 2019－2049 年这 30 年间将有 60 万亿元财富由第一代创始人传承给第二代。家族信托具有资产管理和风险隔离的强大功能，将是超高净值人群完成财富传承的首选。本篇我们主要从金融的角度对

① 数据来源于建信信托与胡润研究院．2019 中国家族财富可持续发展报告——聚焦家族信托 [EB/OL]. http://www.hurun.net/CN/Article/Details?num=A35ACE9E19F9，2019-7-6。

家族信托进行简要介绍，而法律篇（6.5 细水长流：家族信托）将对家族信托进行法律角度的深层剖析。

5.3.1 案例导读——两个家庭的不同命运①

2006 年，许先生跟上深圳创业潮，创立了出口电商贸易公司。随着公司业绩增长，企业于 2016 年成功上市。许先生与妻子育有一子二女，为了隔离家庭资产与企业资产，他在上市当年便通过信托公司，将其家庭自有资产设立了家族信托，受益人是许先生的妻子和子女。此后，由于大洋彼岸贸易情况不佳，外贸电商公司经营受到极大打击，许先生的公司面临经营困难。万幸的是，许先生早年设立的这份家族信托像一面“防火墙”，将他的家庭资产牢牢保护起来，这场破产危机丝毫未影响许先生的家庭财富。

而周先生就没有这么幸运了。他从事服装出口贸易生意，经过多年的经营，他的服装公司逐渐发展得小有规模。在他的生意风生水起之时，他的朋友曾经建议其设立家族信托，但周先生并未在意。此后外部市场环境严峻，贸易摩擦波及周先生的公司——因库存较多，资金周转不灵，导致企业资金链断裂，无法偿债。由于企业负债较多，清算出现了资不抵债的情况。因为没能有效隔离家庭财产，最终周先生不得不以家庭财产填补企业债务，家人的生活质量一落千丈。

许多高净值人群都是企业的实际控制人，在创业初始及有一定经营规模时，一些企业主往往不能清晰划分个人资产和企业资产，忽略家庭财富与企业之间的资产隔离问题。如周先生，当企业面临债务危机时，其个人及家庭资产也成了债务追偿对象，导致债台高筑殃及家庭。而反观许先生，即使国际经济形势严峻、市场政策变化，但所幸并未对其家庭造成多少债务影响，这归功于他的远见和家族信托的保障。

① 平安信托. 贸易摩擦下，家族信托如何为家族财富保驾护航 [EB/OL]. https：//trust.pingan.com/family-trust/news/detail/4435/12509858?referpage=,2018-8-20。

5.3.2 起底家族信托

2018 年银保监会颁布的《关于加强规范资产管理业务过渡期内信托监管工作的通知》，将家族信托定义为：家族信托是指信托公司接受单一个人或者家庭的委托，以家庭财富的保护、传承和管理为主要信托目的，提供财产规划、风险隔离、资产配置、子女教育、家庭治理、公益（慈善）事业等定制化事务管理和金融服务的信托业务。[①]家族信托的目的是保护委托人及其家人，规避各种可预知和不可预知的变故可能带来的风险。基于每个家庭情况不同，家族信托要进行个性化、具体化的设计。

家族信托的委托人通过家族信托将资产委托给受托人后，可以按合同约定继续拥有相应的收益收取权和分配权，但委托人不再拥有该资产的所有权。家族信托的委托人通常是家族企业的实际控制人或者拥有大量财富的高净值人士，家族财富的继承人一般会被设立为家族信托的受益人，从而确保 B 类人群的家族财富在代际之间的顺利传承。国内外的大量实践表明家族信托可以较好地解决家族财富代际传递过程中的保值增值、股权维持、遗产税规划等问题。

本书家族信托法律篇也从法律角度解析了家族信托具有保密、风险隔离、财产集中、提供税务筹划空间、股权紧锁、避免受益人能力不足、防止意外、平衡各方利益、不受范围限制、灵活度高、避免遗嘱继承引发风险等明显优势，这里将不再赘述。

5.3.3 家族信托弄潮儿——多重功效，独特优势

家族信托运作模式派生出多种金融功能，主要体现在协调经济运作、分散金融风险和完善信用体系建设。

（1）社会投资功能——润滑经济运转

家族信托具有社会投资职能，家族信托具有很强的筹资能力，实现资金

① 信托部《关于加强规范资产管理业务过渡期内信托监管工作的通知》（信托函〔2018〕37 号）。

集结后的规模效应，为企业筹集资金创造了良好的融资环境，将储蓄资金转化为生产资金，可有力地支持经济的发展。

家族信托投资致力于基础设施建设，以平安信托为例，平安信托近五年来投入实体经济规模累计达 1.7 万亿元，其中投入基础设施规模超过 1000 亿元，平安信托资金重点扶植垃圾处理和水务环保等民生基建领域，在工业互联网、5G 商用、智慧城市等新型基础设施领域，以及“一带一路”、粤港澳大湾区等国家战略区域为基础设施建设等提供有力支持。[①]

家族信托融资也有助于解决中小企业融资难问题，目前也在积极尝试多家中小企业结合在一起，名义上作为一个整体再通过信托公司统一发行信托计划募集所需的资金，家族信托可以长期向集合内的中小企业提供融资帮助。融资速度快、成本低、可批量操作，实现了企业融资的“一对多”，在缓解中小企业融资难的同时拓宽了信托投资渠道，可谓“一石二鸟”。

此外，家族信托可以支持教育、医疗和慈善等诸多领域的公益事业发展。诸如，近期孙宏斌家族向清华大学捐赠 10 亿元人民币，对于该笔资金根据基金会的情况以及期望投资的策略，家族信托联手大学基金会探索“大学基金会 + 信托公司”合作模式，帮助大学基金会进行资产配置提升投资效率，实现资金的稳健投资。

（2）风险分散和隔离——促进金融体系发展

家族信托业务其风险管控尤为重要，因而家族信托的发展也从不同层面促进金融体系的发展。众所周知，家族信托融合投资、公司架构、法务税务等资产管理诸多领域的综合知识，被称为“私人银行塔尖的服务”，对从业人员的专业性要求极高。家族信托通过专业管理团队实现资产保值和增值的过程也是信托标的资产风险分散的过程，这种业务能力也是绝大多数 B 类人群所不具备的。借由专业化的团队管理，家族信托标的资产的保值增值风险得到了有效的管控。

此外，家族信托的特殊架构有利于实现风险隔离。债务风险隔离是为企

① 平安信托党委书记、董事长姚贵平发表署名文章：守正出新 行稳致远 助力实体经济高质量发展 [EB/OL]. 2019-11-01。

业家和创业者提供最后一层盔甲，家族信托的委托人或者受益人发生债务上的纠纷，就不会影响到已经放入信托的这部分资产。在结婚前完成家族信托的设立实现婚姻风险隔离，放入家族信托的财产不会成为夫妻共同财产，避免未来由于婚姻问题而造成财产被分割。家族信托有效缓冲了家族企业在政策、市场和环境震荡时的冲击，提供家族信托实现公私资产隔离，为 B 类家庭撑起一把保护伞。

（3）信用机制——完善构筑社会信用体系

信托，简言之即“受人之托，代人理财”，是一项重要的投资理财、资金融通的方式。与西方发达国家相比，我国的社会信用体系搭建尚不完善，因而也增加了诸多社会成本。信用制度是市场规则的建立基础，信用是信托业务开展的基石，因此推广家族信托不仅促进了金融业的发展，也对构筑整个社会信用体系具有积极的促进作用。

5.3.4 家族信托——国内产品现状

家族信托既然是一种金融产品和服务，也是需要法律手段进行设计的。在本书后续的法律篇中，会对家族信托的具体设计进行详细介绍，本小节从国内家族信托的发展以及可以提供家族信托服务的机构角度来进行介绍。

（1）家族信托的发展历程

家族信托产品需求的快速增长有赖于高净值人群数量不断扩大，是我国历经 40 年的改革开放经济高速发展的必然结果。此外，中国家族信托事业的发展离不开法规政策的建立和完善，离不开专业机构的参与和开拓，离不开市场需求的萌发和繁荣。

近十年来高净值人群对于家族信托认知度不断提升。从市场需求方面看，首先是信托、银行和财富管理机构对高净值人群的持续教育和引导；其次是家族信托在财富传承方面的业务规划更具科学性与灵活性；再次是网络时代传媒的发展，越来越多的成功家族信托案例得到推广，起到了正向示范的作用；最后是国内家族信托服务范围不断扩大，受托财产以现金为主，兼有股权、不动产、保单、艺术品等多元化的资产。因此，家族信托产品需求的迅速扩大为家族信托的发展提供了广阔的市场空间，注入了发展的动力。

从法规政策方面看，2014 年，银监会发布了《关于信托公司风险监管的指导意见》，明确了信托服务新的发展方向，各大信托机构和商业银行开始积极探索家族财富管理的新业务模式；2015 年又发布了《关于做好信托业保障基金筹集和管理等有关具体事项的通知》，鼓励专业机构积极展开财产类家族信托；2018 年，银保监会颁布了《关于加强规范资产管理业务过渡期内信托监管工作的通知》，对家族信托第一次给出明确定义。法规政策的不断完善为家族信托的发展扎好了制度篱笆，指明了前进的方向。

从专业机构方面看，专业机构的积极参与为家族信托的发展奠定了强大的组织基础，丰富了服务的内容。2012 年，首批家族信托服务的雏形由平安银行推出；招商银行也于 2013 年推出境内首单私人银行家族信托业务；全国 68 家信托公司中参与家族信托的机构数量已过半达 34 家，据不完全统计，2018 年国内信托机构和商业银行管理家族信托资产规模达 400 亿元。

（2）国内家族信托现状

早前国内信托业务发展主要以融资类信托为主，极少有作为事务管理类信托的家族信托业务推出。目前，国内家族信托受托资产类型也从现金类资产拓展到以现金类资产为主，综合涉及保单、股权、不动产、艺术品、养老和慈善等个性化需求的信托也在不断创新实践中。

信托公司、商业银行的私人银行部门、律师事务所以及第三方财富管理公司等广泛参与到家族信托业务中来。现阶段国内商业银行以专业的私人银行服务能力和广泛的接受度，成为金融机构在家族信托领域的领跑者。建设银行、平安银行、民生银行、兴业银行、中信银行等商业银行都会在其 2018 年年报中披露其家族信托的发展情况，家族信托发展态势和重视程度可见一斑。

此外，商业银行与信托公司合作的“银行 + 信托”模式也成为一个广泛应用的家族信托服务提供模式。一方面，商业银行有着广泛的客户基础和强大的营销能力；另一方面，信托公司具有的多市场运作能力和信托设计能力，二者相结合，能够做到优势互补，起到“1+1>2”的效果。例如，北京银行就采取和北京信托合作的模式，由北京银行提供客户，然后与北京信托一起成立家族信托，并一起设计方案，进行后续管理；建设银行、兴业银行因为集团旗下有信托子公司，所以银信合作趋势也十分明显。

5.3.5 案例解析——以国内典型家族信托产品为例[①]

接下来我们以国内的一家信托公司——平安信托的产品作为案例，来介绍当前国内家族信托产品的一些普遍性特点。平安信托有着多年家族信托服务实践经验，旗下家族信托包含鸿睿、鸿晟、鸿图、鸿福四大系列产品，平安信托的鸿睿系列是其最具有一般性的标准型家族信托，该产品的起投金额为 1000 万元，受托财产可以是现金、保险金请求权、资管份额等多种类别的资产，最短设立期限为 5 年，分配条件包括基本生活和养老金、学业支持、家庭和谐、创业支持、消费引导、临时流动性、应急金等，并且最多可以设定 8 名受益人，其中受益人可以为慈善组织，满足慈善信托的需要。

其产品结构如图 5.11 所示，设立过程主要分为以下五个步骤：

（1）与信托公司预约；

（2）与客户经理进行 1 对 1 沟通，由客户经理对家族信托产品进行介绍；

（3）对家族信托产品具体方案进行细化，选择投资方案，完善受益人及分配方式；

（4）签署家族信托产品相关资料和合同，并在线上完成视频鉴证；

（5）家族信托产品设立成功后，委托人可在线实时跟踪产品投资、分配等情况。

---

① 平安信托官网 [EB/OL]. https：//trust.pingan.com/family-trust/,2019-11-2。

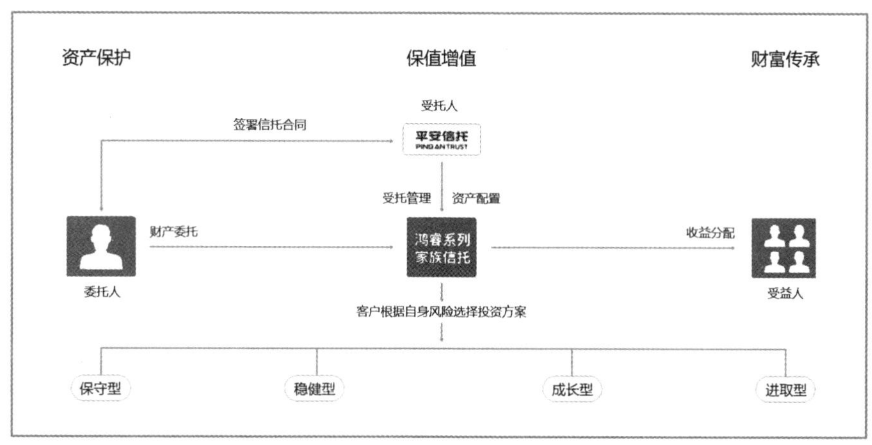

图 5.11　平安信托鸿睿系列家族信托产品结构

可以看到，该产品的设立，一方面体现了家族信托作为一种高端金融产品，1 对 1 专属服务的特点，全程有专人负责与委托人进行沟通；另一方面，也可以看到，在每一份家族信托产品设立的背后，都有着标准化的系统进行支持，可以实现一些流程的线上处理和后续跟踪，功能相对比较友好。

此外，平安信托的家族信托产品呈现出体系化和模块化的特点，除鸿睿系列产品外，根据起购金额和具体服务特点的不同，还有鸿晟、鸿图、鸿福三大系列产品，四个系列产品的对比如表 5.3 所示：

表 5.3　平安信托家族信托产品对比

	鸿睿系列	鸿晟系列	鸿图系列	鸿福系列
起购金额	1000 万元起	1000 万元起	1 亿元起	100 万元起
专属信托经理	有	有	有	无
专业顾问团队	有	有	有	无
财富分配流程	标准化	个性化	个性化	标准化
投资方案	标准化	个性化	个性化	标准化
特点	标准型家族信托	专享型家族信托	家族办公室	保险金信托

从表 5.3 可以看出，各系列家族信托产品在一些特征上有所区别，最主要

的区别特征是起购金额，有起购金额为 1000 万元的一般的家族信托产品，也有起购金额 1 亿元的家族办公室型产品，同样还有门槛相对较低的，起购金额为 100 万元的家族信托产品。对于不同起购金额的家族信托产品，其产品的灵活度是不同的，起购金额在 1000 万元以上的产品，均配有专属的信托经理和专业顾问团队；随着家族信托产品起购金额的提高，委托人对于委托财产的投资领域的可选择余地也在加大，对于最标准的鸿睿系列产品，委托人是根据自身风险偏好在保守型、稳健型、成长型和进取型四种投资方案中选择，而对于起购金额和鸿睿系列相同，但个性化程度更高的鸿晟产品来说，委托人可以在股票、商品、债券和海外资产中进行定制化组合投资，而起购金额为 1 亿元的鸿图系列产品，可以由委托人所在的家族，在金融产品、不动产、艺术品、股权投资等众多门类中进行定制化组合投资。

综上所述，可以看到，随着近几年国内家族信托产品的发展，目前国内家族信托产品已经逐渐丰富，可以满足多种传承目的，并且，还有了金融科技的加持，对于 A 类和 B 类家庭来说，是一种功效多多的金融工具，相信家族信托这个舶来品会在今后的日子里，走入更多的中国家庭。

5.3.6 小结

家族信托既是极富家庭财产传承的妙招，又是家业长青的法宝，适合于本书 B 类及以上家庭。一旦想“富过三代”，家族信托就是绕不开的财富传承工具。定向传承家庭财富、保障受益人的切身利益、稳定家族企业……家族信托的这些优势让它如虎添翼，未来会有更多的家庭选择这一工具，使家庭财富惠及子孙，让家业长青。

法律篇

法律篇执行负责人：王　东　朱乔稷

其他成员：（按姓氏笔画排序）

任　田　刘馨培　潘　越

我们根据本书对中国四类家庭的分类情况，针对财富传承法律工具对不同家庭的适用性，进行了整理和总结。我们认为，有的法律工具是普适性的，比如遗嘱和赠与协议，无论家庭贫富，皆有其用武之地；有的工具起点较高，如家族信托和家族基金会，需要家庭具有一定的资产实力。财富传承法律工具对每类家庭的适用性具体如下表所示：

家庭类别 / 工具	婚姻财产协议	遗嘱	赠与协议	意定监护	家族信托	家族基金会
A 类家庭	√	√	√	√	√	√
B 类家庭	√	√	√	√	√	
C 类家庭	√	√	√	√		
D 类家庭	√	√	√	√		

第 6 章
财富管理的规矩方圆

6.1　婚姻“防火墙”：婚姻财产协议

2019 年 7 月 5 日，亚马逊公司创始人杰夫·贝索斯的妻子麦肯齐·贝索斯在离婚后获得价值 383 亿美元、占比 4% 的亚马逊股份，这桩离婚案因此也被戏称为最贵离婚案。由此可见，随着个人财富的增多，婚姻的缔结会更多地涉及财产的共享，婚姻关系的终结也会产生财产的剥离。与此同时，婚姻财产协议不再是政要、名人或者富豪的专有品，越来越多的普通人也会选择在结婚前为自己的婚姻制订财产计划。

6.1.1　案例导读——小丽辛苦打拼，财产仍无法全部保留

小丽是一家美容会所的老板，通过多年打拼积累了大量财富。前年，小丽在老家全额购入了一套房产，由于自己长期住在北京，便将这套房租了出去。尽管女儿如今事业有成，但小丽的父母仍然担忧不已。原来，小丽已经 38 岁了，这在大多数父母的眼中早已过了成家的年纪，老两口认为女儿已经是无人问津的“剩女”，相亲便被提上了日程。所幸不久之后，小丽就有了男朋友大华，对方比小丽小 13 岁，是小丽的健身教练。虽然比起小丽的经济状况来说，大华实在算不上门当户对，但小丽认为毕竟大华才 25 岁，未来具有

无限可能，即便大华不工作，自己的收入也足以让两个人过上好的生活。与爱情比起来，物质显然没那么重要。

于是不顾身边人的反对，小丽毅然决然地嫁给了大华。二人婚后便过上了羡煞旁人的恩爱生活，为了更好地照顾工作繁忙的小丽，大华辞掉了健身教练的工作，当起了“家庭煮夫”。大华的这一举动让小丽十分感动，大华不仅对小丽体贴入微，还主动提出帮小丽打理老家出租房屋的事项。由于工作繁忙，出于对丈夫的信任，小丽将美容院每月的收入交于丈夫，家务等一切事务都由丈夫打理。同时为了表达自己的忠心，更是在北京的房产下加上了大华的名字。

然而，小丽发现，掌握“财政大权”的大华渐渐对自己冷淡，不仅经常夜不归宿，有时甚至拳脚相向。一年后，小丽与大华的婚姻走到了尽头，二人协议解除婚姻关系。小丽本想尽快结束这段关系，虽然爱情辜负了自己，但是幸好自己有一定积蓄，离婚后日子也不会太差。没想到丈夫却主张分割原本所有属于小丽的财产，这令小丽愤怒又寒心，自己辛苦积累的财产竟然还要被“无情无义”的丈夫分走一部分。这样的结局小丽是不能接受的，于是她向法院请求解除与大华的婚姻关系，同时主张自己的两套房产、工资、房租等为自己的个人财产。但是由于两者婚姻关系中房产加名、收入上交等已成事实，最终小丽仍然失去了部分财产。

6.1.2 婚姻财产协议——是为何物

相比纯粹的爱情关系，婚姻关系不仅是两个人感情的融合，更是双方家庭之间财富的结合，相信大家都听过一句话：“婚姻不仅仅是两个人的结合，更是双方家庭的结合。”上述案例中小丽的深刻教训告诉我们没有提前科学安排婚姻的危险性。现实中，越来越多的人开始关注婚姻财富工具，重视对婚前财产和婚内财产的筹划。其中，婚姻财产协议以其便捷性、有效性，成为隔离婚前财产和防止婚内财产流失的首要工具。那么，什么才是法律意义上的婚姻财产协议呢？

根据《中华人民共和国民法典》的定义，婚姻财产协议是夫妻双方于缔结婚姻关系之前或者婚后，就双方婚前个人财产、婚后夫妻财产制度等作出约定的协议。《中华人民共和国民法典》规定，对于夫妻间的财产制度采取约定财产制与法定财产制结合的方式，这为婚姻财产协议提供了理论基础与适用可能性。通俗来讲，婚姻财产协议就是夫妻选择通过协商一致的方式，约定婚后关于财产的归属，避免直接让法院裁决。

广义上，根据订立时间、内容以及作用的不同，婚前财产协议、婚内财产协议和离婚协议均属于婚姻财产协议。婚前财产协议主要约定婚前个人财产范围以及婚后夫妻财产制度，婚内财产协议主要进行婚后债务隔离，离婚协议则在离婚财产保全上发挥作用。在一段婚姻关系中，三者并不一定存在冲突关系，相反，多种协议的搭配组合能在更大程度上为婚姻关系保驾护航。

6.1.3 婚姻财产协议——有何用武之处

（1）婚姻中可能面临的财产风险

婚姻是一段美好关系的延续与发展，是双方信任与依靠的见证，白头偕老固然是婚姻的目标，但有时“枕边人”反而成为压死骆驼的最后一根稻草。实践中，婚姻对夫妻双方的财产一般具有以下风险：

①婚前个人财产与婚后共同财产混同的风险

根据《中华人民共和国民法典》第一千零六十三条第一项规定，夫妻一方的婚前财产为夫妻一方的个人财产。这是否意味着若婚姻关系破裂，夫妻一方能完全拿回自己的婚前个人财产呢？现实中，若不事先进行筹划，完全拿回婚前个人财产的情形并不多见。这主要是因为一些财产的所有权界限不够明显，容易与夫妻共同财产产生混同。例如，现金由于其一般等价性，若不用专门账户存放并专款专用，则极易与其他现金混同，丧失独立性。再者，对于不动产等出资与所有权取得不同步的财产来说，若不提前明确归属，则将带来极大风险。实践中，“婚前以个人财产支付首付，婚后开发商交付期房并办理产权登记取得房屋所有权”“婚前个人创造的智力成果，婚后才取得知识产权”等情形层出不穷，付出与权利取得的时间差导致财富的归属充满争议。个人财产的混同将导致婚前财产沦为婚后夫妻共同财产，一旦对夫妻共同财产进行分割，财富缩水是必然的结局。

②夫妻共同财产分割不合理的风险

我国法定夫妻财产制度采取婚前财产归个人，婚后共有的模式，除少数几种收入外，婚姻存续期间所有收入均归夫妻共同所有。这对于夫妻扮演角色不同的家庭来说，一旦婚变，共有财产进行分割，对于收入较高的一方极不公平。我国一直受“男主外，女主内”观念的影响，男方赚钱养家，女方操持家务的现象大量存在。在男方在外挣钱，女方打理家庭的传统家庭中，尽管家庭财富的积累也离不开女方的辛勤付出，但男方才是财富的直接来源，离婚时共同财产的分割、孩子抚养权的划分等对女方往往不尽如人意。同时，若无特殊说明，任何一方在婚姻存续期间接受的赠与或继承财产也将落入夫妻共同财产的范围。“净身出户”的情形毕竟在少数，若无事先安排，夫妻共同财产的分割就意味着财产的缩水，积攒一生的财富可能落入他人之手。

③非举债方的债务风险

尽管我国具有“冤有头，债有主”的说法，但在中国传统观念中，夫妻本为一体，“妻债夫偿”和“夫债妻偿”是人之常情。因此，婚姻存续期间，一方以个人名义所举的债务，若用于夫妻共同生活，非举债方对其负有连带清偿责任。显然，这样的“捆绑”方式对于夫妻中非举债一方来说具有很大风险。

（2）婚姻财产协议的作用

①明确个人财产范围

《中华人民共和国民法典》第一千零六十三条第一项规定，夫妻一方的婚前财产为夫妻一方的个人财产，因此，对于权利归属明确的婚前个人财产，已无用婚姻财产协议加以明确的必要。但现实中，许多财产权利归属并不明确，需要进行婚前财产隔离。同时，财产形式多种多样，不同形式的财产可能带来不同的风险，也需要通过婚姻财产协议进一步约定归属。

例如，本章案例导读中的小丽婚前拥有100万元存款，本属于其个人财产，但小丽婚后将账户交于大华打理，家庭日常开销支出及工资收入均通过这个账户。要想证明小丽婚前所有的 100 万元是几乎不可能的事。为避免因举证不力等造成不利的后果，提前进行婚前财产的有效隔离才是最好的选择。

②约定夫妻财产制度

夫妻双方可以约定婚后财产归属，以排斥法定共同财产制适用。双方可以约定将所有婚前个人财产归为夫妻共有，也可以约定婚后一切收入均属夫妻共有，当然，更多签订婚前财产协议的家庭选择婚后部分财产属于共有，另一部分财产归一方个人所有。

约定夫妻财产制度是婚姻财产协议的灵魂。一方面，它是婚姻财产协议的主要内容；另一方面，也是婚后处理财产问题的主要依据，彰显了夫妻双方对待财产问题的主要态度。不同家庭可能拥有不同的理财观念，无论是“夫妻搭伙过日子”还是“AA 制”，均是夫妻双方的选择。婚姻财产协议为更加灵活的夫妻财产制度提供了可能性。

③界定个人财产婚后收益归属

《最高人民法院关于适用〈中华人民共和国婚姻法〉若干问题的解释（三）》第五条规定：夫妻一方个人财产在婚后产生的收益，除孳息和自然增值外，应认定为夫妻共同财产。对于财富量巨大、财产形式多样的高净值人士而言，个人财产在婚后产生的收益往往远超其婚前个人财产本身。若按照《最高人民法院关于适用〈中华人民共和国婚姻法〉若干问题的解释（三）》第五条的规定，则这些巨大的财产均属于夫妻共同财产，一旦发生意外、婚变等情形，财富缩水将不可避免。而在实际操作中，具体情形复杂多变，根据财产的性质，需要分别通过具体协议内容加以约定。

企业财产份额及其收益：基于我国相关规定，一方婚前获得的公司股权，婚后产生的股权分红和非自然增值均属于夫妻共同财产。有限责任公司的股权具有人身和财产双重属性，股东一般都会参与公司实际管理与运营。因此股权增值部分属于非自然增值，归属于夫妻双方共同所有。一旦双方婚姻走到尽头，一方可请求对公司股权分红以及增值部分进行分割，公司的经营势必受到影响。股东的婚姻风险已成为如今公司不得不考虑的问题。

知识产权：知识产权是基于智力创造所产生的权利，同时具有人身与财产的双重属性。而知识产权本身的取得与其财产性权益的取得并不同步，婚前取得知识产权，婚后才取得实际财产性权益的情形数不胜数，时间的差异将导致权利归属的不确定性。加之知识产权一般具有巨大经济价值，故若婚前拥有上述智力成果，有必要在协议中对其归属加以约定。

证券投资及其收益：一方婚前购买的股票、债券、基金，若婚后完全未进行操作，账面出现了净值的增加，对于增值部分的性质，大多认为是孳息。但一旦进行了操作，对其增值部分的性质，实践与理论存在差异。性质认定的不同决定了其归属，为避免出现纠纷，应当在协议里对此问题进行约定。另外，若对股份等进行分割，由于时间点的不同往往价格也存在差异。

保险产品及其收益：保险业的不断发展使得保险逐渐成为一种金融财产，具有相当财产性价值。随着国民财产量的增加，保险在家庭财富中所占比例增高，若夫妻存在大量保险，则有必要在财产协议中进行约定。

④实现债务隔离

根据《中华人民共和国民法典》第一千零六十四条规定，夫妻双方共同签名或者夫妻一方事后追认等共同意思表示所负的债务，以及夫妻一方在婚姻关系存续期间以个人名义为家庭日常生活需要所负的债务，属于夫妻共同债务。同时，若夫妻一方婚前所负债务，婚后用于家庭生活，也属于夫妻共同债务。《中华人民共和国民法典》第一千零六十五条即“夫妻对婚姻关系存续期间所得的财产约定归各自所有，夫或者妻一方对外所负的债务，相对人知道该约定的，以夫或者妻一方的个人财产清偿”的情形，但夫妻一方非因家庭生活的重大举债行为仍不应认定为夫妻共同债务。尽管《中华人民共和国民法典》和《最高人民法院关于审理涉及夫妻债务纠纷案件适用法律有关问题的解释》规定的“共债共签”要求极大降低了非举债方的风险，然而，对于拥有公司的高净值人士来说，夫妻债务风险仍然存在，并且存在于企业发展的全过程。企业家可能会为企业贷款提供担保，从而使得自己的家庭财产成为企业责任财产的一部分。同时，在企业创始初期，往往存在企业家个人财产与企业财产混同的情形，这也将导致相同的局面。而在企业上市时，出于融资目的，企业家可能会进行融资担保或者签署对赌协议。即便企业顺利上市，企业家也可能将股权质押以取得资金购入股份，以达到取得对企业的控制权的目的。可以看出，无论在企业发展的哪个阶段，企业家的家庭财产都有可能与企业关联，使得其个人承担较大债务风险。而在这些情形下，非举债方往往对于该债务知情，因此并不能按照上述解释完全排除自己的责任，一旦举债方出现意外或婚变，则可能使非举债方负担天价债务。

6.1.4 婚姻财产协议——力争效用最大化

婚姻财产协议是婚姻关系中保护个人财产安全的“防火墙”，能起到隔离与固定的作用，但不是所有的婚姻财产协议都能如人们预想的一样发挥作用。只有同时符合形式与实质要件的婚姻财产协议才具有法律约束力。如何才能避免婚姻财产协议无效呢？一般来说，需要满足以下几点：

（1）真实意图非胁迫

作为一种财产协议，婚姻财产协议应当满足合同成立生效的一般要件。其中，合同反映当事人真实意思是婚姻财产协议产生法律约束力的本质要求。夫妻双方通过协商，因而订立协议以约束双方行为。若其中一方是在受到胁迫或者欺诈等情形下订立的协议，根据《中华人民共和国民法典》第一百五十一条规定，一方利用对方处于危困状态、缺乏判断能力等情形，致使民事法律行为成立时显失公平的，受损害方有权请求人民法院或者仲裁机构予以撤销。同时，若婚姻财产协议还损害了国家或者第三人利益，其当然不具备法律效力。

（2）书面形式加公证

《中华人民共和国民法典》第一千零六十五条规定，夫妻约定婚姻关系存续期间所得的财产以及婚前财产归属的，应当采取书面形式。按照合同生效的原理，只要满足书面这一形式要件以及其他实质要件即发生法律约束力，但针对现实中出现的问题，我们建议婚前财产协议最好进行公证。公证可以确保婚前财产协议的真实性，同时若协议中包含婚前赠与等内容，公证还能防止赠与方反悔，撤销赠与的情形出现。

（3）不违反法律规定

若协议内容明显违反法律强制性规定的，当然不具有法律效力。例如，法律规定夫妻间具有相互扶养的义务，具体而言，为保证弱势方离婚后的生活等，规定在夫妻离婚时，为对方保留一定份额或者尽量多分财产。因此，包含“净身出户”“完全 AA 制生活”等违反法律规定内容的婚前财产协议属于无效协议。

（4）不存在明显不公

尽管按照民法充分尊重意思自治的原则来说，婚前财产协议的具体内容可以由夫妻双方自由约定，但根据《中华人民共和国民法典》第一百五十一条，一方利用对方处于危困状态、缺乏判断能力等情形，致使民事法律行为成立时显失公平的，受损害方有权请求人民法院或者仲裁机构予以撤销。

6.1.5 案例解析——为何离婚后，李某和程某仍受前夫官司困扰

云南 47 岁的李某 1996 年结婚，可婚后甜蜜的生活并没有持续太久，2001 年丈夫辞职去昆明做律师，分居两地的生活使二人逐渐产生了矛盾。2008 年，因工作调动李某也到了昆明，但二人的夫妻关系非但没有因此好转，反而更加糟糕。于是李某带着孩子在外面另租了房子，夫妻二人依旧保持着分居状态。这样的状态持续到 2013 年，李某终于提出了离婚。离婚协议很简单，两人没房没车，也没有共同债务。存款和生活用品归各自所有，孩子跟李某，前夫每月出 3000 元的抚养费。离婚事宜进展顺利，但谁也没料到真正的麻烦出现在半年后。

2014 年，李某收到法院传票。原来是离婚前，前夫接连向别人借了两笔钱共 250 万元，对方认为这钱是李某与前夫婚姻存续期间借的，是夫妻共同债务。于是一举将李某告到法院要求其还钱。可究竟前夫为何要借这么多的钱，这些钱的用处等，李某一概不知，自己更是不明不白地就成了被告。

类似经历的还有湖南 41 岁的程某。2003 年程某结婚，但就在 2006 年她发现丈夫出轨了。从此丈夫回家的次数越来越少，到后来几乎就不再回家了。二人的婚姻名不副实地持续到 2011 年，就在这时程某意外地收到了法

院的传票。丈夫 2010 年和 2011 年向他人借了 3 笔钱共 88 万元，债权人认定这笔钱是夫妻共同债务，于是将程某一起告上了法庭。更意外的是，接下来的半年内，法院又送来了 8 份诉状，9 笔债务总额达到了 337 万元。面对这样的情况，程某向法院提起了诉讼离婚，在丈夫缺席的情况下，法院判决二人离婚。

虽然二人离婚了，可债务是在两人婚姻存续期间产生的，程某依旧没有摆脱官司缠身的困扰。而在这样的情况下，前夫始终没有出现，程某无从得知这些借条的真假，更无从获知整个事情的缘由。

那么两位最后需要还钱吗?

程某和李某的前夫为什么欠债，原因没有可能全部查清。不过在程某和李某眼里，无论债务真实与否她们都不应当偿还，因为这根本就不是夫妻共同债务。但是，两边官司的一审结果让程某和李某彻底绝望了。两边案件的审理中，法院都依据《最高人民法院关于适用〈中华人民共和国婚姻法〉若干问题的解释（二）》第二十四条作出了判决，判决两人需承担债务。程某和李某认为这条法律是有问题的，因为在现实生活中没有人会在借款前特别约定为个人债务，更没有夫妻会向他人特别说明自己和另一半是 AA 制生活。

针对《最高人民法院关于适用〈中华人民共和国婚姻法〉若干问题的解释（二）》第二十四条，全国人大代表铁飞燕曾在全国人大会上做过专题发言，建议对该条款进行修改。铁飞燕代表认为，法院在审理夫妻共同债务案件时，法官应当将审查重点放在债务是不是用于夫妻共同生活，或者赡养老人、抚养子女上来，不能机械地套用第二十四条。

一审之后，程某这边通过申诉程序，案件被裁定重审。最终，法庭没有机械地采用《最高人民法院关于适用〈中华人民共和国婚姻法〉若干问题的解释（二）》第二十四条，8 起官司中的 1 起得到了改判，这让程某对余下的 7 起官司充满了期待。

而李某的官司也遇到了转机，2017 年 2 月 28 日最高人民法院就婚姻法司法解释第二十四条新增了两个条款，“夫妻一方与第三人串通虚构债务，第三人主张权利的，人民法院不予支持。夫妻一方在从事赌博、吸毒等违法犯罪活动中所负债务，第三人主张权利的，人民法院不予支持”。同时下发了《最高人民法院关于依法妥善审理涉及夫妻债务案件有关问题的通知》，要求各级法院要认真查清案件事实不能机械性套用法律条文，依法保护夫妻双方和债权人的合法权益。2017 年 5 月 24 日，云南李某案重审二审宣判，法院认为李某提供的证据能够证明她与前夫长期分居，所借款项没有用于夫妻共同生活，前夫欠债属于个人债务，李某不用偿还。

夫妻本一体，福祸全相依。因此无论哪一方产生的债务，只要是用于夫妻共同生活的，均需要双方共同承担。但在财富关系复杂的高净值家庭中，并非所有夫妻都对夫妻债务完全知情，一旦一方发生意外或者婚变，非举债方很有可能成为下一个程某或李某。要想避免这种悲剧上演，就需要对婚姻关系存续期间的夫妻债务进行有效隔离。

6.1.6 小结

婚姻财产协议是根据我国婚姻法对夫妻间的财产制度相关规定，由夫妻双方于缔结婚姻关系之前或者婚后，就双方婚前个人财产、婚后夫妻财产制度等作出约定的协议。其不仅可以明晰个人财产范围，避免婚前财产的混同；还可以界定个人财产婚后收益归属，以排斥法定共同财产制适用；甚至在某些情况下，还可以实现债务隔离，避免非举债方负担天价债务的风险。

但需注意的是，只有同时符合形式与实质要件的婚姻财产协议才具有法律约束力。总的来说，一份合法有效的婚姻财产协议应采用书面形式，反映的是夫妻双方的本意，即没有任何一方是受胁迫和欺诈等情形；另外，还需注意协议应较为公平，避免因显失公平而被撤销；最后，婚姻财产协议不能违反法律法规强制性规定。

6.1.7 法律链接

（1）夫妻共有财产的范围

《中华人民共和国民法典》

第一千零六十二条 夫妻在婚姻关系存续期间所得的下列财产，为夫妻的共同财产，归夫妻共同所有：

（一）工资、奖金、劳务报酬；

（二）生产、经营、投资的收益；

（三）知识产权的收益；

（四）继承或者受赠的财产，但是本法第一千零六十三条第三项规定的除外；

（五）其他应当归共同所有的财产。

夫妻对共同财产，有平等的处理权。

《最高人民法院关于适用〈中华人民共和国婚姻法〉若干问题的解释（二）》

第十一条 婚姻关系存续期间，下列财产属于婚姻法第十七条规定的“其他应当归共同所有的财产”：

（一）一方以个人财产投资取得的收益；

（二）男女双方实际取得或者应当取得的住房补贴、住房公积金；

（三）男女双方实际取得或者应当取得的养老保险金、破产安置补偿费。

第十二条 婚姻法第十七条第三项规定的“知识产权的收益”，是指婚姻关系存续期间，实际取得或者已经明确可以取得的财产性收益。

《最高人民法院关于适用〈中华人民共和国婚姻法〉若干问题的解释（三）》

第五条 夫妻一方个人财产在婚后产生的收益，除孳息和自然增值外，应认定为夫妻共同财产。

（2）夫妻个人财产的范围

《中华人民共和国民法典》

第一千零六十三条 下列财产为夫妻一方的个人财产：

（一）一方的婚前财产；

（二）一方因受到人身损害获得的赔偿或者补偿；

（三）遗嘱或者赠与合同中确定只归一方的财产；

（四）一方专用的生活用品；

（五）其他应当归一方的财产。

《最高人民法院关于适用〈中华人民共和国婚姻法〉若干问题的解释（二）》

第十三条 军人的伤亡保险金、伤残补助金、医药生活补助费属于个人财产。

6.2 “救世主”——遗嘱？

2007年6月23日，中国著名相声大师侯耀文先生因突发心脏病猝然离世，由于其生前并未订立遗嘱，子女配偶争夺财产的序幕由此拉开，亲情不复存在。在个人财富不断增多的当代社会，遗嘱作为财富传承的基础性法律工具，是合理防范风险，有效规避矛盾和定向传递财富行之有效的手段。由于我国传统文化忌谈死亡，遗嘱普及性较低，多数人对于遗嘱的形式、内容以及订立遗嘱的工具不甚了解。本节将对遗嘱的定义、成立要件、保管以及遗嘱的局限性进行说明。

6.2.1 案例导读——为何遗嘱就在眼前，方太太仍要面临争产纠纷

方先生是广州一家纺织公司的董事长，年轻时紧跟“下海潮”从老家江

西到广州创业，凭借多年经营，创造了大量的财富。方先生有过两段婚姻，创业初期方先生与第一任妻子宋女士长期两地分居，婚姻只维持了短短两年，两人育有一女，离婚后由宋女士抚养，目前女儿已 24 岁。年轻时的方先生一心打拼事业，直到 40 岁时遇到了现任妻子方太太，再婚后，方先生与方太太育有一子，目前儿子 10 岁。近些年方先生的纺织品企业发展稳健，家庭也算美满，但是由于多年积劳，方先生胃病反复，在一次体检中查出了胃癌。得知噩耗的震惊平复后，方先生冷静下来，担心如果自己不在了，家业怎么办？自己私心想把公司股权给儿子，等儿子长大后接班，自己的父母、大女儿、方太太、儿子会不会因遗产发生争端？为了避免这种情况的出现，方先生事先写好了一份遗嘱，对财产进行详细安排，将属于个人财产中的 500 万元现金留给父母作为生活费，75% 的纺织公司股份留给儿子，2000 万元现金和 2 套房产由方太太和儿子均分作为日后的生活保障及教育开支，剩下的一套房产及 500 万元现金留给大女儿，以后结婚时可以作为嫁妆。方先生将遗嘱写好后交给方太太保管，认为这样细致的安排已经万无一失，才放心去做了手术。一年后，方先生病情复发不幸病逝。

方先生去世后，方太太拿着遗嘱，首先到不动产登记事务中心和银行办理房屋和存款的过户，却被告知，遗嘱不能作为物权变动的凭证，过户前需要办理继承权公证书或取得法院的生效判决。方太太只好拿着遗嘱来到公证处，没想到，公证员核实情况后对方太太说："方先生的法定继承人共 5 位，包括方父、方母、配偶方太太、儿子以及大女儿。您需要联系全部继承人，包括上述法定继承人和遗嘱继承人共同到公证处，就效力及真实性无争议的遗嘱进行继承权公证。"

为此方太太十分为难，方先生和自己及儿子定居广州多年，主要资产都在广州，而两位老人在老家江西，方先生的大女儿在北京读书，联系十分不便；且方先生刚过世时，方太太曾和方先生的大女儿沟通，过程并不融洽，前妻宋女士称方先生曾表示会把公司的一半股份留给大女儿，对这份遗嘱她和女儿存有质疑。这样的情况下，继承权公证很难进行，如果继承人之间不能达成共识，恐怕只能通过诉讼解决了。

面对继承的僵局，方太太很是苦恼，为什么有了详细明确的遗嘱，还会发生争产纠纷？

6.2.2 遗嘱为何物

2018 年年末，我国 60 周岁及以上人口 24949 万人，占总人口的 17.9%，增加 859 万人；65 周岁及以上人口 16658 万人，占总人口的 11.9%。伴随着人口老龄化的加剧和财富的增加，近年来法院受理的财产继承纠纷也呈上升趋势，根据北京市高级人民法院统计，财产继承纠纷是法院民事案件中持续走高且最常见的类型，比例高达 39%，其中因没有遗嘱而引发的继承纠纷高达 73%。《2019 中华遗嘱库白皮书》① 显示，目前我国有高达 65.29% 的人因身体健康问题无法订立遗嘱。但是西方发达国家订立遗嘱的比例在八成以上，为何订立遗嘱在东西方差异如此之大？遗嘱到底是“尚方宝剑”还是“绣花枕头”？

（1）遗嘱的概念

遗嘱是最基础的财富传承工具，是遗嘱人生前在法律允许的范围内，按照法律规定的方式对其遗产或其他事务所作的个人处理。遗嘱于遗嘱人死亡时发生法律效力。遗嘱的法律属性可概括为如下几点：

首先，遗嘱是一种单方民事行为，只需要遗嘱人单方面作出意思表示即可，不需要遗嘱继承人作出接受或拒绝的意思表示就可以发生法律后果。其次，遗嘱不能进行代理，为确保遗嘱意思表示的真实性，遗嘱不能由他人代理，必须由遗嘱人本人亲自作出，若遗嘱形式为代书遗嘱，则需要符合代书遗嘱的形式要件以确保遗嘱为遗嘱人的真实意思表示。再次，遗嘱是依法律规定作出的民事行为，遗嘱虽然是由遗嘱人根据自己的想法作出的意思表示，但是遗嘱人也需要遵守相关的法律规定，使用法律规定的形式订立遗嘱，并且不得违反法律规定和社会公德，只有当遗嘱人作出的遗嘱符合相关的法律

① 中华遗嘱库 .2019 中华遗嘱库白皮书 .[EB/OL].https://www.will.org.cn/portal.php?mod=attachment&id=2241,2020-3-29。

规定才能发生效力。最后，遗嘱在遗嘱人死亡后才发生法律效力，在遗嘱发生效力前，遗嘱人可以变更或撤销遗嘱内容，但遗嘱生效后，任何人不得变更或撤销该遗嘱。

遗嘱相较其他工具具有良好的可操作性和广泛的群众基础，随着我国经济的不断发展，国民可支配的财产日益增多，订立遗嘱的必要性逐渐凸显出来。但是囿于传统思想的影响以及相对闭塞的生死观，许多人仍避讳谈及遗嘱。我们常说，明天和意外不知道哪一个先来。其实不可预测的天灾人祸本不可怕，可怕的是缺乏对风险的防范意识并且没有提早做准备，由此带来的损失才是不可估计的。进行财富传承的第一步是提早树立遗嘱意识，应当了解遗嘱作为财富传承工具的价值和效用，在财富传承规划中正确运用遗嘱工具，为财富传承及风险防范做好基础性安排。

（2）遗嘱的形式要件

在不同的社会时期，我国对遗嘱形式的规定及要求也有所不同，《中华人民共和国民法典》对订立遗嘱的形式有了新的规定，新增了打印遗嘱和录像遗嘱两种形式。《中华人民共和国民法典》第一千一百三十四条至第一千一百三十九条共规定了六种订立遗嘱的形式，分别为：公证遗嘱、自书遗嘱、代书遗嘱、打印遗嘱、录音录像遗嘱、口头遗嘱。

①公证遗嘱

公证遗嘱是我国法定遗嘱形式之一，依公证方式而设立，指经过国家公证机关依法认可其真实性与合法性的书面遗嘱。《中华人民共和国民法典》第一千一百三十九条规定："公证遗嘱由遗嘱人经公证机构办理。"民法典施行后，公证遗嘱是变化最大的一种遗嘱形式。原《中华人民共和国继承法》规定，公证遗嘱的效力高于自书遗嘱、代书遗嘱、录音遗嘱和口头遗嘱，并且这四种遗嘱形式不得撤销、变更公证遗嘱。而《中华人民共和国民法典》第一千一百四十二条第三款规定："立有数份遗嘱，内容相抵触的，以最后的遗嘱为准。"由此可知，公证遗嘱的法律效力将不再优于其他形式的遗嘱，使得立遗嘱人不必拘泥于公证遗嘱本身的形式，也代表着民法典对于立遗嘱人意思自治的肯定和尊重。

②自书遗嘱

自书遗嘱属于遗嘱中的特殊形式，与其他遗嘱形式不同的是，自书遗嘱须由遗嘱人亲笔书写遗嘱的全部内容并签名，注明年、月、日，缺一不可，并且不需要见证人。自书遗嘱在实践中的应用较多，但需要注意的是，自书遗嘱书写完毕之后，一般由立遗嘱人自己保存，或交专门的遗嘱执行人保存，并注意留存遗嘱人其他笔迹作为笔迹鉴定检材，日后万一发生争议时，可作为证明其真实性的一项证据。

③代书遗嘱

代书遗嘱又称为“代笔遗嘱”，由于遗嘱是遗嘱人对自己的财产或其他事项所做的处理，应当由遗嘱人自己完成，但是有些情况下，遗嘱人无法自己完成，如不识字、因病无法书写等，需要委托他人代写遗嘱。完成代书遗嘱应当有两个以上见证人在场见证，由其中一人代书，并由遗嘱人、代书人和其他见证人签名，注明年、月、日。需要注意的是，代书人须按照遗嘱人的意思表示，如实地记载遗嘱人口述的遗嘱内容，不可对遗嘱内容作出更改或修正。

④打印遗嘱

打印遗嘱是指运用电脑、打印机等电子设备打印制作的遗嘱。《中华人民共和国民法典》第一千一百三十六条规定：“打印遗嘱应当有两个以上见证人在场见证。遗嘱人和见证人应当在遗嘱每一页签名，注明年、月、日。”打印遗嘱是民法典新增设的遗嘱形式，因继承法颁布时，电脑、打印机等电子设备还非常稀少，故国家法律并未考虑此种遗嘱形式，但随着时代的发展和变化，电脑、打印机等电子设备在日常生活中已经普及运用和快速发展，打印文件也远多于手写文件，打印遗嘱形式的增设可以说是顺应时代发展潮流的。

⑤录音录像遗嘱

录音录像遗嘱是指以录音、录像方式，录制下来的遗嘱人的口述遗嘱。《中华人民共和国民法典》第一千一百三十七条规定：“以录音录像形式立的遗嘱，应当有两个以上见证人在场见证。遗嘱人和见证人应当在录音录像中记录其姓名或者肖像，以及年、月、日。”录音遗嘱形式是继承法规定的遗嘱形式之一，而录像遗嘱是民法典新增设的遗嘱形式。民法典增设了录像遗嘱也是因为时代发展的原因，过去录像设备不发达，而现在手机的发展，可以说每个人手中都有一台录像机，可以将遗嘱人的样貌及立遗嘱时的场景录制下来，比录音遗嘱更有可信度。

⑥口头遗嘱

口头遗嘱是指由遗嘱人口头表述的，而不以任何方式记载的遗嘱。《中华人民共和国民法典》第一千一百三十八条规定：“遗嘱人在危急情况下，可以立口头遗嘱。口头遗嘱应当有两个以上见证人在场见证。危急情况消除后，遗嘱人能够以书面或者录音录像形式立遗嘱的，所立的口头遗嘱无效。”口头遗嘱相对于其他遗嘱形式来说比较特殊，它只有在遗嘱人处于危急情况下，比如生死关头，才能采用这种遗嘱形式。当这种危急情况过去，遗嘱人还是要采取其他形式订立遗嘱。

（3）遗嘱的实质要件

一份合法有效的遗嘱需要具备六个实质要件：

①立遗嘱人必须具有遗嘱能力。遗嘱能力是以遗嘱人有无民事行为能力为标准，在实践中需要注意的是遗嘱人是否具有遗嘱能力，以遗嘱设立时为准。根据《最高人民法院关于贯彻执行〈中华人民共和国继承法〉若干问题的意见》第四十一条规定，遗嘱人立遗嘱时必须有行为能力。无行为能力人所立的遗嘱，即使本人后来有了行为能力，仍属无效遗嘱。遗嘱人立遗嘱时有行为能力，后来丧失了行为能力，不影响遗嘱的效力。实践中，老年人订立遗嘱可能出现民事能力确认上的风险，因此我们建议老年人在立遗嘱前可先进行诊断，以此证明遗嘱人头脑清晰，神志清楚，达到完全民事行为能力人的要求，然后在诊断的有效期间书写遗嘱。

②遗嘱必须表达遗嘱人的真实意思。凡在受胁迫、欺骗等意思不自由的情况下作出的遗嘱均无效。遗嘱还需是遗嘱人本人的意思表示，凡伪造和篡改遗嘱的，被伪造和篡改的内容无效。

③遗嘱不得取消缺乏劳动能力又没有生活来源的继承人的继承权。为了

保障没有劳动能力又无稳定收入的继承人的经济利益，《中华人民共和国民法典》第一千一百四十一条对遗嘱继承作了强制性规定："遗嘱应当为缺乏劳动能力又没有生活来源的继承人保留必要的遗产份额。"所以在遗嘱内容中，对于法律规定应安排"特留份"的人员，应为其保留必要的遗产份额，避免发生遗嘱部分无效的情形。

④遗嘱中所处分的财产须为遗嘱人的个人财产。若遗嘱人通过遗嘱处分了属于国家、集体或他人所有的财产，遗嘱的这部分内容会被认定为无效。

⑤遗嘱的内容合法且不得违反社会公共利益。违反社会公共利益的民事行为无效。遗嘱内容若损害了社会公共利益也不能有效。

⑥遗嘱继承人在继承开始时仍生存。若遗嘱继承人先于被继承人死亡的，遗嘱该部分内容无效。

若遗嘱成立需要见证人，见证人需要具备见证资格。关于见证人的资格，《中华人民共和国民法典》未作正面规定，但第一千一百四十条从反面规定了："下列人员不能作为遗嘱见证人：（一）无民事行为能力人、限制民事行为能力人以及其他不具有见证能力的人；（二）继承人、受遗赠人；（三）与继承人、受遗赠人有利害关系的人。"

遗嘱继承义务情形，需履行相应义务。遗嘱继承或者遗赠附有义务的，继承人或者受遗赠人应当履行义务。没有正当理由不履行义务的，经有关单位或者个人请求，人民法院可以取消他接受遗产的权利。

（4）遗嘱见证人

根据《中华人民共和国民法典》第一千一百三十五条至第一千一百三十八条的规定，代书遗嘱、打印遗嘱、录音录像遗嘱、口头遗嘱都需要有两个以上遗嘱见证人在场。遗嘱见证人在场主要是保证遗嘱的公正性，关系到遗嘱的效力，影响着遗嘱人的意愿能否得到有效实施。

为了保证遗嘱见证人证明的真实性、客观性，见证人应当具备以下条件：第一，应当具有完全民事行为能力；第二，能够理解遗嘱的内容、懂得遗嘱所有文字；第三，遗嘱见证人与继承人、遗嘱人没有利害关系。

（5）遗嘱的变更和撤回

根据《中华人民共和国民法典》第一千一百四十二条的规定，遗嘱人可以自由订立遗嘱，也可以依法随时变更或撤回已经设立的遗嘱。

6.2.3 遗嘱有何用

（1）财富定向传承功能

遗嘱能够充分反映财富所有者的传承意向，其最首要的功能是定向传承功能。《中华人民共和国民法典》第一千一百二十三条规定："继承开始后，按照法定继承办理；有遗嘱的，按照遗嘱继承或者遗赠办理；有遗赠扶养协议的，按照协议办理。"也就是说，在有遗嘱的情况下，遗嘱继承优先于法定继承。法定继承是依照法律的规定将遗产转移给继承人的一种被动传承方式，在法定继承中，继承人资格、继承顺位、继承的份额、遗产的分配原则等，都是由法律规定的，继承的过程及结果不能体现被继承人的意愿。而遗嘱继承可以由被继承人指定财产分配的形式、份额、财产接受对象，同时可以写下对继承人的期望和嘱托，通过遗嘱明确被继承人生前对财产处置及传承的意愿，掌握传承的主动权。

需要注意的是，遗嘱作为传承的基础法律工具不可或缺，但也存在局限性。例如，在继承时，遗嘱并不能直接作为遗产所有权变更的依据，这也导致在实践中，仅仅通过一份遗嘱传承仍可能因继承过户手续、其他继承人的配合度等问题产生不确定因素及风险。尤其对于资产量较大、资产类型多样、成员较多的家庭而言，还需要搭配其他法律工具及金融工具综合筹划，以实现财富的定向传承。

（2）财产清单功能

媒体曾报道过一则新闻，浙江一位老人突发脑梗住院，离世前反复比画的手势让家人百思不得其解。老人想说话，可是说不清楚，只好比画手势，嘴里还发出"呜呜"的声音。子女看他每次这么做的时候都很吃力，怕他耗费精力不利于养病，就不让他再这么做下去……临终前，老人又开始比画手势，一下又一下，眼神里透着急切。子女们围在老人的病床前，猜测着、讨论着，一直到老人去世，也没弄明白老人想表达的到底是什么。家人推测可能是老人留下了贵重遗产，但尚未告诉家人遗产的相关信息。

财产清单是遗嘱的基本功能之一，一份详尽的遗嘱可以列明被继承人的资产详情，如股权信息、资金账户、不动产位置、贵重物品以及资产相关凭证信息等，对财富传承有着重要意义。

订立遗嘱时，遗嘱人需要先将自己名下的资产进行梳理，厘清资产的类型、数量、所有权属等关键信息，特别应注意夫妻共同财产的权属问题、资产是否存在代持情况、是否有债权债务等问题。对于高净值家庭而言，往往资产数量大、资产类型多样、权属相对复杂，可以向专业律师团队咨询寻求帮助，将全部资产细致严谨地盘点清楚，接下来再考虑如何分配传承。在继承发生时，避免继承人不清楚遗产范围遗漏重要资产，甚至资产被他人侵占，在家庭关系比较复杂的情况下，财产不明还可能导致继承人之间因猜忌而产生纠纷。

完善的遗嘱方案，不仅仅是一纸遗嘱。除去厘清财产范围、安排财产分配外，还应注意操作层面的遗产取得问题，例如，如何告知继承人贵重藏品、保险箱钥匙、银行卡、不动产权证等动产及资产凭证的具体位置，以免发生“知道”却“找不到”的情况。这需要根据每个家庭的实际情况，考虑操作便利的同时还要考虑资产安全，是直接交代给继承人还是通过遗嘱执行人来安排？对于这些问题可以向专业律师团队咨询，或委托律师参与到遗嘱方案设计中并作为遗嘱执行人帮助家庭实现完整的财富传承。

（3）定分止争功能

遗嘱在定分止争功能上存在局限性。原因在于，定分止争的前提是遗嘱完善、无效力瑕疵且具备一定公信力。然而实践中，很多遗嘱人不够谨慎，或缺少对相关法律的全面了解，以至于订立了遗嘱，却因为遗嘱在形式上或实质上存在瑕疵，影响遗嘱效力认定，反而引起继承人之间的争议和纠纷。

根据 2013 年至 2018 年公开的司法判例统计，遗嘱继承纠纷案件呈上升趋势，平均审理期限为 121 天，其中有 489 件审理期限在 1 年以上。对于一个家庭而言，漫长的诉讼耗费精力、财力，同时对亲情也是一种折磨。有序传承是每一个家庭的愿望，然而制定一份合法有效的遗嘱并非易事，需要谨慎对待，切不可盲目为之。

审理期限分析可视化

案由：遗嘱继承纠纷　年份：2014/2015/2016/2017/2018

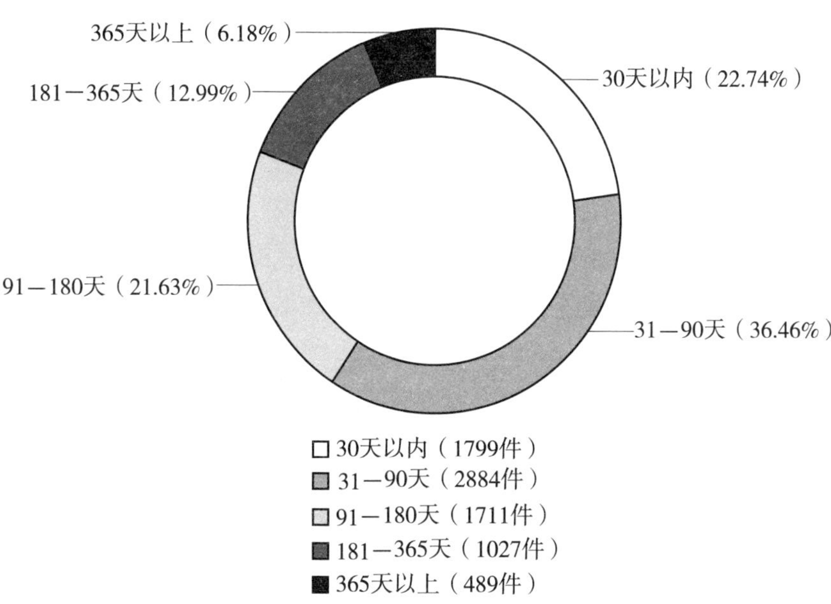

时间分析可视化

案由：遗嘱继承纠纷　年份：2014/2015/2016/2017/2018

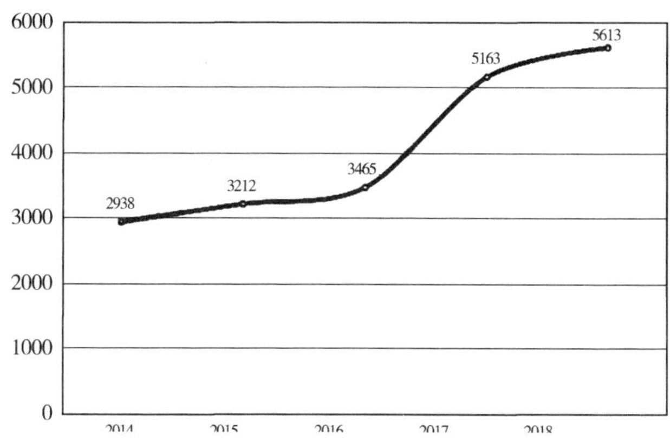

图 6.1　遗嘱继承纠纷审理情况统计

6.2.4 遗嘱——“藏”好是关键

遗嘱是财富传承的基础工具，订立一份合法有效的遗嘱需要我们谨慎对待，如果条件允许，最好可以经专业人士把关。但是，订立遗嘱以后呢？遗嘱要如何保管，如何启用？这也是我们需要考虑的问题。

实践中经常出现这样的尴尬局面，遗嘱人立下遗嘱后去世，继承人找不到遗嘱；或是遗嘱形式没有瑕疵但其真实性仍被质疑；甚至遗嘱被保管人毁坏或者篡改。如果遗嘱人没有保管遗嘱的意识，立好了遗嘱仍然会面临遗嘱无法发挥作用的风险。

常见的遗嘱管理模式包括：遗嘱人自己保管、继承人保管、第三方作为遗嘱保管人或遗嘱执行人。这几种模式在实践应用中各有利弊。

（1）遗嘱人自己保管

遗嘱人立好遗嘱后自己保管，是生活中常见的一种保管模式。其优点在于：私密性好，可以对遗嘱内容严格保密；方便遗嘱人随时变更撤销遗嘱。但其弊端在于：遗嘱人离世前，如果没能及时公布遗嘱，或没有将遗嘱交给继承人，那么这份遗嘱可能无法被继承人找到，从而无法发挥作用；再者，遗嘱内容只有遗嘱人单方知晓，继承发生后，遗嘱可能被提前找到的人恶意隐藏、篡改。遗嘱能否顺利公布以及遗嘱的真实性都难以得到保证。

（2）继承人保管

不少父母订立遗嘱后，会将遗嘱直接交给子女保管。将遗嘱交给继承人保管，很好地避免了继承发生后遗嘱无法公布的情况。但其弊端也显而易见：首先，遗嘱人想修改或重新订立遗嘱时，可能存在障碍。遗嘱人的财产情况、与继承人的关系、继承人自身情况等因素变化，在很大程度上会影响遗嘱人对财产分配的决定。遗嘱人想要修改或另立遗嘱时，如果继承人出于自身利益不予配合，遗嘱人只能通过后立的遗嘱对前份遗嘱进行变更和撤销，这会为日后的继承埋下隐患。其次，遗嘱与继承人的利益紧密相关，如果存在多名继承人，那么保管遗嘱的继承人其客观性、公信力难免会受到质疑，日后很可能因无法确认遗嘱的真实性而发生争议。

（3）第三方作为遗嘱保管人或遗嘱执行人

影视作品中常见这样的情节，遗嘱人去世后，遗嘱人的朋友或专业律师带着一份遗嘱出现，作为遗嘱保管人或遗嘱执行人召集继承人并公布遗嘱内容。遗嘱管理人可以是亲友，也可以是律师事务所、公证处等专业机构。

亲友担任遗嘱保管人的优点在于：亲友往往与家庭成员熟识，有天然的信赖关系且沟通相对便捷。然而也存在弊端：首先，正因为亲友与继承人之间相互熟识，可能会发生有意或无意地泄露遗嘱内容的情况，从而引起继承人之间的猜疑。其次，保管遗嘱通常出于义务，缺少相对的权责界定，可能因为亲友自身意外、出国等原因无法保证遗嘱的有效保管及启用。另外，从亲友的角度看，保管遗嘱对于保管人而言也是一项风险，如果遗嘱保管人在遗嘱订立及保管过程中对遗嘱效力、遗嘱变更、撤销等相关法律不熟悉，可能因安排不当而使遗嘱产生效力上的争议，在继承时引起纠纷甚至诉讼争端。

律师事务所、公证处等专业机构作为遗嘱保管人，相对而言更加安全、稳定、有公信力。一方面，因其专业性，可以更好地帮助遗嘱人避免在变更或撤销遗嘱时可能出现的疏漏。另一方面，因委托合同约定及相关国家法律法规的约束，律师或公证员对当事人的个人信息及隐私负有保密义务，非经当事人同意或法律规定，不得向第三方披露。并且，机构的稳定性可以保障为委托人长期持续服务，不会因律师或公证员个人原因发生遗嘱保管及启用无法进行的情况，从而更好地实现遗嘱的安全、隐私、有序传承等功能。

6.2.5 遗嘱有点“不够用”

遗嘱作为财富传承的基础法律工具不可或缺，但是遗嘱也有局限性。

首先，在订立遗嘱时，遗嘱的形式要件及实质要件有严格标准。

一些机构提供的通用遗嘱模板可作为格式参考，但对遗嘱形式及实质要件的把握，仍需专业人士根据不同家庭情况、资产情况、遗嘱人自身情况以及特定的传承意愿等因素综合考虑，尽量避免遗嘱效力上的风险。

其次，遗嘱的保管过程存在不确定因素。

如果遗嘱人没有保管遗嘱的意识，立好的遗嘱仍会面临诸如继承人找不到遗嘱、遗嘱被保管人毁坏或者篡改、真实性及效力被质疑等风险。遗嘱人应结合自身及家庭的具体情况，选择妥当的保管模式以保障遗嘱的作用得以更好地发挥。

再者，遗嘱是对财产的分配意愿，并不能直接作为物权转移的依据。

尤其对于不动产，过户时需办理产权变更登记，不动产登记事务中心往往要求继承人提供继承权公证书或法院的生效判决作为依据。继承权公证要求全体法定继承人和遗嘱继承人对遗嘱的真实性及效力达成一致意见，若继承人对遗嘱的真实性及效力提出质疑，继承权公证就难以顺利办理，那么最终很可能会通过漫长的遗嘱继承纠纷诉讼解决。

此外，遗嘱实现遗产分配的范围有限。

遗嘱对于C类、D类家庭来说有较强的适用性，但对于A类、B类家庭而言，资产往往形式多样且流动性较大，遗嘱往往无法覆盖全部财产。一方面，对于项目投资、借贷等大额的流动资金，因其数额浮动无法确定且相关权益尚不明晰，无法明确记载在遗嘱中；另一方面，对于他人代持的资产，也无法在遗嘱中进行处分。由于身份资格、财产隔离等各种原因，中国很多高净值人士通过代持的方式管理财产，代持资产的名义所有人与实际所有人不一致，而遗嘱中处分的财产须为遗嘱人的个人财产，因此通过遗嘱安排代持资产时，很容易因资产权属疑异而影响遗嘱效力；再者，对于股权类资产尤其是非上市公司的份额，虽然可以通过遗嘱进行安排，但在执行层面遗嘱并不能解决股权传承的问题，股权传承受限于公司章程及股权架构的搭建，需要考虑遗嘱与公司制度之间的冲突与协调，避免遗嘱难以执行的情况。

遗嘱是财富传承的基础性法律工具，对于A类、B类家庭以及家庭关系复杂的家庭而言，仅通过一份遗嘱不可能解决所有传承问题，不同的财产类型，如股权、知识产权、房产、艺术品、金融资产、网络资产等需要运用不同的传承工具及传承方案。家庭财富的规划与传承是一项系统工程，需要根据每个家庭的资产类型、成员构成、个性化的传承需求等情况，针对不同家庭的传承风险，提前进行量身定制的财富传承规划，通过有效的遗嘱搭配其他法律工具及金融工具综合运用，实现财富的安全传承、定向传承、有序传承。

6.2.6 案例解析——遗嘱该不该有、多份遗嘱怎么办

（1）无奈之下，老李夫妇的担心终成现实。

李先生夫妇在北京市内有一套祖宅，家里拆迁时，分得了 4 套住房和 1500 万元拆迁款。夫妇两人不善于投资理财，于是将部分现金购买了低风险的银行理财产品，并将房产出租，收入足以平衡一家三口的全部开销。李先生夫妇希望将来把全部家产留给宝贝女儿小米。

29 岁博士毕业的小米，在父母眼中一直是“长不大的孩子”。小米毕业后经朋友介绍认识了同在设计院工作的财务人员小峰，两人相识不久但十分投缘，很快谈婚论嫁。李先生夫妇认为小峰无论是家境还是学历都不如女儿，接触后更觉得小峰为人有些投机取巧，因此不太看好这段婚姻。无奈在女儿执意下，只好勉强同意。女儿结婚时，李先生夫妇两人担心女儿婚姻不稳定，除通常的嫁妆外，并没有给女儿太多资产。李先生想过几年，如果女儿婚姻稳定，再将家产陆续传给女儿去打理也不迟。

然而意外总是不期而至。李先生夫妇退休后时常开车自驾游，不承想在一次途中发生车祸，经抢救无效双双去世。小米悲恸不已，在小峰的陪伴下办理完父母的身后事，又一起整理父母留下的遗物、遗产并办理过户。小米还未从悲恸中走出，一年后，小峰却提出离婚，并要求分割小米名下 4 套住房以及近 2000 万元现金。也许是两人感情不深热情冷却，也许是小米的优越感让小峰早有不满，也许是小峰对大额的遗产动了心思……感情的种种缘由难以厘清。而财产方面，两人的共同财产有哪些、要如何分割，在法律上十分清晰：

由于李先生夫妇去世之前并未留下遗嘱，根据我国的夫妻财产制度，小米继承的遗产属于夫妻共同财产，归小米和小峰共同共有，离婚时小峰有权要求分割共同财产的一半。接踵而来的打击让小米难以接受，老李夫妇的担心终是变成了现实。

中国各地主流文化大多忌谈生死，觉得立遗嘱是一件讳莫如深的事情。提到遗嘱，很多人认为它是年老体弱时才会做的安排。然而实际上风险往往难以预期，遗嘱应该是写在风险前的完备预案，是传承财富的基础工具，是前人对后代最后的关怀与嘱托，它不应该是匆忙的应急补救，更甚者像案例中李先生夫妇一样，事发突然时来不及补救，最终给女儿留下争议与遗憾。

李先生夫妇的意外难以预见，由于他们生前没有通过遗嘱对继承事宜作出安排，因此遗产依照法定继承进行分配，由夫妇两人的唯一第一顺位继承人女儿小米继承全部遗产。又因为继承发生时小米与小峰在婚姻存续期间，根据《中华人民共和国民法典》第一千零六十二条规定，夫妻在婚姻关系存续期间因继承或赠与所得的财产归夫妻共同所有。因而小米继承所得的财产为夫妻两人的共同财产，在离婚时，小峰可以要求分割共同财产的一半。李氏夫妇生前最不愿看到的状况还是出现了，辛苦积累的财富因女儿一场离婚而流失近半。这个案例也给我们一个警示，家庭财富的传承需要主动规划，如果怠于规划或规划不当，财产的走向很可能偏离传承本意。遗嘱是传承的基础工具，在传承意识上，能够认识到订立遗嘱的必要性，是从被动法定继承到主动规划传承之间的分水岭。一份有效的遗嘱可以明确财富人士的传承意愿，在预防纠纷和定向传承方面的作用十分重要。

（2）陈父生前所立两份遗嘱，效力应当如何辨别?

陈先生在家中排行老幺，上有大哥、大姐、二姐，兄弟姐妹共四人，从小到大虽有争吵，但关系还算和睦。2016 年陈老先生去世，没想到一场纠纷随之开始。

陈父在世时，有一套位于北京市东四环的房屋，陈家二姐一直与老父亲共同居住并照顾父亲生活。父亲在 2002 年当着全家人的面立下遗嘱，遗嘱主要内容是陈父过世后，其单独所有的东四环房屋由陈家二姐继承。但 2016 年，陈父去世一个多月后，陈家大哥又拿出了一份 2013 年父亲留下的代书遗嘱，内容为东四环房屋由陈家四个子女平分。两份遗嘱效力难辨，引起陈家轩然大波。

据陈家二姐描述 2008 年后父亲记忆力下降，并且多次发生走失的情况，曾一度不认识子女，种种迹象表明了父亲存在老年痴呆的征兆。对于大哥提出的新遗嘱，二姐并不承认，除对父亲的精神状态存疑外，代书遗嘱的代笔人、见证人都是大哥单方面找来的，遗嘱订立过程其他子女不知情，对其真实性及效力存疑。她认为第二份遗嘱可能是大哥为分房产而作的假。

但是大哥认为父亲一向头脑清晰并没有患老年痴呆，不回家以及故意不认识子女是因为和二女儿置气装出来的。十几年前，父亲因为二女儿经济状况不好所以想将房子留给二女儿，当时房价不高，但近些年房价攀升，父亲不希望厚此薄彼，曾提起希望四个人平分房子，二女儿极力反对，所以父亲才让大儿子找人做了代书遗嘱。

在价值千万元的房产面前，兄弟姐妹四人承受着信任与怀疑、亲情与利益的拉扯。我们常说，不要用财富去考验亲情，因为这种考验本身即是一种伤害。

这个案件涉及两份遗嘱的效力认定问题。对于第一份遗嘱，虽然是父亲亲笔书写，但是没有注明遗嘱订立的日期，不符合《中华人民共和国继承法》对于自书遗嘱的形式要求，存在效力瑕疵。且作为在先遗嘱，如果第二份遗嘱有效，根据《中华人民共和国民法典》第一千一百四十二条规定："遗嘱人可以撤回、变更自己所立的遗嘱……立有数份遗嘱，内容相抵触的，以最后的遗嘱为准。"

对于第二份遗嘱，经过查看录像以及向见证人与代书人求证，遗嘱是在与陈父协商后由代书人拟定文件并按文件内容进行抄写的，其过程不符合我国法律规定代书遗嘱由遗嘱人口述遗嘱内容的法定条件。另外，对于陈家老父是否为完全民事行为能力人也存在疑问，老人在立遗嘱时的精神状态及行为能力仍需通过鉴定才能确认。

两份遗嘱都存在效力瑕疵，如果继承人之间对遗产的分割无法达成共识，这很可能是一场冗长的继承权诉讼，这与陈父希望兄弟姐妹相互扶持的愿望背道而驰。

在这个案例中，老人虽然具有立遗嘱意识，希望通过遗嘱安排房屋等财产的分配，但是由于欠缺关于遗嘱的法律常识使得遗嘱没有发挥应有的作用。我国法律对遗嘱形式有严格的要求，两份遗嘱因存在形式上的瑕疵，不但没能有序传承，反而因遗嘱效力难辨加剧了家庭矛盾。现实中我们不仅要树立遗嘱意识，更要谨慎制定遗嘱。尤其对于家庭成员多、资产标的额大、资产形式多样的家庭，制定一份合法有效的遗嘱并非易事，除了需要考虑各家庭成员间的利益分配，还需要符合法律规定的形式及实质要件。因此，在了解相关法律常识的基础上，制定遗嘱前可以向专业的律师团队咨询以寻求帮助。

6.2.7 小结

遗嘱是最基础的传承工具，具有良好的可操作性和广泛的群众基础，是遗嘱人生前对其死亡后的财产归属问题所作的处分。

遗嘱最首要的功能是定向传承功能，通过设立遗嘱可以由被继承人指定财产分配的形式、份额、财产接受对象，能够充分反映财富所有者的传承意向，使其掌握传承的主动权。遗嘱还具有财产清单功能，订立遗嘱的过程也是遗嘱人将其名下的资产进行梳理，厘清资产的类型、数量、所有权属等关键信息的过程。一份无效力瑕疵、具有一定公信力的遗嘱还可以起到定分止争的作用。

《中华人民共和国民法典》规定了遗嘱的形式主要包含公证遗嘱、自书遗嘱、代书遗嘱、打印遗嘱、录音录像遗嘱、口头遗嘱。订立一份完善的遗嘱应注意除需符合前述的形式要件外，还需满足六个实质要件：一是立遗嘱人必须具有民事行为能力；二是遗嘱必须是遗嘱人的真实意思表示；三是遗嘱不得取消缺乏劳动能力又没有生活来源的继承人的继承权；四是遗嘱中所处分的财产须为遗嘱人的个人财产；五是遗嘱的内容合法且不得违反社会公共利益；六是遗嘱继承人在继承开始时仍生存。最后，立好的遗嘱还需要注意采用合适的遗嘱保管方式。

6.2.8 法律链接

《中华人民共和国民法典》

第一千一百二十三条 继承开始后，按照法定继承办理；有遗嘱的，按照遗嘱继承或者遗赠办理；有遗赠扶养协议的，按照协议办理。

第一千一百二十七条　遗产按照下列顺序继承：

（一）第一顺序：配偶、子女、父母；

（二）第二顺序：兄弟姐妹、祖父母、外祖父母。

继承开始后，由第一顺序继承人继承，第二顺序继承人不继承；没有第一顺序继承人继承的，由第二顺序继承人继承。

本编所称子女，包括婚生子女、非婚生子女、养子女和有扶养关系的继子女。

本编所称父母，包括生父母、养父母和有扶养关系的继父母。

本编所称兄弟姐妹，包括同父母的兄弟姐妹、同父异母或者同母异父的兄弟姐妹、养兄弟姐妹、有扶养关系的继兄弟姐妹。

第一千一百三十三条　自然人可以依照本法规定立遗嘱处分个人财产，并可以指定遗嘱执行人。

自然人可以立遗嘱将个人财产指定由法定继承人中的一人或者数人继承。

自然人可以立遗嘱将个人财产赠与国家、集体或者法定继承人以外的组织、个人。

自然人可以依法设立遗嘱信托。

第一千一百三十四条　自书遗嘱由遗嘱人亲笔书写，签名，注明年、月、日。

第一千一百三十五条　代书遗嘱应当有两个以上见证人在场见证，由其中一人代书，并由遗嘱人、代书人和其他见证人签名，注明年、月、日。

第一千一百三十六条　打印遗嘱应当有两个以上见证人在场见证。遗嘱人和见证人应当在遗嘱每一页签名，注明年、月、日。

第一千一百三十七条　以录音录像形式立的遗嘱，应当有两个以上见证人在场见证。遗嘱人和见证人应当在录音录像中记录其姓名或者肖像，以及年、月、日。

第一千一百三十八条　遗嘱人在危急情况下，可以立口头遗嘱。口头遗嘱应当有两个以上见证人在场见证。危急情况消除后，遗嘱人能够以书面或者录音录像形式立遗嘱的，所立的口头遗嘱无效。

第一千一百三十九条 公证遗嘱由遗嘱人经公证机构办理。

第一千一百四十条 下列人员不能作为遗嘱见证人：

（一）无民事行为能力人、限制民事行为能力人以及其他不具有见证能力的人；

（二）继承人、受遗赠人；

（三）与继承人、受遗赠人有利害关系的人。

第一千一百四十一条 遗嘱应当为缺乏劳动能力又没有生活来源的继承人保留必要的遗产份额。

第一千一百四十二条 遗嘱人可以撤回、变更自己所立的遗嘱。

立遗嘱后，遗嘱人实施与遗嘱内容相反的民事法律行为的，视为对遗嘱相关内容的撤回。

立有数份遗嘱，内容相抵触的，以最后的遗嘱为准。

第一千一百四十三条 无民事行为能力人或者限制民事行为能力人所立的遗嘱无效。

遗嘱必须表示遗嘱人的真实意思，受欺诈、胁迫所立的遗嘱无效。

伪造的遗嘱无效。

遗嘱被篡改的，篡改的内容无效。

6.3 心意与传承：赠与协议

尽管婚姻财产协议与遗嘱的适用范围越来越广泛，但还有一种工具，因其便利性与低成本，一直都是财富传承中最常用的工具之一，那就是赠与协议。在多种工具中，赠与无疑是最常用却也最容易被忽视风险的那一个。父辈可以利用它将一定的财产无偿地添加到子女的财产之中，不仅能增强子女的经济地位，改善其现实经济环境，也可在此过程中顺利完成家庭财富的代际交接。但由于目前离婚率节节攀升，婚姻的不稳定性急剧上升，家庭之间的财富传承也出现了极大的不确定性和不可预测性，因而如何在赠与过程中规避风险、避免财富的流失是亟待研究和解决的问题。

6.3.1 案例导读——为何王总拼搏半生，最终事业仍流向他人

王总夫妇经营着一家食品公司，家族资产颇丰。儿子小王在留学过程中认识了同为留学生的张玲玲，并确定了恋爱关系。两人毕业回国后，小王进入了家族公司工作，并向家人介绍了女朋友张玲玲，还提出了想要与女友结婚的想法。

王总夫妇本打算给儿子介绍朋友的女儿，两家门当户对又知根知底，但是拗不过儿子一直坚持，而且王总只有这一个儿子，公司最后只能由小王接手，因而也不敢太逼迫儿子，最终同意了这门婚事。

玲玲虽然顺利地嫁入了王家，但是婚后生活却没有她想象的那么简单和幸福，公公婆婆的不待见让她时常心生恼意却又无可奈何，幸而婚后小王很是体贴，时常宽慰她。与此同时，小王的能力也逐渐得到公司管理人员的认可。王总便逐渐将公司事务移交给小王打理。转眼三年过去，公司已经由小王全权管理，王总认为儿子已经成家立业，自己也该彻底放手享受一段退休后的闲暇时光，便将公司股权全部过户给小王，由此小王成为公司的最大股东和公司的实际管理者。然而好景不长，随着小王总工作的繁忙和压力的增大，回家的时间越来越晚，不再像从前一样耐心听太太的唠叨和倾诉，夫妻之间感情逐渐出现裂痕。随着一次激烈的争吵，玲玲彻底对丈夫死了心，也对这段感情死了心，决定要离婚。在起诉离婚时，经过咨询律师，提出了要求分割小王所持有的公司一半的股权的诉讼请求。这个诉讼请求让王总和儿子万分焦急，股权分割意味着小王不再是公司的最大股东，公司的控制权很可能旁落他人，但王总将股权赠与小王的时候没有另外签订协议早做安排，且过户的股权已经完成了交付也不能撤销赠与。最终，法院认为，根据《中华人民共和国民法典》第一千零六十二条规定，夫妻在婚姻关系存续期间，继承或赠与所得的财产，除遗嘱或赠与合同中确定只归一方所有外，视为夫妻共同所有。小王所持有的股权的一

半将分割给张玲玲，就这样，王总拼搏半生积累的事业因为儿子的婚姻变故流向了儿子的前妻张玲玲。

6.3.2 赠与合同——了解一下

（1）赠与合同的界定

赠与合同，是指赠与人将其财产无偿给予受赠人，受赠人表示接受赠与的合同。此处的财产叫作赠与物，转让财产的一方称作赠与人，接受财产一方称为受赠人。与遗嘱作为一种身后财富转移方式相反，赠与是赠与人在生前对财富进行安排的工具，因其简便易行，相比其他工具能够更为高效快捷地实现传承目的，因此在现实生活中极为常见。但是也正因为其简单的特点，许多人在使用这项工具的时候并不会提前向专业人士咨询，而是自行赠与，这就导致隐藏在简单形式下的许多风险点被忽略，最终导致不可挽回的损失。

（2）赠与的风险

赠与是财产所有人对财产的自由处分，因此受赠人既可以是亲属也可以是亲属之外的第三人，同时赠与合同为无偿合同，这极大提升了赠与的便捷性，但也使得赠与的同时伴随着极大风险。实践中，赠与一般具有以下风险：

①赠与人丧失对财产的控制力的风险

根据《最高人民法院关于贯彻执行〈中华人民共和国民法通则〉若干问题的意见（试行）》第一百二十八条规定，赠与行为的完成以赠与物的交付为准，而不动产的赠与需要进行过户登记。交付则意味着所有权的转移，即赠与人丧失对赠与物的控制力。如果受赠人对赠与财产作出不当安排，赠与人根本无法阻止，实践中经常会有子女在另一半的要求下将父母赠与的房产加上另一半的名字，最后离婚时房产作为夫妻共同财产被分割的情形，事后父母即使知道房产已经成为夫妻共同财产也无可奈何，毕竟子女才是法律上的产权人，有权对房产作出任何安排。而子女如果在离婚时主张房产是父母对自己一方的赠与也无济于事，婚内赠与登记后生效，赠与人也不能进行撤销。

在家族财富传承中，若是一般动产与房产等物，控制力的丧失并不会给赠与人带来太大风险，但若赠与的是股权等具有人身属性的财产，风险则大大增加。股权不仅具有财产属性，更蕴含着对公司决策管理等权利，若企业家将股权赠与子女，会降低自己在股东会的影响力与话语权。若子女发生意外，股权便成为其遗产，面临被瓜分的局面。

②子女任意挥霍财产风险

赠与物交付后，受赠人即取得所有权，可以按照自己的意愿对其进行占有、使用、处分、收益。而现实中，有许多“富二代”接手家族财富，却在几年间将其挥霍一空的例子。子女往往并未像父母一样经历过积累财富的艰辛过程，也并未有太多实务中管理财富的经验。而突然拥有大笔财产容易使其滋生懒惰情绪，更严重的是可能导致其随意挥霍财产，使得财富传承的目的落空。

③子女婚变风险

赠与作为一种合同关系，一旦与婚姻家庭等身份关系挂钩，不可避免地会增加一定的不确定性，离婚就是一种典型情况。因为父母在子女婚后进行赠与，如果没有提前通过协议进行安排，赠与的财产不可避免地会在子女离婚的时候作为夫妻共同财产进行分割。

④子女意外身故风险

即使在我们的传统观念中，提前思虑身后事是一件不吉利的事情，但天有不测风云，人有祸兮旦福，在财富传承过程中，我们仍需要为意外做好预防措施，否则将导致财富的离散和流失。尤其是在当前我国独生子女家庭颇多的背景下，父母将希望全部寄托在唯一的孩子身上，大多数会将自己积累的大量财富赠与唯一的孩子，一旦子女婚后发生意外，即使这些财产属于子女个人财产，不作为夫妻共同财产进行分割，但若子女没有进行遗嘱的安排，还是会导致父母在子女突然离世的情况下无法取回赠与的财产，只能作为第一顺序的法定继承人分得少部分，其余的财富会流向子女的配偶手中。一旦对方另娶或另嫁，家族财富不可避免地将会外流，此时父辈可谓痛心疾首，既失去了孩子，又没能保住家业财富。

⑤无法实现传承目的风险

赠与合同简便易行，但仅依靠这一种工具，并不能完全达到财富传承的目的。例如，股权的继承规则需要以公司章程为准，股权赠与合同仅在赠与人与受赠人之间产生效力，而在公司内部需要按照公司章程进行。若章程中对股权赠与作出限制，则受赠人可能并不能如愿取得股东身份。因此，单一的赠与合同需要搭配其他工具使用，才能确保财富定向而稳定地传承。

（3）赠与合同的终止

作为一种无偿合同，赠与也可能因为赠与人行使撤销权而终止。

①赠与的任意撤销：指赠与人在赠与财产的权利转移之前可以撤销赠与，但具有救灾、扶贫等社会公益、道德义务性质的赠与合同或经过公证的赠与合同除外。法律赋予赠与人任意撤销权，是防止赠与人因一时大意或冲动而随意处分自己的财产，赋予其一种“后悔的权利”。但对于受赠人来说，赠与人拥有的任意撤销权无疑是悬在空中的一把利剑，只要财产所有权未转移，则赠与人随时都有撤销的可能。若赠与人撤销赠与，则可能给受赠人带来一定财产损失或者使其预期落空。为了避免这种情形，可以尽快办理登记手续或者转移赠与物，或者对赠与合同进行公证以防止赠与人任意撤销。

②赠与的法定撤销：若受赠人有以下情形之一，赠与人可以撤销赠与合同：一是受赠人有严重侵害赠与人或者赠与人的近亲属、对赠与人有扶养义务而不履行、不履行赠与合同约定的义务三种情形之一的，赠与人可以撤销赠与。二是因受赠人的违法行为致使赠与人死亡或者丧失民事行为能力的，赠与人的继承人或者法定代理人可以撤销赠与。《中华人民共和国民法典》第六百六十六条规定：“赠与人的经济状况显著恶化，严重影响其生产经营或者家庭生活的，可以不再履行赠与义务。”

6.3.3 赠与有优势——不容小觑

（1）情感表达更直接

前人栽树，后人乘凉。赠与既是一份心意，也是一份传承，长辈将自己积累的事业和财富安全地交到晚辈手中，不仅希望可以保障晚辈今后的生活，也希望自己辛苦打拼了一辈子的事业能够得到更好的发展，家族事业正是在这种传承中不断发展壮大的。另外，在中国的传统观念中，赠与也是一种情感的表达，在家庭成员的情感维系过程中具有不可忽视的作用，从平时的日常礼物到婚前大额的房产、股权赠与，无论价值多少，都代表了长辈对晚辈最好的祝福。

（2）简单易行成本低

赠与作为一种在赠与人生前即可完成财富传承的法律工具，相对于遗嘱而言，操作起来成本较低，动产只要完成交付，不动产只要完成登记过户即可。而法定继承和遗嘱继承的办理时间较长，需要经历遗嘱公证、继承权公证、办理过户手续等烦琐的流程，时间周期长，不确定性高。一旦遇到纠纷，所需时间更长。由此来看，赠与显然是一种简单、常见、高效并且十分实用的工具。

（3）确定性更强

君子之德，益及子孙。今日之贵，昨日之功。家族财富的积累可能需要几代人的努力，财富传承是必不可少的过程。赠与作为一种财富传承工具，是由父辈和子女直接对接，在生前进行财产的无偿转移，此时赠与人可以按照自己的意愿将财富通过直接交付的方式传给自己想给的人，相比于遗嘱来说，可控性和确定性更强，财富赠与的时间、条件、对象都可以由赠与人来进行选择，可以大大减少纠纷的发生概率，避免出现发生意外而没有遗嘱情况下的遗产继承纠纷。

（4）私密性更高

赠与直接发生在赠与人与受赠人之间，动产完成交付，不动产进行过户登记即可，操作简单，不需要第三方的介入，这也决定了赠与自由隐蔽的特性。赠与人可以真正按照自己的意愿进行赠与，不会存在任何障碍。相较于遗嘱而言，遗嘱订立后很容易因为被家庭成员得知而导致家庭矛盾纠纷。

6.3.4 赠与要用好，合法且高效

（1）撰写书面赠与协议

法律不评判思想，而向来只采信证据。因而赠与人在进行赠与的时候，为了规避种种风险，最好在专业人士的指导下拟定意思明确的赠与协议，包括受赠人、赠与财产、赠与时间、违约条件以及是否附条件等。这样不仅可以明确赠与人的真实意思以避免纠纷的发生，即使今后发生纠纷，赠与协议也是最有力的证据。

（2）提前进行公证

根据《中华人民共和国民法典》第六百五十八条规定：“赠与人在赠与财产的权利转移之前可以撤销赠与。经过公证的赠与合同或者依法不得撤销的具有救灾、扶贫、助残等公益、道德义务性质的赠与合同，不适用前款规定。”因而赠与人在赠与财产完成交付之前具有任意撤销权，受赠人若想保证赠与承诺的实现，最好在登记手续完成之前到公证处进行公证，以保证赠与人不能随意撤销赠与合同。除此之外，为防止赠与人反悔，还可以在赠与协议中约定，赠与人自动放弃任意撤销权。同时约定赠与人撤销赠与应承担相应的违约责任，这两条能更好地保证赠与协议的履行。

（3）完成财产转移手续

有了一份书面的赠与协议并不代表万事大吉，此时赠与还没有真正完成，动产要进行交付，不动产和股权则要进行登记，只有这些手续都办完，赠与才真正完成。这最后一步看似简单，却不容忽视。作为赠与人，若是真心相赠，自当将手续办理完；作为受赠人，也不可不留一个心眼，情到浓时承诺是真心的，情分消散承诺变得不再可靠，自当利用相关的法律知识去保障自己的权益。

（4）利用附条件赠与

应当有效利用附条件赠与的形式，尤其是附解除条件的赠与合同。所谓附条件赠与是当事人对赠与行为设定一定的条件，把条件的成就与否作为赠与行为的效力发生或消灭的前提。

财富得之费尽辛苦，守则日夜担忧，失则肝肠寸断。赠与作为一种生前

财富传承工具，固然具有不可替代的优势，但同样具有无法弥补的局限性，所以在进行财富传承和规划的时候，不能仅仅因为方便省事就只使用赠与这一种工具，而是要将多种工具搭配使用。针对客户家族财富传承目标需求，只有专业的家族财富管理团队才能帮助高净值人士量身定做财富管理规划，综合运用法律工具以实现财富传承。

6.3.5 案例解析——为何小琳同时失去爱情和面包

小琳是一家连锁饭店的经理，聪明能干且长相不错，很快就吸引了饭店老板李某的注意，在李某的追求下，两人很快确定恋爱关系。小琳和李某共同经营这个连锁饭店，小琳为了公司的经营费尽心力。因为双方是恋爱关系，李某向小琳提出，你就是未来的老板娘，我就不按照普通员工的标准给你那么多工资，反正将来都是你的，我把我名下的一套房产赠给你，作为我们爱情的见证。李某给小琳写了赠与协议，小琳非常开心，把承诺书收好，怀着对未来的向往更加兢兢业业地打理饭店。

四年瞬息而过，饭店的业务越来越红火。就在小琳憧憬着要和李某结婚的时候，一个偶然的机会，小琳听见李某的手机微信响了，她随手一看，结果令她难以置信，她发现了李某和一个女人亲密的聊天记录，那个女人也称呼李某为老公。小琳马上跑去质问李某，李某却冷静地说，既然你都知道了，我也不瞒你了，我找到真正喜欢的人了，我们结束吧，我们已经回不到从前了。小琳瞬间崩溃了，但自尊让她选择放手。

事后，小琳想起来，李某承诺赠与她的那套房产一直还没有过户，她要求李某和她一起去过户。而此时，李某的态度发生了很大的转变，他说这个房子是他这么多年辛苦打拼挣来的，不想给小琳。李某的话，让小琳彻底失望，他不仅剥夺了自己的爱情，还要拿走承诺给自己的财产，这样的人实在不值得挽留，于是她拿着赠与协议就起诉到了法院，李某则主张他要撤销这份赠与协议。法院认为，由于这份赠与协议没有进行过公证，赠与人在办理过户之前有任意撤销权，小琳无权要求李某去办理房产过户手续，据此驳回了小琳的诉讼请求。最终，小琳同时失去了爱情和面包。

为什么小琳没有拿到赠与给她的这套房产呢？主要基于两点：第一，一个赠与行为的完成需要包括订立赠与合同以及转移赠与物所有权两个行为，前者为赠与人单方无偿的债权行为，后者则属于物权行为。理论上，动产转移所有权的标志是动产的交付，而不动产则以过户登记为所有权转移的标准。李某将房子赠与小琳，赠与合同成立，但未进行过户登记，因此该赠与行为并没完成。第二，根据《最高人民法院关于适用〈中华人民共和国婚姻法〉若干问题的解释（三）》第六条和《中华人民共和国民法典》第六百五十八条规定，除了具有救灾、扶贫等社会公益、道德义务性质的赠与合同或经过公证的赠与合同之外，在赠与财产完成交付之前，赠与合同都是可以撤销的。因此，赠与的房产，如果既没有办理过户手续也没有进行公证，赠与方随时可以撤销。

本案中，小琳正是因为对赠与如何完成以及赠与协议如何能够发挥真正的效力没有专业的了解，同时忽视了感情变故将会导致的风险，导致几年来房子一直没完成过户，小琳一直没能成为房子真正的产权人。又因为赠与协议没有进行公证，李某在房子过户前一直具有任意撤销权，从而同时在财富和感情上掌握了主动权。

6.3.6 小结

赠与是赠与人在生前对财富进行安排的工具，赠与合同是一种双方、无偿的行为，有着极大的便捷性，但同时也伴随着极大的风险：赠与人丧失对财产的控制力的风险，子女任意挥霍财产的风险，子女婚变的风险，子女意外身故的风险，无法实现传承目的的风险等。

但赠与也是有“后悔药”可吃的，赠与合同属于可撤销合同，赠与合同在财富传承中最大的优势就是使家族的事业在这种传承中不断发展壮大，相比于遗嘱来说，可控性和确定性更强，无须第三方的介入，私密性更高。

从赠与人的角度考虑，如果赠与人认为赠与行为在交付财产或转移权利之前有可能撤销，建议不对赠与合同进行公证，因为一旦公证将很难撤销。从受赠人的角度考虑，如果担心赠与人在赠与财产权利转移之前撤销赠与，则应积极劝说赠与人将赠与合同依法公证。最后，如果赠与人在赠与受赠人财产时对受赠人有一定的要求则可作附条件赠与，如果受赠人无法满足赠与人提出的条件，或者受赠人的行为使得赠与人不满意，则赠与人可以名正言顺地拒绝履行赠与义务。

6.3.7 法律链接

《中华人民共和国民法典》

第六百五十七条　赠与合同是赠与人将自己的财产无偿给予受赠人，受赠人表示接受赠与的合同。

第六百五十八条　赠与人在赠与财产的权利转移之前可以撤销赠与。

经过公证的赠与合同或者依法不得撤销的具有救灾、扶贫、助残等公益、道德义务性质的赠与合同，不适用前款规定。

第六百五十九条　赠与的财产依法需要办理登记或者其他手续的，应当办理有关手续。

第六百六十条　经过公证的赠与合同或者依法不得撤销的具有救灾、扶贫、助残等公益、道德义务性质的赠与合同，赠与人不交付赠与财产的，受赠人可以请求交付。

依据前款规定应当交付的赠与财产因赠与人故意或者重大过失致使毁损、灭失的，赠与人应当承担赔偿责任。

第六百六十一条　赠与可以附义务。

赠与附义务的，受赠人应当按照约定履行义务。

第六百六十二条　赠与的财产有瑕疵的，赠与人不承担责任。附义务的赠与，赠与的财产有瑕疵的，赠与人在附义务的限度内承担与出卖人相同的责任。

赠与人故意不告知瑕疵或者保证无瑕疵，造成受赠人损失的，应当承担赔偿责任。

第六百六十三条　受赠人有下列情形之一的，赠与人可以撤销赠与：

（一）严重侵害赠与人或者赠与人近亲属的合法权益；

（二）对赠与人有扶养义务而不履行；

（三）不履行赠与合同约定的义务。

赠与人的撤销权，自知道或者应当知道撤销事由之日起一年内行使。

第六百六十四条 因受赠人的违法行为致使赠与人死亡或者丧失民事行为能力的，赠与人的继承人或者法定代理人可以撤销赠与。

赠与人的继承人或者法定代理人的撤销权，自知道或者应当知道撤销事由之日起六个月内行使。

第六百六十五条 撤销权人撤销赠与的，可以向受赠人请求返还赠与的财产。

6.4 未雨绸缪：意定监护

在我们日常生活中，一般老人会指定某一位或者某几位作为他的遗产继承人，这也就是我们前面所提到的遗嘱以及赠与。在遗嘱及赠与的过程中，老年人行使了他的决定权，决定了财产如何分配。那么老年人能否把这个分配权交给他人呢？将自身财产分配的决定权交给他人的行为就是意定监护。

6.4.1 案例导读——李总眼中的礼物却是噩梦的开始

某房地产公司的董事长李总，中年丧偶后一直过着独居的生活，本以为自己会这样孤独到老，谁知在63岁时认识了年轻貌美的模特小刘。尽管小刘比自己小40岁，却比同龄人更加体贴温柔，对待自己也是无微不至。李总觉得小刘就是上天送到自己身边一份珍贵的礼物，或许是已故的太太看自己太过孤单因此派小刘来陪伴自己。两人在交往半年之后便步入婚姻的殿堂，小刘当起了全职太太。李总对此深受感动，不仅送给妻子珠宝首饰、跑车等高档礼物，更是将多处房产转到妻子名下。然而，不久李总发现妻子一改婚前对自己的殷勤态度，不仅每日流连于各种高档场所，经常夜不归宿，还常常请求李总将公司的股份赠与自己。更加不幸的是，在新婚一年之后，李总突发脑出血，虽然经过抢救已脱离生命危险，但自此以后便瘫痪在床。然而，李总的噩梦才刚刚开始。

李总在医院治疗期间，曾几度陷入重度昏迷状态，而小刘虽然常常来探望李总，但每次都仅仅询问医生李总能否醒过来。直到三个月之后，李总发现自己在医院的这几个月，小刘利用自己法定代理人的身份偷偷转移了很多财产，甚至还参与了公司股东会。妻子的目的已是昭然若揭，心灰意懒的李总看透了妻子的真实面目，对她彻底寒了心，打算等自己出院就与妻子结束婚姻关系。但不久之后，李总病情进一步恶化，住进了 ICU，彻底丧失了行为能力，而妻子成为其法定监护人，掌握着代行他人身和财产等事项的权利。

6.4.2 意定监护——让每个人都有指定监护的权利

意定监护是指成年人在尚具备意思能力时与自己信赖的自然人、法人、非法人组织等订立意定监护协议，以委托其在自己丧失行为能力时，由受托人担任监护人，对自己的人身、财产事务进行照管。有关监护的设立、监护的内容等均由当事人自我决定，目的在于在本人意思能力健全时，按照自我的决定预先计划其意思能力不足时的人身照顾、财产管理、医疗看护等生活。

意定监护的法律基础来源于《中华人民共和国民法总则》第三十三条，但我国意定监护制度最开始是出现在 2012 年《中华人民共和国老年人权益保障法》，其第二十六条明确赋予了老年人可通过协议自主安排受监护事宜的权利。但随着经济社会的发展，不仅老年人具有自己指定监护的需求，几乎所有成年人都可能面临失能的风险。从上述案例可以看出，由于拥有巨大的财富，对于高净值人群来说，亲情与爱情将面临更大的挑战。一旦本人发生意外陷入失能状态，巨大的财富不仅不能成为救命的良药，反而可能成为致命的毒药。若按照法定监护顺序，其人身和财产权利都将交于配偶代行。因此，《中华人民共和国民法总则》将主体扩大到所有具有意思能力的人，明确确立了如今的意定监护制度，给予了所有成年人通过意定监护协议避免法定监护的可能。

诚然，我们都希望亲情可以战胜利益、战胜诱惑，但若不提前进行安排，可能会将自己置于被动局面。为了避免这些潜在的各种风险，就需要提前有所规划，将自己的财产以及人身安全均置于有效的保障中，以实现自己的财产能始终为自己所支配这一目的。

6.4.3 意定监护——并非“想用就能用”

对于大多数人来说，家人是最值得信赖与托付的对象，这也是我国法律将配偶与父母子女作为成年人法定监护人的原因，但对于一些特殊家庭来说，意定监护十分必要。

（1）意定监护的适用情形

①少妻老夫/老妻少夫：在夫妻年龄差距较大的情形下，年纪大的一方往往拥有更大财富量，且更容易因为疾病等原因陷入失能状态。若其陷入失能状态，年纪小的一方可能会出于为自己或者下一代打算的目的，任意处置配偶的财产，甚至作出有害于被监护人的行为。另外，年轻一方的财富管理能力可能不足，也将导致被监护人财富的流失。因此，可以通过意定监护制度，为自己选定其他值得信赖的人。

②同居关系：同居关系缺乏婚姻法的保障，一旦一方失能，由于其伴侣不具有法律上的配偶身份，因此不能成为其监护人。若同居伴侣间具有深厚的感情基础，想要将自己的身份财产权利委托给对方，则可以通过意定监护协议实现。

③失能子女：对于未成年子女来说，父母是其法定监护人，但当子女成年后，父母则不具有监护职责。若子女属于精神状况有问题或其他行为能力有瑕疵的情形，父母若担心自己身故后子女无人照顾，可以利用意定监护制度将失能子女托付给自己信赖的人。同时，由于子女不具备照顾父母的条件，若担心自己失能后的生活，父母也有为自己设定意定监护的必要。

④失独家庭：失独家庭在我国是一个庞大集体，这些家庭中的夫妻往往年纪较大，因此，若出现失能的情形，其配偶可能不具有监护的能力。若还有其他信赖的人，可与其订立意定监护协议早做安排，避免“老无所依”的结局。

⑤特殊家族病史：若拥有特殊家族病史，则面临失能的风险更大，并且往往需要涉及医疗决定能力。卫生部《病历书写基本规范》第十条规定：对需取

得患者书面同意方可进行的医疗活动，应当由患者本人签署知情同意书。患者不具备完全民事行为能力时，应当由其法定代理人签字；患者因病无法签字时，应当由其授权的人员签字；为抢救患者，在法定代理人或被授权人无法及时签字的情况下，可由医疗机构负责人或者授权的负责人签字。而根据《中华人民共和国民法总则》第二十三条规定，无民事行为能力人、限制民事行为能力人的监护人是其法定代理人。医疗行为往往与被监护人生命身体安全直接相关，因此需要选定信赖的监护人，避免错过治疗时机。

⑥丁克人群：目前生育率逐步降低的背后是因为涌现了大量丁克家庭，对于这些家庭来说，配偶是彼此唯一的依靠。若夫妻年纪过大，可能一方面临“自身难保”的境地，更别说照顾配偶。因此，选定除配偶外的监护人十分必要。

另外，现实中类似将遗产赠与保姆等的案件层出不穷，若家庭结构复杂，订立意定监护协议也不失为一种强有力的保障。

⑦关于同性伴侣，国内也出台了相关规定。北京、上海规定同性伴侣可成为对方监护对象。

（2）意定监护协议的内容

意定监护协议由委托人与受托人签订，具体内容在不违反法律法规、公序良俗的前提下由双方依照自己的意愿约定。由于该协议本身属于附条件生效的委托合同，只有在监护监督人被选任时才可以生效，在协议中必须对该条款进行明确规定，在协议生效时，受托人才可以行使监护的代理权，此时受托人的监护行为也要接受监督人的监督。

意定监护协议的主要内容和必备条款必须明确，由双方当事人合意约定，其中的核心内容是意定监护的事务范围以及代理权的授予及限制，以下给予详细阐述：

①意定监护的事务范围

首先，意定监护事务约定的前提是委托人和受托人不可约定违反法律、违背公序良俗的事务，如果意定监护协议的内容违反公序良俗或违反法律规定的内容将会导致协议无效。同时协议不可约定被监护人本人以外的监护事项，其约定的事项应当限于监护本身的目的，即使本人在丧失或部分丧失行为能力时通过协议的方式来安排自己的生活，其只能就自己的财产、人身事务进行约定，不可涉及他人的事务。

其次，意定监护的事务范围主要包括被监护人的人身与财产事务，具体见下文关于监护人代理权的内容。意定监护合同生效以后，意定监护人取得代理权，同时也应当履行合同义务承担监护职责。意定监护人在行使代理权时应当尽到善良管理人的义务。一方面，意定监护人应当完全遵照合同的约定履行监护事务；另一方面，在委托人仍然具有残存的意思能力时应当充分尊重被监护人的真实意思。除此之外，意定监护人还应当定期记录监护行为、定期向监督机关报告监护情况，并接受监督人的监督和质询以及对于监督人或监督机关的询问如实答复。

②代理权的授予与限制

意定监护协议中由委托人授予受托人一定的代理权限，受托人在监护监督人被选任之后开始享有该权限，当然该代理权是有一定的限制的，毫无疑问的是不可代理涉及身份关系变动的事务，如设立遗嘱、解除或缔结婚姻、建立收养关系等，这类事务因具有严格的身份属性，只能由被监护人本人亲自处理，不可代替处理。意定监护人行使的代理权主要有：a. 依照监护合同的约定对被监护人的人身、财产、医疗以及其他监护事务行使代理权；b. 对于合同约定范围内的事务可以以委托人的名义独立参加诉讼；c. 可以撤销被监护人单独实施的行为，但是未来尊重本人的自我决定，本人实施的购买日用品以及与日常生活相关的行为、纯获利益不可撤销。

（3）意定监护的作用

意定监护协议是当事人在行为能力健全的状态下与监护人订立的合同，本质上属于附条件的委托合同。因此，关于监护人的选任、委托权的授予、委托的事项等内容是完全按照被监护人的意愿进行约定，这使得当被监护人处于不能自己处分财产、管理事务的状态时，能够按照其意愿对财产及人身事项进行管理。在本人能力丧失之后由该制度对本人预先的意思予以支援和保障，这可以说是一种事前的自力救济。意定监护平衡了个体的特殊性和监护的僵化性，尊重被监护人的个人意愿，使得本人在契约自由的框架下自主选任监护人，充分尊重了当事人的意思自治。

若李总在清醒时就选定自己信赖的人签订意定监护协议，将医疗等事项委托给监护人，则就能避免在失能后命运完全掌握在妻子手中的被动局面。

6.4.4 意定监护怎么用

（1）选定监护人。选定靠谱的监护人是能够充分按照被监护人意愿处理事务的关键。监护人范围可以是亲属也可以不具有亲属关系，若选定其他非亲属担任，则将法定监护人全部排除在监护人范围之外。对于一些具有深厚感情基础的非亲属，往往比亲属更加值得信赖。另外，还可以委托组织担任监护人，相比自然人，组织则更具有稳定性，更能按照协议保障监护人利益。

一般来说，只有被监护人给予信赖的人可以成为监护人，但以下几种情形则不能担任监护人：

①未成年人；

②被法院免职的法定代理人、监护人、辅助人；

③对被监护人提起诉讼之人及其配偶、直系亲属；

④下落不明之人；

⑤无支付能力之人。

可以说，选定一个值得信赖的监护人是设立意定监护的重中之重，因为当监护协议生效就意味着被监护人对自己的人身及财产没有掌控能力，此时将完全按照协议内容，由监护人处理。若监护人道德缺失，则被监护人的利益将难以得到保障。

（2）签订意定监护协议。意定监护协议属于附条件的委托协议，因此适用委托合同的相关法律规定。委托人应当明确具体委托事项，不能出现如“全权处理”等字样。具体内容应该包括前文所说的授予代理权、委托具体事项、委任监护监督人等内容，同时，明确委托合同生效的条件及相关违约责任。意定监护协议应当采取书面的形式，必要时还可以进行公证。关于意定监护协议的具体内容，前文已进行了阐述，为了避免因缺乏形式要件或实质要件而导致协议无效，被监护人最好咨询专业律师订立合法有效的协议。

（3）设置监护监督制度。目前法律中关于意定监护的规定仅限于原则性规定，而具体制度仍然存在法律空白。但从现状来看，意定监护制度中存在一些问题，其中，如何监督监护人是最重要也是最大的难题。为了有效监督监护人，避免其利用监护人身份损害被监护人利益，应当利用一系列设计，如在协议中规定违约责任等实现对监护人的有效监督。同时，选派专业律师对监护人进行监督能更好的确保意定监护协议的全面履行。

意定监护制度具有财产管理、财富传承与照料服务等功能，旨在就由于年龄、疾病等原因造成行为能力丧失后的医疗及财务事项进行提前规划，以保证个人意愿可以在最大程度上得以实现。但根据目前国内外立法以及监护现状来看，仍然存在登记制度欠缺等问题，要想完全按照自己意愿实现财富管理与传承的目的，还需要搭配信托、保险等其他工具进行。

随着我国老龄化进程的不断加速，如何实现对老年人的照顾是社会保障不得不面临的挑战。老有所养，老有所依，也许是这个社会对每一个老人最大的善意，而意定监护制度也是每个普通人面对失能危机的法律保护伞。

6.4.5 案例解析——周大娘“力挽狂澜”化悲惨为幸运

人的预感有时就是这么准，周大娘精神出问题了，就像半年前她担心的那样。

她先是无端端地走丢，做出很多奇怪的行为，慢慢地终于连吃喝拉撒也不能自理。大儿子带她去了精神卫生中心，医生明明白白地说了“血管性痴呆”，好不了了，只能让她住进护理院。

小儿子大吵大闹，要把她接回自己家。从下午一两点到凌晨一两点，护理员换了个班，他还没停下来。院方都心虚了，儿子来接妈，有什么理由拦着？

周大娘看上去毫无知觉，眼前的画面在她脑子里是否还能形成意义，没人知道。她没法说“好”，也没法说“不”。

但是她“留了一手”。在神志清醒的最后日子，她签署了一份法律文件，挑了大儿子的女儿，也就是她的孙女做监护人。假如有朝一日昏迷、糊涂、失去意识，她不能把自己交到小儿子手里。

人活到 85 岁，心里和明镜一样，两个儿子什么脾气秉性，她太清楚了。

十年前，老宅动迁，两套动迁安置房到手，房产证上赫然出现小儿子的名字。老太太那时候就会用“法律武器”，把小儿子给告了。但是官司没打赢，原因是老两口拿不出充分证据。后来老头子没了，大儿子不让她一个人过，把她接到家里。她那两套房子一套空着，一套出租，租金就当养老金了。

年初，她突发脑梗，孩子手脚快，送医及时，救了回来。脑梗这个东西她是知道的，说不好哪天又要复发，周大娘当下就觉得要做准备，过去的事悬在眼前，两套房子放在那里，万一她以后糊涂了，不能没有做主的人。

她催着大儿子去了公证处，办了个意定监护公证。

“意定监护”这么生僻的东西，不知道老太太是怎么学来的。工作人员给儿孙们科普：“具有完全民事行为能力的成年人，在智力正常的时候，可以用书面形式确定自己的监护人，等以后年老患病，丧失或者部分丧失民事行为能力，就由这个预先指定的监护人履行监护职责。”

大儿子身体不好，年纪轻轻的孙女说，她来。万一到了文件里说的那个地步，周大娘的护理照管、医疗救治、财产监管、权益诉讼甚至死亡丧葬，都由孙女负责。她不必担心叔叔干扰，在法律上，意定监护受托人的监护权行使优于法定监护人。

办理公证的手续很多，又是谈话签字，又是录音录像。事情办好，周大娘放心了。

没想到半年以后就派上了用场。大儿子去了公证处，要求出具文件。公证处的人先到护理院看了周大娘，又去精神卫生中心核实诊断书，确定她的状况“符合原先设定的意定监护生效条件”，把监护人资格公证书发给了他们。

居委会原先从小儿子那头听说，周大娘被大儿子虐待，天天绑在养老院里。看到公证书，他们有点明白了这桩家庭纠纷的来龙去脉。不用给周大娘另外指定监护人了。

从两个儿子对待周大娘的态度来看，周大娘是悲惨的，但她早早为自己选定监护人，为失能后的生活提供了保障，又是幸运的。如今自己已过 80 岁，儿子们的态度早已无法改变，比起设计制度来规制儿子们的行为，不如重新选定其他靠谱的监护人以保证生活质量。可以说，周大娘的案例完美地诠释了意定监护这一制度的必要性与优势，为想要排除适用法定监护人的人们提供了可行的选择与示范。

6.4.6 小结

意定监护也称委托监护，指有完全民事行为能力的成年人，可以与其近亲属、其他愿意担任监护人的个人或者组织事先协商，以书面形式确定自己的监护人。协商确定的监护人在该成年人丧失或者部分丧失民事行为能力时，履行监护职责。通常情况下人们印象中的"意定监护"就是人老了之后给自己找一个信得过的人来照顾，有点类似于"遗赠扶养协议"之类。但实际上"意定监护"与"遗赠扶养"在法律依据、合同当事人身份以及权利范围上都有很大不同。

首先，意定监护协议的被监护人在签订时必须是完全民事行为能力的成年人，这就要求签署人具有完全自主的意思表示，能够在意识清醒的情况下，决定自己在丧失或者部分丧失民事行为能力时负责被监护人的监护职责。其次，意定监护必须采用书面形式。再次，意定监护的监护人也应该是具备完全民事行为能力的成年人。同时，这个监护人可以是近亲属、个人或者其他组织。最后，意定监护协议书一定要进行有效公证。

6.4.7 法律链接

《中华人民共和国民法典》

第三十三条 具有完全民事行为能力的成年人，可以与其近亲属、其他愿意担任监护人的个人或者组织事先协商，以书面形式确定自己的监护人，在自己丧失或者部分丧失民事行为能力时，由该监护人履行监护职责。

第三十四条 监护人的职责是代理被监护人实施民事法律行为，保护被监护人的人身权利、财产权利以及其他合法权益等。

监护人依法履行监护职责产生的权利，受法律保护。

监护人不履行监护职责或者侵害被监护人合法权益的，应当承担法律责任。

因发生突发事件等紧急情况，监护人暂时无法履行监护职责，被监护人的生活处于无人照料状态的，被监护人住所地的居民委员会、村民委员会或者民政部门应当为被监护人安排必要的临时生活照料措施。

第三十五条　监护人应当按照最有利于被监护人的原则履行监护职责。监护人除为维护被监护人利益外，不得处分被监护人的财产。

未成年人的监护人履行监护职责，在作出与被监护人利益有关的决定时，应当根据被监护人的年龄和智力状况，尊重被监护人的真实意愿。

成年人的监护人履行监护职责，应当最大程度地尊重被监护人的真实意愿，保障并协助被监护人实施与其智力、精神健康状况相适应的民事法律行为。对被监护人有能力独立处理的事务，监护人不得干涉。

《中华人民共和国老年人权益保障法》

第二十六条　具备完全民事行为能力的老年人，可以在近亲属或者其他与自己关系密切、愿意承担监护责任的个人、组织中协商确定自己的监护人。监护人在老年人丧失或者部分丧失民事行为能力时，依法承担监护责任。

老年人未事先确定监护人的，其丧失或者部分丧失民事行为能力时，依照有关法律的规定确定监护人。

6.5　细水长流：家族信托

遗产分配如同切蛋糕，怎么切永远是一个难题，特别是对于资产净值较高的 A 类、B 类家庭而言。不同于只拥有有限资产、可以直接按照意愿传给下一代的普通家庭，这两类家庭已经有了如何使财富细水长流的思考。家族信托所带来的不仅仅是授人以鱼，更多的是授人以渔，对于后代财产的使用有着指导和监管的权利。

6.5.1 案例导读——王女士能否助女儿逃脱“重男轻女”的伤害

王女士是大众口中的女强人，王女士在将近40岁的时候喜得千金。自然十分高兴。但是由于丈夫和婆婆重男轻女的思想，王女士忍无可忍，选择了离婚，女儿自然判给了王女士。

离婚之后的王女士自然如释重负，再也不用受到丈夫和婆婆成天的指责和白眼了，望着自己的女儿，王女士不由得想到了一个问题：如果自己出事怎么办？

这是一个非常现实的问题。因为王女士一旦出现意外，那么自己的女儿年龄不够，前夫就会成为监护人，本来是女儿的财产就会由前夫进行掌管。而重男轻女的前夫怎么会善待女儿呢？如果王女士了解到信托这一类财富传承手段，那么家族信托能够帮助王女士解决心头上挥之不去的问题吗？

6.5.2 家族信托“大家庭”——追本溯源

（1）家族信托的背景

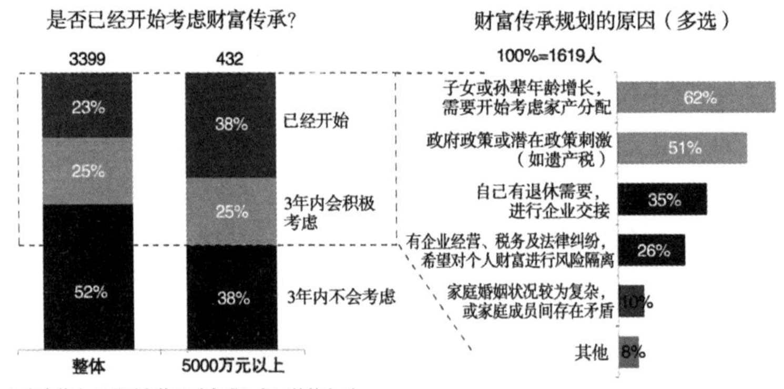

图6.2 财富传承调查

大多数高净值人士面临着财产保护、财富传承等问题，需要专业而有前瞻性的筹划。家族信托作为家族财富传承和风险隔离的最有效工具之一，得到了高净值人群的广泛认可。数据显示，目前高净值人士整体在使用家族信托的比例已接近 10%，另有超过 30% 的受访者表示会在未来三年内积极考虑使用家族信托。在可投资金融资产超过 5000 万元的超高净值人群当中，已有超过 20% 的受访者正在使用家族信托，而表示未来三年内会积极考虑使用家族信托的比例接近 40%。①

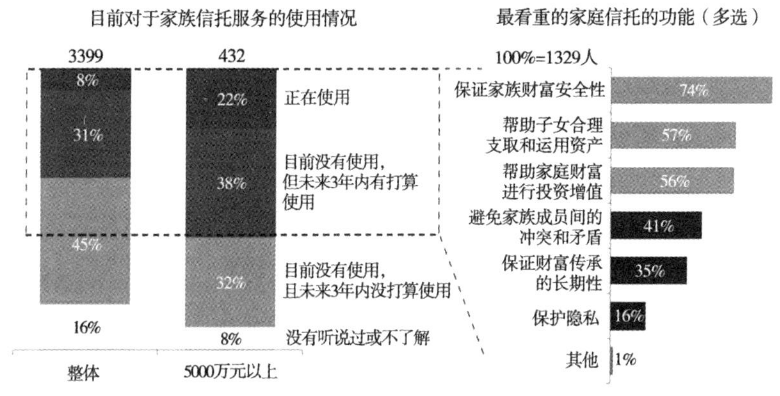

图 6.3　家族信托调查

招商银行以及贝恩公司以“回归本源”为主题发布了《2019 中国私人财富报告》。这是自 2009 年首开中国私人财富市场研究先河以来第 6 次发布系列报告。在该报告中显示，家族信托作为财富传承工具的占比提升，境内家族信托受到高净值人群的青睐。

根据《2019 中国私人财富报告》，高净值人群在进行财富传承安排时，最常用的方式包括为孩子购买保险、为孩子购买房产和创设家族信托。近年来，家族信托在各类财富传承安排方式中增长较快，其提及率从 2015 年的 16% 提升至 2019 年的 20%。整体而言，高净值人群对于家族信托认可度在过去几年中显著提升，主要归结于三点：第一，财富管理机构对高净值人群的持续教

① 新浪财经 . 建设银行与波士顿咨询公司对 3399 名私人银行客户调研分析 [EB/OL]. http://finance.sina.com.cn/stock/relnews/hk/2019-04-13/doc-ihvhiqax2291821.shtml，2019-4-13。

育和引导。第二，家族信托解决了保险产品及房地产作为传承工具上的不足，如保额上限较低、现金流规划能力受限、隔代传承及其他定制化功能不足等，提升了财富传承规划的科学性与灵活性。访谈中，高净值人士表示，孩子们往往受过良好的教育，思想独立自主，家族信托在保障孩子未来生活的同时，可以针对孩子个性化需求形成最合理的传承方案，帮助完善孩子财富观念建设，培养孩子创富能力，实现更高层次的精神财富传承。第三，家族信托成功案例越来越多。该报告中，创建境内家族信托的高净值人士数量是境外家族信托的两倍。大量高净值人士的财富来源及企业业务集中在国内，对境内家族信托服务需求一直存在。境内家族信托服务不断完善：受托财产从单一的现金类财产演变成目前以现金为主，兼有保单、股权、不动产、艺术品等多元化的资产，同时进一步融合法律、税务、公司架构等更全方位的服务。高净值人群对境内家族信托服务信任度得到明显提升。

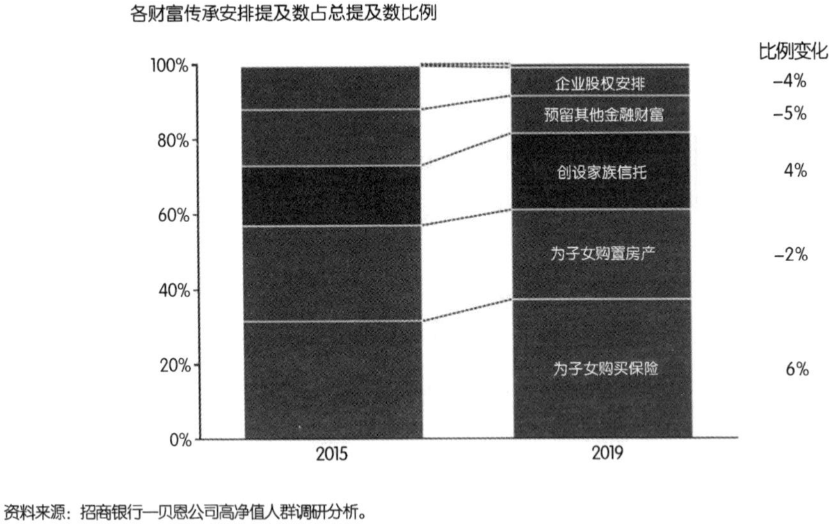

各财富传承安排提及数占总提及数比例

	比例变化
企业股权安排	−4%
预留其他金融财富	−5%
创设家族信托	4%
为子女购置房产	−2%
为子女购买保险	6%

100% 80% 60% 40% 20% 0%

2015 2019

资料来源：招商银行—贝恩公司高净值人群调研分析。

图 6.4　2015—2019 年高净值人群财富安排和变化

（2）家族信托的法律界定

信托是一种建立在信任基础之上的财产使用权和管理权转移的制度安排，目的是实现财产持久地保值增值。

家族信托是信托业务中的一种，其将资产的所有权和收益权相分离。高净值人士将资产委托给信托公司后，虽不再拥有所有权，但仍然拥有相应的收益收取和分配权。它具有信托的基本特征，也有一些自身的特色。首先，它的委托人常常是家族企业或者一些资产雄厚的个人。也就是说，家族信托的委托人常常是个人。其次，它的受益人往往是家族财产的继承人。最后，家族信托的目的常常是在保障家族企业长久发展的同时保障家族企业股权集中。家族信托根本目的通常是保证家族或个人的财产在代际传递中不受损失。在西方国家，遗产税是一种很重的税负，家族信托一定条件下能够减低税负，还能保证家族企业的股份不因多个继承人的继承而拆分，从而保证家族企业的规模和效益。

根据 2018 年 8 月 17 日银保监会下发的《信托部关于加强规范资产管理业务过渡期内信托监管工作的通知》，家族信托的定义有如下要点：首先，委托人必须是单一个人或单个家庭，传统的集合资金信托不符合家族信托定义；其次，家族信托金额或价值不低于 1000 万元；再次，家族信托不得为纯自益信托，受益人必须包括委托人在内的家庭成员；最后，家族信托兼具事务管理和金融服务职能。

不难看出，家族信托实际上是一种资产继承手段。可以在一定程度上帮助解决家族企业或“富一代”财产在代际传递过程中的流失问题。国内家族信托业务尚处于市场培育阶段，我国很多私营企业或者高净值人士都面临着企业或者财产的代际移交问题，家族信托业务也应运而生。

（3）家族信托的分类

家族信托的分类方式有很多，有按照境内外设立进行的分类、按照服务主体进行的分类、按照财产对象进行的分类、按照受托人分配信托权益自由度大小进行的分类、按照具体信托目的进行的分类、按照信托法资格进行的分类、按照信托是否可撤销进行的分类等。

在此，对按照信托主要内容进行的分类以及按照信托是否可撤销进行的分类详细介绍。

按照信托主要内容进行的分类，家族信托可以分为财产管理型和事务管理型两种：

①财产管理型家族信托

以信托财产的管理为主要内容的家族信托，委托人将信托财产交付给受托人，指令受托人为完成信托目的，从事财产管理。例如，以资金和不动产设立家族信托，受托人通过对资金和不动产的管理和使用来保障信托财产的保值增值。

②事务管理型家族信托

以家族事务的管理为主要内容的家族信托，委托人将信托财产交付给受托人，受托人为完成信托目的，从事相关的事务管理。事务管理型家族信托由委托人开启，受托人一般不对信托财产进行管理或处分，除非需要，如股权代持等。主要内容是通过家族信托，进行权益重构、名实分离、风险隔离等。

按照信托是否可撤销进行的分类，家族信托可以分为可撤销和不可撤销两种：

一是可撤销的家族信托，可撤销的家族信托是委托人在信托设计中保留了随时都可以终止家族信托并取回信托财产的权利。此时委托人一般有变更家族信托条款、增加或减少家族信托内资产的权利，相比不可撤销信托而言更有弹性。

二是不可撤销的家族信托，不可撤销的家族信托，委托人除依照家族信托文件的条款外，不能决定家族信托终止，没有变更家族信托文件权，也不能减少信托资产。

一般地，除非委托人在信托文件中明确该家族信托为不可撤销信托，否则为可撤销信托。

6.5.3 家族信托——“威力”真不小

从信托制度起源可以看出，信托制度的出现并非出于对投资的需求及财富增值的渴望，而是出于通过一种独特的制度设计，实现传承和保护家庭财产的目的。可以说，家族信托是一种有效的财富传承方式，是高净值人士首选的管理家族资产的载体。以家庭财富的管理、传承和保护为目的的信托，在内容上以资产管理、投资组合等理财服务实现对家族资产负债的全面管理，更重要的是提供财富转移、遗产规划、税务策划、孩子教育、成员创业、生活保障、家族治理、慈善事业等多方面的服务。

家族信托能够实现财富传承和保护，家族信托的作用主要有以下几个方面：

（1）隔离个人资产

许多高净值人士都是多家企业的实际控制人，家族资产和企业资产没有清晰区分，容易混同。当企业面临债务危机时，企业家个人资产往往也成了债务追偿对象，可能个人资产都会被查封、冻结，甚至被罚没。

无论高净值人士是在企业投融资的情况下还是在扩大生产为企业贷款作了个人连带责任担保的情况下，抑或在企业资产和个人资产混同的情况下，如果企业面临财务危机，其个人资产很有可能会卷入其中。根据《中华人民共和国信托法》第十五条“信托财产与委托人未设立信托的其他财产相区别”，以及《中华人民共和国信托法》其他有关规定，信托具有财产的独立性。信托财产独立于受托人的财产和其他信托财产，不包含在破产清算范围内，委托人的债务也不会转移给信托资产的受益人。所以，王女士如果在合理的时间点内，用合适的财产设立了家族信托，并且通过对应的家族信托条款设计，其家族信托中的个人资产在企业经营遇到风险时，很大程度上能够解决王女士的后顾之忧。当然，家族信托在何时设立，以何种财产类型设立，家族信托条款如何设计，还需要借助家族信托相关的专业人士，根据高净值人士的不同需求，设立符合其要求的家族信托。

（2）防范子女婚变

企业家子女如果出现婚姻变故，家庭财富也将面临重大的变故，大部分资产可能会被分走。在这种情形下，家族信托的资产隔离功能就派上了重要用场。

王女士可以通过家族信托给予孩子财产支持，信托条款中可以明确信托受益人领取的受益金的性质是个人财产。归属家族信托的资产被防护，能够防范离婚造成的家族财富外流。

（3）传承家族企业

家族企业不仅要考虑公司的财富状况，还要考虑如何将企业更好地传承给后人，让家族保持兴旺发达。毕竟创业不易，守业更难。在家族信托中，受托人根据行业发展的整体局面和未来态势，对信托进行科学的管理，使受托财产保值增值，实现家族财富的永续传承。家族信托通过将家族企业股权锁定在信托中来维护公司股权的控制力，防止不合格股东进入企业，保证股权结构的稳定和企业的传承。

王女士可以将原本用于传承的资产转入家族信托，比如企业股权，不过需要注意的是，目前股权进入信托可能会存在税务方面的问题。装入家族信托的股权将会被集中锁定在家族信托中，不会因为继承而受到影响。并且，家族信托一般设有管理决策委员会，对家族信托的企业运营进行决策管理。等到王女士的孩子长大后进入机构，能够解决在经营企业时意见不统一影响企业经营的问题，使企业更加稳定地传承和经营。而且企业经营的分红转入信托后，向家族信托的受益人分配，可以让家族后代获得企业经营成果。

（4）保护家族财富

家族信托中，财富保护功能是最基本以及最初始的功能。家族信托可以保证财产安全，保证老有所依。通过设立信托避免离婚、企业破产等事件对企业资产、经营造成影响或个人财产成为债务偿还对象。信托资产是独立财产，独立于委托人和受托人，受托人的财产和信托财产是两个独立的概念，家族信托不会因为信托公司的破产或资不抵债等其他问题影响企业持续发展。

一般地，家族信托可以在保值基础上实现增值，给予受益人利益，还可以按分配条件、分配对象、分配比例将资产分配给孩子，避免资产被骄奢浪费。

（5）保密资产信息

高净值人士的信息很容易被获取或者遭到泄露，信息保密很重要。家族信托可以严格保密信息。受托人拥有信托资产的所有权，一般情况下，委托人不得对外披露信托资产的运营和收益情况。家族信托可以做到严格保密主要有以下几点原因：第一，家族信托一般情况下无需审批，只需要委托人与受托人之间达成合意即可设立。第二，根据信托法规定，受托人负有保密义务，除特殊情况下，受托人没有权利对外界披露任何有关信托的资产讯息和个人数据；家族信托设立后，信托财产管理和运用都以受托人的名义进行，除特殊情况外，受托人无权向外界披露家族信托财产的运营情况。此外，大多数的法定管辖区域没有关于信托事项公开披露的规定，且信托合同不需要经任何政府机构登记，也不提供公开查询服务，因此可以保障受托资产和信托事项有关信息的绝对保密。很多委托人都具有非常复杂的家庭和个人情况，有一些较为私密隐蔽的诉求，可以通过信托结构设计予以满足，达到信息严格保密的要求。

（6）引导二代成才

家族信托通过“定制化”条款设置，如教育支持条款、成员创业条款等，达到激励和约束受益人的效果，培养出合格的家族企业接班人。高净值人士可以根据实际需求灵活约定各项条款，包括信托期限、收益分配条件和财产处置方式等，如可约定受益人获取收益的条件如“学业规划”“结婚”“年龄阶段规定”等，以此来保障继承人的理性选择，避免继承人好逸恶劳。通过信托的正向引导功能，改掉花钱无度之习惯。

为了给孩子鼓励，还可以在家族信托中加入学业、日常各方面的激励约束机制。

（7）纳税筹划

在进行财富传承规划时，高净值人士比较关注的是税收问题，通过设立永久存续的信托可以妥善解决多代传承的纳税问题。税收筹划并不是逃税，税收筹划是纳税义务人通过财富传承制度和结构的安排，对税收事项进行规划以及调整，减少税负。信托财产的所有权已经从委托人名下转移，税务机关不能再就信托财产向委托人征税。委托人将财产设定信托，可以通过信托财产的独立性避免财富代际传承中可能产生的遗产税以及赠与税等，还可以优化税务架构。

（8）社会慈善

企业捐赠其所持股权而成立慈善信托，相较于更为常见的捐款、捐物，可以让家族和家族企业真正介入慈善事业的运作和管理，能够更好地满足家族从事慈善事业的需求。因为慈善信托下企业股权不得或不易转让，对家族长期控制企业起到关键性的作用。将家族财富投身于公益事业的发展，无论是提升家族凝聚力、挖掘家族成员潜力，还是社会资源的开发和利用，都具有重要意义。参与慈善的过程能够帮助家族成员树立正确的价值观，避免出现因成员争产而导致的资本受损的局面。

除此之外，家族信托还有很多其他作用。例如，家族信托能实现家族财富与家族文化的共同传承，巨大的财富将不会使后代受到迷惑和压迫，反而变成一种社会责任感和维续家族事业的动力和支持。而且家族信托能够在没有遗嘱的情况下避免复杂的继承程序，减少继承纠纷等。

6.5.4 家族信托要用好，规矩不可少

（1）设立家族信托的生效要件

《中华人民共和国信托法》对设立信托的生效要件进行了严格规定，有效的家族信托需要遵循以下生效要件：

①家族信托目的合法

《中华人民共和国信托法》第六条规定："设立信托，必须有合法的信托目的。"设立信托目的不合法主要有违法信托和欺诈性信托。

违法信托是指信托目的违反法律、行政法规或者损害社会公共利益。例如，对于夫妻共有的财产，在离婚时应当合理进行分配，如果一方将本属于共同财产分配范围内的财产以设立家族信托的方式进行转移独占，则该家族信托属于无效信托。欺诈性信托是委托人以达到债权人难以实现债权的目的而设立的信托，债权人可以对此行使撤销权。但是为了平衡债权人与善意大家族信托受益人的利益，债权人行使撤销权的时候不能影响善意受益人已经取得的信托利益。

②家族信托主体需适格

对于家族信托的委托人而言，只能以归属于其名下的合法财产和家族事务设立家族信托，委托人是家族财富的创富者。对于家族信托受托人而言，其需要有家族财富或事务管理的资质和能力。对于家族信托受益人而言，根据《中华人民共和国信托法》对家族信托受益人的规定，受益人范围较为广泛，委托人的家族成员、家族企业员工或者其他需要其帮助的人都可以成为家族信托的受益人。

③家族信托财产需符合条件

用以设立家族信托的财产需要合法，其可以是有形财产也可以是无形财产，如股权、知识产权、收藏品等，但必须是权属明确、实际存在的合法财产。因此，委托人可能取得但仍未取得或者是权属不清的财产不能用于设立家族信托。另外，限制流通的财产需要得到批准才可以用以设立家族信托，如文物等。

④信托设立行为需符合规定

信托设立行为包括意思表示行为以及信托财产的转移行为。

对于家族信托设立的形式，《中华人民共和国信托法》规定家族信托的设立必须采取书面形式，口头形式不能设立家族信托。对于信托财产的转移行为，一般认为家族信托财产转移到受托人名下才能更有利于家族信托功能的实现。

设立家族信托的信托设立行为除了需要在意思表示以及信托财产的转移上符合规定，依法要办理信托登记的家族信托，还需要办理家族信托登记。采取信托合同形式设立信托的，信托合同签订时，信托成立，如无特别约定，家族信托合同自成立起产生法律效力。法律、行政法规限制流通的财产，如金银、文物等，在设立信托前，只有在依法经有关主管部门批准取得该项财产（权利）的授权后，才可以作为信托财产。因此，应该进行批准、登记的家族信托合同，还需要批准、登记后才能产生法律效力。

（2）家族信托的架构及构成要素

家族信托除由委托人、受托人、受益人组成外，还会设“监察人”和“投资顾问”等角色，家族信托的基本框架结构如下：

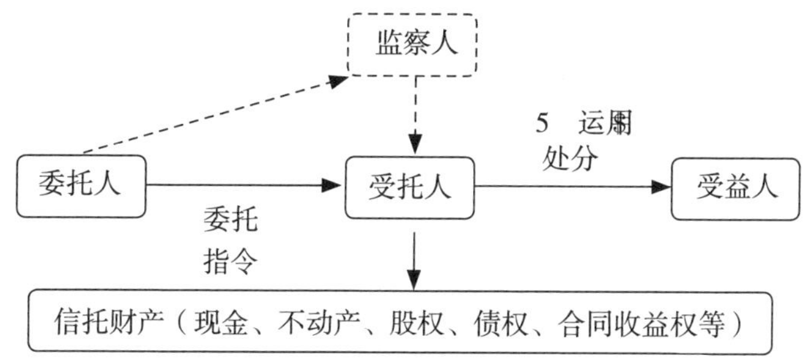

图 6.5　家族信托框架结构

一份完整的家族信托之中，至少应包括以下关键因素：

①委托人

通过信托行为把自己的财产转移给受托人并委托受托人为自己或自己指定的其他人的利益或特殊目的对信托财产进行管理或处分，并以此设立信托的人。具有行为能力的自然人、法人、非法人组织都可以作为委托人而设立信托。

②信托目的

委托人通过信托行为要达到的目的。信托的目的由委托人提出，可以是各种各样的内容，一般情况下，主要是通过家族信托架构实现家族企业顺利传承到下一代，并实现家族财富的保值增值。

③受托人

对信托财产按照信托合同的规定进行经营、管理、使用和处理的人。受托人多是个人、私人信托公司、专业信托公司或共同受托人。由于个人受托人承担无限责任，并且寿命有限，不利于家族信托的运营。

④受益人

委托人指定的享受家族信托财产及家族事务管理所产生利益的人，主要是家族成员，也可以是委托人本身，有时是家族企业的员工和其他需要帮助的人。委托人可以在信托设立以后改变受益人，还可以对受益人进行限制，在受益人满足信托条款中的规定时才可以有受益权。

⑤监察人

为了使家族信托更好地按照委托人的意愿执行，家族信托的委托人可以指定信得过的人作为家族信托的监察人。监察人被委托人赋予各种权利，如更改或监管受托人等。监察人可以是律师、会计师、第三方机构等。

⑥信托财产

家族信托中可持有的财产没有限制，只要该信托财产的所有权能够被转移，可持有的资产可以是现金、金融资产、房产、保单、股票、家族企业的股权、基金、版权和专利等。但是由于目前中国法律的一些界定问题以及缺乏全国范围的房地产资产管理合作伙伴，不少金融机构目前纳入家族信托的资产还只限于金融资产。

⑦家族信托设立地点

一般地，家族信托需要根据资产类别选择设立地，如资产在境内，一般在境内设立家族信托。因为高净值人士的资产往往多样化，所以在选择家族信托设立地时还需要在了解各法域信托法律政策的前提下，根据高净值人士的财产情况和需求，与其他财富管理考量相关联，再选择合适的受托人以及信托设立地。有时还需要考虑家族企业注册地投融资便利、税收优惠程度等因素。

⑧信托期限

信托期限是指信托的设立到终止，在我国，没有对家族信托的期限进行详细规定，由信托的委托人和受托人协商，家族信托原则上可以永久存续。但通常高净值人士会给家族信托设定一个期限，如 100 年等。需要根据高净值人士的不同的家族信托目的而定，暂时没有统一标准。没有确定期限的信托为无限期信托，也称为永久信托。虽称其为"永久"，但"永久"的家族信托也可能因为遇到家族信托财产消耗殆尽、家族信托目的实现或消失等状况而终止。部分国家或者地区虽设有信托"反永续规则"，但也开始松动。例如，英属维尔京群岛于 2013 年将在该群岛设立的信托的最长期限由 100 年增加到 360 年。开曼《永续法》规定，在开曼所设信托的期限不得超过 150 年，但是在慈善信托、特别信托中，信托的存续期则不受限制。在我国香港地区，通过修订"受托人条例"和"财产恒继及收益累积条例"，废除了反财产恒继规则，明确可设立永续信托。[①]

⑨其他要素

家族信托的设立还需要考虑其他一些因素，如损失赔偿、制止受益人挥霍浪费现象、风险防范等。

家族信托在高净值人士的财富传承中起着不可小觑的作用，家族信托的资产隔离、抗婚变、企业传承、财富保护、资产信息保密、纳税筹划、二代教育、社会慈善等功能的有效运用还需要专业人士根据情况进行法律分析和

① 张言非 . 离岸信托制度的优势和风险评析 [J]. 产权导刊，2015，(7)：34-36。

财务筹划。家族信托是关乎到家族传承的重要部分，家族信托能够助力高净值人士未雨绸缪，提前做好财富隔离保全和传承安排。因此，搭建家族财富管理服务平台，为客户提供集家庭与企业、在岸与离岸，传承与配置一体化的财富管理方案实属必要。

在高净值人士设立信托时，需要与律师等专业人员对家族信托基本架构以及内容进行多次商讨、设计，基于高净值人士的个性化需求，确定信托合同内容，提供量身定制的信托方案。

6.5.5 案例解析——周董是否能够顺利完成心愿

周董是国内某著名企业的董事长兼创始人，现年 60 岁。现任配偶周夫人原为财务总监，但因为在企业成长过程中，周夫人颇有助力，其才识与干劲得到众元老的一致认可与支持。因此周夫人现已是第二大股东，其企业话语权与周董不相上下。

周董有四个孩子，大儿子和二儿子是前妻所生。

大儿子聪明能干，精通企业管理，也是周董心里预定的接班人。

二儿子则是其中最为沉默寡言的一个，比较愚钝，但是为人真诚谦让，从不与兄弟们争抢，经常被四儿子欺负也并不多言。

三女儿和四儿子是周夫人所生，三女儿是一名网红，没有要管理家族企业的意思，交往了一个模特，模特所有花费支出都靠她，周董多次提出模特是贪图其财富，但是三女儿却深爱模特并且正准备与他结婚。

四儿子则因为周夫人的偏心待遇，骄纵跋扈，不知节俭，周董对此多有不满。就算周董停了四儿子的卡，周夫人也会给四儿子提供所需费用，并且周夫人在周董面前多次力争让四儿子成为企业接班人，这也是家族内最大的矛盾所在。

周董正准备进行企业投融资，面临着承担连带责任的风险。周董不知道家庭资产会否被归入企业债务责任财产的范围，从而使得个人资产成为债权人追偿的对象。

周董、周夫人及孩子们名下在国内各有资产，企业有数家子公司，主要领域为轻工业，还有周夫人主导的化妆产品企业。因为资产众多，周董其实并不清楚他到底有多少钱。随着年纪渐长，身体状况也渐渐不如从前，周董认为应该尽快考虑财富传承的相关事宜，但周氏家族继承人与企业的关系及资产如此复杂，对于企业传承以及家族内务，他有不少担忧。

由于对财富传承与管理不甚了解，周董对财富传承、企业接班、财富保护等方面疑问颇多。

他疑惑是否立一份遗嘱就可以达到其对企业接班的安排？这是多数高净值人士最常提出的问题，在影视剧和娱乐新闻的渲染下，遗嘱的作用被过分夸大，给人留下了“无所不能”的印象。实际上，遗嘱虽然在财富传承中占据着重要的地位，但仍有许多不能解决的问题。例如，其存在无法实现对全部资产的分配、继承权公证存在难关、不能完全实现财富传承等问题。这就需要依靠保险、信托、基金会等传承工具综合应用以规避风险。家族信托就是这样一种行之有效的工具，周董对此也略有耳闻，于是提出第二个疑问：如何设立一个家族信托，在保护财富的基础上达到债务隔离、财富传承等目的？

对于几个孩子，周董也各有担忧：大儿子是自己心中最合适的企业继承人，但周夫人却力争要让四儿子当继承人，且周夫人在企业内也有相当势力，在此情形下如何才能顺利地将产业传承给大儿子，实现家族企业传承？

对于二儿子，因其不爱争抢，资质不足，常受欺负，如何才能保障其继承资产？

对于三女儿，周董认为其交往的模特是图其财富。如何可以在保障女儿受益的同时对资产信息进行保密，将资产与这个模特分开，实现资产隔离，保护财富？

至于骄纵的四儿子，周董虽然不满，但也想知道如何能够在保障四儿子继承权的同时，保证财产不会被其挥霍。

同时，周董正准备进行企业投融资，投融资会使其面临承担连带责任担保从而个人资产成为债权人追偿对象的危机。此时如何实现资产隔离，帮助周董解决企业经营风险波及个人资产的问题？而且周董如何才能通过家族信托，达到纳税筹划以及家族慈善的目的？

周董的问题可能是高净值人士在财富传承中遇到的典型问题，正是在这样的需求下，家族信托业务在国内蓬勃发展起来。总的来说，家族信托的功能包括资产隔离、财产保护与增值、财富传承和家族治理等主要方面，是多元诉求的支持平台，也是家族所有权配置的核心。在周董的案例中，如果适用家族信托这一财富传承工具，定制一个符合家族利益的家族信托，提前对资产进行规划，上述问题都将得到解决。

6.5.6 小结

家族信托的目标客户群是A类家庭和B类家庭，其内容主要针对管理和处置家族财产计划。家族信托设立是一个复杂的过程，要通过信托文件、家族治理制度、家族企业治理制度来预防未来可能发生的问题。家族信托不可能是一种产品，也不可能是一种标准，而应当是一个定制式的解决方案。而且这个定制式的解决方案必须符合合规性与价值性、家族性与系统性、可变性与持续性等几个最基本的原则。

相对于传统的法定继承和遗嘱继承，家族信托的优势是比较明显的，能够实现破产风险隔离机制等合理规避风险功能。信托结构方面，委托人应当尽可能完善信托监督与保护机制，以防范信托外部的冲击。除此之外，家族财富的传承离不开家族精神与文化的护航，委托人在传承物质财富的同时，应当注重家族精神与文化的培养与延续，保障家族的团结与和谐。最后，无论是财富的传承，还是权杖的交接，抑或是文化的相续，均可以在家族信托中予以实现，但都不可避免地要面对“不变”与“变”的长期平衡。

6.5.7 法律链接

《中华人民共和国信托法》

第二条 本法所称信托，是指委托人基于对受托人的信任，将其财产权委托给受托人，由受托人按委托人的意愿以自己的名义，为受益人的利益或者特定目的，进行管理或者处分的行为。

第六条 设立信托，必须有合法的信托目的。

第七条 设立信托，必须有确定的信托财产，并且该信托财产必须是委托人合法所有的财产。

本法所称财产包括合法的财产权利。

第八条 设立信托，应当采取书面形式。

书面形式包括信托合同、遗嘱或者法律、行政法规规定的其他书面文件等。

采取信托合同形式设立信托的，信托合同签订时，信托成立。采取其他书面形式设立信托的，受托人承诺信托时，信托成立。

第九条 设立信托，其书面文件应当载明下列事项：

（一）信托目的；

（二）委托人、受托人的姓名或者名称、住所；

（三）受益人或者受益人范围；

（四）信托财产的范围、种类及状况；

（五）受益人取得信托利益的形式、方法。

除前款所列事项外，可以载明信托期限、信托财产的管理方法、受托人的报酬、新受托人的选任方式、信托终止事由等事项。

第十条 设立信托，对于信托财产，有关法律、行政法规规定应当办理登记手续的，应当依法办理信托登记。

未依照前款规定办理信托登记的，应当补办登记手续；不补办的，该信托不产生效力。

第十一条 有下列情形之一的，信托无效：

（一）信托目的违反法律、行政法规或者损害社会公共利益；

（二）信托财产不能确定；

（三）委托人以非法财产或者本法规定不得设立信托的财产设立信托；

（四）专以诉讼或者讨债为目的设立信托；

（五）受益人或者受益人范围不能确定；

（六）法律、行政法规规定的其他情形。

第十四条 受托人因承诺信托而取得的财产是信托财产。

受托人因信托财产的管理运用、处分或者其他情形而取得的财产，也归入信托财产。

法律、行政法规禁止流通的财产，不得作为信托财产。

法律、行政法规限制流通的财产，依法经有关主管部门批准后，可以作为信托财产。

第十五条 信托财产与委托人未设立信托的其他财产相区别。设立信托后，委托人死亡或者依法解散、被依法撤销、被宣告破产时，委托人是唯一受益人的，信托终止，信托财产作为其遗产或者清算财产；委托人不是唯一受益人的，信托存续，信托财产不作为其遗产或者清算财产；但作为共同受益人的委托人死亡或者依法解散、被依法撤销、被宣告破产时，其信托受益权作为其遗产或者清算财产。

第十六条 信托财产与属于受托人所有的财产（以下简称固有财产）相区别，不得归入受托人的固有财产或者成为固有财产的一部分。

受托人死亡或者依法解散、被依法撤销、被宣告破产而终止，信托财产不属于其遗产或者清算财产。

第十七条 除因下列情形之一外，对信托财产不得强制执行：

（一）设立信托前债权人已对该信托财产享有优先受偿的权利，并依法行使该权利的；

（二）受托人处理信托事务所产生债务，债权人要求清偿该债务的；

（三）信托财产本身应担负的税款；

（四）法律规定的其他情形。

对于违反前款规定而强制执行信托财产，委托人、受托人或者受益人有权向人民法院提出异议。

6.6 富人财富最佳归宿——家族基金会

相比于家族信托，我们在日常生活中更常听到的是家族基金会，比如比

尔 · 盖茨家族基金会、巴菲特家族基金会等。不同于家族信托的是，家族基金会是针对 A 类家庭而衍生出来的资产管理模式。而作为最顶尖的一批人群的 A 类家庭往往是新闻关注的重点，导致家族基金会时常走进公众视野。那么家族基金会和信托到底有什么区别呢？这一节就向读者简要介绍家族基金会的来龙去脉。

6.6.1 案例导读——曹德旺和他的“河仁基金会”

谈到慈善基金会，人们首先会想到比尔 · 盖茨和巴菲特，但在中国，就不得不提曹德旺和他的“河仁基金会”，这是全国第一也是目前唯一经由国务院审批、以金融资产（上市公司股票）创办的全国性非公募基金会。

发起人曹德旺先生是我国著名企业家、玻璃大王、福耀集团董事局主席。“河仁”二字为曹德旺父亲曹河仁名字，寓意“上善若水、厚德载物”。他捐出其家族所持福耀集团 3 亿股股权，当时总市值 35.49 亿元人民币。从这个角度来讲，也可以称其为曹氏家族慈善基金会。

河仁慈善基金会是以国务院侨务办公室为主管单位的涉侨基金会，成立之前，曹先生捐赠股票成立基金会支持社会公益慈善事业的想法，面临诸多体制上的不便，为促成此创新之举，国侨办做了大量的协调推动工作，股捐形式得到了多位国家领导人的关注和支持。河仁慈善基金会在资金注入方式、运作模式和管理规则等方面开创了中国基金会的先河。①

6.6.2 家族基金会——初来乍到，请多指教

（1）家族基金会的概念和特点

每个国家对家族基金会的定义都各有不同，如美国基金理事会（The Council on Foundations）将家族基金会定义为：资金主要来源于同一家族的多个成员的基金，不管以信托形式、离岸公司形式，还是以单一户头或银行账户形式存在，都可以统称为“家族基金”。并指出“家族基金的概念在欧美国

① 本刊编辑部. 曹德旺：慈善是一种修行［J］. 中国企业家，2016（23）：96。

家比较流行，在中国才刚刚起步”。

“家族基金会”是一个舶来语，在国内并无明确的界定。在我国，家族基金会以公益慈善为目的，根据国务院颁布的《基金会管理条例》，基金会是指利用自然人、法人或者其他组织捐赠的财产，以从事公益事业为目的，按照本条例的规定成立的非营利性法人。家族基金会是社会公众对具有明显家族特质和由某特定家族发起设立，以及由其家族成员主要参与运营的基金会的通俗称谓。[①]

根据《基金会管理条例》，基金会只能以“从事公益事业为目的”，“基金会依照章程从事公益活动，应当遵循公开、透明的原则”。中国的家族基金会目的受严格限制，只能以公益为唯一目的。[②]

家族基金会是由个人或者家族出资，有自行设立的董事会和工作团队，有明确的宗旨、目标和规划，面向社会提供服务。[③]依照不同的标准可以将家族基金会分为永续型基金会和非永续型基金会、运作型基金会和资助型基金会、公募基金会和非公募基金会。

家族基金会与包括家族私益信托、家族慈善信托两类的家族信托相比，其有以下突出的区别：

①是否为公益性。家族基金会属于纯公益，一般没有特定受益人，除了在极少数地区的家族基金会才可以有特定受益人。而家族信托中的家族私益信托有具体受益人。

②是否有独立的法人资格。家族基金会有独立的法人资格，以其资产为限对外承担责任。而家族信托没有独立的法人资格。

③存续期间。一般而言，家族基金会可以永续，而家族信托不可以无限期存续。

与非家族基金会相比，家族基金会具有以下三个特点：

①出资的独立性，即家族基金会的资金源于某家族的自有资金或者基金

① 本刊编辑部．曹德旺：慈善是一种修行 [J]. 中国企业家，2016（23）：96。

② 李泳昕，曾祥霞．中国式慈善基金会 [M]. 北京：中信出版集团，2019：41。

③ 韩宇．私人财富保障与传承实务全书 [M]. 北京：中国法制出版社，2018：237。

会资金日后的增值，而非外部募集。

②完善的组织架构和运营，这也是家族基金会的一个重要特征。

③家族成员持续不断地参与慈善，这是区别一个基金会是否为家族基金会的重要特征。如海南省慈航公益基金会，虽然该基金会创始人协同公司员工积极做慈善，然而由于基金会资金来源的多样性以及创始人后代未必会全力参与基金会的慈善活动，所以这是一个企业基金会，而不是一个家族基金会。①

（2）家族基金会在我国发展的现状

2019 年 1 月 15 日，《中国家族慈善基金会发展报告（2018）》（以下简称《报告》）及“2018 中国家族慈善基金会十强”“2018 家族慈善新生代十杰”在京正式发布，这是我国首个系统分析“家族慈善基金会”的智库研究成果。根据《报告》，截至 2018 年年底，我国共有家族慈善基金会 268 家，占全国基金会总量的 4%；2005—2017 年，中国家族慈善基金会捐赠支出由 873 万元增长至 37 亿元，呈几何级数增长，尤其是亿元级大额捐赠增多。家族慈善基金会的善款主要投向扶贫、基础教育、高等教育领域。

从注册规模来看，半数的家族慈善基金会以 200 万元资金注册成立，北京、江苏、上海是家族慈善基金会注册资金总额最高的三个省市；从地域分布来看，东南沿海家族慈善基金会最多，中等发达省份家族慈善基金会数量偏少，数量最多的前三个地区分别是广东（52 家）、北京（41 家）和福建（34 家），全国半数家族慈善基金会分布在这三个省市。②

6.6.3 家族基金会——从有到无，回馈社会

家族基金会通过开展慈善参与来教育家族成员、联系家族成员、促进家族成员的团结、传承家族的核心文化、践行家族的社会责任。除此之外，家族基金会还能保护财富、保障生活，是家族文化永续传承的重要载体。

① 李泳昕，曾祥霞 . 中国式慈善基金会 [M]. 北京：中信出版集团，2019：41-42。

② 搜狐网 . 最新资讯《中国家族慈善基金会发展报告（2018）》发布 [R/OL]. http：//www.sohu.com/a/291483588_99904636，2019-3-28。

在家族基金会中，决策机制相对灵活，可以根据不同的社会需求拓展不同的领域，也可以集中资源优势，在某一领域持续投入。[①] 一般地，家族基金会主要有以下功能：

（1）加强家族凝聚力。通过基金会，家族成员有着共同拥有财富的理念。“我经常问财富家族这样一个问题：‘如果没有共同的财富，这个决策会是什么样子？如果你很穷，情况会有所不同吗？’”家族财富顾问机构布卢姆 & 萨夫洛夫公司（Blum & Savlov）的创始人杰夫 · 萨夫洛夫（Jeff Savlov）讲：“从很大程度上来说，让这些家族大获成功的就是家族本身。”家族基金会能够加强家族成员内部沟通，联系家族成员、促进家族成员的团结，实现资源共享。

（2）后代教育功能。创一代都深知创富之不易，但是多数富后代却不知道贫困意味着什么。设立家族基金会，开展慈善活动，能够令富后代减少对家族财富继承的预期。每个家族成员都应该为其经济状况负责，不应该指望家族财富的分配。[②] 老洛克菲勒很早就意识到了这一点，因此成立了洛克菲勒基金会。洛克菲勒基金会通过开展慈善活动，践行家族财富观念来影响和教育家族后代。

（3）实现家族财富保障和传承。家族基金会对于高净值人士而言，除了可用于家族慈善，还可用于家族财富的传承。家族基金会除了能够传承物资财富，还是家族精神文化的寄托，能够传承家族文化。贫困家庭出身的牛根生，作为中国乳业领军人物，在鼎盛期捐赠家族资产、淡出商界，投入公益事业，发起成立“老牛基金会”。老牛基金会在各领域开展 231 个公益项目，支出逾 13.6 亿元人民币，致力于公益国际化的慈善之路。其有这样一句座右铭：“传家有道唯存厚，处事无奇但率真。”牛根生的“轮回式财富观”是：从无到有，满足个人，这是一种小的快乐；从有到无，回馈社会，这是一种大的快乐！财富从无到有，又从有到无，对于牛根生家族，这种无形的精神财富应当是最为宝贵的。[③]

---

① 韩宇 . 私人财富保障与传承实务全书 [M]. 北京：中国法制出版社，2018：226。

② 张映宇 . 家族基金会的三大作用 [R/OL]. http：//www/gongyisihibao. com/html/zhuanlan/2017/0829/12345html,2019-6-20。

③ 贾明军，王小成 . 财富管理 [J]. 2015(6)：35。

家族的价值内涵在家族基金会的延续和传承中记载和体现[①]，也通过家族基金会来发扬光大，激励家族成员不断超越。

家族基金会需要在三个方面下功夫，一是资产管理与保值增值，这是根本；二是治理结构和管理机制；三是团队稳定与能力。同时，也不能回避政策环境和社会环境的因素。

家族基金会除了承载家族公益慈善使命以外，也可以发挥一定的商业作用。例如，家族基金会持股可以集中家族企业股权。

6.6.4 国有国法，“家”有“家”规

（1）家族基金会的设立

根据《基金会管理条例》第二条与第八条规定，自然人、法人或其他组织都可以申请设立基金会，申请人可以是基金会的捐赠人，也可以是其他热心公益事业的公民或组织。设立基金会应满足如下条件：

①为特定的公益目的而设立；

②全国性公募基金会的原始基金不低于 800 万元人民币，地方性公募基金会的原始基金不低于 400 万元人民币，非公募基金会的原始基金不低于 200 万元人民币，原始基金必须为到账货币资金；

③有规范的名称、章程、组织机构以及与其开展活动相适应的专职工作人员；

④有固定的住所；

⑤能够独立承担民事责任。

（2）家族基金会的治理

家族基金会作为财团法人，其治理是通过组织架构之间的制度安排和协调，提升家族基金会的运作效率，促进基金会公益目的的实现，包括外部治理和内部治理。外部治理是确保家族基金会遵守相关法律法规，内部治理是对家族基金会的控制，在高效运作基础上持续发展。[②] 本小节主要就内部治理

---

① 韩宇．私人财富保障与传承实务全书 [M]. 北京：中国法制出版社，2018：233。

② 韩宇．私人财富保障与传承实务全书 [M]. 北京：中国法制出版社，2018：97。

进行讨论，家族基金会的内部治理一般包括：

①家族基金会治理章程的明晰

明晰的家族基金会治理章程对家族基金会起着支撑作用，治理章程能够明确家族基金会整体的治理体系。

家族基金会治理章程是保证家族基金会运行的罗盘。[①] 在家族基金会治理章程中，可以详细地阐明家族基金会的管理结构、运作流程、岗位职责等，将办事规则、运作流程清晰地规定在其中，并保持灵活性。明确的家族基金会治理章程能够使办事流程、办事标准、决策方式公开透明，部门职能清晰、协调各方利益、加强凝聚力、提高工作效率，坚持公益原则，也能够让家族成员有归属感。

②家族基金会理事会的组成

家族基金会的治理主体为理事会，是必设的决策机关。家族基金会成立后家族财富转变成社会财富，但出于对捐赠者的尊重，理事会中应该有家族代表，代表家族发表意见并参与表决。[②] 理事会为家族成员保留席位，保证家族基金会设立的初衷能够延续下去。同时，家族基金会也要用包容和开放的态度吸收、接纳慈善公益领域和教育领域的资深专业人士。因为理事会有家族基金会的决策权，理事会组成多元化能为基金会的发展提供不同角度的思考。[③]

大部分基金会的治理模式也较为成熟：

一是创始人仅担任荣誉会长。

国内著名慈善家牛根生认为："我不是一个专业做慈善出身的，如果我起决定性作用，让基金会跟着我的思路走，这样对不对呢？我为什么不培养一个专业的团队来做？"因此，作为创始人的牛根生仅担任荣誉会长，全程参与理事会活动，但并不干预日常业务的开展，更多的是从社会责任、慈善理念、

---

① 陈一心家族基金会.家族基金会治理实用三招[R/OL]. http：//m.chinadevelopmentbrief.org.cn/News/detail/?id=16516，2019-6-20。

② 凤凰公益.雷永胜：家族基金会——机制在先，发展在后[R/OL]. https：//gongyi.ifeng.com/a/20160407/41591118_0.shtml，2019-6-21。

③ 陈一心家族基金会.家族基金会治理实用三招[R/OL]. http：//m.chinadevelopmentbrief.org.cn/News/detail/?id=16516，2019-6-20。

发展规划等大方向上提供参谋、指导。例如，作为基金会国际交流方面的主要代表和发现、推荐、引导、落实适合的项目。并且事先设定一套沟通机制，发现问题的时候，牛根生会建议基金会去思考、分析并改进。[①]

二是创始人与秘书长会商机制、理事会领导下的秘书长负责制。

牛根生的老牛基金会的理事长是治理层代表，并未担任实质性职务，不是基金会决策性文件的签字人，基金会决策性文件的签字人是基金会的法定代表人秘书长，承担基金会运作过程中的义务，平衡家族、基金会以及社会三方面的权益，这叫“理事会领导下的秘书长负责制”。秘书长与牛根生先生之间有一个定期会商机制，进行沟通、听取意见等。遇到问题时，秘书长将会商的建议、意见交到理事会讨论和决策。

创始人与秘书长会商机制、理事会领导下的秘书长负责制可以厘清家族与基金会之间的权责利，避免矛盾、特权。[②]

家族基金会作为家族财富管理中的重要配置，在整合慈善资源、践行家族慈善、传承家族慈善事业、家族后代教育、加强家族凝聚力、传承家族财富上有着不可替代的作用。通过对家族基金会的合理运用，进行财富的详尽安排和规划，满足高净值人士多层次、个性化的财富传承需求。家族基金会能够在推进慈善公益的同时，将家族财富以慈善的方式代际传承。

6.6.5 案例解析——牛根生“全球捐股第一人”之路并非一帆风顺[③]

谈到国内的非公募基金会，颇为典型的是上文已经提到过的原蒙牛集团的创办人、董事长牛根生先生发起成立的老牛基金会。

老牛基金会成立于 2004 年 12 月 28 日，其以“发展公益事业，构建和谐社会”为宗旨，业务活动的主要方向是面向环境保护、文化教育、医疗卫生

---

① 凤凰公益 . 雷永胜：家族基金会 —— 机制在先，发展在后 [R/OL]. https：//gongyi.ifeng.com/a/20160407/41591118_0.shtml，2019-6-20。

② 凤凰公益 . 雷永胜：家族基金会 —— 机制在先，发展在后 [R/OL]. https：//gongyi.ifeng.com/a/20160407/41591118_0.shtml，2019-6-20。

③ 杨颢 . 慈善牛根生起底：老牛基金会及其他 [EB/OL]. http：//finance.eastmoney.com/news/1365，20110615142311186.html，2011-6-15。

及救灾帮困等其他公益慈善事业。

老牛基金会前身是老牛公益事业发展促进会，最初的章程规定，基金主要用于褒奖对蒙牛集团作出突出贡献的人士或机构，员工个人遭遇不幸或生活窘困可向基金会申请资助。设立老牛公益事业发展促进会，主要原因是：第一，对相关法规政策的理解不到位，没有分清基金会与社团组织的职能定位；第二，对单独设立公益组织缺乏经验，又无可参照的实例。

2005 年 1 月，牛根生与其家人宣布全部捐赠持有的蒙牛乳业股份，并约定在牛根生有生之年，该等股份红利所得的 51% 归老牛基金会，49% 归个人支配；待牛根生天年之后，该等股份的红利 100% 归老牛基金会，家人只领取相当于北京、上海、广州三地平均工资的生活费。

牛根生家族的股捐过程，也并非一帆风顺。牛根生于 2005 年承诺将其拥有的所有蒙牛股份，除少部分股息给家庭使用外，其他所有的经济利益都用于公益慈善事业。由于当时的法律限制以及对于企业品牌的保护，牛根生并没有立即完成其承诺的股捐。

牛根生所持有蒙牛的股权分为境内和境外两部分，其在境内所拥有的内蒙古蒙牛乳业（集团）股份有限公司股权按照内地公司法律，以每年 25% 的比例转入老牛基金会，已于 2010 年 7 月捐赠完毕；境外蒙牛公司的股权，牛根生以公益信托的方式，于 2010 年 12 月 28 日在香港宣布，转让给瑞士信贷信托公司下设的 Heng xin 信托完成捐赠。如以其直接拥有和间接拥有的蒙牛 2.635 亿股计算，此次捐出的蒙牛乳业资产市值总额为 54.55 亿港元。Heng xin 信托的任务是在以老牛基金理事会秘书长为主的保护人委员会的指导下，通过给受益人清单中的公益慈善组织拨款的方式开展公益慈善工作。该信托是一项不可撤销信托，信托的受益方除老牛基金会外，还包括中国红十字会、中国扶贫基金会、壹基金、大自然保护协会、内蒙古慈善总会等公益慈善组织。同时，受益方还包括唯一非慈善受益方，他们是牛根生及其家人，他们将根据牛根生签署的相关捐赠文件的约定得到捐出的蒙牛股份股息的约 1/3。至此，牛根生股捐完成。其用捐股方式做慈善，也被媒体誉为“全球捐股第一人”。

6.6.6 小结

财富在一定程度上，并不在于“拥有”，而在于“实现其价值所在”——帮助他人，解决社会问题，推动社会进步。家族基金会通过开展慈善参与来教育家族成员、联系家族成员、促进家族成员的团结、传承家族的核心文化、践行家族的社会责任。除此之外，家族基金会还能保护财富、保障生活，是家族文化永续传承的重要载体。

家族基金会不仅是一个慈善救助的实体机构，还是一个家族精神文化寄托和传承的重要载体。从财富的积累到财富的传承，由富一代到善二代、善百代，家族基金会无疑是富人财富的最佳归宿。与公司基金会相比，由家族私人财富投入而设立的基金会由于没有市场利益诉求，因此更加纯粹。即便家族基金会还持有公司股份，也已经实现了所有权与经营权的分离。家族基金会的最可靠之处还在于：后人会把家族的荣誉视为生命，把继承先人的光荣与梦想、追求卓越当作无尽的目标。

6.6.7 法律链接

《基金会管理条例》

第二条 本条例所称基金会，是指利用自然人、法人或者其他组织捐赠的财产，以从事公益事业为目的，按照本条例的规定成立的非营利性法人。

第五条 基金会依照章程从事公益活动，应当遵循公开、透明的原则。

第八条 设立基金会，应当具备下列条件：

（一）为特定的公益目的而设立；

（二）全国性公募基金会的原始基金不低于 800 万元人民币，地方性公募基金会的原始基金不低于 400 万元人民币，非公募基金会的原始基金不低于 200 万元人民币；原始基金必须为到账货币资金；

（三）有规范的名称、章程、组织机构以及与其开展活动相适应的专职工作人员；

（四）有固定的住所；

（五）能够独立承担民事责任。

第二十条 基金会设理事会，理事为5人至25人，理事任期由章程规定，但每届任期不得超过5年。理事任期届满，连选可以连任。

用私人财产设立的非公募基金会，相互间有近亲属关系的基金会理事，总数不得超过理事总人数的1/3；其他基金会，具有近亲属关系的不得同时在理事会任职。

在基金会领取报酬的理事不得超过理事总人数的1/3。

理事会设理事长、副理事长和秘书长，从理事中选举产生，理事长是基金会的法定代表人。

第二十一条 理事会是基金会的决策机构，依法行使章程规定的职权。

理事会每年至少召开2次会议。理事会会议须有2/3以上理事出席方能召开；理事会决议须经出席理事过半数通过方为有效。

下列重要事项的决议，须经出席理事表决，2/3以上通过方为有效：

（一）章程的修改；

（二）选举或者罢免理事长、副理事长、秘书长；

（三）章程规定的重大募捐、投资活动；

（四）基金会的分立、合并。

理事会会议应当制作会议记录，并由出席理事审阅、签名。

信息技术篇

信息技术篇执行负责人：何建欣　严杨杨

其他成员：（按姓氏笔画排序）

汪雅丽　杜鹏远　钱欣彤　曹蕾娜

潘　越

金融科技的发展加快了财富管理创新，给中国家庭提供了新的科技武器。第七章、第八章基于本书中国家庭的四类划分，深入探讨了金融科技创新对资产管理和财富传承的作用。

在资产管理领域，我们在研究了两类科技创新下的资产管理案例——互联网移动端理财和智能投顾后认为，互联网移动端理财的创新给C类和D类家庭带来了具备便捷性、人性化和随时随地的资产管理服务，而智能投顾能潜在地降低人工投顾的偏差和局限性，为C类和D类家庭提供更加智能化、自动化、精准化和“游戏化”的资产管理“最强大脑”。

在财富传承领域，我们深入探讨了具有无限想象空间的新技术——区块链技术和人工智能的两个应用——“遗产链”和“AI家族管家”。我们相信，“遗产链”的应用将给A类和B类家庭的财富传承带来不可被他人篡改的性质，将减少家庭纠纷和提升财富传承的有效性与真实性；“AI家族管家”将给A类和B类家庭带来更加理性、信用度高和“24小时随叫随到”的家族财富传承服务。

如下表格总结了互联网理财、智能投顾、遗产链、AI家族管家四大金融科技创新技术对于每类家庭的适用性。为了更为科学地理解金融科技创新的利与弊，第九章我们将叙述科技创新当前的局限性和存在的风险，为中国家庭的财富管理带来更为全面和辩证的参考性建议。

四类金融科技创新工具对四类中国家庭财富管理的适用性

	互联网理财	智能投顾	遗产链	AI家族管家
A类家庭			√	√
B类家庭			√	√
C类家庭	√	√		
D类家庭	√	√		

第 7 章 普惠金融和科技创新的“激情碰撞”

7.1 金融科技时代下的资产管理

金融科技的发展赋能了普惠金融的发展，使得中国家庭能够以更低成本和更便捷的方式享受财富管理服务。我们分析了普惠金融时代资产管理的电子化、数据化和智能化。通过全面分析互联网移动端理财和智能投顾两大行业的案例，讨论了中国 C 类和 D 类家庭应该如何拥抱普惠金融和科技创新，又将如何受惠于“科技 + 资产管理”模式。

7.1.1 普惠金融——“泽润生民”的新金融模式

截至 2019 年，已经有超过 90% 的中国家庭把“钱包”和“理财”功能迁移到智能手机上。作为消费者，许多中国家庭已经能够娴熟地进行手机端的电子支付；作为储蓄者，不少中国家庭已经掌握了通过手机随时随地查询财富和信用状况的方法；作为投资者，自“余额宝”风靡之后，很多普通家庭和小康家庭开始在手机端购买理财产品，“运筹帷幄”地操作各类账户，实现“足不出户，决胜千里”。

大至一线城市，小至农村，家家户户开始接受和习惯于手机端的金融活动，这在十年前的中国是难以想象的。十年前，普通家庭和小康家庭不仅要担心各类账户的开户资格，需要满足最低的账户余额要求，日防夜防各类费用，而且还受困于金融机构“不见天日”的排队叫号，仰视只有“VIP 客户”才能享有的尊享理财顾问服务。

如今这种更便捷和利民的金融服务，充分体现了“普惠金融”的精神。2015 年中国国务院发布《关于印发推进普惠金融发展规划（2016—2020 年）的通知》强调“大力发展普惠金融，是我国全面建成小康社会的必然要求，有利于促进金融业可持续均衡发展，推动大众创业、万众创新，助推经济发展方式转型升级，增进社会公平和社会和谐”。①

那么什么是普惠金融？2015 年《中国政府工作报告》缩略词注释指出，“普惠金融”是指立足机会平等要求和商业可持续原则，通过加大政策引导扶持、加强金融体系建设、健全金融基础设施，以可负担的成本为有金融服务需求的社会各阶层和群体提供适当的、有效的金融服务，并确定农民、小微企业、城镇低收入人群和残疾人、老年人等其他特殊群体为普惠金融服务对象。随着我国对于普惠金融的政策不断完善，其定义及范围也更加具体。②

2005 年世界银行最早提出了“普惠金融（Inclusive Finance）”的概念——“通过一个可靠而且可持续的方式，使个人和中小企业能够满足包括交易，支付，储蓄，信贷和保险等金融需求”③。“普惠金融”诞生的初期，主要是为解决“金融排斥”的问题而提出的，“金融排斥”指贫困的个人和家庭无法享有金融服务的现象。

2016 年在杭州举行的二十国集团（G20）峰会上，普惠金融也是一个热点议题，中国提出 3 个关于普惠金融的重要文件——《G20 数字普惠金融高级原则》《G20 普惠金融指标体系》《G20 中小企业融资行动计划落实框架》④，为

① 中国国务院 . 关于印发推进普惠金融发展规划（2016 — 2020 年）的通知 [R/OL]. https：//www.gov.cn/zhengce/content/2016-01/15/content_10602.htm, 2016-1-15。

② 来源于 2015 年《中国政府工作报告》缩略词注释。

③ 世界银行 .Financial Inclusion：key enabler to reducing poverty and boosting prosperity [R/OL]. https：//www.worldbank.org/en/topic/financialinclusion/overview,2018-10-2。

④ 人民日报海外版 . 中国向 G20 杭州峰会提交三个文件 [R/OL]. http：//www.xinhuanet.com/world/2016-08/29/c_129259609.htm, 2016-8-29。

中国普惠金融发展提出了高级别的指引性文件。

在普惠金融的内涵和外延不断发展的过程中，我国一直走在普惠金融发展的前列。我国具有超过 79% 的账户覆盖率，中国城市居民和农村居民账户的拥有率分别为 84% 和 74%，可谓"惠及千万家"。易纲认为，普惠金融还可在宏观经济发展中发挥重要作用，它可以促进经济增长——其主要途径是提高生产率、增加投资、节约劳动时间，从而对中国的整个宏观经济起到积极的促进作用。①

我们认为，所谓的"普"，就是要使金融服务遍及普通家庭和小康家庭，使"金融"不再只是"富裕家庭"和"极富家庭"的特权；所谓的"惠"就是要高效率地让金融服务变得便捷、安全、低成本，并且可持续。

在中国的社会和经济文化中，"普惠金融"就是要实现金融中效率和公平的统一、经济和社会的统一，就是要实现金融世界里面的"泽润生民"和"大同社会"。

实现"普惠金融"离不开科技创新，尤其是金融科技的进步。因为只有利用科技，才能实现规模效应，以低边际成本的方式将金融服务可持续地推广到普通家庭和小康家庭当中。以投资顾问为例，基于中国庞大的人口基数，中国的投顾客户比达到 1:93，即一个客户经理必须同时服务 93 个家庭客户的财富管理才能满足市场的需求。可见我们的投顾资源是极端紧缺的。为此，我们必须依靠科技创新，通过系统的自动化和投资的智能化，全面推进普惠金融走进千家万户。

实际上，从历史上看，普惠金融的发展从未离开过金融科技的进步。早在 19 世纪，证券交易就已经开始逐步实现电子化。金融软件的发展推动着电子化集中交易所的发展，提高了证券交易的速度和准确性，并且让更多的"散户"能够参与其中，大大提升了交易量。从 19 世纪到 21 世纪，金融科技创新带来的自动化和电子化进程进一步加快，为"普惠金融"奠定了全球发展

① 易纲．普惠金融可在宏观经济发展中发挥重要作用．[R/OL]. http：//www.sohu.com/a/193942919_99906081,2017-9-23。

的基础。到了 21 世纪初期，金融的自动化在各类金融活动——投研、投顾、交易、投资、估值、结算方面都实现了质的飞跃，各类金融机构（银行、保险、基金、证券等）都积极拥抱金融科技，让交易成本更低，服务效率更高，客户体验更佳。

更令人振奋的是，2008 年以后，包括大数据、云计算、人工智能、区块链在内的新兴科技与金融服务开始了新一轮“激情碰撞”，使“普惠金融”从“自动化时代”开始跨入“智能化时代”。“智能化时代”的普惠金融的主题已经不仅仅在于替代重复性的后台工作，而是通过应用智能化技术，创造出更灵活，个性化和创新性的金融服务模式。科技创新驱动的新金融模式下，“普”及更广，“惠”及更深，普惠金融焕发出全新的生命力，“泽润生民”的普惠金融时代由此诞生，展现出无穷的发展和创新空间。

7.1.2 资产管理——新时代变迁

“普惠金融”的内涵本身就涵盖了全面的家庭金融服务产品——包括家庭的交易、支付、收入、支出、储蓄、信贷、理财管理、财富风险管理和财富生命周期管理，等等。这些金融服务的出发点和落脚点，就是实现最优化的资产管理。随着我们步入“普惠金融”时代，资产管理领域也产生了划时代的变迁。

资产管理在“普惠金融”时代为什么这么重要？首先，资产管理是“普惠金融”的核心。为什么这么理解呢？因为其实每个家庭的金融活动最终都会落在家庭的资产负债表当中，而所有的普惠金融服务，核心就是如何通过资产管理，实现家庭的财富管理目标。具体而言，如果家庭的交易、支付、收入、支出等，这些金融服务都可以看作对家庭财富的现金流与流动性的管理，那么这些活动所构成的动态现金流量表，最终也会反映到家庭的资产负债表中。其次，家庭的储蓄、信贷和理财管理的本质就是实现资产的保值和增值、优化家庭资产负债管理，从而最终实现家庭财富管理的需求。最后，家庭财富风险和财富生命周期的管理也与科学的资产管理息息相关，即家庭需要制订科学的资产管理计划——动态地分析家庭资产管理中的各类风险，根据家庭的财富目标和状况的改变，动态地进行组合再平衡策略，调整资产负债表，实现动态优化的家庭资产管理。总而言之，“普惠金融”离不开资产管理，资产管理是“普惠金融”发展的题中应有之义和重中之重。

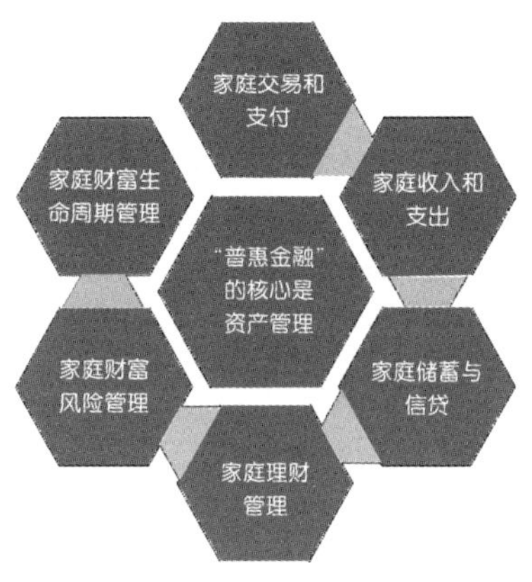

图 7.1　资产管理是“普惠金融”的核心

普惠金融时代下的资产管理发生了巨大的升级和变迁。我们认为，中国 C 类和 D 类家庭资产管理具有以下新的变化和特征：

其一，针对大众市场的金融服务门槛显著降低。这就是“普”的好处。我们日常所能够接触到的“余额宝”“微信理财”“在线理财超市”（如“天天理财”“好买网”）都能够提供种类多样的理财产品，包括股票基金、债券基金、货币基金、保险和其他投资品种，甚至有一些理财产品的投资门槛低至“一元人民币起”。中国的 C 类和 D 类家庭也能够通过多种渠道在一定程度上实现多元化和跨国界的资产配置服务。目前市面上也有很多关于投资的 APP 在满足监管要求条件下，提供其他国家的投资交易渠道。

其二，互联网金融的推广使得各类基金和保险等产品的销售费用大幅降低，这就是“惠”的收益。例如，由于在线销售渠道边际成本低，在线购买基金的申购费用比传统线下服务方式大幅降低。各类互联网券商的交易佣金降低到近乎为零。此外，互联网保险的发展，使普通大众能够避免支付高额的保险销售费用，提升了 C 类和 D 类家庭的金融福利。

其三，随着金融科技的发展，资产管理进一步实现了无纸化和自动化，而且可以提供更为轻松便捷的金融交易。以个人银行资产管理为例，目前各种投资和账户操作都可以在手机 APP、iPad 或者个人电脑上实现，大幅减少了冗长的手续、烦琐的流程以及人工干预带来的时滞和错漏。这进一步提升了客户体验，能够让投资者和机构将更多精力集中在资产配置的核心环节上。

其四，大众市场的资产管理服务逐步从人工服务转向计算机和手机端的服务。如前所述，21 世纪互联网和手机移动端的深入发展让中国家庭已经适应了通过手机和网页进行各种资产管理的配置。目前手机应用端的理财 APP 已经进入百姓家庭中。人工智能的发展，使得资产配置不再需要通过人工进行冗杂的交易和服务流程，各大金融机构都在积极采用智能客服来面对每日客户大量的咨询和服务。

其五，资产管理从产品销售导向型深刻地转向客户目标导向型。传统大众市场的资产管理更多是以销售理财产品为目的，每一个投资顾问专员都具有很高的销售指标，并没有办法为大众家庭客户提供基于专业分析和科学方法上的资产配置和投资建议，具有很大的局限性。随着客户分析工具和智能投顾的发展，科技创新提供了快速和深入进行客户分析的工具，并且能够基于客户的投资目标，综合多源数据进行分析和建议，进而提供动态的资产配置方案。这不仅有助于大幅降低人工投顾中的认识偏差和情绪偏差，更提高了投顾的专业性和科学性。

总之，资产管理是普惠金融的“核心”，在金融科技和普惠金融“激情碰撞”的同时，资产管理也已经从传统人工模式升级到科技导向型模式，实现了划时代的创新和发展。

7.1.3 金融科技——新时代资产管理的“运载火箭”

普惠金融的实现离不开金融科技的发展。实际上，金融科技的发展赋能和推动着资产管理的电子化、数据化和智能化。资产管理的商业模式和运营模式不断升级。可以说，金融科技是普惠金融时代资产管理的“运载火箭”。

从运营管理的角度，资产管理是一个专业化和标准化的闭环流程。[①] 这个流程首先从客户画像分析出发，然后结合对金融市场的分析，确定资产配置和规划。资产配置和规划的主要目标是确定战略性资产配置和细分资产配置。战略性资产配置是进行金融投资产品种类的选择，细分资产配置是关于具体行业和证券的选择。在资产配置之后，投资经理将进行进一步的交易执行以实现既定的配置方案。交易执行之后，还需要对投资组合进行监控和绩效分析，并根据客户需求和市场变化进行动态调整。

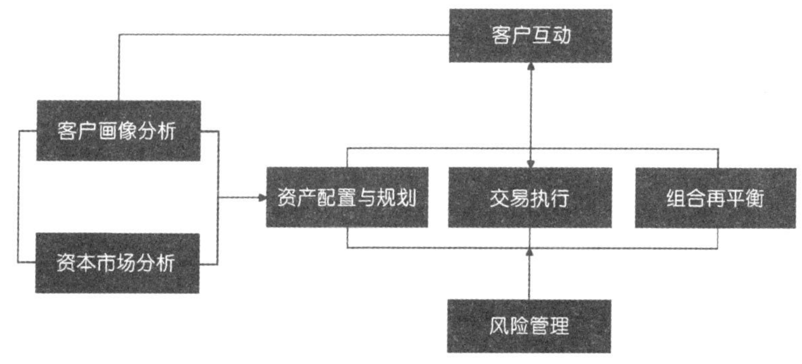

图 7.2　资产管理是一个专业化和标准化的闭环流程

整个资产管理流程都需要和客户互动，实现客户目标导向型的金融服务。基于图 7.2 的原理，我们认为，普惠金融时代下，金融科技为资产管理的每一个环节都提供了强大的“助推器”，使得资产管理闭环流程的每个环节都实现了升级和电子化的突破和跨越。接下来我们将逐步分析金融科技创新是如何将资产管理“运载”到“普惠星球”的。

①客户画像分析的升级：在金融科技时代，投资顾问可以利用数据分析和数据挖掘技术，分析客户投资收益目标、风险承受能力、流动性需求、税收优化状况、投资标的偏好等要素，并对客户进行分类和投资目标规划。随着数据接口的不断扩充，客户画像分析将更加全面，更具有动态性，最终能够实现对客户生命周期重要事件的追踪，从而对生命周期中不同阶段的资产配

① CFA Institute. 2019 CFA Level II Volume 6 Derivatives and Portfolio Management. 2019，7（1）-. America.：CFA Institute 2019。

置进行动态管理。这将从根本上取代传统人工，并显著提高对客户的分析能力和分析精准度。

②资本市场分析的升级：运用机器学习，大数据分析工具、舆情分析、动态监测金融市场动态，对资本市场进行预期分析，从而为大类资产配置提供决策基础。随着金融科技的发展，数据分析工具更加丰富和强大，在速度与数据分析容量方面都远超传统的金融市场分析手段，能够实现对金融市场的动态分析。

③资产配置与规划的升级：利用机器学习、量化模型等工具，基于现代资产组合理论，选择核心投资品种。新投资科技的发展不仅规避了人工资产配置中出现的行为偏差，而且人工智能技术还可提供超强的计算能力，其计算速度和容量将远远超出人工的资产配置分析。总结起来，“机器学习”为战略性资产配置和战术性资产配置提供了“最强大脑”。

④交易执行的升级：金融科技的深化早已让资产管理的交易执行阶段变得速度极快。人工下单交易已经被电子化交易全面取代。直连交易所的交易平台可涵盖自动化的订单管理系统（OMS）和交易执行系统（EMS），为客户提供实时的订单交易。此外，程序化交易和量化交易能够进一步通过计算机选择成本最优化的交易策略。

⑤风险管理的升级：金融科技的发展，使得风控技术更加智能化。金融科技时代下的风险管理能够实现投资组合的实时监控，提供及时的事前、事中和事后监控。通过新的金融科技技术——如深度数据挖掘、程序化设定、高速风控计算引擎、自动化风险阈值设置，风险管理经理能够有效地进行市场风险、流动性风险和信用风险的预警管理。

⑥组合再平衡策略的升级：金融科技时代下的组合再平衡，不仅远远超越了滞后于市场变化的人工再平衡方式，而且能够通过机器学习和组合计算引擎，实现对组合绩效的实时监控、动态业绩追踪和战略资产配置的偏差分析，从而提供更加科学和客观的再平衡建议，这将有效降低和减少人工模式下对市场的过度反应或行为偏差。

⑦客户反馈和互动的升级：金融科技时代的客户服务不再冗杂乏味，不需

要签署一大堆的文件或者和客户经理进行预约后再“痛苦”地遵循财富管理的枯燥文书流程。相反，金融科技为客户服务带来了智能客服的新形式，通过自然语言处理、人脸识别、语音识别和简洁生动的界面设计，大大提高了资产管理服务的有趣性和游戏性。

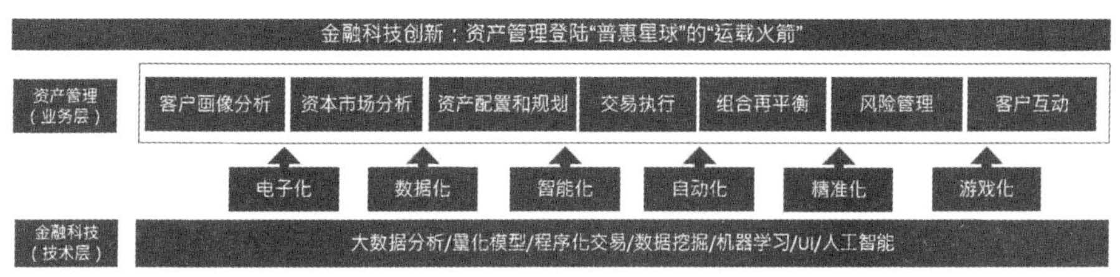

图 7.3　金融科技创新：资产管理登陆“普惠星球”的“运载火箭”

总之，金融科技为资产管理带来了各种强大的“运载火箭”，这些科技创新和资产管理深度融合之后，提高了投资决策模块的运算量和计算速度，并且让交易、风控和再平衡环节都实现了科技深化，最终让资产管理得以登陆“普惠星球”。

7.1.4 科技 + 资产管理——财富管理领域的“无人驾驶”技术

在普惠金融时代，金融科技不仅使资产管理实现了“电子化”“数据化”“智能化”“自动化”“精准化”“游戏化”等性质，而且使财富管理逐步走向“无人驾驶”的时代。

那么，中国 C 类和 D 类家庭应该如何拥抱普惠金融和科技创新？如何受惠于“科技 + 资产管理”模式呢？我们认为，在这样一个新时代，C 类家庭和 D 类家庭要勇于拥抱金融科技趋势，努力学习和探索日新月异的资产管理模式，做足线上与线下投资管理效果对比的功课，选择最适合自己家庭的资产管理目标与资产管理方式。

（1）做足功课，活到老学到老

我们把金融科技比喻成“运载火箭”的关键原因在于它助推金融快速创新与发展。在这样一个快速变化的时代，作为投资者，中国 C 类和 D 类家庭需要为家庭理财做足功课。虽然市面上各种理财平台提供了多样化的服务，但是水平参差不齐，投资者们仍然需要积极学习金融科技在资产管理领域的应用知识，从而挑选适合自己的平台与服务。投资者们需要明晰以下问题：市面上有哪些新的平台？哪些新的产品？它们各自的优势和缺点在哪里？

便捷的平台，如“微信理财”“余额宝”等，可以作为中国 C 类和 D 类家庭学习互联网移动端理财的入门工具，体验互联网移动端理财的便利性。此外，中国 C 类和 D 类家庭也可以进一步尝试智能投顾产品、在线券商、智能选股等功能，探索其在增进交易便捷性和投资决策优化方面的作用。

（2）拥抱新趋势，敢于尝试

在普惠金融时代，虽然很多新的产品和服务已经被推向了市场，使得市面上可选择的投资组合大量增加，但是，目前很多中国 C 类和 D 类家庭由于思想观念的保守，还不敢去拥抱新趋势，不敢尝试新的投资渠道和金融科技产品。例如，还是有一些家庭依然习惯从传统渠道去购买基金，承受比同等线上渠道更高的申购费用。还有，一些个人投资者投资风格相对激进，容易对市场过度反应，没有意识到人工投资决策的行为偏差和局限性（尤其是过度交易）。如果敢于拥抱智能投顾，利用更科学化的资产管理工具，在一定程度上可以降低人工决策的失误，提高决策的准确性和投资收益。实际上，新趋势已经风起，越早拥抱这一趋势越有可能更早地从中受益。

（3）“货比三家”，优中择优

普惠金融时代提供了很多可选择的金融科技资产管理平台。投资者在进行选择和规划的过程中，要对各个平台和产品进行甄选，做到“货比三家”“精挑细选”。虽然，不同的金融科技平台为投资者筛选了他们认为最适合的投资组合，已经通过科技的手段尽可能减少了投资计算量。但是，市面上将长期存在多样化的资产管理平台，投资者依然面临多个平台之间的“优中择优”。“不怕不识货，就怕货比货”，投资者在普惠金融时代进行投资决策，和“逛淘宝”有异曲同工之妙，中国家庭可以便捷地通过手机进行各种平台、各种产品的对比，从中选择最适合自己理财需求、最具有性价比的产品。对比的维度可以是多元的，包括产品的历史收益、推荐组合的适合度、平台的信用风险、组合产品的市场风险、流动性需求，等等。

（4）“只有最合适，没有最优”

我们认为，资产管理最终是为中国家庭投资管理的目标服务的，因此对于C类和D类家庭而言，重要的是基于个性化目标选择“最合适”的资产管理服务，而不一定是基于资产管理理论下“最优”或者“回报最高的”的资产管理服务。普惠时代，选择多了很多，但是每个家庭依然需要主动了解自己家庭的投资需求是什么，不能盲目跟风。C类和D类家庭应该意识到，每个家庭的投资目标在每个人和家庭的不同阶段应该是不同的，而普惠金融时代有很多工具可以帮助家庭去了解最适合自己的投资目标。例如，当前市场上已经存在很多在线智能投顾和在线理财平台，可以提供免费的理财测评系统；线上个人理财 APP 和电子钱包，也能自动化测评和追踪家庭理财目标的需求和变化。

7.2　互联网移动端：便捷轻巧的理财平台

通信技术的发展将我们带到了移动时代，一部智能手机可以解决更多问题，实现更多样的服务。移动端与理财服务相结合将能更好地满足碎片化的理财需求——不单单是时间和空间的碎片化，还包括金额的碎片化。所以无论是传统金融机构，还是新兴的互联网企业，都纷纷试水移动端金融服务平台。传统金融服务商如东方财富网、同花顺、陆金所等都建立了旗下的移动端 APP；各银行也在自己的移动端 APP 中加入了理财功能；众多互联网公司也利用自身独特的优势，与金融机构进行跨界合作，建立相应的理财平台。

对于C类与D类家庭来说，银行和券商营业部渠道高昂的门槛和成本，PC端复杂、呆板的操作等都不能满足自身的理财需求。正如手机淘宝能够给消费者带来福音、释放巨大消费潜力一样，对处于金融消费市场“长尾”的C类与D类家庭来说，移动端理财平台提供了其他渠道难以提供的理财服务，是C类与D类家庭用户不能不掌握的“理财法宝”。

7.2.1 案例导读 ——理财产品的“淘宝网”

“1 元起购，定期也能理财”——余额宝横空出世的 2013 年，被普遍认为是国人互联网理财元年，同时余额宝已经成为互联网移动理财最典型的代表。余额宝的推出，不仅让数以千万从来没接触过理财的人萌发了理财意识，开拓了以 C 类、D 类家庭为主的“长尾市场”，同时激活了金融行业的技术进步与创新。利用现代信息技术的最新成果而推出的余额宝，对现有的投资产品是一个很好的补充，不仅提高了理财收益，降低了理财门槛，更唤醒了公众的理财意识。

如今，余额宝已不仅仅是国民理财“神器”，它还在不断渗透各种生活场景，为用户持续带来微小而美好的变化。自 2014 年以来，余额宝先后推出了零元购手机、余额宝买车等活动。今天，余额宝不仅仅是一个综合理财产品，还可用于线下购物、个人消费贷款、水电缴费等场景，表明依托于移动支付的余额宝的影响力已超出了货币基金这一概念。2013 年 6 月 30 日，刚刚上线 18 天的余额宝规模达到 66.01 亿元①；而截至 2018 年 12 月 31 日，余额宝的规模已达到 1.13 万亿元。②

从余额宝起家，蚂蚁金服旗下至今已有支付宝、余额宝、招财宝、蚂蚁聚宝、网商银行、蚂蚁花呗、芝麻信用、蚂蚁金融云、蚂蚁达客等子业务板块。一个小小的 APP 里面整合了几乎全品类的理财业务，截至 2019 年 9 月，移动端支付宝平台拥有余额宝、芝麻信用、借呗、蚂蚁保险、彩票、租房、信用卡、缴费、ETC、机票车票等入口，客户可实现的功能包括但不限于基金购买、征信、小额贷款、保险、支付、便民服务等。据阿里巴巴 2018 年度财报显示，支付宝应用全球活跃用户数已达到 8.7 亿。③

---

① 人民网 . 余额宝成绩单：上线 18 天用户超 250 万 累计转存超 66 亿 [EB/OL]. http：//finance.people.com.cn/money/n/2013/0702/c218900-22041920.html,2013-07-11。

② 天弘基金管理有限公司 . 天弘余额宝货币市场基金 2018 年年度报告（2019）[EB/OL]. http://quotes.money.163.com/fund/ggmx_1895219.html,2019-3-13。

③ 腾讯科技 . 阿里财报披露：“支付宝们”全球活跃用户达到 8.7 亿 [EB/OL]. https：//tech.qq.com/a/20180504/034321.htm,2018-05-22。

快速成长的不只余额宝。以支付功能为基础的微信钱包也推出和余额宝类似的货币基金购买入口“零钱通”，以及综合的理财服务平台“理财通”，其用户规模也十分庞大。其他互联网公司如京东、小米等也纷纷建立自家的移动端理财 APP。传统的金融机构也不甘落后纷纷拥抱移动互联网。如各大银行推出的 APP，不仅整合了线下营业厅的各种服务，还不断开辟理财产品的销售业务，力图打造一站式综合理财平台。

7.2.2 全天候 7×24h 的轻巧在线理财平台

在线金融产品综合超市，是指依托互联网或移动互联网平台，在监管部门的监管下，将金融机构或类金融机构的各种产品和服务进行有机整合，向企业或个人客户提供的一种涵盖众多（类）金融产品与增值服务的一体化经营方式。

正如电商改变了传统实体店，在线金融超市也改变了理财产品的销售。以公募基金为例，据《中国证券投资基金业年报（2012）》[①] 和《中国证券投资基金业年报（2016）》[②] 显示，2012 年开放式基金销售金额中，商业银行渠道销售占比 55%，券商渠道销售占比 14%；而 2016 年开放式基金销售金额中，银行和券商的代销占比分别为 8.15% 和 7.82%，银行、券商渠道下降的份额主要被第三方代销或第三方“直销代办”所替代。数据的变化反映了如今理财产品的销售越来越依赖互联网（包括移动互联网），原因主要有以下几点：

①移动互联网已经成为生活方式之一，也是最重要的媒介之一。网民不断增多，在线时间也在延长。

②网销具有不同于传统销售渠道的特点。如消费行为不同，带来了新的需求（如理财更便捷）、新的市场（传统渠道难以服务到的小额理财客户）、新的商机（新模式和业务）。

---

① 中国证券投资基金业协会 . 中国证券投资基金业年报（2012）[EB/OL]. https://www.amac.org.cn/researchstatistics/publication/zgzqtzjjynb/201401/t20140108_3352.html,2014-1-8。

② 中国证券投资基金业协会 . 中国证券投资基金业年报（2016）[EB/OL]. https://www.amac.org.cn/researchstatistics/publication/zgzqtzjjynb/,2018-1-9。

③相较于传统渠道，网销更易细分客户群，开展精准营销。

④能提升销售过程的管理，如更快获得产品、绩效等反馈。

⑤具有更高的效率和更低的成本。

⑥更能满足客户个性化需求。

这些特征源于互联网技术与理念在理财领域的深入应用，不仅拓展了理财规划、咨询行业的网上渠道，而且体现出鲜明的互联网精神（包括普惠、平等和选择自由等）。因而它既是对传统理财行业理念的革新，也将业务扩展至传统理财无法覆盖的区域与人群。

理财超市被“搬进”手机也不是一蹴而就的，大致经历了以下三个阶段：

第一阶段：把线下营业部的部分功能植入线上，可让用户随地办理产品购买、支付等业务，即PC端理财平台，其服务本质是被动的，即以标准化的方式被动响应用户操作。

第二阶段：理财平台移动化，将PC端平台最基础和重要的功能移入移动平台。APP开发工程师结合移动时代手机APP轻量化、碎片化等特性，使APP的操作更加便捷易用，满足用户碎片化的使用需求：当用户想实现某功能时，最多点击三次即可打开该功能页面——这是移动时代手机APP开发的基本要求，所以移动端理财平台以其人性化的设计降低了操作门槛；理财平台APP不仅满足人们时间碎片化、地点无限制的使用需求，还降低了投资金额的门槛，实现了“金额碎片化”。现在市面上的大部分APP都处于理财平台移动化这个阶段。

第三阶段：理财平台智能化，理财APP将成为一个智能投资顾问和全功能平台。手机APP不再仅仅是传感器和操作界面，它将是场景数据、用户意图和后台大数据的综合管理器，提供至少三种服务：挖掘用户用途的主动理财而非被动响应用户操作；提供整套投资方案而非推销单个标的；自动化操作而非用户事事亲为。这是未来理财超市APP的发展方向，很多平台在这三个方面都取得了惊人的进展。

市场的发展也经历了一个从野蛮生长到规范运营的过程。在早期，互联网和金融的结合势头迅猛，各类平台如雨后春笋般出现，产品也五花八门，有 P2P 贷款、小贷、网贷、基金、证券等。部分平台存在资质不足、操作不规范等问题。但经过市场的发展和监管的完善，目前市场上的平台更加规范、安全。以基金销售为例，互联网时代之前主要的销售方式是银行、券商等金融机构代销以及基金公司直销；而互联网时代来临后，除了上述机构，其他的金融机构、互联网企业也开始参与到基金的销售中。为符合当时还不完善的监管法规，这些平台大都采用所谓的“直销代办”形式来实现基金销售业务。2012 年 2 月 28 日，中国证监会颁发首批“基金第三方销售”牌照，基金代销牌照开闸，同时要求理财平台必须取得相应牌照，这标志着第三方理财迎来了生机，也标志着植入互联网基因、有大量互联网企业参与的理财平台被纳入金融监管部门的监管。以下列举了目前市面上几款用户较多的理财平台及其运营主体、相关产品和所持金融牌照，便于读者参考。

表 7.1　主要理财平台概况（数据截至 2018 年 12 月 31 日）

APP	运营主体	相关产品	产品类型	相关牌照
支付宝（蚂蚁金服）	蚂蚁金融服务集团	基金、股票	代销基金、代销保险	支付、基金、保险、证券、银行等
理财通（腾讯）	深圳市腾讯计算系统有限公司	基金、保险、券商	综合理财	支付、基金销售、保险、证券、银行等
天天基金	天天基金销售有限公司	基金、股票	代销基金	基金销售、证券等
陆金所	上海市陆家嘴国际金融资产交易市场股份有限公司	中信证券季增利纯债	资产管理	金融全牌照
百度理财	北京百度网讯科技有限公司	基金理财	代销基金	基金销售、银行、支付、小贷等
苏宁金融	苏宁云商集团股份有限公司	基金理财、保险理财	代销基金、代销保险	支付、商业保理、基金销售、保险经纪、消费金融等
小米金融	小米科技有限责任公司	基金理财、保险理财	代销基金、代销保险	支付、银行、网络小贷、保险经纪

7.2.3 指尖上的财富管理

移动端理财 APP 的出现，既丰富了用户的购买渠道，也倒逼了其他形式的金融销售服务机构进行改革。客户现在可以购买理财标的的渠道有：银行、券商等机构营业部线下购买；理财产品提供机构（基金公司、保险公司等）处直接购买，可以线下也可以线上实现；PC 端平台购买和移动端平台购买。各购买渠道的特点如表 7.2 所示：

表 7.2 理财产品的主要购买方式及特征

购买方式	场景限制	投资门槛	投资成本、服务费用	产品选购范围	服务	中立性
银行、券商等机构的线下营业部购买	必须线下营业部购买	较高	较高	有限制	人工服务，服务专业、个性化强	较弱，营业部与金融机构有利益关系
理财产品提供机构（基金公司、保险公司等）	线上或线下购买	较高	较高	有限制	服务专业、个性化强	弱，只销售该公司的产品
PC 端平台购买	需个人电脑，24 小时在线	较低	较低	无限制	AI 服务，服务专业、个性化弱	第三方销售平台
移动端平台购买	仅需智能手机，24 小时在线	较低	较低	无限制	AI 服务，服务专业、个性中等	第三方销售平台

对于 C 类与 D 类家庭，移动端理财 APP 在降低投资金额门槛、降低理财知识门槛、降低投资成本等方面起到了巨大作用，并成为 C 类与 D 类家庭理财的重要工具。对于 C 类与 D 类家庭来说，如何让“小钱”有方便、省心的投资渠道，其首要任务在于解决规划成本与投资门槛的问题。有利的是，互联网理财规划所依赖的智能化数据处理、个性化用户体验正是具有互联网基因的公司所擅长的领域。而针对长尾市场，提供低成本的线上解决方案，更是大量互联网企业的立身之本。因此低价（甚至免费）、有效、方便的理财规

划服务对于植入互联网基因的理财超市平台来说根本不存在技术困难。

其实各种购买渠道之间并不存在互相排斥的关系，无论对于用户还是机构，各个渠道更多的是优势互补。例如，基金、保险公司可以推出自家的 APP，以专业的服务，低廉的直销费用赢得市场；各个银行、券商都把营业部服务移动化，开发自己的 APP 并建立理财功能；同一个平台的 PC 端和移动端更是关系紧密。网上理财超市以运营主体来划分，可分为三类：理财标的“生产商”推出的平台、第三方销售机构推出的平台、银行 / 券商推出的平台。

以基金为例，对于基金产品的“制造商”——基金公司来说，搭建自家的网上基金销售平台，一方面可以减轻其他网络渠道的宣发成本，另一方面可以就近为客户服务。包括华夏基金、嘉实基金、南方基金在内的主要基金公司都建立了自己的移动端平台，这也是传统销售渠道的线上延伸。对于用户来说，传统机构服务移动化带来了以下好处：

①销售成本更低。

②产品的质量和性价比拥有更直观的对比，劣质的产品无法吸引用户，金融机构间的竞争更激烈，“内功”的重要性日益凸显。

③金融机构更容易获得产品和用户的量化数据，使用户获得更有针对性的个性化服务。

④用户能在一定程度上参与产品的设计。

搭乘着互联网的东风，第三方平台逐渐成为理财产品销售的重要渠道。同样以基金为例，第三方平台成为网上基金销售的主流，这类平台对用户有如下优势：

①产品的种类、数量更全面，用户有充分的选择权。

②基金的购买赎回都通过网络进行，操作方便，满足用户“碎片化”理财需求。

③用户可获得详尽的、客观的、中立的咨询，方便对不同基金公司不同的产品做对比。

④用户只需要一个账号即可管理自己购买的全部基金，即使这些基金属于不同基金公司旗下，这样大大降低了用户的管理成本。

马云曾放言“如果银行不改变，我们就改变银行”。确实，互联网企业的发展给金融业注入科技的血液，提供了改变的动力，拓宽了市场的边界，各机构开始争夺“长尾市场”。各传统银行、券商纷纷推出自己的APP，网商银行、微众银行等完全线上运作的互联网银行也如雨后春笋般涌现，用户选择这类平台也可享受如下好处：

①享受更加综合性的服务。银行、券商系APP能提供除了理财之外的支付、转账、换汇等综合性金融服务。

②有强大的线下服务支撑。当用户线上操作遇到麻烦或无法在线上实现需求，可通过线下解决。

③更丰富的理财产品种类。用户可通过银行、券商系APP对银行储蓄、基金、保险、黄金、债券等各种标的进行投资。

7.2.4 C类与D类家庭的好伙伴

理财APP有很多，传统金融机构、互联网企业都推出了自己的理财APP，目前市面上用户最多的几个理财APP的基本功能差异不大。所谓基础功能即理财顾问、产品交易和提供资讯。在取得某类产品销售资质后，平台会上架所有金融机构推出的该类产品的单品。如天天基金、蚂蚁财富基金频道、蛋卷基金等APP上可以购买和赎回几乎所有基金公司旗下的各类基金。

选择哪一个APP并没有绝对普适的标准，用户的选择范围是非常广泛的。读者可根据自己的需求，在本书前文所介绍的几个APP以及其他大型正规机构推出的APP中选择。对于理财的“轻度”用户，可选择支付宝（蚂蚁金服）以及银行推出的APP，以避免冗余操作和“多账号”问题；和券商、基金公司有大额交易来往的理财用户可使用该机构推出的APP，便于机构更好地定制化服务；喜欢倒腾的理财“发烧友”则可选择天天基金、陆金所等综合性平台。

根据相关理论和发达资本市场国家现状，我们推测C类与D类家庭将会更多地投资于各类基金。接下来以基金的APP为例，我们将简要演示如何使用APP。

（1）基金选择

决定选择哪只基金可能是单次投资行为的第一步。天天基金 APP 提供了多个角度的信息来帮助用户选择基金，被相中的基金都可点击自选按钮，该基金则进入自选栏。用户可快速、便捷地查看与购买自选栏里的基金，自选基金列表将在手机、电脑端多个平台上自动同步。将心仪的基金纳入自选后，可在自选列表中打开该基金主页面，主页面上可快捷地查看该基金收益、净值、风险、持仓等信息，可快速进行该基金的交易，还可以和其他关注该基金的用户进行交流。在“自选”栏目右上角可将多个基金进行比较。在该栏目下可以直观地对收益率曲线、风险数据、热度等进行比较。

在 APP 首页，点击“更多”按钮可查看 APP 所有功能，在数据专题栏目下许多入口都可帮助我们选择一只基金。在通过“基金公司”“基金经理”入口，用户可便捷查询所有公募基金公司与公募基金经理的详细情况、历史业绩、旗下基金。“排行”功能可将市面上所有基金按类别以收益率进行排名，而“估值”“净值”“评级”等功能可通过相应指标对基金进行排名。

从该平台的用户手册和用户协议可以得知，平台开户完全免费；开户后交易时用户向基金公司支付基金认购、申购、赎回费用，具体费率因购买基金不同而不同；平台本身不收取任何费用。在证监会备案记录中可查证，天天基金平台取得了由证监会颁发的基金销售牌照，平台声明交易资金受民生银行全程监管和保障。同时该平台声明采取了双重页面验证、设置交易密码和动态密码、限制资金划转等措施保障交易安全和资金安全。

（2）产品交易

选定基金后，用户想要的是便捷、安全、准确地买入（卖出）该基金。在登录账户后可进行理财产品的购买。通过首页的部分按钮、单只基金的页面都可快速购买基金。在首页中点击“更多”打开全部功能，下滑找到产品交易栏目，可以找到所有与交易相关的功能。

在产品交易栏目中，指数宝可便捷查看各类市场指数并交易相应指数基金；定期宝栏目可快速交易承诺收益固定的产品；“新发基金”“分级基金”“定开债基”等栏目都可快速查阅和交易相应基金。

大数据的发展使每个人的日常行为都被抽象为一组数据，数据被上传到服务器后，会被加以分析处理，在“数据选基”一栏，天天基金APP向用户提供了基于大数据的基金推荐功能。移动技术下的APP越来越侧重整套理财方案的销售而非单个产品的销售，在“产品交易”栏目下，定投专区和组合宝都可以根据用户情况进行个性化的理财方案推荐。在“定投专区”中，用户可自行设计定投方案，或以每月固定额度投资的目标，或以到期账面拥有一定资金的目标来形成个性化的定投方案，定投的最小投资额仅为10元，在方案设定好并且绑定银行卡后，APP会每月根据方案自动从绑定银行卡取出资金来投资，对于用户来说更加便捷、省心。在“组合宝”栏目里，天天基金向用户推荐的是“组合”，每个组合里包含若干只基金，其理念类似于“FOF”。每个组合包含的基金与各只基金比例由天天基金平台制定，每只组合往往能更好地分散风险、取得更高收益，其投资“组合”的最小资金额为1000元。

7.2.5 案例解析

信息技术的发展，丰富了包括理财产品在内的商品服务的购买场景，从线下—线上PC端—线上手机端，用户可选的购买方式越来越多样。移动端理财平台演化至今，已经可以提供几乎所有标准化理财产品和服务，如银行存款、基金、上市股票、保险、贷款等的购买和相关服务。同时还能提供理财社区、信息推送、数据查询、智能投顾等移动端的特色功能。

为享受移动端理财平台带来的便捷、实惠所要付出的成本是很低的。大量的软件工程师和产品经理努力使APP的操作更图形化、简洁化，所以用户并不需要付出很多成本去学习如何使用这类平台。金融机构的技术部门、风控部门、法务部门及监管部门等多方共同努力，力求降低和减少移动端理财平台给用户造成损失的可能性和损失程度，所以用户承担的风险也相对较低，技术的安全守护、平台运营者对用户资金和隐私的担保以及法律的保护使移动端理财平台成为可信赖的工具。

对于移动理财平台开发者来说，开发的初衷就是更好地服务广大用户和争夺C类和D类家庭这部分“长尾”市场。所以使用这些平台不是为了追赶

“时尚”，而是为了切实享受信息技术带来的便利和实惠。对于广大 C 类和 D 类家庭来说，使用这些平台是有诸多好处的，也是新时代下学会理财、更好理财、安全理财的必备工具。

7.2.6 小结

移动理财平台以其轻量化、低门槛、低成本等特点为不同的投资者带来巨大的便利。通常一个中国家庭的理财用户在智能手机中安装不超过三个理财 APP，即可实现绝大部分基本的理财需求，购买到几乎全品类全单品的投资标的。如果学习本书其他章节的金融、理财知识，充分利用这些移动理财平台的功能，C 类和 D 类家庭也能理好财，实现财富的保值、增值和避险；而 A 类家庭和 B 类家庭则可以利用互联网移动端理财平台完成日常便捷的交易，实现安全性和流动性高的“交易型”资产配置。

7.3 智能投顾：资产管理小能手

大数据、人工智能、云计算等新兴技术日新月异的发展，带来传统金融理财模式新一轮的重构：一方面催生了蚂蚁金服、理财通、百度理财等互联网线上理财平台，另一方面带动了各大金融机构的智能投顾业务以燎原之势发展。2015 年之前，智能投顾主要以“专业投顾 + 机器学习 +web 服务”的形式存在，半自动化管理投资组合业务并提出交易建议；2015 年后，智能投顾业务逐步成熟，依托于“人工智能 + 云计算”，提供自动化投资管理全价值链服务。[①] 目前，我国智能投顾服务发展机遇与挑战仍并存，在未来监管、技术落地双轮驱动下，智能投顾在 D 类家庭的应用场景将更丰富，风险更可控。

① 张家林，李鑫，齐轩 . 人工智能投资顾问的发展与 FINRA 监管报告解读 [A]. 中国证券业 2016 年论文集 . 2017-10：748-759。

7.3.1 案例导读——智能投顾（Robo-Advisor）的兴起

2017 年，谷歌智能机器人 AlphaGo 以 3∶0 战胜围棋高手柯洁，刷新了大众对于人工智能及机器学习的全新认知；宜信财富旗下机器人投顾产品“投米 RA”上线一年通过智能算法优化配置全球 ETF 投资组合，机器学习等新兴科技在金融领域的应用再一次吸引大众眼球。

2018 年，在全球市场分化，A 股低迷的状态下，人工智能、机器学习等新兴科技在金融领域的应用——智能投顾（Robo-Advisor），开始展现其在资产配置上的优势。以 2018 年 1 — 9 月 5 家智能投顾产品的收益表现为例，摩羯智投、灵犀智投、理财魔方、蛋卷基金、投米 RA 平均收益率分别为 -2.26%、+2.91%、+1.78%、-5.21%、+0.19%，而上证综指 2018 年 1 — 9 月跌幅达 -14.69%。那么市场表现优异的智能投顾产品究竟有什么“特异构造”？请听我们细细道来。

7.3.2 机器也会学习

智能投顾（Robo-Advisor），又称机器人投顾，是人工智能依托于大数据系统，通过现代投资组合理论等投资分析方法和机器学习技术，自动计算并提供组合配置建议的一种在线投资顾问服务模式。目前智能投顾产品服务的主要流程包括客户分析、大类资产配置、投资组合选择、交易执行、投后跟踪调整 5 个环节。如图 7.4 所示：

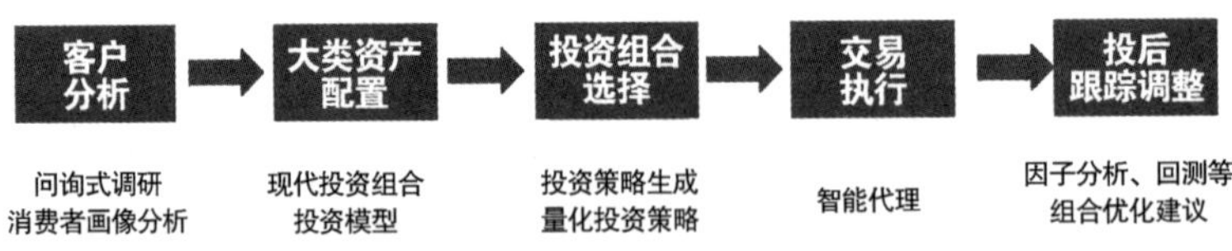

图 7.4　智能投顾 + 产品服务主要流程

“投”，不仅是传统意义上基于经典资产配置理论、用户资产状况和理财需求的智能化资产配置，还包括为用户提供大量依托于机器学习算法的智能化决策工具及智能化策略计划；“顾”，规避了传统线下顾问存在的道德风险、素质不足、及时性欠缺等问题，该模式基于深度学习等理论基础，从用户精准的需求画像出发，进行实时监测和动态调整。比如，基于用户精准需求画像基础上的智能化产品推荐和跟踪服务；基于深度学习等各类理论基础上的智能化投资机会预测、投资风险预测，以及与用户画像和用户浏览轨迹等相结合的产品推荐和跟踪服务等。其关键技术主要有：机器学习、深度学习、语音识别与自然语言处理等，这些技术被应用于智能投顾产品服务的主要流程中。

（1）机器学习

机器学习是一个通过计算机的方法，在原有学习算法的基础上自动基于已有数据产生模型的过程。在面对新情况时（如看到一个没有切开的西瓜），机器学习模型会给出相应的判断（如好瓜），即发现数据中隐藏的演化过程并使用它们来进行预测或者决策，传统智能投顾产品通常基于已有的财务、交易数据进行建模，利用回归分析、主成分分析、SVM 等传统机器学习算法预测交易策略。

（2）深度学习

深度学习被定性为“黑匣子”，是机器学习衍生的一个新领域。它试图使用包含复杂结构或者由多重非线性变换构成的多个处理层对数据进行高层抽象的算法。[①] 其动机在于建立可以模拟人脑进行分析学习的神经网络，通过模仿人脑的机制来解释数之间的关联关系，如图像、文本和声音等。领先智能投顾产品结合客户购买行为数据更新模型，利用卷积神经网络等深度学习算法升级投顾系统，推出个性化定制理财服务。

（3）语音识别与自然语言处理

语音识别与自然语言处理拥有能够以人类的方式来理解并自动生成出人类语言的能力。语音识别即机器根据人输入的声音，自动识别为可编辑的文字。自然语音处理即从文本中提取语义信息，或者生成出语义自然、语法正确的可读文本。[②] 智能投顾产品通常引入宏观政策条文、公司公告、社交品论、

① 谢东亮，徐宇翔 . 基于人工智能的微表情识别技术 [J]. 科技与创新，2018，22：35-37。

② 德勤 . 创新与信心偕行——人工智能与风险管理报告 [EB/OL]. https：//www2.deloitte.com/cn/zh/pages/risk/articles/Deloitt-ai-and-risk-management-report.html,2019-3-09。

新闻等文本信息，通过自然语音处理技术将其解析为结构化数据，并为投资决策提供建议。

智能投顾的投资策略是什么?

智能投顾主要是赚取 β 收益（基金收益 = α 收益[①]+ β 收益 + 残留收益），β 收益是市场对系统性风险的收益补偿（一种相对收益：跟随市场波动，与市场、行业、规模密切相关）。与 α 超额收益择时选股特性相比，β 收益具有易实现、费用低、标的资产规模大以及偏长期等显著特点。综合考虑上述两类收益的特点，获取 β 收益的费用相对较低，通过人工智能技术容易实现，可通过各类 ETF[②] 产品实现市场组合的构建从而获得大类资产配置，因此成为智能投顾投资策略的不二选择。

7.3.3 资产配置的智能时代

随着互联网及相关高新技术在全球普及，美国率先提出运用计算机程序及算法为投资者提供线上投资咨询及资产管理服务的先进投资理念。2008 年，Betterment——第一家智能投顾公司于美国纽约成立；2011 年，Wealthfront 公司在硅谷成立，两大行业内标志性公司的成立意味着金融科技在资产管理业务上的应用正式拉开了序幕。之后，各类智能投顾公司如雨后春笋般相继在世界各地成立。随着智能投顾业务的快速发展，传统金融机构资产管理的业务正在被蚕食，面对服务群体与自身高度重合的资产管理公司，传统金融机构纷纷抢滩布局智能投顾业务，如知名私募股权及投资管理公司 Blackrock 收购智能投顾初创公司 Future Advisor，金融巨头高盛收购线上退休账户理财平台 Honest Dollar。

① α 收益：绝对收益，即超越系统风险溢价的超额收益。比如，几只跟随沪深 300 指数的 ETF，如果基金管理人不断买入相对于沪深 300 指数折价的 ETF 组合，卖出相对于沪深 300 指数溢价的 ETF 组合，就会获得超越沪深 300 指数的额外收益。α 收益与基金管理人能力密切相关。

② ETF：Exchange Traded Funds，全称交易所交易型基金。在中国市场，即在上海证券交易所和深圳证券交易所内交易的集合投资的组合，最初以一篮子主要成分股的投资组合来达到追踪指数的目标，后期随着市场发展，追踪标的不断丰富，目前股票型、债券型、货币型、混合型以及商品型 ETF 都应运而生。

伴随智能投顾科技理论和技术西行东渐，自 2015 年起，国内互联网公司、券商、基金纷纷试水智能投顾业务的系统及场景开发。2015 年 8 月，以京东和阿里为代表的互联网公司推出“京东智投”和“蚂蚁聚宝”；2016 年 3 月，以同花顺为代表的互联网金融公司推出“同花顺 iFinD 智能投顾”；2016 年 4 月，嘉实基金推出“金贝塔”；2016 年 6 月，广发证券推出“贝塔牛”；等等。

银行业的改革也“千呼万唤始出来”——招商银行作为银行业中首家试水智能投顾业务的商业银行，于 2016 年 12 月推出的“摩羯智投”，不仅是其自身技术的重大突破，也是我国银行业从工具到平台、从线下到全渠道、从封闭到开放的一次重大突破。随后工商银行的“AI 投”，中国银行的“中银慧投”，平安银行的“平安智投”，兴业银行的“兴业智投”也相继推出，自此国内各金融机构智能投顾业务加码金融科技迭代更新加速，进入资产配置“百舸争流”的智能时代。目前国内智能投顾产品总结如表 7.3 所示：

表 7.3　国内智能投顾产品对比分析 ①

产品	上线日期	业务模式	门槛 / 费用	投资范围	产品特色
传统金融机构智能投顾产品					
平安一账通	2016.1	综合理财型	0/0	平安集团旗下各类理财产品	依托集团强大产品资源和获客能力，全面整合银行、保险、投资全领域金融服务
广发证券贝塔牛	2016.6	独立建议型	0/0	A 股、国内多只 ETF 产品	嵌入广发易淘金 APP，提供持股票、ETF 为主的大类资产配置机器人投顾两类服务，并能实现投资组合一键批量下单
嘉实基金金贝塔	2016.4	综合理财型	0/0	A 股、嘉实基金各类产品	主打服务于国内投资者的社交组合投资平台

① Accenture. 智能投顾在中国：直面挑战、把握机遇、决胜未来 [EB/OL]. https：//www.accenture.com/cn-zh/insight-intelligent-investment-consulting，2018-6-19。

续表

产品	上线日期	业务模式	门槛 / 费用	投资范围	产品特色
招商银行摩羯智投	2016.12	独立建议型	2 万元 / 按产品不等	公募资金（为主）、全球资产配置	嵌入招行 APP，依托于招行强大的数据库系统和客户资源，规模突破 80 亿元
浦发银行财智机器人	2016.11	综合理财型	1000 元 / 按产品不等	各类资产配置（公募基金、银行理财、贵金属等）	线上、线下双向人机交互服务，产品组合一键下单
江苏银行阿尔法智投	2017.8	综合理财型	2000 元 / 按产品不等	公募基金、银行理财、保险、贷款等	创新型覆盖保险、贷款产品，智能计算风险与收益平衡点，动态调整持仓
工商银行AI 投	2017.11	独立建议型	1 万元 / 按产品不等	公募基金	个性化的资产配置方案，“一键投资”“一键调仓”
互联网巨头及互联网金融公司智能投顾产品					
京东京东智投	2015.8	综合理财型	0/0	京东金融旗下覆盖产品	依托于京东大数据体系和丰富产品线，提供免费个性化智能投资组合
阿里巴巴蚂蚁聚宝	2015.8	综合理财型	0/0	各类基金产品以及蚂蚁金服旗下产品	一站式投资管理平台，定位“小白”理财群体
同花顺iFind	2016.3	独立建议型	0/0	A 股	更具“智力”：舆情监控，拐点判断，自动切换策略
雪球蛋卷基金	2016.5	独立建议型	0/0	A 股、美股、港股等	根据不同年龄层次需求配置不同组合策略，部分产品自行调仓
独立第三方智能投顾产品					
钱景	2014.8	独立建议型	0/0	公募基金	根据客户风险偏好，选择相应投资基金组合
理财魔方	2015.3	独立建议型	0/0	与好买基金合作，涵盖国内上千种基金产品	定位中产阶级，严格把控风控

续表

产品	上线日期	业务模式	门槛 / 费用	投资范围	产品特色
蓝海智投	2016.4	独立建议型	5 万美元 / 账户总金额 0.4%	美元 + 人民币投资组合，以 QDⅡ股票和债券基金为主	投资理念采用“耶鲁”模式，定位互联网 + 私人银行，面向中高端净值用户
弥智	2015.10	独立建议型	5000 美元 / 账户总金额 0.5%	以海外股指 ETF、美国企业债券为主	海外资产配置，拥有自动再平衡等功能
投米 RA	2016.4	独立建议型	0/0	全球 ETF 投资组合	基于诺贝尔经济学奖成果以及海量金融数据分析研发出的智能模型

与传统投顾相比，智能投顾优势明显，主要体现在以下几个方面：

（1）人群覆盖广

与传统投顾一对一针对高净值人群的服务相比，智能投顾主要服务于中产和大众投资者，提供纯线上服务及少量人工服务辅助。

（2）低投资门槛，低费率

传统投顾的投资门槛高，一般在 10 万美元以上，费率高达 1%；而智能投顾的门槛极低甚至无门槛，费率约为 0.25%。

（3）资产配置覆盖广

传统模式受制于人力短缺，只能管理维护有限的投资标的，覆盖范围受限；而智能投顾可同时对多个投资标的进行投资管理，产品配置范围广，管理方式灵活，主要投资于以 ETF、基金为主的多类别资产。

（4）时效性高

智能投顾的投资组合管理、投资决策实行、投后策略维护等流程全部交由人工智能平台完成，7×24h 实施动态监管市场变化，为客户提供精准、便捷的个性化服务；传统投顾受制于人力精力等方面原因，会存在一定的滞后性。

（5）投资表现稳健

传统投顾依赖于投资者个人水平，受制于其可能存在的道德风险等因素，投资表现参差不齐，大部分难以跑赢指数；智能投顾主要赚取 β 收益，收益稳定且往往能取得略好于指数的收益。

智能投顾因其具有上述区别于传统投顾的优势，在历经萌芽、幻象及扰局阶段后，目前正处于向大众普及阶段，其发展历程如图 7.5 所示。

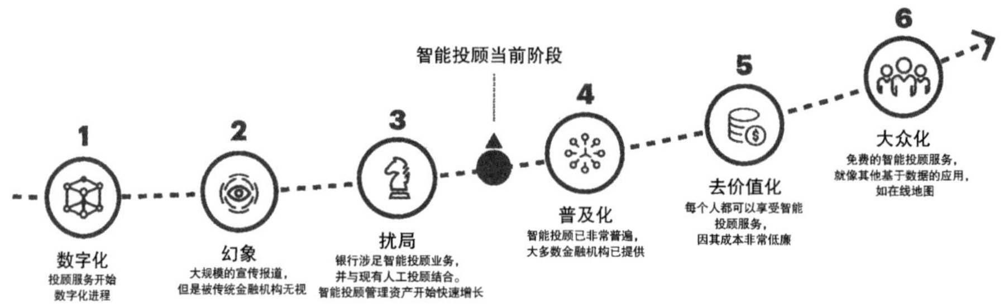

图 7.5　智能投顾发展阶段 [①]

受益于互联网人口和流量红利，智能投顾从普及化到大众化过程将加速。国内智能投顾受益于未来可观的市场规模，发展可期。据权威在线统计数据门户 Statista 数据显示，2017 年全球智能投顾管理资产达 2264 亿美元，年增长率将高达 78%，到 2021 年全球智能投顾管理资产规模将超过 1 万亿美元（如图 7.6 所示）。立足中国市场来看，智能投顾管理的资产于 2017 年已超 289 亿美元，其年增长率高达 261%，预计到 2021 年，智能投顾管理资产总额将超 4850 亿美元，用户数量超 8000 万（如图 7.7 所示）。受益于中产扩容及城镇化深入带来的居民财富规模不断增长，资本市场持续深化及广化，人工智能技术不断进化等向好因素，预计 C 类和 D 类家庭更愿意将资产投入创新型投资工具中，我国智能投顾产品将获得更快速的发展，未来前景广阔。图 7.6 和图 7.7 分别显示了全球智能投顾管理的资产规模及用户数量和我国智能投顾管理的资产规模及用户数量近年来的增长态势和预计下一步的发展情况。

① Accenture. 智能投顾在中国：直面挑战、把握机遇、决胜未来 [EB/OL]. https：//www.accenture.com/cn-zh/insight-intelligent-investment-consulting，2018-6-19。

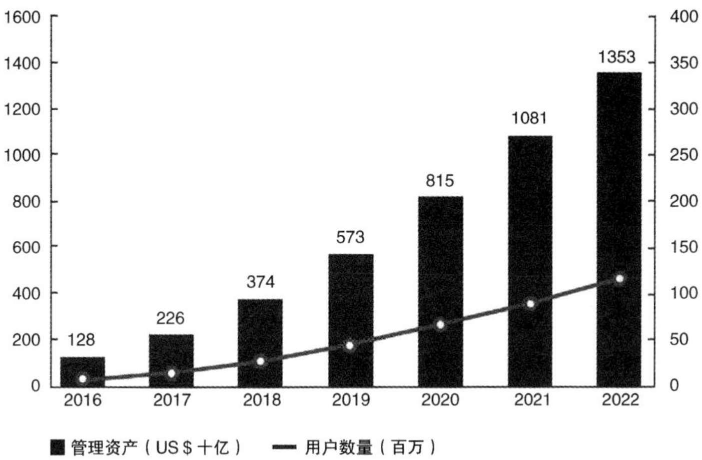

图 7.6　全球智能投顾管理资产规模及用户数量①

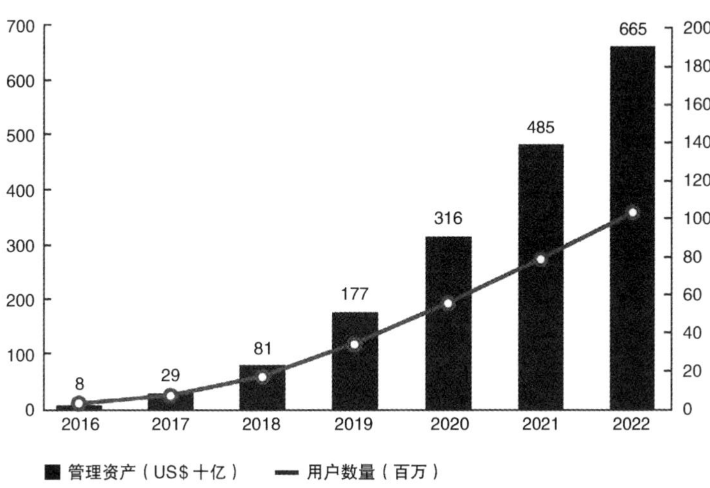

图 7.7　中国智能投顾管理资产规模及用户数量②

但不可忽视的是，我国智能投顾业务向大众化推进的过程中，挑战与机遇并存：比如如何合理面对激烈市场竞争带来的短期行业鱼龙混杂的状态，产品如何快速迭代以适应新崛起的“90 后”“00 后”新主力消费群体的需要。

① Accenture. 智能投顾在中国：直面挑战、把握机遇、决胜未来 [EB/OL]. https：//www.accenture.com/cn-zh/insight-intelligent-investment-consulting，2018-6-19。

② Accenture. 智能投顾在中国：直面挑战、把握机遇、决胜未来 [EB/OL]. https：//www.accenture.com/cn-zh/insight-intelligent-investment-consulting，2018-6-19。

除此之外，国内监管政策趋严也会对其发展带来压力。

（1）金融数据开放程度低：客户金融大数据是智能投顾的基石，所有的资产配置策略及决策都是建立在用户基础上，但是国内监管规定要求金融机构数据不得提供给第三方使用，这为智能投顾业务的开展增加了难度。

（2）监管与创新有待平衡：2018 年 4 月，由央行、银保监会、证监会、外汇局联合发布的《关于规范金融机构资产管理业务的指导意见》（以下简称“资管新规”）对智能投顾进行了定义，并确定了其监管规范，券商及部分金融机构仅限于开展投资咨询业务，非金融机构不得借助智能投顾开展资管业务。在官方正式放开投顾和资管混合经营之前，智能投顾平台的资管业务范围由于部分处于灰色地带而受到限制。

（3）初创公司产品合规性有待考证：目前大多数初创公司背景的智能投顾平台属于“双无”产品。市场上较为普遍的做法是初创公司与基金代销机构合作，为后者进行用户导流。比如拿铁智投和谱蓝的交易端接入的分别为天天基金和盈米财富。然而这种做法似乎并未被证监会授予合法性。当前的导流模式存在很大的政策不确定性。① 有一些公司存在道德风险，为了赚取 ETF 交易手续费佣金而进行不必要的频繁操作，难以保证其投资建议的独立客观性。

7.3.4 C 类和 D 类家庭的好管家

区别于传统服务于高净值人士群体的传统投顾，智能投顾覆盖客户群体更广泛，其客户群体主要是 C 类和 D 类家庭等处于中产阶级及以下的群体，用户可以通过客户端，实时动态地查看资产配置，进行资产管理，充当了理财助手和理财管家的职能。面对繁多纷杂的智能投顾产品，我们选择代表性的“摩羯智投”，介绍现有投顾产品的理财操作流程。

摩羯智投——国内银行业具有标志意义的智能投顾产品，是招商银行采用全新的客户视角，依托于丰富的客户数据库，借助机器学习、云计算、大数据等科技方式来构建智能基金投资组合的一种典型智能投顾模式。该模式

① Accenture. 智能投顾在中国：直面挑战、把握机遇、决胜未来 [EB/OL]. https：//www.accenture.com/cn-zh/insight-intelligent-investment-consulting，2018-6-19。

致力于完整地打造售前、售中、售后服务链，为客户提供个性化、场景化、智能化的基金组合配置服务。

和图 7.4 提到的智能投顾 + 产品服务主要流程类似，摩羯智投的服务流程如下：

（1）客户分析

摩羯智投采用“数据采集分析”来定位客户的风险和流动性偏好，其中流动性偏好主要是投资年限偏好，分为 3 个等级：0—1 年、1—3 年、3 年以上；风险偏好为 10 个等级，并辅以模拟历史年化业绩和模拟历史年化波动率来帮助判断。

与摩羯智投不同的是，其他智能投顾产品往往采用问询式调研进行风险和流动性判断。

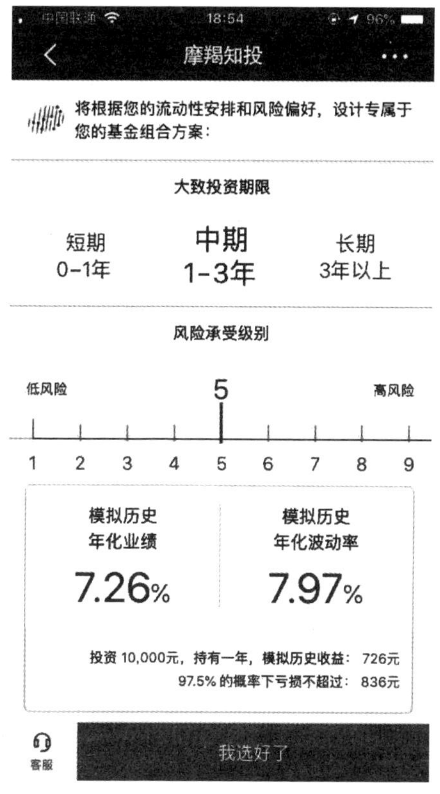

图 7.8　摩羯智投风险与流动性选择页面

（2）资产配置—投资组合选择

根据客户风险和流动性偏好，摩羯智投进行后台运算，并给出具体配置类型（固定收益类、现金及货币、股票类、另类及其他）和配置比例，并提供近3个月、6个月、1年、3年的模拟历史数据供参考。

图7.9 摩羯智投资产配置页面及资产详情

摩羯智投和市场大多数智能投顾产品一致，都是基于现代投资组合理论、资本资产定价模型等结合用户偏好确定资产配置比例、初始投资组合选择等。但具体到每一家，又会有区别于其他的资产配置方法来最大限度地保证客户的收益。比如，摩羯智投自2016年开始研发一套基金经理评价体系，用定量数据加定性调查方式来建立一个基金经理数据库，形成一个独有的基金经理风格评价体系，用以辅助选择基金池。

（3）交易执行

选择完上述匹配的资产配置后，“一键购买”，就可以实时查看资产收益状况。同时如果继续购买，则系统会给出问询式调研问题进行风险评估并推介后续购买功能。

（4）投后跟踪调整分析

摩羯智投在投资者购买产品后，会定期给客户推送投资组合的报告；在完成大类资产配置基金、优选战略资产配置基础上，摩羯智投同步日常操作中采用多象限风险模型及智能投顾小组的观点，灵活完成后期战术的资产配置，实现大类资产配置的动态调整；同时，时效信息及数据也被纳入模型决策体系：比如统计局发布的数据、上市公司突发性事件、舆情情况等都被纳入市场现有智能投顾产品的实时动态调整范畴，计算投资组合的最优比例。一旦客户的追踪比例与最新计算的最优比例产生一定的偏差（系统预设的一个阈值），就会触发优选，系统就会第一时间发出信息给客户提醒偏差预测，智能客服辅助客户进行实时调整，进而完成整个投资全流程服务的闭环管理。

其他智能投顾产品也会根据多因子分析、回测等给出组合优化建议，只是基于模型品质和数据库差异，优化效果参差不齐。

针对高净值或者投资门槛高的客户群体，产品之外会辅以人工进行持续监督管理和定期与客户交流沟通的环节，并贯穿上述全流程。

面对国内未来万亿元资产管理规模市场，传统投顾已经无法满足需求，智能投顾发展未来可期，但国内目前的智能投顾产品仍需改进，以摩羯智投为例：①摩羯智投仅提供 30 种产品组合，面对数量庞大且需求复杂的客户，现有组合不能完全满足客户需求；②模型调整仍有一定的优化空间，现有模型多是基于传统量化模型进行的迭代改进，基本局限在智能调仓，在数据挖掘以及深度学习预测方面有待提升。

7.3.5 案例解析

智能投顾产品借大数据、人工智能、云计算等技术发展的东风兴起，凭借其高效便捷、费率低等优势迅速在全球发展，投顾服务从传统人工低效服务进入智能时代，覆盖家庭群体从 A 类和 B 类家庭延伸至 C 类和 D 类家庭。

随着金融市场越来越成熟，获取超越市场表现的 α 收益越来越难；智能投顾则以大数据、机器学习等驱动，投资标的为不同类型的 ETF 产品组合，专注于相对收益（市场对于系统性风险的收益补偿）——β 收益。目前智能投顾产品服务的主要流程包括客户分析、大类资产配置、投资组合选择、交易执行、投后跟踪调整五个环节，目前部分流程已经完全实现自动化模式，但半智能投顾模式仍主导市场。我国智能投顾行业兴起时间短，市场产品鱼龙混杂，监管政策仍有待完善，未来智能投顾行业万亿管理规模可期，市场空间广阔。

从上文的分析以及摩羯智投的例子可以看到，我国智能投顾业务从普及化向大众化推进的过程中，机遇与挑战并存：

机遇：（1）资产管理行业空间巨大，专注于中低净值客户投顾服务仍处于发展初期；（2）“80 后”及“90 后”成为理财新主体，对于智能投顾类便捷性产品接受程度高，资产管理意识强；（3）人工智能、大数据等新兴技术红利；（4）监管规则的积极转向；（5）国内资本市场结构日趋合理。

挑战：（1）金融数据开放程度低；（2）监管与创新有待平衡；（3）初创公司产品合规性有待考证。未来随着监管不确定性逐渐消除，智能投顾行业将迎来新一轮的发展高峰期，实现传统资产管理模式的彻底变革。

7.3.6 小结

智能投顾产品机遇与挑战并存，现阶段受限于科技发展水平较低、人工服务短缺、国内投资者教育欠缺等因素，智能投顾走向完善仍需依赖时间实现。随着深度学习等技术越来越成熟，投资者教育越来越完善（并非只专注于收益，而是资产有效配置的一种方式），国内智能投顾格局有很大概率接近美国等较成熟海外市场，多样化投资工具广泛应用、用户画像精准确立、智能推荐系统有效运用、个性化定制账户实时监控。相信在不久的将来，国内智能投顾机构将会打造领先的智能投顾服务，智能投顾将走向普惠化、科技化、定制化，开启全新的投顾时代。

第 8 章 给财富传承插上科技的“翅膀”

8.1 财富传承的“前世今生”

财富传承作为当前财富管理的重要内容之一，受到广大 A 类和 B 类家庭的重视和青睐。随着科学技术的长足发展，原本在财富传承过程中“手工作业”的一些环节，都可以通过科学技术更好更快地来完成。那么，如何给财富传承插上科技的“翅膀”呢？让我们追本溯源，从财富传承的前世今生说起。

8.1.1 九子夺嫡——从古人的财富传承说起

九子夺嫡的故事想必大家都有所耳闻，它是指清朝康熙皇帝的儿子争夺皇位的事件。这一事件虽然疑点重重，其中的很多内容现在也已经被认定为谣传，但是这一事件却是古人财富传承过程的一个标志性事件，这个事件反映了古人财富传承当中的种种问题，就是公信力差、容易造假和传承内容单一。首先谈谈公信力差的问题，在传统的财富传承过程中，无论古代还是现代，公信力差都是一个很难解决的问题。

在九子夺嫡事件当中，唯一有皇位传承话语权的就是康熙皇帝，但是由于他在去世之前没有指明皇位的继承人，同时也没有设定合理的遗嘱制度，导致当他突然驾崩之后，他的几个儿子都开始争夺皇位，每个人都拿出自己的证据，说明皇位的所属权，但是其他人都并不相信或者认可，这就是财富传承当中的公信力差。

除了公信力问题，在九子夺嫡事件当中也反映出了容易造假的问题，了解过这一事件的人都知道，由于康熙的突然逝世，所以宣布皇位继承的是康熙近臣步军统领隆科多，大家都知道，隆科多是四阿哥（后来的雍正皇帝）的党羽，所以这其中是否会有猫腻是很难说的，再加上后来八阿哥党羽被彻底清理，让人很难不怀疑皇位传承是否有造假的嫌疑。

不仅这一事件，从古至今财富传承过程当中造假案例简直数不胜数，每每有富豪去世，他的孩子都很容易上演一出“九子夺嫡”的大戏，为了争夺遗产简直无所不用其极，造假招数登峰造极，所以造假行为不仅在古代，就是在科技发达的现代同样是一个极难解决的问题。最后，传承内容单一也是古人财富传承当中的一个问题。由于当时环境和科技力量所限，所以古代的财富传承一般都仅限于资本和权力的传承，比如各种财产等，稍微抽象一点儿的资产也就是像皇位这种权力的传承了，对比现代财富传承形式与方法的多样性，在古代像文化、家风等这种抽象意义上的财富的传承是很难保证传承的结果与效果的。这其中的原因除了当时的环境因素（如皇帝要求思想统一，不允许有自主的思想）、技术力量不发达（只有纸质书等传播介质，传播媒介单一）之外，没有好的财富传承机构和工具也是其中重要的原因。

如果对于古人财富传承的人群做大体分类的话，可能就只有两类：权力阶层和非权力阶层。为什么相比现代人分类少了许多呢？其主要原因就是在中国古代几乎就是钱权不分家的，有钱人没有权力，钱不会长久，而有权人却没有钱的是极少数，这个问题在这里不做深入讨论，我们讨论的是这两类人群都是如何做财富传承的。对于非权力阶层人群，他们所传承的对象基本就是财产，由于学识和传统文化的影响，他们也就只能把财产留给下一代作为生存的保障；而对于权力阶层来说，财产的传承就不仅是传承的全部了，为了维护和扩大家族的利益，培养接班人并传授他们家族观念、文化思想等也成了非常重要的内容之一，尤其是皇权家庭为了维持权力的稳固，他们更是拥有一套相对完善的财富传承方案，当然这种方式也都是在权力家族秘而不宣的，这也是为什么古代在平民百姓家很难找到家族文化的传承，并且由于方式方法的单一和死板，传承效果一般也不是很好。就好比缺乏武功秘籍却修炼武功一样，能够得到真传的基本都是靠悟性，而不是靠很好的培养。

8.1.2 子承父业——传统的财富传承方式

子承父业，顾名思义，就是儿子继承父亲的产业，从古至今，这都是中国非常传统并且普遍的财富传承形式。中国一直有一个传统的思维定式，就是自己的财产一定要由自己的子女来继承，认为子女是自己的血脉的延续，所以自己有义务和责任照顾和保护他们，即使人不在了，这些财产也可以作为遗留的资本继续为子女的生存所用。但是我们都知道食物终有被吃光的一天，金钱也有被用完的时候，单纯地留下财产是无法保证子女一辈子的生存需要的，所以随着社会的不断进步和发展，出现了很多可以生钱的遗产，最常见的就是留下一份工作、一个公司或者是其他一些可以糊口的买卖，这也就是子承父业的来源了。

对于这类遗产，不单单只是需要简单地办理或者签署一个手续就可以，无论是工作还是公司等都需要下一代具备一些素质去支撑或管理它，否则这类遗产就会像金钱一样越用越少，直至消失为止。我们经常看电视或者网络上的报道，说某某富二代不思进取败光了家里的财产等，说的就是这个道理。所以，子承父业这种传统的财富传承方式，并不是简单的财产的传承，更需要的是能力和文化的传承，上一代不仅需要把这份事业交给下一代管理，同时还要传授给他如何管理公司、如何发展和经营企业等知识，也就是前面讲过的人力资源传承。

从“子承父业”这个词语出现的时候，实际上中国在财富传承的方式上就已经有了演变和进化，从单纯的财产传承演变成了一些抽象意义上的知识和文化的传承，这类传承相比财产的传承更加宝贵，俗话说“授人以鱼不如授人以渔”，这类财富虽然是精神上的财富，但它却可以源源不断地带来实体上的财富，这种财富传承方式虽然依旧传统，却成为新财富传承的萌芽，为后来财富传承的发展奠定了基础。

8.1.3 问题多多——传统财富传承体系

针对以上内容做一个总结，它们可以统称为传统财富传承体系，通过阅读以上内容，我们可以发现不同的方案有着不同的弊端，可以总结为以下几点：

（1）依赖人力资源

不论使用哪种法律工具或者金融产品，高净值人士都需要依赖律师、保险经纪人、私人银行家等专业人士的帮助。财富传承事关重大，合适的人选自然能使财富绵延，但所托非人则可能使基业毁于一旦。因此在高净值人士选择专业人士时，信任永远比能力更重要，但信任的建立绝非一蹴而就，也导致许多高净值人士错过了绝佳的财富增值、财富传承机会。在家业传承中，专业人士扮演了重要角色，但家族成员才是家业传承中影响“生死存亡”的关键因素。有时候，“人祸”远比“天灾”更致命。

2018 年 10 月 20 日，因中风入院治疗 55 天后，新鸿基地产的前董事主席郭炳湘病逝，新鸿基地产三兄弟之间的财富纷争也随着郭炳湘的去世暂时告一段落。新鸿基地产由郭得胜创立，在 1990 年郭得胜去世之后，长子郭炳湘接任新鸿基的董事局主席，次子郭炳江、三子郭炳联分别任董事局副总经理，郭得胜生前为了让兄弟和睦、共同进退，设立了有三重架构的郭氏家族的信托基金，新鸿基的控股权由汇丰国际信托掌管，其妻子邝肖卿和三个儿子都是受益人，但邝肖卿在其中权益最大。

但在长子郭炳湘遭遇绑架之后，郭家平静的局面被打破，2008 年 2 月 2 日，郭炳江、郭炳联以郭炳湘患有躁郁症为由，申请召开董事会，建议终止大哥郭炳湘的主席兼行政总裁职务。郭家老太邝肖卿站在了二儿子和三儿子这边，3 个月后郭炳湘被剥夺了主席职位，邝肖卿接任新鸿基董事局主席。10 月，持有新鸿基地产 42% 股权的郭氏家族信托基金重组，邝肖卿被认为是基金受益人，将 42% 股权分为三份，分别分配给“郭炳江及家人”“郭炳联及家人”，以及“郭炳湘的家人”。一字之差，郭炳湘的财产继承权随即被剥夺，这次重组基本宣告家族已将郭炳湘排除在新地的决策圈之外，直到 2014 年 1 月，郭炳湘才重获新鸿基地产的股票。这一番家族内斗导致新鸿基地产的市值大幅缩水，甚至郭炳江和郭炳联两人被香港廉政公署拘留。[①]

郭得胜生前设立信托基金时想必已经料到家族成员日后不睦的可能性，但恐怕他并没有料到致使家业传承背离他初衷的正是他的妻子，也是郭氏家族信托的最大权益人。将财富交托给专业人士，不仅身故后，就连在世时高净值人士同样难以监督、规制资金的使用，在我国内地，《受托人法》的缺失使高净值人士对家族信托的资金使用更加难以管控。

（2）依赖契约文件

传统财富传承体系将契约文件作为财富按照意愿顺利传承的法律保障，比如婚前协议、婚内协议、遗嘱、保险合同、信托文件、股权协议等，但只有订立对财产安排具有有效性、真实性和唯一性的文件才能发挥应有的作用。

契约文件的有效订立需要严格的形式要件，有些高净值人士误以为契约文件就是能代表个人意愿的书面文件，只要能记录完整，签名、印章俱全就能成立。实际上，在缺少专业人士指导的情况下，高净值人士订立的契约文件很可能不具备法律效力，比如《中华人民共和国继承法》规定代书遗嘱、录音遗嘱和口头遗嘱的订立需要有两个以上无利害关系的见证人，为满足契约成立的各类形式要件，还必须将文件长期存证，包括文本、录音、录像文件，等等。

（3）运行成本高

单一家族办公室可以实现财富的集中化管理，同时兼具信托服务、税务筹划、家族治理等多方面的功能，但单一家族办公室的设立门槛高，仅适用于超高净值人士的财富管理与传承，普通高净值人士难以长期承担高昂的运行费用。因此，个人可投资资产在 1000 万—5000 万元的普通高净值人士常常将财富传承工作分别交托给多家机构和专业人士，但另一个问题也应运而生，业内的律师事务所、私人银行、保险公司、信托公司和第三方理财机构等之间属于合作竞争的关系，信息几乎无法在各机构之间共享，在这种情况下，不仅使财富管理与传承业务的运行效率降低，增加财富传承体系的运行成本，

① AthenaBest 高富金融集团 . 新鸿基地产大股东郭氏家族内乱 信托发挥的作用 [EB/OL].http://toutiao.manqian.cn/wz_8FeVw5YIoZ.html，2017-03-29。

同时由此造成的财产缺乏统筹，导致财富传承的安排极易遗漏。周旋在多家财富机构之间的高净值人士不光要耗费时间精力，还需要大笔资金投入，才能确保财富传承的安全有序。

8.1.4 科技 + 财富传承——财富传承的新风尚

从上一小节可以看出，对于中国的高净值人士，他们已经开始逐步关注和接受新式的财富传承工具。随着科学技术最近几年的长足发展，人们看到了新技术带来的生活上的变化，人们也越来越觉得所谓的新技术，不再是那种天马行空不切实际的东西，而是可以真正用在人们的生活当中，可以改变人们生活的黑科技。比如最近几年的滴滴打车、网上支付等，都越来越成为人们日常生活所离不开的技术应用。财富传承工具同样如此，如果“科技 + 财富传承”这句话放在几十年前，那么绝大多数人都会认为这绝对是骗子，是不可信的。但是放到了今天，智能理财、智能投顾等多种利用技术来做财富管理的工具已经被人们所广泛使用，如果说有一个“科技助手”来帮助高净值人士做财富传承，那也并非不可能的事情，所以我们才说，科技 + 财富传承 = 财富传承的新风尚。

拿家族信托来说，家族信托的好处是不言而喻的，但是其弊端也是显而易见的，首先就是入门门槛高，平安信托的起步价是 5000 万元，招商银行目前的客户身家都是 1 亿元起，这么高的门槛直接把百万和千万级别的富豪阻挡在外，但是这部分却是一个非常庞大的群体；其次是费用较高，对于家族信托来说，一份合约由一个团队来运营，其运营成本可想而知，除了超级富豪之外，一般富豪都会望而却步；最后是家族信托也具有一定的风险，虽然家族信托一般很少出现运营的风险，但是有人的地方就会存在一些不确定的因素，也就是内部作恶的可能性还是有的，再好再完善的合约、再大信誉再好的公司也无法保证其完全不会出现信用问题，这时信息技术就可以很好地解决这方面的问题。

在下一章节我们会重点讲信息技术如何改变财富传承的轨迹，在这里只是先笼统地介绍一下。

首先，信息技术可以节约大量的人力成本，在财富传承管理当中，人力成本是很高的，就拿一个简单的遗嘱来说，就不是简简单单的一纸合约而已，它后面需要精确的法律调查、证据收集与永久存档等，每个环节都需要少则几小时多则几天的办理时间，如果很多步骤可以由信息技术来代替的话，那么至少能够省去一半以上的时间。

其次，信息技术可以提高信用度。简单举一个遗嘱链的例子，一般遗嘱的设立都是一个秘密进行的过程，一方面为了安全起见，另一方面也防止遗嘱办理者在身故之前就产生家庭分歧。但这也给家庭造成了很多困扰，一些子女甚至不相信遗嘱设立机构，怀疑其真实有效性。而遗嘱链就可以通过技术很好地解决这类问题，通过技术让所有的证明材料进行上链，保障上链信息的真实有效性，遗嘱一旦上链，就无法被恶意篡改，即使被人所改动，也可以通过技术手段回溯到信息被改正的环节当中，找到改正的源头，进一步保障遗嘱的安全性。

最后，信息技术可以降低财富传承的门槛。前文也讲到了，家族信托的门槛过高，导致一些百万和千万富豪无法使用财富传承的产品，但是加入了信息技术就完全可以解决这一问题，通过财富传承与信息科技的结合，利用技术来降低整体的花销成本，同时配合专业人士来继续维持财富传承，这样的方式可以降低成本并且可以更好地管理财富传承。通过科技 + 财富传承，使得越来越多的人加入财富传承这一个大趋势当中。

8.2　区块链技术：悄然改变财富传承的轨迹

前文所述，传统的财富传承目前存在着很多问题，而运用信息技术可以改变财富传承的轨迹。正如习近平总书记在中共中央政治局于 2019 年 10 月 24 日下午就区块链技术发展现状和趋势进行的第十八次集体学习上所说的那样[①]，“区块链技术的集成应用在新的技术革新和产业变革中起着重要作用”，“要抓住区块链技术融合、功能拓展、产业细分的契机，发挥区块链在促进数据共享、优化业务流程、降低运营成本、提升协同效率、建设可信体系等方面的作用”。区块链技术正在用其特有的不可篡改性和可追溯特性改变着财富传承，它可以运用到遗嘱订立的过程当中增强遗嘱的可信度并且提高订立过程的效率。在新技术的驱动下，财富传承的主体也在悄悄地发生改变，由传统的物质财富向精神财富家族文化上转移，理论上通过链上记录家族生活将更深远的家族财富传递给后代。Token，计算机术语，可译作“令牌”，一般作为邀请、登录系统使用。Token 机制的引入赋予了不同的信息不同的价值，从而为日后的财富传承或者财产分配提供了更好的客观依据。

8.2.1 案例导读——区块链与遗嘱订立

如上所述，当下随着人口老龄化程度的不断加剧和以家庭为单位的社会财富的日益激增，如何将前代财富完整地、方便地传承给子孙后代成为一个日渐突出的社会基础问题。由于生前未妥善安排身后财产分配导致的遗产纠纷案不断滋扰社会和谐及家庭幸福，遗嘱订立已经衍变成了当今社会一个必须直视且重视的问题。过去，虽然我们常说生老病死是人之常情，顺应天理，但是国人对“死亡”历来比较忌讳，关于身后事的处理也常常闭口不谈。现在，随着公民法律意识的增强和对财产纠纷的担忧，订立遗嘱也越来越被公众接受。根据中华遗嘱库白皮书的最新数据显示，2018 年已经超过 45% 的群众认为一定要订立遗嘱，只有 24% 的人认为不需要订立遗嘱。此外订立遗嘱的数量也以每年 10% 的增速增长，由此可见，订立遗嘱很有可能会成为一种社会趋势。

与遗嘱订立者初衷相违背的是，立遗嘱本来是为了避免家庭财产纠纷和简化继承手续而存在的，但是近年来因为遗产而引发的家族纠纷屡见不鲜。

① 共产党员网.习近平：把区块链作为核心技术自主创新重要突破口 加快推动区块链技术和产业创新发展 [EB/OL].http：//www.scopsr.gov.cn/zlzx/wqzt/lxyz/xljh/201910/t20191031_372290.html，2019-10-31。

国学大师季羡林、相声大师侯耀文、台湾作家李敖、香港富豪龚如心、杨振宁假遗嘱等遗产案例历历在目，耗时多年，逝者仙去并没有得到应有的平静，反而上演了一场场触目惊心、骨肉相残的遗产争夺戏码。传统遗嘱订立和继承的弊端渐渐显露，而弊端根源主要包括两点：一是由于订立者法律知识缺失而造成的遗嘱内容法律上无效，二是遗嘱保存过程中存在的恶意篡改导致的遗嘱内容失真。前者可能需要相关遗嘱订立流程的规范性指引和公民法律意识的提高，后者实际上是社会普遍存在的信任缺失问题。21 世纪以及未来，通过技术加持，尤其是区块链技术的加入，可以更好地解决遗嘱订立前后的信任问题。

8.2.2 “遗产链”——让遗嘱再无争议

为什么看似简单的订立遗嘱背后存在这么多争议，给后人带来这么多伤痛呢？下面我们具体分析遗产行业的痛点到底在何处。

遗嘱之所以称为遗嘱，是因为到了遗嘱执行的时候，遗嘱的订立者已经去世了。而但凡想到要设立遗嘱的，多半涉及分配的财产不少，本文所说的 A 类、B 类、C 类、D 类四类家庭都属于拥有不少财产的这部分人。人性贪婪，利益分配可能很难满足所有人的期望，不然就无须搞出这么多事情，直接找个安静的地方把所有人都找来当面交代就好了，有什么不满意的还可以当时沟通，这不更皆大欢喜吗？正是因为众口难调，订立者为了避免生前的麻烦，所以往往希望能够秘密地制定一份遗嘱，在其死后公开。2018 年 3 月，中华遗嘱库对其所保管的 8 万余份遗嘱进行数据分析，有 99.93% 的老年人选择了中华遗嘱库范本中的防儿媳女婿条款，33.41% 的老年人是瞒着子女前来办理的。

秘密地订立一份在法律上有效的遗嘱并非一件容易的事情。对 A 类和 B 类家庭来说，一般可能会直接请律师公证遗嘱，这是目前最可靠、最方便的方法。但对于 C 类和 D 类家庭来说负担过重，并且他们往往也不愿意将自己辛苦打拼、为数不多的财产分割出一部分给一个“外人”。现实生活中，遗嘱的表现形式多样，每一种形式虽都有明确的法律条款，但是具体实施时还是会出现各种各样的问题。比如，代书遗嘱、口头遗嘱和录音遗嘱，常因见证人的缺失而产生纠纷；而自书遗嘱的内容和形式往往不符合法律要求，未经指导自己撰写的遗嘱在法庭上被判无效的比例高达 60%，就算是经过律师指导的遗嘱，由于保存问题，发生丢失和被篡改而导致无效的也有着超过 10% 的高比例。

传统遗嘱订立的痛点显而易见：其一，在于大众对于遗嘱法律知识的掌握有限，从而使得遗嘱内容在法律上失效；其二，在于遗嘱的内容无法满足相关所有利益者，当有人对分配结果不满意，就有动机去恶意篡改这份遗嘱，再加上此时订立者已经去世，从而无法判断这份遗嘱的真伪导致了内容失真，就算是依靠科学技术目前可以鉴定遗嘱的真假，但是依然有很高的误判概率。

此外，虽然经过了多年的探索和建设，遗嘱公证的信息化程度依旧不高，并且其在公证过程中存在的程序烦琐复杂也让很多想订立遗嘱的人望而却步。未经电子化信息化的纸质遗嘱档案在存储过程中除不断增加存放压力和丢失风险外，更重要的是，一旦遇上遗产官司，相关材料的异地读取、调用和流转也是非常麻烦的。以中华遗嘱库为例，其在北京建立了面积 1600 平方米的专业保管仓库，可容纳保管体量为 200 万份遗嘱，但这对日益增加的需求来说不过是杯水车薪。

从遗嘱的订立到公证，再到保存和流转，遗嘱的真实、安全和保密问题成为亟待解决的难题，MIT 等一些国内外知名研究团队正在积极探索解决方案，其中一些以区块链技术支持、专业律师团队组成的“区块链 + 遗嘱”项目应运而生，比如爱老遗嘱库、亿律遗嘱库、韩国区块链公司的 Gavrint 推出的区块链遗嘱服务项目，以及近期推出的中华遗嘱库等，区块链技术以其可追溯性和不可篡改性正为遗嘱继承提供了一种新的存证方式。

从本质上来说，遗嘱的订立、公证和保存问题是遗嘱内容无法自证完整与真实性，遗嘱流转过程中缺乏稳定性和可靠性的问题，归根结底还是一个信任程度的问题。而区块链作为一种新型的去中心化协议，通过不对称数字加密、分布式存储、共识机制等实现了信息的不可篡改和可追踪特性，构建了一个通过技术的手段或者说通过一串串代码架构出来的信任世界，换言之，用技术处理信息，减少甚至脱离了人类的干涉，从而消除了各部分环节可能存在的信任风险。

2008 年，一个名叫中本聪的人发布了一种新的点对点电子现金系统，产生了一种新的货币生产方法，这个货币也就是我们现在熟知的比特币，而作为比特币的底层技术区块链（Block chain）开始被人熟知。区块链是比特币的底层技术，从本质上来说仍然是一种数据库技术，它以区块为单位产生和存储数据，并且按照时间顺序形成链式结构，与传统的数据库最大的区别在于，区块链上的数据需要多方共同的验证、存储和维护，从而实现链上信息的同步共识和记录，使其带有不可篡改、可追溯等特性。“区块链 + 遗嘱”产生的遗嘱库项目就是利用区块链不可篡改的这一特性，规避了遗嘱内容可能会被更改的风险。

因此基于区块链技术，我们可以将传统单一的遗嘱登记转变为多节点参与共识的区块链网络。以中华遗嘱库为例说明，自 2018 年起，中华遗嘱库系统接入司法电子证据云平台，所有在中华遗嘱库登记的遗嘱，将同时通过区块链技术在司法电子证据云平台上进行备案。这是什么意思呢？简单来说，就是通过区块链技术，中华遗嘱库和司法电子证据云平台共同组成了一个区块链联盟网络，在这个区块链联盟链上主要包括了三类节点，分别是共识节点（记账节点）、普通节点（远程节点）、代理节点（接入节点），分别负责链上数据打包、上链和接入。当事人通过中华遗嘱库登记的遗嘱，都会通过区块链技术享受安全的标准化服务流程，为材料审核、心理评估、遗嘱订立等服务全程提供银行级别的保护。整个流程由权威司法鉴定中心存证，提供合法 AC 机构签发证书，确保是订立遗嘱本人亲笔的电子签名，使得所订立的遗嘱完全具备法律效力，最后由“区块链”分布式存储，确保遗嘱的安全有效。它的特点有：

（1）有效性。当事人在中华遗嘱库登记遗嘱信息前，系统会自动对登记设备和网络环境进行检测，以确保意思真实；遗嘱登记时，配合专业的律师团队确保遗嘱内容规范完整有效，并且通过人脸识别、电子签名、身份验证、指纹扫描、现场影像等技术确保系当事人本人订立、本人签名；遗嘱登记完成后，将取证时间发送至国家授时中心认证，以证明遗嘱内容的生成时间，同时上传区块链网络中。这样一系列举措保证了遗嘱内容的完整合法有效。

（2）安全性。上文提到虽然越来越多的人认识到生前订立遗嘱的重要性，但是由于遗嘱内容无法满足所有相关利益者，订立遗嘱的当事人无法面对所有相关利益者，所以通常会选择秘密订立遗嘱，以防遗嘱内容泄露而导致的纠纷矛盾提前发生。通常遗嘱内容泄露是因为遗嘱见证人，比如律师被收买导致，但使用区块链的时间戳、哈希算法、不对称加密等方式，可以保证遗嘱内容在上链后不会泄露，保证了当事人想要秘密订立的愿望。

（3）不可篡改性和可追溯性。区块链上的信息和数据以区块的形式产生和存储，每一个区块都指向它的前一个区块，从而形成了链。所以只要创建了一个创世区块，实质上就储存了这之后的所有历史数据，任何一个区块的数据都可以通过这个链式结构追溯其本源。比如遗嘱订立当事人在中华遗嘱库登记完成后，该遗嘱信息上链成为第一个区块，之后当事人想要修改这份遗嘱，系统将会在第一个区块之后形成第二个区块，第二个区块中会实时记录修改的时间、修改人、修改后的遗嘱内容等。如果非当事人想要恶意篡改遗嘱内容，同样他的修改行为会被记录在某一个区块上，无法隐藏或销毁。这样，反映遗嘱人真实意愿的遗嘱就被确立了下来。区块链的不可篡改性和可追溯性排除了遗嘱内容伪造的可能，可以使真实遗嘱的维护变得更容易，使法院更快地获得事实真相，定分止争。

如上节所述，家庭财富传承已经成为不啻于财富创造的社会基础问题，而遗嘱作为财富传承的其中一种方式也需要社会的关注和重视。针对遗嘱订立和遗嘱实施处理过程中产生的一些固有问题，运用区块链技术或许可以得到一些解决。“区块链＋遗嘱存证”的结合，不仅改变了遗嘱订立的轨迹，让遗嘱再无争议，避免因财产分配而引发的家庭纠纷，更重要的是为区块链技术的发展奠定了坚实的基础，为打造一个完全信任的社会提供了可能性。

8.2.3 链上记录生活——财富传承新玩法

遗嘱链的产生可以更好地解决遗产传承纠纷，但现实生活中，财富的传承不应该仅仅是指冷冰冰的财产，可能还是一个家族遗留下来的家风古训、传统习俗、珍贵的家庭画面，或者是一本有意义的书、一次彻夜的家庭成员之间敞开心扉的聊天记录等精神财富。区块链技术不仅可以应用在遗嘱上，更可以使得精神财富的存在更具原始性和真实性，因为区块链保留了其创造产生和提交到区块链上的所有记录，让家族的精神财富也能得到更真实、安全、有效的传承。

我们常说这是一个最好的时代，科技的日益发展改变着我们和我们生活的世界，让我们步入了数字时代。身份数字化（身份证号），银行存款数字化，照片数字化，购物数字化（购买记录都是一串串数字信息），沟通数字化（QQ、微博、微信聊天记录）……数字时代让我们每一天都被一个个二进制代码包围，不管是工作还是生活都离不开数字，就好像我们每一个人的人生都是由一段段数字组成的。像我们这一代步入数字化人生也就近十几年的事，像我们的父母辈或爷爷奶奶辈或再上一辈，他们基本上只能通过文字记录家族辉煌历史，口口相传传承家族信念。很多珍贵的家族历史难免会被历史的进程掩埋和丢失，再加上人的记忆绝大多数时候是会出错的，所以很多时候我们无法考证一段故事是否真实、是否完整，给后人造成一种精神上的不满足和遗憾。

既然数字对我们越来越重要，那相应的储存载体也变得尤其重要。它将会承载我们的悲欢离合、我们的记忆。就像相册一样，区块链技术的安全性、可追溯性、防篡改性可以使这些珍贵的记忆、不能让历史抹去的精神财富，以数字串流的形式永远地、真实地流传。

金庸先生逝世以后，除了遗产继承问题受到广泛关注以外，更重要的是他生前写下的一系列经典作品的使用权问题。我国对作者利益的保护期计算至作者死亡后第 50 年的 12 月 31 日，也就是说，从金庸先生去世的那一刻起，在未来 50 年内，金庸的作品，比如《天龙八部》《神雕侠侣》《倚天屠龙记》等依旧在创造价值。金庸先生一生总共写了14部武侠小说，全球发行量超过3亿册，影视作品100+部，根据小说改编的游戏也有30余个。[①] 而对于一名作家来说，版权的重要性不言而喻。尤其是在这个自媒体时代，创作门槛不断降低，从自媒体到博客，从微博到抖音，人人都在创作，人人都能创作，而有创作就存在版权。每年关于版权纠纷案件的数量也是非常高的，通常这种案件处理起来比较麻烦，案件时间跨度非常大，即使是像金庸先生这样的名人，拥有专业的维权团队打理，他的诉江南案件也持续三年之久。而且换个角度思考，法庭上得到的胜利表示这份创作的版权真是属于你吗？近几年大IP时代风起，很多知名大作家的作品被拍成影视作品，拍成影视剧后话题热度再创新高，同时也带来了一些版权争议。一些名字相对较小的作家跳出来说某某大家抄袭，同时放上一张张自己写的小说的文字与该大作家作品文字对比图，希望维护自己的权益，但通常这种纠纷都不了了之，因为取证困难。不仅需要判断这些相似文字是否存在抄袭的可能性，还要出具时间点证明以及对应的时间证人，所以维权路上一切都显得特别艰辛。但是有了区块链技术，可能会给版权维护带来新的启发。[②]

首先，版权维护的痛点在于如何明确作品归属的问题，如果将作品放到区块链上，基于链上信息的可追溯和难篡改特性，上链的作品可以轻轻轻松地明确其版权归属问题，一旦涉及侵权就进行溯源。作家们通常是把自己写好的初稿交给出版社，如果作品销量不错可以取得稿费，若是被影视商或者游戏商看中，可以取得相应的版权费。过去这一系列行为都是单向的记录，一旦使用区块链，将整个过程上链，分布式存储解决了版权确权问题，链上的时间戳可以作为数字证据预防作品被侵权。同时区块链技术不可篡改的特性也可以保证数字证据的安全和可信性。其次，其编程的智能合约保证了区块链上的文化资产拥有极大的流动性。由此可见，利用区块链技术不仅可以

① AI财经社 李介．金庸文化产业链：14部武侠小说发行量超3亿册，翻拍电视剧超100部[EB/OL].https：//baijiahao.baidu.com/s?id=1615826093450354814&wfr=spider&for=pc，2018-10-31。

② 林可．给金庸先生的遗嘱上链，让区块链帮他打理作品[EB/OL].http：//www.sohu.com/a/275066218_100217347，2018-11-13。

使文化作品得到真实、安全的保存，从而更好地维护作者的权益，更重要的是可以永久并且完整地传承给后代，为后代留下一点文化遗产。

8.2.4 token 机制——财富传承的通行证

token 机制是区块链技术种的重要概念，它是区块链技术可以实现价值转移的必要工具。在说明 token 应用在财富传承当中的案例之前，有必要解释一下什么是 token。其实在比特币刚兴起和区块链技术发展的早期，是没有 token 这个概念的。在比特币时期，我们听过“比特币”这个词语，后续区块链技术开始兴起之后，产生了很多的区块链技术项目，同时也创造出了各种各样不同用途的“币”——以太币、莱特币、狗币等，它们被统称为“代币”。这些就是最早产生的一批虚拟货币，它们像法币一样，可以在各种价值交换的场景下，用来购物、兑换法币等。后来，随着区块链技术的不断发展，一些狭义的概念被广义化了，不光是技术领域的延伸，“代币”的概念也被广义化了，也就产生了 token 这个词汇。token 这个词的意思相比“代币”更加广义，它泛指一切区块链项目产生的，可以被当作权益的东西，如在特定的场景下它可以被理解为“股权”或者“期权”等类似的概念。当你获得了一些 token，它不仅仅可以作为“代币”被兑换成法币进行使用，同样地，它也代表了一定的“权利”，比如一些原创作品的 token 代表了你是原创作品的所有者，如果 token 被转移到另外一个人身上，那么就代表了这个作品的归属者被替换了。这些 token 的运用，现在很好地解决了所属权的问题，比如最早的一些网络音乐，很多就出现了版权问题，因为一旦上传到互联网，很难找到证据说这个作品到底是谁原创的，它的归属权又归谁。有了 token 之后，当原创者把这个作品上传到区块链系统上之后，他就自动获得了 token，那么这个作品的所属权就归属于这个人，这样就很好地解决了“权利”归属的问题。同样地，token 也可以被应用在其他各类场景当中，用来解决和归属与权利相关的问题。

在财富传承过程当中，存在着类似的问题。拿遗嘱和遗产举例，很多时候其公正性和公平性会被质疑。如果财富传承者没有设立遗嘱，那么按照法律规定，其遗产由法定的继承人来继承，并且需要得到其他继承人的承认才可以，一般的划分原则就是按照平分的原则或者按照第一、第二继承人百分比来划分。但在很多情况下，继承者是不认可这种划分方式的，比如一个传承人有好几个子女，其中一个子女在传承人生病的时候承担了全部的医疗费用，而其他继承者并没有承担任何费用，那么从情理上来说，在划分遗产的过程中应该给予承担医疗费用的子女更多的遗产，但是在实际的实施过程当中，却很难对类似的事情进行调查取证，导致了不公平的发生。现实当中发生的事情甚至比上述例子还要复杂得多，一旦出现上述情况，各方就需要自己寻找证据或者请求律师等法律咨询机构帮忙调查取证，但是这类案例，最终往往会因为证据问题或拖延很长时间无法判决或得不到最公正的裁断。财富传承的公正性与公平性一直都是“世界级”的难题，一直困扰着广大群众，虽然相关法律一直在不断增加和完善，但是仍然很难从根本上解决其中争议的问题。随着区块链技术的长足发展，我们可以在财富传承当中引入该技术来帮助人们完成财富传承的工作。

在传统的财富传承过程当中，有两大难题：一是财富的归属权问题，二是财富如何分配的问题。归属权问题也就是财富归谁所有的问题，而财富的分配问题就是每个人都分别分得多少财富的问题。这两大难题从过去到现在一直都在困扰着人们。其实区块链技术当中的 token 是可以很好地解决上述两大难题的。首先，我们需要把区块链技术以及 token 机制引入财富传承当中，需要由专业人士对整个财富传承过程中的 token 机制进行设计与实现，并逐步引入传承者家庭当中。比如我们可以设置一些智能合约让被传承者们获取或者消费相关的 token，具体的流程可以是这样的，我们设置多个智能合约，具体的内容可以由传承者所设计或认定，比如被传承者每获得一份荣誉（三好学生或者类似的荣誉）就会给予他相应的一些 token，考上了名牌大学给予他一些 token，这些 token 可能相对多一些等，具体由财富传承者与设计者来设定其中的给予规则，而如果被传承者触犯了一些不应该发生的事情，比如在公共场所抽烟等，同样也会触发一定的智能合约减去其中的一些 token。具体来说就是传承者依据其选择被传承者的一些特性，针对这些特性设置智能合约给予一定的奖励或者惩罚，最终获得财富的多少是依据手里所持有 token 数量而决定的。举一个具体的例子就是，假设传承者需要被传承者拥有比较高的学历和较强的销售能力，才能继承他的公司，那么每当某一个被传承者考了较好的成绩去了比较好的学校，这时候智能合约就会自动触发给予这个被传承者比较多的 token 奖励，同样地，当这个人为了家族企业赢得了很好的销售业绩的时候同样给予丰厚的 token 奖励，最终拥有最多 token 的人可以继承传承者的公司。反过来同样如此，智能合约也可以设置反向的约束，比如被传承者做了某些坏事，那么会扣除他所持有的一些 token，直到 token 全部被扣完了，那么这个人就不再具备继承权了，这就是 token 在财富传承当中的作用。

除了具体的财产传承之外，对于一些比较抽象的比如文化或者手艺的传承，同样也可以采用 token 的形式来实施。对于这种抽象意义上的传承内容，它所关注的与财产传承所关注的点不同，对于文化传承或者手艺的传承，重要的有两点：一是对于文化或者手艺的接受度的问题，如对于一些先辈的思想或者家风的观念，其中的一些后辈并不认可，他们有自己独有的思想，这些思想很可能与传承的思想相悖，如果让这类人接受文化的传承，那么效果必然不是很理想，所以对于这类传承需要对被传承人进行选择和培养；而对于手艺的传承，就与被传承者的悟性和聪慧程度有关了，并不是所有人都能够掌握或者把这门手艺发扬光大，同样地，也涉及被传承人的选择与培养问题。二是对于这种文化传承所固有的禁忌问题，如传男不传女或者只能有一个继承者的问题，涉及这类问题，在传承过程当中就要设计独有的机制来有效地规避某些被继承者以及明确文化或者手艺的具体归属问题。使用 token 机制可以很好地辅助文化或者手艺的传承。首先对于第一个问题，对于文化或者手艺的接受度，可以设计成教育或者培训的形式，token 作为其中的奖励，如在培训的过程当中，完成了什么样的任务或者考试，就给予其相应的一些 token 奖励，在这种场景下，token 奖励与我们上学时候老师奖励给我们的“小红花”不同，token 是带有自身价值的，除了代表对于文化或者手艺的接受程度之外，token 同样也可以作为获取其他财富的“凭证”，如上面所写的财产，这样通过 token 机制不但能证明其“归属”，还能作为一种激励，激励被继承人努力去学习和掌握家族文化或手艺。对于第二个问题，传承固有禁忌的难题，token 也可以被设计成复杂的凭证，如有些凭证只能获取财产，而有些凭证里既包含了财产，又包含了获得手艺的“权利”，通过 token 这个抽象的“秘钥”，可以把每个被传承者所应该具有的不同权利做很好的隔离，它不但被大众所认可，同时通过区块链技术也能够很好地保证这种权利不能被恶意地篡改，这就是 token 在抽象的财富传承当中存在的意义。

当然，区块链的 token 机制除了上述好处之外，同样也存在着很多的问题。第一点，也是很显而易见的，就是这种机制实施起来比较困难，设计复杂。从上面的例子我们可以看出，虽然 token 机制非常炫酷，它可以自动执行，高效地完成各种 token 的赠与和分配，但是我们也应该看到，相关的设计流程是非常复杂的而且很多流程难以通过技术本身来取证，比如公共场所抽烟这种行为，我们都可以想象得到，通过信息技术是很难实时获取到这类信息的，并且其中是否存在造假行为也成了一大证明难题，所以如何监测并证明这类事件就成了实施过程当中的最大困难。第二点，如何保证上传到区块链系统上的数据是真实有效的，众所周知这是区块链技术目前还不能解决的问题之一。总结起来，使用 token 机制的问题就在于“说起来容易做起来难”。第三点，区块链技术本身也是不成熟的，区块链技术是一门全新的技术，它还在发展当中的初级阶段，除了技术功能有待完善之外，技术本身也存在着很多的 bug，这些 bug 会导致区块链系统运行当中出现一些不可预料的事件，如 token 分配出现逻辑上的错误等，这种问题是需要技术长时间的积淀，不断地去完善和解决的，所以对于现阶段，就只能让很多问题随着时间的推移而慢慢暴露出来，这也是区块链 token 机制目前使用上可能会出现的问题。第四点，就是 token 机制的认可度问题，对于目前我国的法律来说，还没有一种法律支持区块链技术并认可它可以作为一种可信任的技术，这就导致了即使技术上 token 机制不存在问题，但是很多人还是不相信这门技术可以解决信任问题，这就是认可度的问题，即使 token 机制被大众所认可了，但是如果一旦出现任何问题或者争议，同样也是没有任何法律所支持与保护这种信任机制的，说到底这种机制就是“君子协议”，一旦出现恶意破坏这种信任范围的人，token 机制也是不攻自破的，没有任何法律去支持和保护它。

在区块链技术的相关应用当中，token 机制的使用是目前应用最广泛并且被认为是最有前景的一种应用形式。对比目前常见并且使用广泛的 IPO 项目，在区块链项目领域，推广最多的应该就是 ICO 项目了，也就是首次币发行项目，其中发行的就是 token。区别于 IPO 项目发行的股票，通过股票的数量来代表股东的权益，ICO 项目发行的是 token 凭证，通过 token 凭证的数目多少来表示某一用户的权益的大小。因为 token 的属性天然与法币更加类似，所以 token 相比股权或股票有着更强的使用性和流动性，操作起来也更加灵活多变。虽然目前并没有 token 应用在财富传承中的具体已实施的案例，但是随着 token 使用的不断成熟与完善，相信它会被财富传承项目所使用，成为财富传承管理当中新的管理优化方式。

8.2.5 案例解析——区块链或将改变财富传承方式

财富传承是财富管理领域当中在未来有很好发展前景的一个方向。目前很多公司都开始提前布局，加入财富传承的大阵营当中。对于传统的财富传承管理，市场较为饱和，创新性企业很难在中途加入实现“弯道超车”，更多的企业则选择高新技术作为切入点，通过降低成本、提高技术含量的方式来改变财富传承的方式，进而达到可以改变整个行业的目的。在这众多的信息技术当中，区块链技术以其独有的可追溯性和不可篡改性，成为财富传承领域首要的使用技术，目前很多公司都在区块链技术领域做研究或应用尝试。比如亿律 APP 作为一个法律咨询类的手机软件，引入了亿律遗嘱链、亿律家族信托链、亿律慈善信托链来保障财富传承过程当中的安全有效性；万向区块链目前也在尝试把区块链技术应用在遗嘱等内容上，众多公司都开始尝试将区块链技术应用在财富传承当中。

对于现有的财富传承过程来说，比较难以解决的主要就是两个问题：成本问题和信任性的问题。对于成本问题来说，依靠传统非技术的方式很难解决，因为人力成本、多方审核和保管等成本都是不可避免的；而对于信任性的问题来说，财富传承当中的很多内容都是依靠政府或者大平台的公信力，抛去其成本不说，只要其中有多人参与实施，其安全性就会降低，很难避免人为恶意篡改等行为发生。这时候，技术就起到了它独有的作用，首先对于成本问题来说，使用信息技术可以大大降低人工成本，也就是不需要很多人参与其中；其次使用区块链技术可以代替大平台的公信力，同时可以降低审核与保管的成本，这样整体实施过程的成本就会降低很多；最后对于信任性来说，由于区块链技术的不可篡改性与可追溯性，我们可以相信只要是上链的内容，它就是可信任的，也就是说通过技术也可以解决信任的问题。通过这种方式，区块链技术或将改变财富传承现有的模式。

8.2.6 小结

在本章节当中，我们主要讲述了区块链技术对于财富传承的改变。首先，相信大家多少对于区块链技术都有所了解，从最早的比特币改变了金融行业发行货币的形式，到现在区块链技术应用在各行各业，这门技术可以有很多的应用场景。针对财富传承这一应用场景来说，区块链技术主要改变了信息保存与记录的形式以及赋予不同的信息以不同的价值。改变信息保存与记录形式就是案例遗产链和家族记录链所表达的内容。传统信息的保存形式是集中式保存，这种保存方式容易受到外界侵害的影响，比如一场大火可以烧毁所有的遗嘱，一个有私心的工作人员可以恶意篡改遗嘱内容等，区块链技术的特性可以保障信息存储之后就不能丢失和被恶意篡改，使用这种技术也就可以提高财富传承的安全性。赋予不同的信息以不同的价值，是 token 机制所要表达的内容。传统的价值传递是很难通过信息表达出来的，因为我们很难找到信息的源头，也就是说我们很难得知这些信息到底归属于谁。正因如此，才出现了版权机制等种种传统的校验机制来证明信息的归属，但是这些机制往往都严重滞后，比如一个人想对自己的想法申请专利，因为需要有一个信息传递的时间和过程，所以在这个过程当中信息就很容易被泄露和篡改。而 token 机制的出现，就可以通过它的实时性和可追溯性很好地解决信息滞后和归属不清的问题，除此之外，这种机制还有一个巧妙之处就在于 token 本身就代表了价值，就好比古董字画一样，它不但可以传递信息，同时古董本身就是带有价值的，这既方便了信息的传递同时也实现了价值的转移。通过本章节的案例，我们就可以了解区块链这一神奇的技术，它可以改变财富传承的方式，使得财富传承更加高效、有效和真实。

8.3 人工智能：永不叛变的家族管家

人工智能的定义不用我过多介绍，大家都非常清楚，俗称为 AI，它是目前处在“风口”上，还在快速发展的一门技术。说它处在“风口”上，原因是现在各行各业都在宣传使用人工智能，大到自动驾驶技术可以帮助人类辅助驾驶，小到一个小小的智能音箱，都可以嵌入人工智能技术使得它变得“聪明”起来，就像有一届世界人工智能大会的主题一样——AI 生万物，人工智能的适用性和发展性，仿佛是没有天花板的，随着研究的不断深入化和广度化，人工智能可以被应用在各行各业当中，被用于代替人类来完成一些人工的工作；在深度学习方法被提出之后，人工智能就开始了高速的发展，从起步较早的图像识别和语音识别，人工智能的研究领域被扩展到了各方面，比如利用人工智能来作画，利用人工智能来写诗等这种过去只能由人来完成的工作，现在人工智能也能够尝试去使用了，这是一个质的飞跃。

8.3.1 案例导读——人工智能不是天方夜谭

对于人工智能来说，其实并不是大家所理解的天方夜谭，它并不仅仅是出现在科幻电影当中，在我们的实际生活当中也是存在的，只不过由于其价格昂贵并且可能存在一些不稳定性导致了我们在生活当中可能看不到它。拿人工智能管家举例，很多超级富豪的家中确实是存在人工智能管家这种智能化机器人的，虽然不如科幻大片当中的机器人那般与正常人类无异。人工智能管家虽然暂时无法代替人类管家，像人类管家那样可以打理家庭当中的方方面面，但是对于一般的生活任务，智能化机器人已经可以很好地完成了，如商场里面的导购机器人、银行当中的业务辅助机器人等，都是机器人管家的雏形。

在人们的心里，一直觉得人工智能离自己的生活还很遥远，需要发展的时间还很长，其实不然，这是我们的一个误区。造成这个误区有几个重要原因，首先就是目前的高端人工智能设备价格都非常昂贵，造价不菲，只有顶尖的机构或者富豪才有需求去研究或者使用它，而一般的老百姓都没有必要使用或者是“无福消受”。在这里，首先强调的就是高端人工智能设备与我们日常见到的人工智能电视或人工智能音箱等低端设备不同，低端设备还是需要一些特定的指令去启动或执行特定的任务，比如让一个音箱播放歌曲是可以的，但是你让它帮你解决一道困难的数学题它就无能为力了；而高端的人工智能设备是不需要特定命令启动或执行一定范围内的任务的，它可以像人一样“读懂”语言并完成任务，甚至有着自己的思考和见解，可以给人提供建议或思路。想要达到这种目的，其一一定是需要强大的服务器支持，这就需要花费昂贵的价格去搭建；其二需要顶级的研究团队去研发，这其中的价格就不言而喻了；其三需要雄厚的资金做后盾，比如在使用过程当中，如果出现了任何问题，还需要一个团队去维护和更新系统，这又是一笔昂贵的费用。总的来说，高端人工智能设备都很昂贵而稀少，致使在日常生活当中很少见。

其次是如果想让人工智能如同人一般思考，是存在一定的不稳定性的，人类目前还无法掌控这种不稳定性。在很多科幻电影当中都有类似的剧情，就是人工智能失控后开始残害人类的例子，不可否认，随着人工智能的发展，可能会导致这种结果。因为一个事物要想思考，它就需要从海量的数据当中找到属于自己的内容，并让它们之间建立联系，事物之间不同的链接方式和强弱关系最后形成了一种思考并最终得到一个答案。这种运作方式产生了思考，人类只能给机器设定联系的规则，但是很难知道不同联系会产生什么样的结果，这就导致了人工智能发展到一定阶段之后可能会渐渐脱离人类掌控。正因如此，人们在研究人工智能的过程当中会小心再小心，并且尽量不泄露给旁人，这导致了高阶人工智能到现在还很少见。

最后就是人们觉得人工智能并不可靠，认为和人工智能相比，还是人类更可靠一些。拿自动驾驶举例，自动驾驶就是人工智能技术应用的一个典型例子。自动驾驶在测试过程当中，如果一直性能稳定，不出任何事故，慢慢就会争取到人们的一些信任，但只要出现一次事故，那么之前建立起来的信任感就会立刻被打破。归根结底人类还是更相信自己，即使人类驾驶出事故的概率要远高于人工智能。这也就是为什么人们会认为人工智能离自己的生活还很遥远，需要发展的时间还很长，其实归根结底就是思维定式罢了。

上面的例子其实都说明了人工智能并不是天方夜谭，它不但可以实现，而且还会在不远的未来很快走进人类视野，只要人们相信并包容一些新鲜事物。

8.3.2 AI“爱”——理性的财富传承管理者

就如同王力宏的歌曲——《AI 爱》所唱的那样，在未来，人工智能是可能完全取代人类作为财富传承的管理者的。当技术足够成熟的时候，人工智能就会凭借它没有情感所困扰、超强的理性思维成为财富传承管理者的不二选择。史蒂文 · 斯皮尔伯格指导的电影《头号玩家》很好地说明了人工智能是如何成为财富传承的管理者的。该电影讲述的故事发生于 2045 年，那时整个现实世界处于混乱和崩溃的边缘，人们都沉迷于一款叫作“绿洲”的虚拟现实游戏当中。通过先进的 VR 设备与强大的计算机系统，人们所处的游戏环境与真实的现实环境无异。这款游戏由鬼才詹姆斯 · 哈利迪一手打造，他在弥留之际宣布将巨额的财产和“绿洲”的所有权留给第一个闯过三道谜题、找出他在游戏中藏匿彩蛋的人，这引发了一场世界级别的游戏大战。说到这里大家有没有发现，这场游戏盛宴，实际上就是一次人工智能全权辅助人类进行财富传承的过程。在这次财富传承的过程当中，财富的传承人是游戏的创造者——詹姆斯 · 哈利迪，传承的财产是哈利迪的所有财产（资金遗产）、“绿洲”的所有权（管理权，相当于遗留了一个公司）以及“绿洲”游戏文化遗产（哈利迪思想精髓的传承），财富传承的对象是所有参与“绿洲”游戏的人（或者称之为注册用户），财富传承的管理者是游戏当中的“人工智能”，得到财富传承的条件是第一个闯过三道谜题并找出哈利迪在游戏中藏匿的彩蛋。在这部电影当中，财富传承的过程虽然采用的是打游戏闯关的模式，但是这三关游戏依然是在考验财富传承对象的三类不同的品质，只有具备这类品质并且是这类品质的佼佼者才有机会最终获得财富。

而电影当中对于三个关卡的提示，实际上是文化传承的标记，通过提示语，引导财富传承对象找到涉及的材料，通过对涉及材料的阅读与解析，找寻提示语所代表的深层次含义，再顺藤摸瓜找到问题的答案。这种文化传承的方式可以说是精妙至极，与其说电影中财富的拥有者哈利迪是想要把自己巨额的财产传承下去，不如说哈利迪真正想要传承的是他的思想。如何能够验证被传承对象是否已经领会了自己的思想呢？哈利迪采用了解谜的方式，通过三道晦涩难懂的谜题，即使有聪明人可以从文字找寻到他们想要的材料，但是如果自己的思想无法与哈利迪保持高度的一致，就无法找到最终的答案，换句话来说，就是只有成功接受了文化传承的人，才能最终获得物质上的传承，而以上这一切财富传承的管理者，就是这个游戏内部的人工智能系统。

虽然以上场景仅仅是电影当中虚构的情节，但是人工智能作为财富传承管理者并不是空穴来风、天方夜谭。首先，从技术角度来说，人工智能完全取代人类工作是可行的。随着人工智能技术和其他信息技术的长足发展，就目前来看，人工智能技术与其他信息技术的结合已经可以做到一般智能机器人的功能，比如现在银行的前台机器人、商场的导购机器人、餐厅的服务员机器人、炒菜机器人等，这些机器人虽然无法完全代替人工的劳力，但是已经可以为人类分担很大一部分工作了。在不远的将来，在人工智能技术出现再次突破的时候，相信就会出现真正的人工智能机器人或者机器大脑来完全代替人工，并且可能成为财富传承的真正管理者。

其次，从管理内容角度来看，使用人工智能有以下几个好处：理性、信用度高、不知疲惫。理性，人工智能区别于人类的最大特点就是其判断不受情绪的影响，人工智能所得出的结论完全是基于计算机纯理性的计算，不掺杂任何情绪的因素。大家都知道，一旦掺杂进情感思想，就会作出非理性的判断，而非理性的判断往往都会出现一些问题。人工智能管理者通过理性的计算得出的结果都是经过缜密计算而得到的最优解，这类结果出现错误的概率是微乎其微的，所以人工智能的这种“理性”对于它作为财富传承管理者是一个非常大的优点。采用人工智能技术的信用度高，人类拥有各种各样的情感，这也是人类的最大特点之一,一旦有了情感，就很难保证财富管理者不会出任何感性问题，而一旦财富管理者产生了贪欲、作恶的情感，那么就会影响到整个财富传承的过程。所以我们在选择财富管理者的时候，往往先看这个人的信用程度，而采用人工智能就不用担心信用度的问题，因为人工智能是不具有情感的，它也就不存在各种各样的欲望，变相来看人工智能就具有了极高的信用度，只要其拥有良好的“智商”，足够“聪明”，它就可以代替人类来完成财富传承管理者的角色。人工智能区别于人类的最后一个特点就是不知疲惫，人类是需要休息的，而往往正是在人们休息的这段时间，在世界上就会发生很多大事儿，如果作为财富传承管理者的人们不去迅速地进行补救或者止损，往往就会造成重大的损失，人工智能相比人类的最大优势就是不知疲倦，它可以 24 小时待命，实时监控各个用户的账户情况，比如 24 小时交易的美股等，即使是在人们的睡梦当中，人工智能也可以保证在大盘下跌严重的时候止损，在大盘有涨势的时候买入等，能做到这样的话，又何愁赚不到钱呢？

最后，从成本角度考虑，使用人工智能可以很好地节约成本。在传统的财富传承业务当中，比如像家族信托业务和一些遗嘱办理业务等，都很耗成本。除工本费外，人力的成本是最高的，律师咨询费动辄按照日或者小时收费，再加上一般家族信托业务的周期都很长，使得很多高净值人士也望而却步，所以降低财富管理业务成本是一项重要的目标。人工智能可以很好地降低和节约成本，在现有业务当中，有很多环节其实是不需要人工来完成的，比如上文遗嘱链当中的用户校验审核。相比于传统遗嘱需要线下指定机构进行遗嘱的建立，到了指定机构之后还需要通过核验身份证明、录像等方式来对用户进行身份验证，后期如果修改遗嘱还需经过同样的烦琐过程。当使用了人工智能技术之后，就不会这么麻烦，可以设定流程为第一次去现场进行身份核验，并保留用户的图像信息，如果有更改遗嘱的情况，用户第二次可以直接通过手机 APP 在家里通过手机摄像头来做人脸识别，后端人工智能系统通过对用户所留下的图像信息进行对比就能验证使用手机 APP 的是否是用户本人，并且通过对当时背景环境的扫描来分辨现场是否有其他人或者用户是否处于被胁迫的各种状态等。这仅仅是人工智能技术所能做的一个小例子，除此之外它还能做各种事情。

8.3.3 AI 管家——不会出错的财富传承的执行者

目前国内外很多互联网公司或者高科技公司都在研发人工智能管家类机器人，这类机器人的用处非常大，比如放在银行前台，它就是前台导航机器人；放在饭店，它就是智能化服务机器人；放在汽车里，它可以辅助人类进行驾驶；放在家里，它可以成为管家类机器人。现在的人工智能机器人已经不再像几年前一样，只能娱乐使用，而是可以真真正正地为人类做出一些实在的事情来，比如阿里巴巴的首家无人酒店，就基本可以做到从订酒店到办理入住再到酒店内导航等全程依靠人工智能机器人而无须人工的操作。在未来，像《钢铁侠》当中的 AI 管家也会出现在现实当中，它可以完全像一个真人一样完成用户的各种命令，进行复杂的智能计算与建模，完成人类发出的各种指令。

对于财富传承来说，我们也需要一个类似的人工智能管家，它执行力强，不会受到情绪干扰，永远理性并且不会出错。它在未来的设定应该是这个样子的，它的展示形态与一般的管家机器人无异，在家里可以随时待命，等待着主人发出各种各样的命令。对于用户来说，他可以随时随地通过语音指令来方便地完成各种财富传承的业务，拿建立遗嘱为例，比如用户发出类似“我要立遗嘱”的命令，AI 管家就会接收这一指令，打开它的摄像头进行扫描，首先 360 度扫描用户，并把用户的信息实时上传到后端的遗嘱链进行存储，同时后端通过用户数据进行分析来验证该用户的身份。用户身份验证通过之后，AI 管家会对整个屋子进行 360 度的扫描拍摄，用以确保当时的场景环境是安全的，用户没有受到任何胁迫等问题。当上述内容确认完毕之后，AI 管家会问用户几个问题并实时记录用户的面部表情，通过这几个问题来分析用户当前的状态，比如是否是处于醉酒状态等，通过实时记录用户面部表情，来分析用户当前是否存在极度悲伤、亢奋等情绪，因为这些情绪或者状态是不适合立遗嘱的，会受到情绪的影响。当上述内容都确认无误之后，AI 管家会向用户提问，想设立什么样的遗嘱等，用户通过口述的过程，AI 管家就会实时记录用户说的内容，并通过后端实时整理数据，去掉一些不通顺的有语病的话，形成一份完整的电子遗嘱。当上述内容完成之后，AI 管家会把电子遗嘱书面化给用户看，当用户确认无误之后，会在遗嘱上进行电子签名并按下指纹，之后这份电子遗嘱就会保存下来实时传到后端遗嘱链上进行永久的存储，同时打包存储的还有前面的验证身份信息以及遗嘱建立过程的全部音频和视频材料。这些材料被放到遗嘱链当中之后，可以在用户过世之后被律师从遗嘱链上提取出来，所存储的各种音视频会作为辅助材料来保证遗嘱的真实有效。

AI 之所以可以作为财富传承的执行者，是因为它拥有了执行者所需要的特性，就是理性、不会出错、不会危害人类，只要 AI 技术发展得足够智能，那么它完全可以代替现有人类的角色，真正成为一个智能管家的存在。

8.3.4 AI 管家——忠诚的文化传承者

除上面的例子外，人工智能还可以帮助用户进行文化的传承。传统的文化传承一般都是长辈通过日常的教导，潜移默化地把自己一辈子积攒下来的经验或者心得传递给后辈。这种传递方式有很好的效果，但是同时也具有局限性。效果好主要是指这种传递形式，通过言传身教而不是呆板的书本教导，可以潜移默化地把知识传递出去，而且这种知识一般都具有一定的场景（如是在什么样的环境下说出类似的话），所以这种教导形式很有效，也容易被人所接受。但是这种教导形式也有很多局限性，首先就是教导的时间会很长，这种形式的教导比较依靠场景，想短短几个月就把几十年的经验知识都传授出去是不太可能的，接受传承者也需要时间去消化和理解这些知识；其次是容易中断，原因是这种教导的时间往往很长，中间一旦传授者过世或者身患重病，传承过程就会被终止而失去传承；最后是这类传承有时候很难被接受，文化传承不同于物质的传承，一个人的思想很多时候是不被传承者所认可的，可能是无法理解也可能是短时间无法被接受，所以这类传承也需要长时间的熏陶才可能被很好地传递下去。人工智能可以帮助用户进行文化的传承，它可以实时跟随用户随时随地记录用户的言语等，用户也可以给 AI 管家发命令，让它重点记录下某些话等，这些内容都会被记录下来，AI 管家可及时整理这些言语，把重点记录内容整理成为材料进行保存，这些被记录的材料可以由用户实时进行修订等。当用户想要传承这些材料的时候，只需要向 AI 管家发一个指令，AI 管家就会有计划地把这些材料分时分内容发送给被传承者，材料可以附带当时话语的音视频等，同时 AI 管家也会制订计划帮助被传承者进行文化的记忆与学习，最终可以让文化得到很好的传承。

这个例子可能目前仅仅是一个设想，但是类似的相对简单的内容已经有人开始使用了，如语音记录助手等，相信在不远的几年之后 AI 管家就会真正出现，通过技术也可以为人类的文化传承作出独有的贡献。

8.3.5 案例解析——人工智能管家未来可期

上面的章节主要给大家讲了人工智能的一些应用，而本章节主要给大家讲述人工智能管家未来可期的可行性，大家要相信，这门技术在未来不久的时间内，即会普及。

需要强调的是，人工智能管家不同于一般的人工智能设备，它不仅可以完成人们给它的各种命令，甚至还有着自己的思考，可以辅助人类做一些决策，这就需要一个强大的底层技术来支撑，目前可用的比较合适的技术就是“深度学习”。从理论上来讲，深度学习技术是可以使得人工智能像人一样“聪明”的，但为什么现实当中还达不到呢？主要是深度学习是一门重“依赖”技术，首先它依赖强大的计算能力，需要在极短的时间内得到计算结果，目前的云计算和大数据技术可以很好地实现；其次它依赖网络传输速度，在一些实时性很高的场景当中，很多瓶颈都是网络传输造成的，由于传输速度不够快，导致数据传到了却也失去了原有的价值，当前 5G 通信技术可以很好地解决这个问题，它可以把传输速度提高到之前的数倍，传输速度问题也不再会成为人工智能技术的限制。

我们可以看出，正是由于如深度学习技术或 5G 通信技术等的出现，让原本遥遥无期的人工智能技术变得未来可期，相信它会在不远的未来来到人们的生活当中，无论是人工智能管家还是一些其他的人工智能设备，都会逐渐成为人们生活当中的一部分。

8.3.6 小结

在本章节当中，我们主要讲述的是人工智能在财富传承当中的应用。区别于区块链技术改变财富传承的形式，人工智能的突出特点在于更加便捷和理性。财富传承目前的瓶颈在于流程复杂、容易出错与费用高昂，这些都可以通过人工智能来解决。人工智能的本质是高效的处理服务器，所以只要给予它对应的指令，无论多么复杂，它都能很容易地解决而且不会犯错；由于节省了人力成本，费用也会大幅度降低。当人工智能发展到一定阶段之后，当它足够智能，它就可以取代人类完成很多管家类的服务，真正成为人类忠诚的小伙伴。当然，目前的人工智能“智能化”程度还很低，是无法取代人类工作的，但我们相信在不远的未来，会有真正的人工智能管家诞生，来帮助人类做财富的传承或者其他的工作。

第9章 硬币的两面——技术的利与弊

9.1 金融科技不是完美的

近年来，人工智能（AI）、区块链、云计算、大数据等先进技术的发展带动金融科技业务和场景的便利化、多元化、个性化。随着金融科技发展逐渐成熟，上述先进技术的局限性逐步显露：AI仍在“咿呀学语”阶段，区块链技术的“初露头角”，云计算可能是“浮云”，大数据也会有“大瑕疵”。

9.1.1 AI还在“咿呀学语”

虽然目前人工智能是一门非常火的技术，它也被认为是可以改变世界的技术，但不可否认的是，目前人工智能技术还非常不成熟，我们可以认为它依然像婴儿一样“咿呀学语”。为什么人工智能技术的发展进度缓慢，或者说为什么一直无法投入使用呢？这就要从人工智能技术的起源与发展说起了。人工智能技术最早的起源是人们希望机器能够像人类一样拥有思维，可以独立思考。如何实现呢？通过让机器进行自主的学习来实现，但是受限于当时的科学技术与计算机的计算能力，就只能通过数学的方式，一般采用统计学的方法来让机器发现数据当中的一般规律。这种方式简单有效，在人工智能发展的早期这种方式被大量使用，但是这种方式的局限性也是显而易见的，就是这类人工智能的方法都是需要人来参与的。拿图像识别为例，比如我们要在一张放大的血液图片当中识别出哪些是红细胞，采用统计学的方式来实现就是通过比对血液图片当中细胞的大小、颜色、形状等，我们认为大小范围在一定区间之内，颜色为红色或者偏向于红色的圆形或者椭圆形的细胞就可能是红细胞而非白细胞或者血小板。当我们通过统计学方法找到上述判断红细胞的依据之后，就可以使用这种现成的模型去套用在各种血液图片上而发现其中的红细胞，但同时我们也会发现，虽然采用的是数学的方法，但是最终定义各种标准阈值的依然是人类而并不是机器，这就说明了基于统计学方法而形成的人工智能技术依然非常依赖人类，而且具有很强的局限性，换言之识别红细胞的一套方法是很难应用到其他图像识别的领域当中的，人们需要针对不同的细分领域来做不同的模型以应对不同的需求。说到底，采用统计学方法的人工智能技术显然算不得真正的"人工智能"，因为这不算是机器在思考，依然是人类在思考问题。

近些年，一个全新的人工智能技术研究领域出现了，它就是深度学习。区别于传统的数学方法，深度学习方法仅需要人们预先设定"学习"的规则以及提供给机器学习的素材，其间无须人类的干预，机器就可以进行自主的学习，并且目前已经取得了一定的效果。这种学习方式有很多的好处，首先就是无须人类的干预，只有让机器能够自主地去学习与发现，才能最终实现人工智能技术想要达到的目标，也就是希望机器能够像人类一样拥有思维，可以独立思考；其次深度学习方式可以让机器完成更加抽象的一些内容，比如让机器去学习写诗歌或者让机器去学习画画等，这类内容都是统计学方式所无法达到的高度。除了深度学习的好处，我们也要说一下深度学习的缺陷。第一个缺陷，深度学习所得出的结果或者结论是无法验证的。区别于传统统计学的严谨性，由于深度学习是让机器自主进行学习，我们仅仅是设定了一些学习的方式或者规则，至于机器从中到底学到了什么，为何会得出一定的结论，人们不得而知，这就导致了这些结论的无法验证性，这种特性导致了一定的风险。举几个例子，比如我们可以使用深度学习来预测股票第二天的涨跌状态，但我们却无法得知它为什么涨或者跌，可谓只知结果不知过程，而愿意去冒这种风险的投资人又有几个呢？换个例子，假设使用深度学习来做自动驾驶功能，由于机器是如何判断去躲避车辆和障碍物的方法我们不得而知，那么万一出现判断错误的话那就会形成一次车毁人亡的悲剧。这也是为什么深度学习方式很难被大面积推广使用的最重要的原因。第二个缺陷就是它依赖于大量的计算，换句话来讲，就是深度学习“重度”依赖于其他的软硬件技术。深度学习需要通过大量数据进行长时间的学习与深化，才能够形成比较稳定可靠的学习模型，可想而知，深度学习对于硬件的要求是非常高的，它需要硬件能够快速地处理大量的计算，这样对于一个问题才能快速地得出答案，在特定的场景下，如自动驾驶技术，深度学习还依赖网络传输的速度，因为自动驾驶对于响应速度要求是非常高的，这也是业内常说的“无人驾驶，5G 先行”的底层逻辑。总体来说，目前的软硬件计算能力可能对于深度学习的发展还会有一定的阻碍，未来当软硬件计算能力显著提升之后，深度学习方式可能还会有长足的发展。第三个缺陷可能就是它目前所能达到的智能化程度还很低。有科学家对于目前的人工智能技术做过类似人类的 IQ 测试，经过测试发现，目前人工智能所能达到的智能化程度仅仅类似于人类 4—5 岁的婴儿，说明人工智能目前的智能化程度是无法达到一个正常人的智商程度的，这也是为什么人工智能技术还无法像科幻电影当中的那样，做到人与机器“傻傻分不清楚”。

9.1.2 区块链技术的“初露头角”

与人工智能技术一样，区块链技术也是目前比较被看好的信息技术之一，它凭借着自身去中心化、无法被篡改、信用增强等特点，被誉为可以颠覆未来金融行业的信息技术之一。与 AI 技术一样，区块链技术目前仅仅是“初露头角”，虽然展示了它强大的一面，但是新技术在稳定性方面仍然存在着一些问题，同时随着应用场景的不断拓展，原有技术还会不断更新与迭代，在迭代过程中不可避免会出现另一些问题。这些问题需要随着时间的推移，不断完善与更新。

目前区块链技术的第一个问题，就是无法保证上链信息的真实有效性。

众所周知，区块链技术的一个显著特点就是信息的不可篡改与真实有效性。但是，这些信息的不可篡改与真实有效，仅仅是针对已经上链的信息而言的，也就是说信息一旦传到链上，区块链技术可以通过技术手段保障这些信息的真实有效，但是它无法保证的则是它的入口端，也就是最初上链信息的真实有效。简单来说，就是如果一个人把虚假的信息上传到区块链上，因为信息的源头就是假的，所以上链之后区块链技术也没法把这些信息变成真实的信息，这是目前区块链技术的最显著缺点。虽然目前有一些解决的措施，比如上链之前先对信息进行一次简单的核查以及由监管部门来承担入口端的核实工作，但是由于个人隐私、系统效率等诸多问题，这种解决方式显然没有被很好地落地实施，所以保障入口端信息真假，依然成为区块链技术今后需要重点优化的问题之一。虽然入口端暂时没有很好的解决方案，但是区块链技术的另外一个特性却保证了这一缺点很难成为一个大问题，也就是信息的可追溯性。假的信息伪装得再好，它也是与上传人的个人信息进行捆绑的，也就是说假设今后虚假信息出现了问题，可以通过区块链技术的可追溯性找到最终的问题源头并追责。虽然无法保证 100% 不出错，但是一旦出错了最后可以找到问题源头，这也算是变相的一种解决方案吧。

区块链技术的第二个问题，是无法像数据库一样高效地保存“大文件”。目前区块链技术的一个重点研究方向就是针对区块链技术的存储。由于区块链技术信息加密并同步到所有节点进行存储的特性，导致了这项技术很自然地不太能支持“大文件”的存储，在这里的“大文件”就是指占内存或者硬盘空间较大的文件，比如一个 2G 的电影文件，就算是一个大文件。为什么这类文件在区块链技术存储过程中会出现问题？主要有两点原因，首先就是加解密的过程，我们都知道，区块链技术会把上传到链上的所有文件进行哈希计算，虽然哈希计算的速度是极快的，但是对于大文件的哈希计算速度相比对于小文件的计算速度还是要慢一些，少量的计算当然不太能看出来问题，但是当很多大文件同时进行加解密计算的时候，整体的系统运行速度立刻就会变慢，这些文件就会拖慢整个系统的共识过程；其次就是大文件的存储问题，我们都了解在公链体系当中，参与共识的各个节点并不都是标准统一的服务器，也就是说有的服务器硬盘可能大一些，有的可能小一些，虽然存储空间大的节点不断接受大文件的存储可能问题不大，但是存储空间小的节点可能在接受了一定的大文件之后就不能再存储大文件了，那么是否会影响整体系统的共识过程呢？想必我们心里也都有了答案。目前针对区块链技术的存储问题，有一些解决方案，其中应用最广的当属“侧链”解决方案。它的思想是把所有类似的“大文件”都单独放在一条链上进行存储，我们称之为“侧链”，而并不是放在主链进行存储，当需要使用这些“大文件”的时候，我们再由主链调用侧链上的大文件进行使用。但是这种使用方式也遭到了一部分区块链开发和使用者的质疑，因为把所有存储都放在一条链上违背了区块链技术去中心化的思想，所以目前“侧链”等解决方案也是争议不断，使得存储这一大问题一直没有非常好地被解决。

区块链技术的第三个问题，是难以实现真正的“去中心化”。区块链技术追溯到最初创造的源头，其核心的思想是“去中心化”。在前文我们虽然详细地讲述了什么是去中心化，但是去中心化的思想却是慢慢地在之后的发展当中被淡化或者说是改变了，其中的原因有两个。其一是完全去中心化并不现实，完全去中心化一旦实施，可以说就算是这个项目的创始人也无法改变这个项目的“游戏规则”，最简单的例子当属前几年以太坊的例子，由于被黑客恶意攻击导致大量资产被转移，以太坊创始团队却不能非常及时地解决这个问题，只能发起一项改变规则的共识，由于这项共识无法被所有节点认可，导致了最终以太币的分裂，造成了很严重的后果，这种完全去中心化的思想，是需要建立在没有破坏者的基础上的，一旦出现了破坏者，这种所谓的规则也会被无情地打破；其二是完全去中心化不被国家法律政策所认可，正是完全去中心化不受任何监管的特点，导致了但凡是法律健全的国家都很难认可这种交易或者运行方式，因为一旦出问题人力就不能解决。一种技术问题如果不能被人解决，那么一旦上升到国家层面就成了一种可能会威胁到国家安全的存在，所以目前这种完全去中心化的区块链产品都是不被国家认可的。正因为完全去中心化的种种问题，所以在区块链技术发展的过程当中出现了“多中心化”的概念，相比完全去中心化，多中心化在信息不被垄断的情况下可以尽量保障信息的公平可用性，但是由于设计复杂和应用到系统上成本较高，多中心化的系统目前也还在发展当中。

9.1.3 云计算可能是“浮云”

云计算技术不同于上面所讲述的人工智能技术与区块链技术，后者是近几年开始慢慢风靡的信息技术，而云计算技术可是经历了十几年的发展历程，可以说云计算技术是现在比较成熟并且被广泛使用的一种信息技术。但是为什么说云计算可能是“浮云”呢？主要在于云计算在金融科技的应用场景上。

云计算是一种基础架构的技术，与我们平时使用的电子计算机一样，云计算所要提供的主要有两类事物，其一是云上的超强计算能力，其二是云上的虚拟计算机或者是虚拟操作系统。提供的这两种能力主要针对现实不同的应用场景，对于云上的超强计算能力来说，是由于本地或者公司无法提供非常高效的计算能力，又不想花费很高的成本去购买性能好的服务器，这时候就可以通过购买云上的计算能力来辅助自己进行计算，其中的花费完全是按照自己的使用量定制的；而对于云上的虚拟计算机或者虚拟操作系统，使用场景也多是因为自己或者公司不想花费大的价钱或者精力去购买和维护实体的服务器所以才使用云服务器这类虚拟服务器，这对于一般的科技公司或者个人来说无可厚非，但是对于金融科技领域来说，可能会有一些不一样理念。首先，金融科技领域的分布可以说是几个龙头企业带着一堆小公司，对于龙头企业来说，蚂蚁金服、银行的信息技术部门等都是在金融科技领域数一数二的领头羊，这些公司的特点是自身都有一套成熟的基础架构，对于云计算的需求是很低的，所以针对龙头企业来说，云计算可谓“浮云”。而对于金融科技的小微企业来说，什么是它们的核心或者是根本呢？可能就是一些策略或者运作的流程，这些策略或者运作的流程一旦被泄露出去，对于这个企业来说很可能就是灭顶之灾，所以对于这些小微企业来说，它们宁可花费金钱和精力去管理比较麻烦的服务器，也尽量避免去使用云计算以防自己的核心机密被泄露出去。这就是在金融科技领域，云计算可能是“浮云”的原因。

9.1.4 大数据也会有“大瑕疵”

大数据技术几乎是同云计算技术同时兴起的一门信息技术，最可能的原因是由于大数据技术与云计算技术是相辅相成的。大数据技术的底层需要使用云计算技术的计算能力，而云计算技术发展历程当中，大数据几乎是它最早的应用方向。所以说，大数据技术同云计算技术一样，也是经历了十几年的发展历程，相对成熟并且被应用广泛的一门信息技术。但是为什么说大数据技术也可能有“大瑕疵”呢？这同样要从金融科技领域说起。

大数据技术是这样一门技术，首先要说它所处理的是什么样的数据，大数据技术所处理的数据并不单单是数据量大，对于数据质量的要求也比较高，比如要求是规整之后的数据并且具有较少的脏数据，等等。而大数据技术对于数据的处理方式不等同于早期数据处理的采样处理，而是使用全量数据进行分析和处理。这样的好处就是可以更加精准地分析数据的结果。对于金融科技领域来说，大数据技术的引入看起来是非常美好的，因为金融领域最重要的一个特点就是对于数据的分析和处理，无论对于何种策略而言，这些策略的基础往往都是对于数据分析而得到的基础结论。虽然看起来非常美好，但是在使用当中我们似乎忽略了一个前提，那就是金融科技的数据来源。相比互联网行业当中的各种大数据，比如电商方面的数据、新闻浏览类的数据等，金融行业的数据量相对来说就小得多，所以对于金融行业所谓的“大数据”，与其称之为“大数据”，不如称之为“重数据”，也就是这些数据的量可能并不是很大，但是每一条数据都代表了人们深思熟虑的结果。拿理财为例，相比买理财产品来说，人们在选择上的时间绝对远远超过在电商网站上买一个产品的时间，正因为这些数据都是经过人们深思熟虑产生的，所以金融行业的数据被称为“重数据”更加合适。说到这里可能很多人就明白了，在金融科技领域使用大数据技术简直就是“小马拉大车”，由于数据量太少，所以很多使用大数据技术得出的结论都并不是非常准确，而且大数据技术分析出来的结果相对宏观，对于金融科技领域需要的细粒度的分析结果也不太符合使用的要求，这对于大数据来说，可能就算是一个“大瑕疵”。相比于大数据技术的使用，在金融科技领域内，传统的数据分析方式反而更加合适，得出的结论也相对更加符合金融科技行业的要求。所以互联网人常说一句话，没有十全十美的技术，只是看什么样的应用场景适合运用什么样的技术而已。

9.2 新科技也是新挑战

随着金融科技日益成为金融产品的重要支撑手段，金融产品操作流程方面的风险逐渐暴露：首先，攻击者对网络、数据或业务等信息系统进行渗入，信息安全风险事件频发；其次，人为失误或者技术阶段性难突破触发操作性风险，带来资金损失；最后，法律及合规风险对于新兴金融科技产品的发展也带来挑战，监管科技也需要更有效的升级。

9.2.1 信息安全即财富安全

金融科技技术的发展大力推动了金融服务领域的拓展和维度，提升了金融服务的效率和质量，但是其在为社会带来极大效益的同时，网络、数据、业务等方面的安全威胁也与日俱增。据全球领先网络安全研究公司 Cybersecurity Ventures 预测，到 2021 年，全球网络犯罪[①]引起的损失将增加到 6 万亿美元，两倍于 2015 年的 3 万亿美元；到 2019 年，企业遭受勒索攻击的频率将达到 14 秒 / 次。

（1）网络安全风险

① 网络攻击

网络攻击是指针对计算机信息系统、基础设施、计算机网络或个人计算机设备的，任何类型的进攻动作。其中 DDoS 及 APT 攻击是当前金融领域最常见的两种安全威胁。

① 注：包括数据损失、网络资金盗窃、知识产权盗窃、个人财物损失、攻击中断损失、系统恢复损失以及声誉损失等。

近年来，网络攻击事件频发：2016 年 5 月，不法黑客针对全球范围内的多家银行网站发动了一系列的 DDoS（Distributed Denial of Service）[①] 攻击，导致多国央行网络系统陷入了半小时的瘫痪状态，造成极大损失；2018 年 2 月，GitHub 遭受互联网有史以来规模最大的网络攻击，同期，互联网巨头谷歌、亚马逊也未能幸免于难；2018 年 4 月，黑客 APT 组织“蓝宝菇”针对国内某金融机构发动鱼叉邮件攻击，造成不可挽回的损失。

据中国电信云堤与绿盟科技最新数据显示，2017 年，我国网络攻击次数合计达 20.7 万次，与 2016 年相比，攻击总流量大幅上升，在 2017 年 6 月《中华人民共和国网络安全法》正式实施后，攻击次数有所回落。

金融业作为国家经济体系稳定的调节器，对于网络安全性和稳定性要求极高，而网络攻击带来的服务瘫痪以及资产管理系统中断，将会造成难以弥补的损失。

②网络勒索

网络勒索是一种犯罪行为，其对企业造成攻击事实或攻击威胁，同时向企业提出金钱要求来避免或停止攻击。2017 年 6 月，黑客组织“匿名者”“无敌舰队”向多家金融机构发送勒索邮件，要求支付一定数量的保护费。其中“匿名者”以“Opicarus2017”为代号，向全球超过 140 家银行发动 DDoS 攻击进行网络勒索，包括中国人民银行、香港金融管理局等。

两大网络勒索事件接踵而来，预示着网络安全形势越发严峻。由于网络勒索者通常与受害者所处地域不同，并且使用匿名账户和假的电邮地址，所以被指认、拘禁、控诉的可能性很小，未来破局依赖于技术成熟演进及各国网络安全制度的完善。

（2）数据安全风险

据全球领先网络安全研究公司 Cybersecurity Ventures 预测，到 2020 年，全球数据将从 2015 年的 4.4 万亿字节增长到 96 万亿字节，数据成为宝贵财

① 分布式拒绝服务（DDoS：Distributed Denial of Service）攻击指借助于客户 / 服务器技术，将多个计算机联合起来作为攻击平台，对一个或多个目标发动 DDoS 攻击，从而成倍地提高拒绝服务攻击的威力。

富的同时也面临巨大的威胁。2017 年 1—10 月数据泄露事件已超 2016 年全年 10%[①]；2017 年 9 月，美国知名信用评估机构 Equifax 宣布同年 5—7 月遭遇黑客入侵，约 1.43 亿名用户数据被泄露。

①技术漏洞

数据存储于数据库或云中，我国超 60% 金融机构采用云服务。黑客针对现有的数据库或者云服务漏洞，通过各种攻击手段获得数据库或者私有云、混合云的控制权，窃取或者破坏数据。随着数据安全问题关注度日渐提升，数据库漏洞修复及云数据隐私保护技术升级的需求越来越迫切。

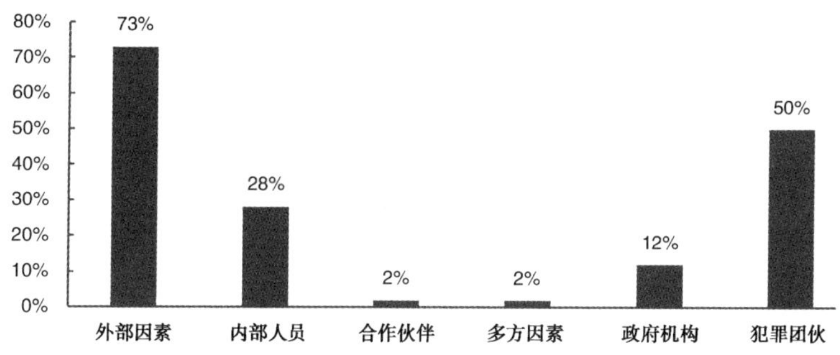

图 9.1　数据泄露因素[②]

②内部数据倒卖

根据 ITRC 公布的数据[③]，2017 年美国全年数据泄露数量高达 1500 起，同比增长 37%，创历史新高。2018 年，Verizon 发布数据泄露调查报告，其中 28% 数据泄露是由内部员工引起的。[④] 面对高发的内部员工倒卖数据的行为造成的数据安全威胁，新的治理制度与控制机制亟待提出。

---

① CRN.The 10 Biggest Data Breaches Of 2017 [EB/OL].https：//www.crn.com/slide-shows/security/300096951/the-10-biggest-data-breaches-of-2017.html,2017-12-5。

② Verizon.2018 Data Breach Investigations Report. [EB/OL]. https://www.doc88.com/p-3794862614701.html,2018-12-06。

③ CyberScout.At Mid-Year U.S. Data Breaches Increase at Record Pace [EB/OL]. https：//www.prnewswire.com/news-releases/at-mid-year-us-data-breaches-increase-at-record-pace-300489369.html,2017-7-13。

④ Verizon.2018 Data Breach Investigations Report. [EB/OL]. https://www.doc88.com/p-3794862614701.html,2018-12-06。

（3）业务安全风险

使用不安全的函数或者协议、业务流程缺陷、服务器程序、Web 插件漏洞等都可能诱发业务安全风险，从而引起信息泄露或者系统中断。

移动支付安全威胁、业务欺诈成为业务安全较常见的威胁因素。其中移动支付安全存在的五大风险是：随意扫码；删除手机应用 APP 时不解除银行卡绑定；上网时如实填写各类支付信息；浏览有危险链接的短信或邮件；安装跳出来的不明文件。[①] 根据中国银联调查数据，2017 年超过六成被访者在使用手机时，存在上述不安全行为，对个人信息或支付账号安全产生威胁。因此，作为移动支付的使用者，需要时刻提高警惕，防范各种支付风险。

金融行业是业务欺诈高发地，在线欺诈因其具有的业务程度复杂、手段多样、隐蔽性强等特点，使得遏制方式较为棘手。未来随着移动化普及程度提升，金融欺诈将继续蔓延至移动端，预计 2020 年，在线欺诈金额将达 256 亿美元。[②]

未来降低风险需要政府、金融机构、个人三管齐下：

政府层面，发挥监管科技生产力，积极运用大数据、人工智能、云计算等新兴技术，不断完善和丰富金融监测工具箱，强化动态反馈机制；同时建立行业监管准则，深层次多维度贯穿金融体系，全链条监测，从资金源头、中间流通环节到最后投入全方位多触点监测。

金融机构层面，一方面借助科技优势，不断完善现有的系统和业务流程，抵抗应对现有及潜在风险的能力；提高内部人员的安全意识，加强规则制定、安全部署及人员安全意识的培养。

个人层面，熟悉和了解相关的法律及规则，明晰潜在的安全威胁，提高现有的安全意识。同时，针对突发的泄露情况，要及时反馈，对于应对安全威胁的手段，主动发声，有效保护自身合法权益。

---

① 平安金融，绿盟科技 .2017 金融科技安全分析报告 [EB/OL]. https://www.freebuf.com/articles/paper/167847.html,2018-3-12。

② 零壹智库，猛犸 . 中国金融反欺诈技术应用报告 [EB/OL]. http://www.199it.com/archives/624231.html,2017-8-13。

9.2.2 小心操作风险

本节操作风险指用户端的操作风险，不包括第三方支付、电信运营商、政府等其他机构造成的操作风险损失，本节定义用户的操作风险主要是产品缺陷及用户业务操作失误导致资金损失的风险。

用户的操作风险可能会带来资金的损失。引起操作风险的原因有很多。外部因素往往有软件设计有缺陷、软件开发有漏洞、监管不完善、犯罪分子恶意破坏等。而主观因素主要是用户自身资金安全意识不强或操作不当等。从现实来看，资金损失事故大多由多种因素共同造成。但当前随着金融科技的不断创新，以及用户依托新科技进行理财的资金量越来越大，用户自身在防范风险中的重要性将越来越凸显。对用户而言，造成资金损失的风险事故中，操作不当往往是最常见的原因，所造成的损失也大都由用户承担。因此，有必要站在用户的视角来讨论操作风险。

操作风险可分为以下几类：

（1）身份验证类。是指在用户身份验证环节，被恶意冒用身份信息。往往由于用户保密意识不强而造成身份验证信息泄露，表现形式有将验证码告知他人、密码过于简单、小额支付免密、手机未设置屏保密码等。

（2）软件安全类。未适当配置软件环境导致软件有安全漏洞，被犯罪分子恶意利用或植入病毒。根据 360 互联网安全中心《2018 年中国互联网安全报告》显示，360 互联网安全中心累计截获 PC 端新增恶意程序样本 2.7 亿个，截获移动端新增恶意程序样本约 434.2 万个。

（3）硬件安全类。主要指电脑、手机等硬件丢失后被设备获得者恶意窃取资金。旧设备出售而不彻底清除设备内信息也易造成损失。如今，电子设备储存了大量用户的个人信息，保护自己机内信息如同保护屋子里的有形财产一样重要。

（4）支付场景安全类。看似平常的操作可能潜伏着巨大隐患，随意“扫一扫”“连一连”均有可能造成资金损失。开放 Wi-Fi、“钓鱼”二维码、不明网页等都可能使设备内个人信息、密码信息泄露或使设备暴露于被入侵的风险。2018 年，仅 360 安全软件就共拦截钓鱼网站攻击约 369.3 亿次，其中金融证券类钓鱼网站约 4 亿次。

（5）支付对象未确认类。主要指支付时未确认支付对象和标的，如转账时转错对象、购买理财产品时错选了购买的种类或数量等。

有学者通过百度搜索引擎及相关工具，对用户操作失误造成损失的报道进行抽样调查，收集了 2016 年 1 月 1 日至 2017 年 9 月 30 日移动支付操作风险发生的真实案例共 505 条。统计结果如图 9.2、图 9.3 所示[①]：

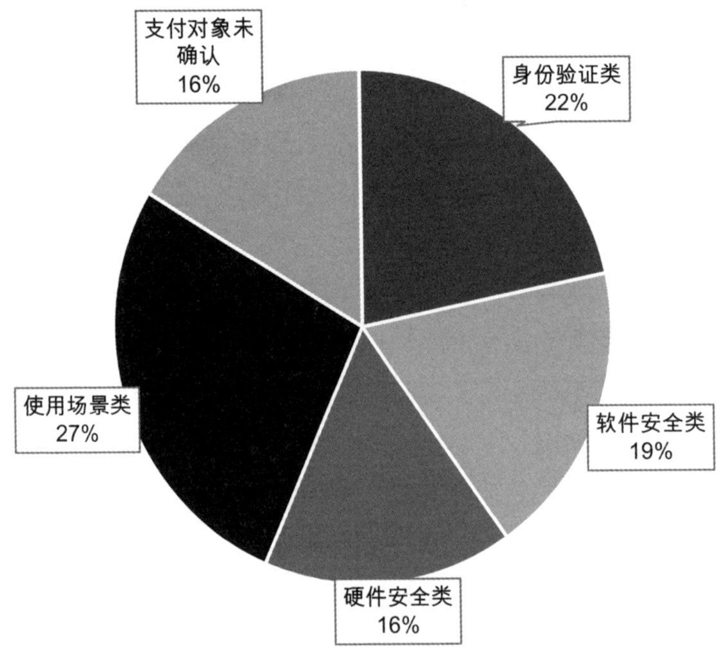

图 9.2 各类型事故发生次数占比

① 封思贤，袁圣兰. 用户视角下的移动支付操作风险研究——基于行为经济学和 LDA 的分析 [J]. 国际金融研究，2018（03）：68-76。

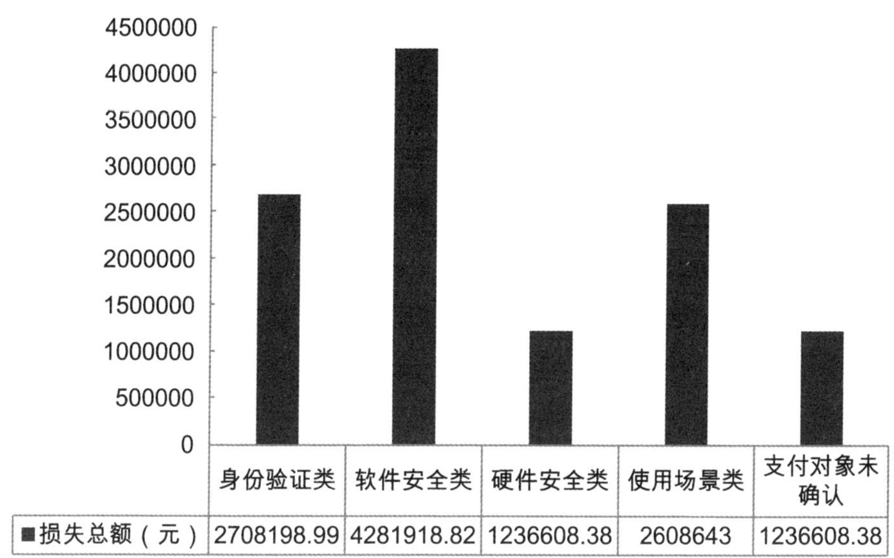

图 9.3　各类型事故造成损失总额

对于用户来说，似乎操作的安全性和便利性不能两全其美，减少操作风险就必须通过更小心的操作，或是启用更安全也更复杂的操作流程。例如，用户开启小额免密支付可减少一些冗余的操作，但设备一旦丢失也面临被恶意盗用的风险；金融账户越少的验证流程也伴随着更大概率的账户泄露风险。

但随着金融科技的发展、商家的努力和制度的完善，操作的安全性和便利性也在同时增强。如许多 APP 都会在用户交易时进行指纹验证、人脸识别、手机短信验证码的交叉验证，与传统的单一密码验证方式相比，现在的验证方法更快捷也更安全。部分支付 APP 也会根据某些智能算法，对当前用户操作的交易进行识别，若用户的行为异常，会提示用户确认交易、增加验证程序，甚至终止交易。国家及各类机构都在不断探索机制，帮助用户追回操作失误造成的损失。总之，操作风险虽然一直存在，但金融科技的发展能在不增加用户操作成本的条件下，不断降低操作失误发生的可能性、降低失误发生时资金的损失和帮助用户追回损失。只要用户熟练、规范、谨慎使用相关产品，就不必过分担心自己“手滑”造成损失。

（1）案例一：苹果用户账户集体被盗刷[①]

2018 年 9 月底到 10 月初，大量苹果用户的 ID 出现被盗情况，由此导致相关 ID 绑定的支付工具遭受资金损失。据人民网记者调查，大多数用户 ID 被盗刷的形式为用于给 AppleID 充值和在王者荣耀、魔力宝贝、魔域手游等游戏 APP 内购买项目，每一笔费用从几十元到上千元不等，群内大多数用户受损金额集中在 1000 —5000 元，有个别用户受损金额过万元。

支付宝官方微博于 10 月 10 日发布关于苹果手机的安全提示，称检测到部分苹果用户 ID 被盗，用户遭到资金损失。并称已多次联系苹果公司并推动其尽快定位被盗原因，解决用户权益损失的问题。随后苹果公司回复已经在积极解决，支付宝建议苹果用户调低免密支付额度以最大限度保护资产安全。

（2）案例二：微信转账转错人只能认栽[②]

在广东省中山市工作的黄先生于 2018 年 5 月 2 日通过微信平台关联的银行卡，给微信名为“海阔天空”的表妹转账。然而黄先生手误转错了人，此“海阔天空”非彼“海阔天空”，一转就转了 8 万多元。

据黄先生介绍，自己搜索微信名“海阔天空”之后并未仔细甄别，微信好友列表中出现了同样微信名、只是头像不一样的两个账号，当时正在赶车，情急之下随手转给了这名陌生人。

黄先生发现自己转错账后，尝试联系这位陌生人请求退回欠款，却吃了“闭门羹”。无奈之下。私下解决不了，黄先生首先尝试向腾讯客服求助。一次次通过电话语音、留言与客服沟通，然而多次回复内容都是：该笔资金已经成功进入对方零钱，资金支付成功后无法撤回，您可与好友联系协商退回。

无法与一个不知其名的陌生人沟通，黄先生只好求助于公安部门。5 月 15 日，黄先生到居住所在地中山市小榄镇联安派出所报了案，但警方以“不知道对方的真实姓名和账户信息、不构成立案条件”为由拒绝了黄先生，并

---

① 人民网．苹果用户账户集体被盗刷，谁来担责 [EB/OL]. http：//it.people.com.cn/n1/2018/1015/c1009-30340930.html,2018-10-16。

② 新华网．微信转账转错人只能认栽？——“手滑”的代价究竟由谁来担 [EB/ OL]. https：//baijiahao.baidu.com/s?id=1604953363826158773&wfr=spider&for=,2018-7-15.pc。

建议其找法院。

求助于法院的黄先生依旧碰了壁。中山市第二人民法院的工作人员说，必须知道对方真实的身份信息才予受理。“该走的地方我都走遍了。”多次碰壁的黄先生无奈地说。

9.2.3 “机器”也有犯错的时候

金融科技无疑是推动财富管理创新的引擎和动力。然而，中国家庭进行财富管理过程中，也有必要充分认识到新兴技术可能带来新的风险[①]，金融科技不是“神话”，在其发展的过程中仍然存在局限性。以下我们从投资决策的几个关键点来分析财富管理中“机器”的缺陷和可能犯的错误。

（1）客户分析数据的限制

智能化财富管理要求在完备和充分的客户数据基础上，进行无偏、一致和有效的客户数据分析结果，进而根据客户数据所反映的投资目标和风险偏好进行资产组合的建议和配置。因此，巧妇难为无米之炊，良好的数据是有效客户分析的前提和基础。没有良好的数据基础，即使金融工具有再强大的计算引擎，也无法产生有益的分析和投资建议。

（2）“最优”投资策略是否存在？

虽然金融科技能带来强大而高速的计算能力，但是财富管理最终需要将投资建议匹配到每个家庭具体的投资目标。即使有了充分的数据，“机器”的投资建议不一定能够实现“最优”。例如，“机器”中设置的模型设定不一定能够涵盖每个家庭具体的情况，其投资推荐也许仅仅具有一般性参考意义。再如，一个家庭的投资目标可能随着时间的变化而改变，原来“机器”所计算的“最优”就可能发生改变。

（3）再平衡策略的挑战

任何投资模型都是具有一定的假设的，而且受输入变量的影响很大。

① 周睿敏，张文秀 . 金融科技创新风险及控制探析——基于大数据、人工智能、区块链的研究 [J]. 中国管理信息化，2017（10）：20-19。

市面上有一些公司声称“机器”提供的投资模型是近乎完美的，这本身就是误导。一个能够满足中国家庭投资目标的投资模型，应当随着市场条件改变，客户投资目标和状况的改变而相应进行调整。由于金融市场瞬息万变，客户投资目标也会随着家庭状况而改变，对投资模型的再平衡就具有很大的挑战。

（4）“算法”的陷阱

电子化财富管理平台是在基于数据和算法基础上来产生投资建议的。算法可以简单理解为寻找到解决问题的最优方案的方法和程序。金融科技固然提供了很多强大的算法，但是算法本身也不是完美的。算法有可能由于假设与输入变量的偏差带来不合适的投资建议，因此对于所谓“完美”算法的说法要保持警惕。

总之，中国家庭应当警惕“科技失灵”和“机器”可能的犯错，对于金融科技时代下的财富管理平台给予的投资建议要带着批判性的眼光来看待。由于财富管理本身是需要基于每个中国家庭自身需求基础上进行资产配置，中国家庭应该深入了解自己的投资目标，具有自主的判断能力。此外，要避免科技的“光环效应”，对“机器”的投资建议常怀批判性眼光。最后，中国家庭也要防止如“羊群效应”的心理偏差，避免出现对“高科技”投资工具的盲目追捧。

9.2.4 注意法律和合规风险

金融科技创新在带来更便捷、更高效和更智能的财富管理的同时，也给监管部门带来了关于专业能力、风险监控和监管套利方面的挑战。[①] 监管部门面临的挑战也是对中国家庭投资者进行合法权益保护的挑战。中国家庭有必要理解这其中的合规风险，包括法律风险和监管风险，从而更好地保护自己的财富。

① 李文红，蒋则沈．金融科技（FinTech）发展与监管：一个监管者的视角 [J]. 金融监管研究，2017（03）：27-29。

（1）监管科技（Regtech）仍需要变得更强

为了更好地保护投资权益，面对日益创新的金融科技，监管部门也需要对监管手段进行“高科技化”“武装”。这需要为监管配备相应的信息技术——监管科技（Regtech）。例如，随着“智能投顾”的发展，投资的算法和模型日益复杂，政府部门就需要更强的技术能力来理解和监控这些投资模型。此外，网络的匿名性让监控市场主体的行为变得越来越困难，要实现“魔高一尺，道高一丈”，监管部门也需要不断努力进行监管科技的创新。

（2）法律和监管的滞后性

科技驱动的财富管理创新在交易模式、交易量、交易效率和涉及的消费节点数方面都远远超过了传统的金融模式。[①] 因此，当前对金融科技创新的法律和监管存在真空地带，并没有完全跟上金融科技快速变化的步伐。例如，区块链技术下的“智能合约”尚未被纳入合同法；再如，当前还没有针对“智能投顾”出台专门的资产管理办法。这就出现很多相应的监管主体、有关法律和司法程序方面的真空。一旦出现纠纷，就可能缺失法律依据和有效的司法程序来保护家庭投资者的权益。

（3）信息披露不足导致的信用风险[②]

由于信息披露不足，监管部门有时候无法全面监测和管理新兴的金融科技平台。例如，有“伪”金融科技平台，打着“高科技”的口号，其实做着非法集资和诈骗的勾当，最后卷走了投资人的钱财。这些风险的背后是信息的不对称，以及由于信息披露不足导致的滥竽充数，损害投资者权益和破坏市场秩序的行为。

面对法律和监管存在的风险，在金融科技创新时代，中国家庭投资者应该加强自我保护意识，增强投资的法律风险意识。中国家庭投资者要倾听专业法律顾问的建议，防止上当受骗或者碰触法律底线。要尽可能熟悉和了解最新的相关法律法规，理解哪些监管主体和法律能够在出现危机的时候保护自己。

---

① 李敏．金融科技的系统性风险：监管挑战及应对 [J]. 证券市场导报，2019（02）：69-78。

② 杨东．防范金融科技带来的金融风险 [J]. 红旗文稿 .2017：16。

中国家庭还应当特别防范科技时代财富管理平台的信用风险，不要被“高收益”所欺骗，要记得“你看着他的利息，他看着你的本金”的警示，在充分评估风险后作出理性的投资决策。

9.2.5 信息技术篇小结——四大新财富管理科技的应用

我们认为科技的创新是中国家庭财富管理发展的一大动力，科技的发展将使资产管理和财富传承都产生巨大的变革。为了方便中国家庭理解和应用这一篇所探讨的新财富管理科技和工具，我们总结了如下表格，对这四大案例的适用性、经典案例、应用指导和风险提示进行了概括，方便读者参阅和使用。

		适用性	经典案例	应用指导	风险提示
资产配置	互联网移动端理财	C类、D类家庭	蚂蚁金融、理财通（腾讯）、天天基金、陆金所、百度理财、苏宁金融、小米金融等	“轻度”理财用户，可选择支付宝（蚂蚁金融）以及常用银行所推出的APP，以避免冗余操作和“多账号”问题 和券商、基金公司有交易来往的大额理财用户可使用该机构推出的APP，便于对方机构更好地服务自己 喜欢倒腾的理财“发烧友”则可选择天天基金、陆金所等平台	信息安全风险 用户端的操作风险 法律和合规风险
	智能投顾	C类、D类家庭	传统金融机构智能投顾：平安一账通、广发证券贝塔牛、招商摩羯智投等 互联网金融公司智能投顾产品：京东智投、蚂蚁聚宝、同花顺等 独立第三方智能投顾产品：理财魔方、蓝海智投、投米RA	通过客户端，实时动态查看资产配置，进行资产管理，充当了理财助手和理财管家的职能： 客户分析：定位客户的风险和流动性偏好 资产配置：投资组合选择 交易执行：“一键购买” 投后跟踪调整分析：接收和追踪投资组合报告	人工智能技术还在发展的早期阶段 “机器”在投资决策中也有犯错的时候 信息安全风险 用户端的操作风险 法律和合规风险

续表

		适用性	经典案例	应用指导	风险提示
财富传承	遗产链	A 类、B 类家庭	基于区块链技术的遗嘱制定（遗产链） token 机制——财富传承的通行证	区块链技术主要改变了信息保存与记录的形式以及赋予不同的信息以不同的价值。改变信息保存与记录形式就是案例遗产链和家族记录链所表达的内容 传承者依据其选择被传承者的一些特性，针对这些特性设置智能合约给予一定的奖励或者惩罚，最终获得财富的多少是依据手里所持有 token 数量而决定的	区块链技术还存在很大的局限性 链信息的真实有效性挑战 无法像数据库一样高效保存“大文件” 难以实现真正的“去中心化”
	AI 家族管家	A 类、B 类家庭	AI 家族管家立遗嘱智能化服务机器人：理性的财富传承的执行者 人工智能还可以帮助用户进行文化的传承	当人工智能发展到一定阶段之后，当它足够智能，它就可以取代人类完成很多管家类的服务，真正成为人类忠诚的小伙伴和财富传承的低成本、理性和可靠的管家	目前人工智能技术还在发展的早期阶段

图书在版编目（CIP）数据

中国家庭资产管理与财富传承全书：金融·法律·信息技术/邢恩泉，耿宾主编. —北京：中国法制出版社，2020. 12

ISBN 978-7-5216-1483-1

Ⅰ. ①中… Ⅱ. ①邢…②耿… Ⅲ. ①家庭财产-家庭管理-研究-中国 Ⅳ. ①TS976. 15

中国版本图书馆 CIP 数据核字（2020）第 235572 号

责任编辑：朱丹颖　　封面设计：杨泽江

中国家庭资产管理与财富传承全书：金融·法律·信息技术

ZHONGGUO JIATING ZICHAN GUANLI YU CAIFU CHUANCHENG QUANSHU：JINRONG·FALÜ·XINXI JISHU

主编/邢恩泉　耿宾

经销/新华书店

印刷/三河市国英印务有限公司

开本/710 毫米×1000 毫米　16 开　　印张/22. 5　字数/228 千

版次/2020 年 12 月第 1 版　　2020 年 12 月第 1 次印刷

中国法制出版社出版

书号 ISBN 978-7-5216-1483-1　　定价：88. 00 元

北京西单横二条 2 号

邮政编码 100031　　传真：010-66031119

网址：http：//www. zgfzs. com　　**编辑部电话：010-66067369**

市场营销部电话：010-66033393　　**邮购部电话：010-66033288**

（如有印装质量问题，请与本社印务部联系调换。电话：010-66032926）

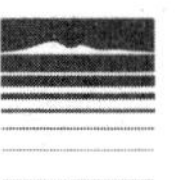

S K Y L I N E

天 际 线

望远 知新

BEE QUEST

寻蜂记

一位昆虫学家的环球旅行

[英国] 戴夫·古尔森 著
王红斌 冉浩 译
三蝶纪 审校

译林出版社

图书在版编目（CIP）数据

寻蜂记：一位昆虫学家的环球旅行 /（英）戴夫·古尔森（Dave Goulson）著；王红斌，冉浩译．—南京：译林出版社，2021.11
（"天际线"丛书）
书名原文：Bee Quest
ISBN 978-7-5447-8812-0

I.①寻… II.①戴… ②王… ③冉… III.①熊蜂属-普及读物 IV.①Q969.54-49

中国版本图书馆 CIP 数据核字（2021）第163771号

著作权合同登记号 图字：10-2018-332 号

寻蜂记：一位昆虫学家的环球旅行 [英国] 戴夫·古尔森 / 著 王红斌 冉 浩 / 译

责任编辑 杨欣露
装帧设计 韦 枫
校 对 王 敏
责任印制 董 虎

原文出版 Vintage, 2017
出版发行 译林出版社
地 址 南京市湖南路 1 号 A 楼
邮 箱 yilin@yilin.com
网 址 www.yilin.com
市场热线 025-86633278
排 版 南京展望文化发展有限公司
印 刷 江苏凤凰通达印刷有限公司
开 本 640 毫米 × 880 毫米 1/16
印 张 19.5
插 页 2
版 次 2021 年 11 月第 1 版
印 次 2021 年 11 月第 1 次印刷
书 号 ISBN 978-7-5447-8812-0
定 价 65.00 元

献给爸爸妈妈，

谢谢你们！

目　录

无特殊说明，文中脚注均为译者注，尾注均为作者原注。——编注

序　言

我们徒步走向距离小学500米处的森林。孩子们手挽着手，兴奋地一边走一边聊。我扛着一些捕虫网和收集盘在前面带队，他们的老师夏基女士跟在后面，竭尽全力地使孩子们保持队形。

这是2009年的一个下午，这一天天气很好，阳光明媚。学期快要结束时，我带着大儿子芬恩以及他在邓布兰牛顿小学的同班同学们去捉虫。邓布兰位于苏格兰中部，是奥希尔丘陵西缘的一座小镇，边上不远便是野外。到森林之后，我把捕虫网和其他装备分发下去，并教他们如何使用，这群七八岁的孩子早已急不可耐。在他们手中，所有的网子都显得巨大而笨拙，捕蝴蝶的网子足以把体形小一点儿的孩子都装进去。这些像风筝一样的捕虫网看起来很好用，但是想要捕到会飞的昆虫，还有一个小窍门：轻轻转动捕虫网，让捕虫网的框压住网袋，封住网袋底部，防止昆虫再次飞走。我教他们把收集盘（一块用木框架撑起来的巨大矩形布）放到较低的树枝下，让他们用力摇晃树枝。虫子们落到白布上，跌跌撞撞地扭动身子，仓皇逃窜。一切立刻热闹了起来。我们需要用这个结实的白色网子（捕虫网）使劲击打高高的草，保持网口朝前。我发现，要想做到这一点，需要弯着腰，撅着屁股，把它从身子一侧划着弧形挥舞到另一侧。这么做的时候，我看起来像是在走着碎步跳莫理斯单人舞。这段“舞蹈”结束之后，我扎紧网口，免得里面的昆虫跑掉。我把孩子们叫过来，检查大家的捕捉成果。打开捕虫网总是很好玩的一种体验，有点像打开圣诞礼物的感觉，因为你根本不知道里面会有什么好东西。当许许多多小生物——蚂蚁、蜘蛛、胡蜂、甲虫、苍蝇和毛虫——从网中飞出来、蹦出来或扭动着爬出来时，孩子们一声接一声地叫喊着。我教他们如何用昆虫收集瓶[1]把最小、最脆弱的虫子捉住，还给他们每人分几个瓶子装猎物，然后打发他们散开。孩子们朝着灌木丛跑过去，用力击打，横扫四周，或是用昆虫收集瓶猛吸，玩得眼睛放光，不亦乐乎。我们翻开腐烂的木头和长满苔藓的石头（之后又小心翼翼地还原)，发现了许多潮虫、步甲和马陆。他们每捉到一种新东西，总会骄傲地跑过来让我看看。从硕大的红蛞蝓到脆弱的普通草蛉，他们捕到的东西丰富多样。忽然传来 ii
一声激动的尖叫，原来是有一个孩子捕到了一只巨大的欧洲熊蜂的蜂王。这只熊蜂大声嗡嗡地叫着，向我们表示抗议。芬恩难以抵挡充当万事通的诱惑，给他的同学介绍着一切。

捕虫的场面异常混乱。不过，大约一小时之后，我们收获了各种形状与大小的虫子。我们将它们都装在罐子里，摆在一个收集盘上，又按科做了分类，以了解苍蝇和胡蜂、甲虫和蝽、蜈蚣和马陆之间的区别。我给孩子们讲起了它们丰富而又独特的生活：哪些虫子吃粪便，哪些吃叶子，哪些吃其他昆虫；寄生蜂会从里向外把毛虫活活吃掉；沫蝉大部分时间会躲藏在用自己的唾液做成的球里。当我们释放这些虫子时，我鼓励孩子们去拿那些个头比较大，看起来强壮些的家伙。有一只漂亮的原同蝽，身上呈现出鲜绿色和铁锈色，背部棱角分明，末端带尖。它得意扬扬地走了几步，然后拍拍翅膀，突然一下从我们的手里飞走了。一只未完全发育的灌木斑螽呈现鲜艳的叶绿色，夹杂着黑色的小斑点。它似乎有些近视，要用超过身长三倍的巨大的触角探着路往前走。一只柔弱的红蟌好像不敢相信自己居然会被释放，它用突出的大眼睛小心翼翼地盯着我们，然后展开闪闪发光的翅膀，悄无声息地飞走了。

当我看到孩子们的笑脸，不禁想到那位伟大的生物学家爱德华·威尔逊的话："每个孩子都有一段喜爱昆虫的时光，而我始终没有从中走出来。"为什么孩子们天生热爱自然？为什么他们喜欢收集贝壳、羽毛、蝴蝶、压花、松果或是鸟蛋？为什么他们喜欢捉住各种各样的小生命，愿意观察和收集它们？这些问题想想都让人觉得有意思。我猜想，在遥远的过去，当人类依靠捕猎和采集为生时，这种好奇心对人类
iii 意义非凡，因为如果想要生存，我们必须积累与自然界有关的知识，尤其是哪些动植物可以吃，哪些又会给我们带来危险。这种好奇心还能让我们获得一些来自大自然的微妙线索。解读鸟儿的行为可能会让人类发觉即将面临的危险，或许也能获知食物和水的位置。经常有人问我，当初对自然的着迷劲是从哪儿来的，仿佛我是个异类似的。但事实上，我认为我非常典型，正如爱德华·威尔逊所说，几乎所有的人都有一段喜爱昆虫的时光。

一个更大的问题是，为什么绝大多数孩子失去了对昆虫的兴趣，并进而失去了对自然的兴趣？明明这些孩子八岁时还能全神贯注地盯着手掌里爬过的潮虫，他们到底怎么了？不幸的是，到了十几岁时，到处乱飞的昆虫和它们发出的嗡

嗡声会让大部分孩子产生恐惧和攻击行为，而这些都是源于他们对昆虫的无知。他们极有可能会猛击那只可怜的小生物，然后用脚踩踏一通。倘若只是害怕地挥着手，发着嘘声把它赶走，就算是最好的结果了。这到底是怎么了？为什么他们童年时的喜爱之情变成了现在的极端厌恶？这让我想起了邓布兰的那些孩子们，他们现在已经十几岁了。他们对昆虫感到陌生了吗？他们还记得那个阳光明媚的下午吗？还记得找到的那些让他们着迷的东西吗？父母对昆虫的恐惧会不会也影响了他们，让他们对窗帘杆上垂下的蜘蛛，或是家庭野餐中闯入的胡蜂产生过度反应？如今，我们家已经从苏格兰搬到了英国南部的萨塞克斯郡。但是，芬恩告诉我，他的新朋友大多也对野生动植物丝毫没有兴趣。他们感觉不到自然的世界与他们有什么关系。他们更有可能对足球、游戏机或是在社交平台上发自拍照感兴趣。放学回家的路上，他们会不假思索地把饮料罐和薯片包装袋扔进树篱。在他们眼里，观鸟没什么好玩的，收集、拍摄、饲养蝴蝶或蛾子是傻瓜和怪胎之类的人才会有的爱好。 iv

我大胆地猜测，这种变化的出现是因为在城市化的现代世界中，孩子们与自然接触的机会太少了。成长中的孩子只有经常与大自然亲密地接触，才有可能珍爱自然。他们很难爱上在成长过程中不了解的东西。如果他们不曾在春末去过一片长满野花的草原，不曾嗅闻那里的花香，不曾倾听那里的鸟儿和昆虫歌唱，不曾欣赏蝴蝶从草地上飞掠而过的场景，那么当这一切遭到破坏时，他们根本就不会在意。如果他们从来没有机会去古老的野外森林中攀爬，从来没有用脚踢过那些带有霉味的叶子和翠绿色的山靛，从来没有闻过蘑菇腐烂和生长的味道，那么他们就很难理解把树砍倒后做成刨花板是多么暴殄天物。纵使我有莎士比亚的天资，我也无法真正表达自然世界的美好和神奇。近几十年上映了一些极好的自然纪录片，让我们能欣赏到在本地没有机会看到的奇异生物。尽管这是一个良好的开端，但我认为还远远不够。我们需要让孩子们走出家门，让他们趴在地上去翻找大自然的乐趣。在我看来，花十分钟观察灌木斑螽，要比花上十个小时在电视纪录片里观看遥远热带森林中的天堂鸟跳求偶舞更有价值。

当然，可惜的是，现在没有多少孩子能有我和威尔逊曾有过的机会来培养对自然的兴趣。从更大的环境来说，我想孩子们再也没有机会像我一样，在20世纪70年代英国乡下的一个角落里去发现和接触自然了。如今，世界上的大部分人口都居住在城市，在英国，这一比例更是高达82%。孩子们不再像以前那样可以无拘无束地四处漫游了。从七岁起，我就在村子附近的郊野玩耍。有时和朋友们一起失踪几个小时，父母根本不知道我们去哪里了。我们爬树，去湖里和河里摸鱼，在森林里野营。现在，即使是住在农村的孩子们也没有这样的自由了。因为他们的父母担心往来的车辆会造成威胁，这完全没错。还有一部分是担心他们的孩子会被无处不在的坏人绑架，这就有点杞人忧天了。我的想法听起来可能有点不负责任，我认为应该给孩子们多一些探索的机会，做点冒险的傻事，这能让他们学到很多东西。在我的童年时代，这种傻事我做得可不少，我不也活下来了吗？

我最早的记忆都是关于各种昆虫的，它们简直渗透到了我的灵魂深处。五岁时，我发现了一些朱砂蛾的毛虫，它们长着横纹，身上黑黄相间，正在那些生长在我小学操场裂缝中的欧洲千里光叶子上大吃特吃。我弄了一大堆这种虫子放到午餐盒里，把它们带回了家，还采摘千里光来喂养它们。当它们长成蛾子时，我异常兴奋。这些蛾子不太会飞，但是非常漂亮，熠熠发光，呈现洋红和黑色相间的颜色。（后来我才知道，这是一种有毒的标志，是欧洲千里光用来保护自己的毒素在它们体内积累的结果。）我收集院子里的马陆、潮虫、甲虫，还有在好天气里从房子前矮矮的水泥墙上匆匆爬过的红色螨虫。我把它们装在果酱罐里，一字排开放在卧室的窗台上。这些可怜的生物大多恐怕都死了，但我因此学到了很多东西。后来，父母给我买了本《牛津昆虫之书》，目的

就是让我了解收集的那些宝贝们，我从中获益匪浅。到了晚
vi 上，我仔细钻研那些水彩插图，为我的地方探险制订计划。我想我可以找到更加有传奇色彩的生物——宽跗牙甲、帝王伟蜓和赭带鬼脸天蛾。

七岁时，我们从伯明翰郊区一栋半独立式的小房子搬到了什罗普郡的一个小乡村——埃奇蒙德，这给我的生物捕猎活动提供了更多的机会。我在学校交了一些趣味相投的朋友。午饭时，我们会在围绕学校的山楂树篱上搜寻漂亮的桑毛虫，它们像黑色的天鹅绒一般，装饰着由一簇簇红色、黑色和白色的刚毛形成的条纹，就像莫西干人的头饰一样。周末，我们会走遍我们村子周围的树篱、草原和萌生林，去搜寻其他种类的毛虫。我的父母给了我另一份礼物——《毛虫观察手册》。在这本书的帮助下，我们尽最大可能去了解找到的虫子，并找来恰当的叶子喂给它们。我发现它们挑食的习惯很有意思，大部分蛾和蝴蝶的毛虫只吃某一种或某两种叶子，宁愿饿死也不吃其他东西。也有几种不那么挑剔的毛虫，比如豹灯蛾的幼虫非常巨大，这种带有黑色和橙色的虫子毛茸茸的，除了草之外，它们几乎什么都吃。[2]有一次，我们看到一只黑带二尾舟蛾的幼虫正在吃柳树叶子。这种绿色和黑色的虫子很奇特，它们受到惊吓的时候会翘起腹部末端，从分叉的尾部伸出一对来回摆动的红色触角，借以显示威胁。我

等了将近一年，直到第二年年初才见到它们变成蛾子。它们长得很胖，毛乎乎的像小猫一样，还有黑色的斑点长在白色的身子和翅膀上。 vii

我在只有七八岁的时候就开始收集鸟蛋，而我父亲小的时候也做过类似的事。在我的记忆之中，几乎村子里的每个男孩都会收藏鸟蛋。（我不知道女孩子们在干什么——我没有姐妹，而且上的是男子中学，所以，直到十四岁时才知道还有女孩存在。）我们比赛看谁能找到不同寻常的鸟巢，对于彼此的收获还充满觊觎。当然，这次也离不开“观察手册”系列博物类书籍的帮助。我现在仍然保留着已经被翻成碎片的《鸟蛋观察手册》，它差不多有50年的历史了。我记得我发现了一颗有浅棕色斑点的蓝色鸟蛋，它被遗弃在什罗普郡南部的朗麦得山的斜坡上。我自信那是环颈鸫的鸟蛋，属于一种我从未见过的、生活在高地的罕见鸟类。我的朋友们对此表示怀疑，我们还为此争论了好几天。以我的“后见之明”判断，这只是乌鸦的蛋而已。在这个过程中，我们学到了许多关于鸟类的博物学知识。因为每种鸟儿大都在特定的地方、用特定的材料筑巢。有几次，我们找到了银喉长尾山雀的巢穴，它由蜘蛛网和软苔藓编织而成，是一种格外漂亮的球面结构。

我以此为起点，发展到收集蝴蝶，接着是蛾子，然后是甲虫，最后，我变成了识别它们的专家。喂养蛾子和蝴蝶的技能给我带来了一个好处，它能让我收集到完美、没有污损的成虫标本。但是，到了十二岁左右，我终于厌倦了杀死这些可爱的生物，喂养的最终目的是把它们放归自然。特别值得一提的是，我养了几百只孔雀蛱蝶和荨麻蛱蝶。我从荨麻上寻找毛虫，把它们养在自己的笼子里，这样它们就能躲避寄蝇和小蜂。在野外，这些蝴蝶毛虫大多难逃这些寄生虫的
viii 魔爪。看到这些新羽化出来的蝴蝶第一次尝试飞行，看着它们的翅膀一点点变干，随后拍打翅膀，飞向高空，并最终从我们的院子里飞走，真是一件令人欣慰的事。

当然，不止是博物学占据了我年轻的头脑。当我开始上中学时，我很快就喜欢上了所有的科学，尤其化学课上的烟火制造和电学里带有危险的刺激实验。父母给了我哥哥克里斯和我一套化学装备，从此以后，我们便和许多孩子一样，花几个小时随便地把什么东西混在一起，再放在小小的变性酒精燃烧器上加热。通常，我们只能得到一团棕色的黏糊糊的东西，加上一团有毒的烟雾。我们会冒着被罚课后留校甚至更严重的风险，从化学课上偷偷带走一些镁条，然后在午饭时，欣喜若狂地在学校运动场的边上把它们烧掉。它们燃烧得非常剧烈，以至于到了下午上课时，我们的眼前还在冒金星。我们的老师曾经把一些小块的钠和钾放到水槽中。这

些极不稳定的金属便开始嗞嗞作响，然后便是“砰”的一声，喷射出一团火焰和水蒸气。看过这些演示之后，我们非常渴望去尝试一下，但是我们那位怀着“小人之心”的老师从不让这些东西脱离他的视线，每次上完课，他总是把它们锁在金属柜子里。

幸运的是，虽然我的父母并不清楚我和朋友们到底在忙什么，但是他们对我早期的化学实验非常包容，就像当初能够容忍我把屋子里塞满装着各种生物的瓶瓶罐罐一样。在我们学了点化学之后，便可以设计出能在家里操作的更加危险、也更有意思的实验。我和朋友戴夫（我们班有五个戴夫，对于我们这一代的男孩子来说，要是有人找到了一个集合名词
来指代某群人的话，那这个名字确实很有用）往水里通电， ix
制造出了氢气和氧气。我的玩具赛车配备的变压器可以说是这些实验理想的电力来源，因为它能提供非常稳定的12伏电压。我们用瓶子收集氢气和氧气，假如用火柴点燃它们，就会发生让人激动的爆炸。当然，这么做有一定的风险。我甚至学会了通过给家用漂白剂通电，实现在厨房的案台上操作复杂的实验来制取氯气，这种棕色的气体毒性很强。实验异常成功，要不是我及时关闭装置，打开窗户，估计我早没命了。

那时克里斯和我正在收集二手图书，准备在学校即将到

来的重大活动中卖掉。虽然我记不太清了，但我想应该是父亲主动为我们申领的这项任务。我想象不出哥哥和我会自愿找这么一个差事，推着一辆独轮手推车，挨家挨户地在村子里收集别人不想要的书。不过，事实证明，这件事有意想不到的好处——在一堆堆泛黄的传奇小说和数不清的阿加莎·克里斯蒂的谋杀谜案中，我找到一本小书，名字就叫《爆炸》。我打开这本书，发现里面详细记录着如何制造大量极其危险，而且可能非常不稳定的化合物，你可以想象我有多么激动。让人失望的是，对一个十二岁的小男孩而言，书中需要的大部分反应物都找不到。例如，从一开始我就很清楚，我根本没办法找到制造TNT炸药所需剂量的浓酸。然而，火药的配方还是充满了诱人的可能性。火药被爆炸迷们偷偷称作黑粉末，它仅仅含有三种成分：硫黄、木炭和硝酸钾。我的儿童化学装备里就有硫黄。至于木炭，尽管我们只会手忙脚乱地把烧烤用的木炭磨成需要的粉末，但它们毕竟还是很容易获得。那样，就只剩下硝酸钾了。书上说，鸽子粪中含有大量硝酸钾，如果小心操作，就非常有可能提炼出来。我们花了很长时间才在村子里找到一位养鸽人。透过他家的篱笆贼头贼脑地偷窥了一番之后，我们终于发现了一座鸽舍和满满一窝咕咕叫的住户。如果有些常识的话，我们一定会敲开鸽子主人的房门，索要一些鸽子粪。只要我们给出一个稍微能讲得通的理由，这肯定不成问题。但是，我们担心鸽子的主人会看穿我们的真实目的。当然，以我后知后觉的判断，他不太可能推断出我们索要鸽子粪的目的竟然是为了制造炸弹。然而，我们当时偏执地认为，这种情况很有可能发生。不管怎么说吧，我们一旦认定了不能直接索要，那么夜晚的偷盗似乎就是唯一的选择了。在一个漆黑的晚上，我的伙伴戴夫（众多戴夫中的一个）和我偷偷潜入那家院子，非常欣慰地发现鸽舍没有上锁——大概那个时候，在什罗普郡的乡下，偷鸽子或者鸽子粪的事实在是非常罕见。我们不敢打开手电筒，只能在一团漆黑中把鸽子粪铲进一个袋子里，一边小心翼翼地忙活着，一边还得忍受着刺鼻的气味。鸽子开始扑腾起来，紧张地飞来飞去，鸽子粪像雨点一样从上面砸落下来。我们赶紧从院子里撤退，对自己的战利品扬扬得意。我一直想知道，那位养鸽人是否注意到了有人神神秘秘地大半夜帮他清理了鸽舍。

第二天，我们开始动手提炼硝酸钾。书上并没有记载如何操做，这明显是作者的疏忽。我们知道硝酸钾溶于水，所以，凭借着我们尚不成熟的化学知识，我们认为应该冲洗粪
便，筛除固体，然后从余下的溶液中把硝酸钾提取出来。我 xi
们在院子的尽头把这些粪便倒入一桶热水里，然后用一块旧茶巾把硬块过滤出来。这工作实在是让人恶心。最后，我们

得到了一桶臭烘烘的浅褐色液体。我们认为接下来仅需要把液体加热，让水分蒸发就万事大吉了，最后余下的主要成分应该就是硝酸钾。起初，我用一口旧锅在厨房的炉子上操作。但是，妈妈很快把我们赶出了屋子。对此，我们一点都不意外，也非常理解。幸亏我之前在棚子里把一盏煤气灯和一个旧野营气瓶简单地组装到了一起，我们只好将就着用它了。这项工作花了我们好几个小时。当液体变稠时，恶臭达到了极点。但是最后，锅里的东西变成了一团黏糊糊的褐色物质，看起来实在不像是硝酸钾。因为我们知道，硝酸钾应该是白色的晶体。不过，我们还是抱着幻想，希望能够成功。

我们小心地按比例把这团褐色的黏东西和硫黄、木炭混合在一起，结果得到了一些黑乎乎的东西，还有点发绿，看起来挺好玩。我们取了一点儿，把它放在一个倒扣着的易拉罐的底部。然后，我小心翼翼地点燃火柴，心突突地跳个不停。火柴燃烧得断断续续，那团东西发出噼啪的响声，最后……什么也没发生。我试了一遍又一遍，不过还是没什么希望。很明显，鸽子粪中的硝酸钾含量不如预期高，也可能是因为我们的提炼方法无效，或者是鸽子的种类不对。

我们稍微做了一些调查，发现硝酸钾有时会被当成肥料来卖。事实上，有一家园艺店紧挨着我们在纽波特的学校，店里储备着硝酸钾，当然还有许多其他值得拥有的化学物质。

但是，它们都被放在柜台后一个高高的架子上。我和朋友们 xii
曾假装察看蔬菜种子，趁机偷偷地侦察过它们。最后，我终于鼓起勇气尝试着买一些。我敢肯定，店主会立刻怀疑我的真实目的。他是一个上了年纪的老头，头发灰白，一脸严肃，马上开始盘问我到底要干什么。因为我一直都不太会撒谎，所以我满脸通红，结结巴巴地说是学校做实验用，目的是要看一看硝酸钾对植物的生长有什么作用。我的朋友们在我的身后站成一排，给予我道义上的支持，胆大些的还插两句嘴，对我说的话进行各种补充。有的说，学校要举行一个比赛，看谁能种出最好的蔬菜。虽然听起来不大可能，但也勉强说得过去。不过，在他继续质问我的时候，我立场坚定。最终他非常勉强地从架子上取下一个两磅的盒子。我敢确信他知道我们不怀好意，但是又没有证据。而且，可能他也很高兴终于能卖点东西出去，因为那个小商店实在是太冷清了。我递过钱，抓起盒子，一溜烟地跑了出来，生怕他再反悔。

火药果然好玩极了。它并不能爆炸，但是会猛烈地燃烧，释放出含有硫黄味的烟。在寒冷的十一月的晚上，这种味道能勾起人们对烟花的记忆。我们用这些成分按不同比例做过多次实验，把小堆火药放到院子尽头的石板上燃放，以躲过家长窥探的视线。当我们提高混合物的纯净度之后，它燃烧得更快了。用火柴点燃火药时，我们的手指表面经常会被烧焦。所以，我们琢磨出了一个办法：把卫生纸拧在一起，在硝酸钾溶液中浸湿，然后再晾干，这样便成了导火索。我们尝试着往化学装置里添加其他物质来改变火焰和烟雾的颜色。我们还在纸板筒里装上不同量的火药，完成我们的原始烟火
xiii 表演。与专业的烟火相比，它们当然望尘莫及，但是因为所有东西都是自制的，所以比起买来的那些种类繁多的烟火，它们更令人满意。

我的朋友戴夫想出了另一个烟火配方：把氯酸钠灭草剂和糖混合在一起。我们决定比赛看谁能做出最好的烟火，于是花了几周制作能飞起来的火箭。但是，我们一直都没有真正取得成功。我们做出来的成品中，飞得最高的火箭也只能飞到四英尺[*]高的地方，然后便一个跟头扎向地面。屡次的失败让院子中的草坪遭了殃，上面被我们烧焦了好多块。

虽然我们制造的火药燃烧得很好，却没有真正爆炸，这有点让人失望。最终，我们发现要想实现爆炸，必须要把火药密封在一个不透气的容器中，然后把它点燃。这做起来有点棘手。你怎么去点燃一个密封起来的东西呢？又怎么在安全距离之内把它点燃呢？在这一点上，我那本《爆炸》帮不上忙了。在经过多次讨论、尝试和失败之后，戴夫和我终于

* 1英尺=30.48厘米。——编注

找到了答案——我们想到了老式的一次性四联闪光灯。年轻点的读者可能不知道，稍早一些的照相机并没有内置闪光灯，而是通过一个安装点连接着一个四联闪光灯，其中有四个一次性的灯泡。照相时，朝前的闪光灯白炽化并烧毁。在这个过程中，会产生一次照相所需要的光。然后，你得把闪光灯转动四分之一圈，让另一个灯泡做好准备。让人惊讶的是，仅仅使用1.5伏的5号电池就足以让这些灯泡白炽化。

当我们小心翼翼地把这些灯泡从塑料壳中剥开之后，就能轻松地点燃我的火药和戴夫的灭草剂混合物。于是，我们用纸板做成厚厚的筒，里面装上我们制作烟火的火药，又放 xiv
了一个灯泡，引出两条细电线。我们在纸筒外缠了一层又一层的电工胶布。接下来，我们只需要把电线与电池的电极相连。砰！随着一声巨响，纸筒四散飞去，只留下一些残迹还冒着烟。这实在是太有意思了！不久，我们便升级到使用铜管，爆炸时发出的声音便更大了，简直能让大地都跟着震动。事后，满地都是扭曲的金属屑。为了保证自己处在安全的位置，我们给老式闹钟装上了电池，再用电线穿过玻璃表盘上的一个孔，在分针达到垂直位置时便会发生接触。这样，我们就能推迟炸弹爆炸的时间，最长能推迟55分钟，从而可以在几百英尺之外坐着观看爆炸瞬间。这些自制的筒式炸弹给我们带来了无穷的乐趣。我们在树洞中，在当地一个报废的采石场的岩石缝里，还在一个废弃农场中摇摇欲坠的砖墙缝里制造爆炸。它们威力不大，通常只能把几片木头、石头或砖头炸飞。有一次，我们在电视上看了炸药捕鱼的节目后，也试着在本地的运河中投放了一枚自制炸弹。虽然没有杀死任何一条鱼，产生的水花还是让我们很满意。

对青少年来说，制作炸弹并不是一项很安全的活动，所以我决不推荐青少年去做那样的尝试。但是，这与后来我们对地方电力供应造成的混乱比较起来，就有点小巫见大巫的感觉了。在我们十三岁时，经历了一个非常倒霉的早上。那天，我与朋友马特和塔哥（蒂姆）正在院子里玩，手里拿着一段从别的地方弄来的生了锈的老旧带刺铁丝。它有几码长，
XV 在头上用力甩动旋转时，能发出呼呼的声音。不过，我们很快就玩腻了。鬼使神差地，我决定要把它旋转着扔出去，扔过我们房前的路，扔到地里去。我没注意沿街道的电线杆之间有一些电缆。铁丝击中一根电缆，挂在上面，在它转动的过程中又接触到了另一根电缆。电缆上瞬间发出一声巨响，一团橙色的火花四处飞溅，铁丝断成两截，落到地上。细看之下，我们发现它的中间已经熔断了，还在人行道上冒着红光呢，想来是因为铁丝无法承受从中穿过的高压电流。这种活动可太好玩了，我们当然还想再尝试一次。

我们很快便意识到，我家门前的草坪并不是最佳场所，

找一个偏僻点的地方才是个明智的选择。所以，我们朝村外
游荡，一边走，一边留心着更多的铁丝——我们手头的那一
段已经太短了。这让我们花了很长一段时间。不过到了最后，
在一块田地的一角上，我们发现有一捆多余的铁丝绑在一根
篱笆杆子上。我们反复地来回弯折，最终从上面弄下来了一
段。我们拿着它朝最近的巷子走去，走过最后一栋房子，找
到一块头顶有电缆的地方。事后看来，我们本该注意到，这
些电缆要比我家房子外的高一些，从而意识到它们其实更重
要。按说，我们也该注意到它们更粗一些。但是，因为它们
太高了，所以可能不是很明显就能看出来。无论怎样吧，尽
管有那些区别，我们还是开始用力朝电缆投掷铁丝。然而由
于这里的电缆太高，所以这一次要比之前在我家附近的那一
次难多了。我们轮流把铁丝旋转着投向空中。有时，铁丝击 xvi
中其中一根电缆，毫无效果地落了回来。我们折腾了差不多
有两个小时，幸运终于降临到我的头上。我让铁丝挂在一根
电缆上，在旋转过程中，触碰到了另一根电缆。接下来发生
的事永远印在了我的脑海里。我们听到了一声震耳欲聋的巨
响，还看到了像闪电一样的白光。其中一个人喊道："快跑！"
那个人可能是我，也可能是我们同时喊了出来。我们飞速逃
离了现场，朝村子狂奔。我扭头迅速瞅了一眼，只见两根电
缆已经落到了地上，冒着火星。这有点出乎我们的意料。

大伙儿跑回我家，因为它离得最近。我们躲在院子的棚子里，坐在学校活动之后剩下的二手传奇小说上，盘算着下一步的行动。我们知道这次闯祸了，而且躲过麻烦的可能性不大。我们在有电线的那个巷子待了很长时间，这期间很多车从我们面前经过。在我们这个小村子里，大家都彼此认识，过不了多久就会有人发现罪魁祸首是谁。最终，我们认定，除了回家坦白，我们别无选择。我提心吊胆地从后门走回家，发现妈妈一反常态地心情很糟。刚才她正在为周日午餐烤一大块肉，没想到突然就停电了。我们村里没有煤气，所以每一次的周日午餐都是用电烤箱做出来的。现在，全村烤了一半的鸡和牛排都在慢慢冷却。在我们村那两家分别叫“狮子”和“羔羊”的小酒馆里，很多份周日午餐也做不好了。在20世纪70年代后期，停电是常事，但通常都是在晚上，而且大多会提前通知。然而，这次根本没有任何警告。

xvii 这有点出乎我的意料，便一句话没说又跑了出去。塔哥和马特还没走远。他们根本不情愿回家，所以正在与回家相反的方向上磨蹭着。我把他们叫回来，告诉他们发生的事。这回的事态可不是糟糕，而是太糟糕了，称得上是史无前例的灾难。我们又躲回了棚子里。马特建议说，或许停电只是巧合而已，鬼才相信他的话。我们都知道，肯定不是这样。事实上，后来我们得知，我们击中的是11 000伏电线，那是我们村子唯一的电力来源，电力部门的抢修人员忙到天黑才把它们修好。我和朋友们正在棚子里摸黑坐着时，当地的警察开着他的迷你警车过来了。他对我们的印象不太好，因为前几年，他曾抓住我们用自制的弹弓（被他没收，然后焚毁了）拿他家的鹅练瞄准。所以，他带着几分得意把我们带到了纽波特警察局。

最后，我们交了一小笔罚款，轻轻地挨了几板子之后便被放了回来。对我来说，最麻烦的是这件事给我父亲造成的尴尬。他是本地的老师，是社会的标杆。很自然，儿子被拉到地方官员面前实在是让他蒙羞。更糟的是，他们学校的校长就住在我们村子，在那个重大的日子，他的周日午餐也被毁了。

当然，我不会建议您允许孩子们去炸农场的建筑，蓄意破坏电线，或者是收集鸟蛋。我们做的很多事非常危险，也十分愚蠢。不过，如果当初没有这点热情，我长大后还能不能成为科学家可就说不准了。或许我的父母太包容我了，或许他们也有点单纯，但是我非常感激他们给了我相当多的自 xviii
由。（不过，要是他们能提前讲一讲高压电线的危险就更好了。）我自己有三个儿子，一个五岁，一个十二岁，另一个十四岁，对于他们，我尽量给予自由，让他们自己去学习。当我看到他们在高高的树枝上摇摆时，我会赶紧避开。或许，我不该让我五岁的孩子拿着我的斧子或锤钻玩耍。但是，截至我写这本书时，他们还都好好地活着呢。我给他们买了自制烟火的材料，但是我努力关注他们的操作，而且禁止他们尝试铁管炸弹。尽管他们从未成功地升起过火箭，我们的草坪上依然布满了被烤焦的斑点，这是他们尝试失败的标志。我也努力给他们提供机会，让他们接触大自然。我们住在萨塞克斯郡附近的原野上，万分幸运地拥有周围的树林、牧场、小溪，他们可以安全地去那里探索。他们有可能遇到的最大的危险就是他们自己。每到夏季，我们会来到我们家位于法国乡村最深处、最富有神秘性的小农场。在那里，他们可以尽情撒欢。我不知道他们是否会像我一样去研究博物学，但是至少他们有充足的机会爱上大自然。我的大儿子芬恩现在能辨认大多数野花，次子杰德善于昆虫摄影，最小的孩子塞思喜欢收集一切东西，再把它们放在特百惠塑料杯里观察。在他端详虫子的时候，他非常安静，要是一直这样该多好呀！我确信，未来的他们一定会尽力去探索自然的奥秘。

让人有些难过的是，我感觉他们只是特例。虽然我不是特别肯定，但是我感觉人们与自然的接触正在减少，当前正在成长的这一代人距离养护他们的世界更远了。如果果真如此，那可真是太可怕了。现在，人类活动造成物种灭绝的事
xix 件时有发生，气候变化也威胁着全球的大部分地区，使它们

在不久的将来不再宜居。与此同时，地球表层土壤正在以每年一千亿吨的速度流失。就在这样的背景之下，环境问题在政治议程中鲜有提及，即使是绿党也不例外。政客们争论的焦点主要集中在经济上。但是，如果没有了土壤和蜂类，钱还有什么用呢?

如果我们想拯救这个世界，并最终拯救自己，那么我们需要更多的人来关注它的命运。首要的是，我们需要给孩子们提供更多的机会，让他们去探索自然，让他们蹚着泥水去捕青蛙，爬进树篱去捉毛虫。我们需要给他们机会表达对自然的好奇，让他们观察蝴蝶破茧而出，看着小蝌蚪长出四肢，体会在木头下发现蛇蜥的激动。如果我们给他们提供了这些机会，那他们将来就有可能热爱自然，珍视自然，并为自然的未来奋斗。

我非常幸运，能在小的时候拥有机会获得上述体验，这种经历促使我用毕生精力去探索博物学的奥秘。我有幸周游世界，观察鸟翼凤蝶在婆罗洲的雨林中穿梭，倾听吼猴在伯利兹的森林中宣示着自己的领地，还有许多印象深刻的经历，简直不胜枚举。在离家近的地方，在法国和英国那些不算壮观，但也同样精彩的森林和草地中，我不知花了多少时间去寻找昆虫、鸟儿、爬行动物、哺乳动物和野花。在乡下长大实在是我的幸运。我的职业也是一件幸事，它让我有机会追

寻世界上最有趣的蜂类，并有望更多了解它们，揭示它们生
xx 活中仍不为人知的细节，再寻找办法去保护它们，使其他人
能有机会在未来见到它们。本书便记述了这些寻找蜂儿的旅
程。我们将以家为起点，从隐藏在英国的那些角落开始，在
那儿，野生动植物仍然生机勃勃。此后，我们要走出国门，
先到波兰的野山上，然后到新世界的安第斯山脉和落基山脉，
那里正上演着熊蜂的悲剧。最后，我们将回到英国，见证大
自然的恢复能力，这将令人鼓舞，充满希望。欢迎走进我的
xxi 《寻蜂记》，与我一同踏上环球旅行。

第一章

索尔兹伯里平原和尖叫熊蜂

在某个地方，某些东西正等待着被发现。

——卡尔 · 萨根

过去，我曾把英国熊蜂的消亡归咎于阿道夫·希特勒。这是因为第二次世界大战迫使英国增加粮食产量。那时，英国亟须做到粮食方面的自给自足，因为可以进口的渠道太少了。由此，出现了随后几十年的农业大发展时期。在此期间，许多荒野被开垦成农田，用来种植大量单一的农作物。然而，如果按照这个逻辑推理的话，我要承认凯撒和希特勒还得勉为其难地接受致谢，是他们的行为在客观上导致了欧洲最大的自然保护区的诞生。

1897年，英国国防部开始在索尔兹伯里平原购买土地进
行军事训练。[3]那时，英国还是一个庞大的帝国，在全球此起 1
彼伏地卷入各种冲突。想要统治位于世界各个角落的新领土

并非一件易事。为了控制众多拥有粗劣装备的土著人口，英国必须训练一大批高质量的军队。在维多利亚女王长达63年的漫长统治中，我们卷入了36次全面战争，18次军事动员，98次军事远征。我们的常备军规模庞大，所以需要一块专门的地方来训练他们。考虑到这一点，政府通过了一项法案，允许军队自行购买土地，如果必要的话，还可以采取强制措施。军队当然会选择距离交通枢纽伦敦和英吉利海峡港口更近，而且居民少、土地便宜的地方，索尔兹伯里平原正好符合这些条件。由于19世纪中叶羊毛工业的崩溃，这里成了英国最贫穷的乡村。此时，陆军开始大规模购买土地，仅在1897年，他们就在这里购买了6 000公顷，在英国的其他地方也不例外。

在军队到达之前，这里早就有古代人类定居的历史。平原由一块巨大的白垩岩构成，是由几千万年前数不尽的海底生物遗体沉积而成的。不过现在，它已经抬升为一片起伏的高原，由南向北倾斜，最高的地方也不超过海拔200米。当最后一次冰期从英国退去的时候，这个地方本来有可能变成森林，但是早在5 500多年前的新石器时代，当时的定居者们就已经开始砍伐南北唐斯丘陵附近的森林。或许，浅浅的白垩质土壤让这里的树根比周围较低地区的更容易挖。该地区的人类活动痕迹还可以追溯到更久以前——人们在这里发现

了一些8 000年前的树桩残骸，它们排布得非常有规律，直立
在地面上，不知有什么用途。我们对他们的生活方式了解得 2
十分有限，但是他们存在的证据——那些奇特的坟墓、堡垒
以及用途神秘的古怪土丘——却遍布平原。

当然，最有名的新石器时代的结构是巨石阵，那些巨大的、经过切割的石头具有象征意义。这些直立的萨尔森石围成一圈，顶上盖着巨大的石楣。大约在5 000年前，它们被人们以某种方式竖立在那里。我小的时候参观过巨石阵，那时，游客还可以在石头间穿行、攀爬，那场景我一直到今天都记忆犹新。这些古代巨石不可避免地带有一层神秘色彩，有些人声称是富有传奇色彩的魔法师梅林把它们搬到那里，再直立起来。毕竟，我们很难解释凡人是如何用传统的方法把它们运到那里的。巨石阵内圈四吨重的蓝砂岩是从威尔士西部采来的，距离巨石阵有290千米，中间还隔着大河和山脉。如果搬运过程中没有使用魔法，那么我们可以想象，这一定是耗费了大量的血水、汗水和泪水的结果。由此看来，当时的人们必然非常看重巨石阵的建造。萨尔森石出自附近的埃夫伯里，距离此地只有40千米。但是，它们每块重达20吨，移动它们肯定也费了许多力气。有人计算过，通过滚动装置移动每一块石头都需要600人参与。即使有这么多人，移动起来也非常缓慢。可以想象，召集这样一批人是一项异常艰巨

的工程，因为当时英国的总人口只有几万人。为什么这些古
人要不惜一切代价做成这件事，我们不得而知。在巨石阵附
近，人们发现了一些坑洞，里面埋着被火化的人骨和其他遗
骸。这些人来自很远的地方，有的来自法国，有的来自德国，
3 甚至有一个男孩来自地中海地区。或许他们是祭品，通过屠
杀这些来自异域的奴隶来纪念早已被人们忘记的神明。另一
些理论认为这个地方是从事天文研究的地点，或者是新石器
时代的人们纪念停战、庆祝和平或团结的场所。我们几乎永
远都不会知道真相。不管它们的真实目的到底是什么，毋庸
置疑的是，这些过去的行为还是留下了印记，因为巨石本身
就能勾起人们的遐想。

后来过了很长时间，罗马人来到了这里，他们在平原上种庄稼供给他们的军团。再后来，到了878年，据说，阿尔弗雷德大帝在与维京入侵者的战争中取得了决定性的胜利，战场就在韦斯特伯里附近。为了纪念这次胜利，人们在平原西部边缘、韦斯特伯里前方的山坡上雕刻了一匹白马。一直到20世纪初，平原上的人们生活和工作方式都没什么变化。1913年，一对生活在19世纪末维多利亚时期的姐妹埃拉和多拉结束在平原上的旅行后，出版了一本配有插图、特别能激起共鸣的书——《索尔兹伯里平原：石头、教堂、城市、乡村和人们》。平原上生活的核心是绵羊，每个牧羊人都有千余

只壮硕的羊。羊毛是主要收入来源，羊肉可供食用，羊粪又是耕地的肥料来源。为了遮风挡雨，平原上的村庄都躲进了山谷，田地包围着村庄，使得平原上主要是开阔的牧场。或许在5 000多年来的大部分时间里，这些牧场大多以相同的方式运行着，偶尔有牲畜过来吃草。埃拉·诺伊斯描述了伊穆波尔村的情景：

> 这个村子处在索尔兹伯里平原的低洼处，有另一
> 条冬溪经过。丘陵包围着村庄。分散的旧木屋和农舍 4
> 形成了一条街道，在山谷间，在榆荫下蜿蜒铺开。春
> 天，小溪水流充沛，清澈见底，从村中穿过。夏天，
> 水流消失，河床上长满野草。
>
> 小屋被刷成了白色，屋顶用木材斜搭而成，上面盖着厚厚的茅草。它们或形成短短的几排，或簇拥在一起。小屋之间的角落里长满了蔷薇之类的盆栽花草，零零星星地种着丁香、百合，还杂乱地生长着一些生生不息的豆子。

据传，伊穆波尔村的定居点至少起源于967年。100年后，这个村子被记录在《末日审判书》中。诺伊斯姐妹来访时，这里有几家小商店、一家小酒馆、一个铁匠铺、一间碾

磨谷物做面包的风车磨房、一所小学校、一座浸礼会小教堂和一座规模较大的教堂。他们对于这座小小村庄以及生活在这里的人们的描述充满浪漫，如田园诗一般，但那时的生活肯定也充满艰辛。大部分人会在九岁时离开学校去工作，要么去放羊，要么就是成为农场上的帮手、女仆、铁匠、磨工或面包师，从事一些几个世纪以来都没怎么改变的体力活。诺伊斯姐妹不知道的是，她们所描述的生活马上就要消失了。

1898年，50 000多名士兵在这片平原上展开训练，为南非的第二次布尔战争做准备——这是改变即将到来的标志。那时，人们的娱乐方式很少，所以这些军事活动便成了供大家参观的好选择。周末时，会有成百上千的本地人在平原高
5 地野餐，观看这些军事演习。第一次世界大战带来了更加长远的变化。大量海外军队，主要是加拿大和澳大利亚的军队与本地的志愿军一起驻扎在平原上进行训练。大部分军队不得不住在帆布帐篷里，或者顶多能从匆忙搭建起的木头营房中分得一个铺位。沉睡的村庄突然挤满了士兵、马匹和运货的马车，从理发店到风月场等各种生意便由此出现。

战争期间，平原上进行了最早的军用飞机试验。坠机事件多次发生，造成了一些人员死亡。初具雏形的英国皇家空军一度考虑过要把巨石阵搬走，腾出地方修建飞机跑道。但幸运的是，他们最终选择了其他更合适的地方。与此同时，

基地位于布拉顿村的一家机械公司接到指令，需要研发一种通过履带在各种路况都能行进的绝密新型金属战车。由于样车巨大的车体和噪声难以掩饰，所以该公司编造了一个故事，声称他们正在制造一种能把水箱运送到平原上来给羊饮水的机器。据说，这便是“坦克”一词的出处。*这听起来貌似有理。我们可以想象，本地人在乡村酒馆的晚上一定有了足够的话题。

1914年至1915年的冬天雨雪很多，索尔兹伯里平原的山谷洪水泛滥。许多士兵还没来得及跨过英吉利海峡去作战，就已经死于脑膜炎等疾病。可想而知，拥挤、泥泞的军营条件，为他们在西线战场的遭遇提供了良好的预演。对很多人来说，在湿漉漉的索尔兹伯里平原上的几个月训练，便是他们对英国最后的记忆。之后，他们被运送到法国战场，像牛羊一样被敌人宰杀。那些有幸活下来并在战后回到英国的人中，有很大一部分回国后的第一站也是索尔兹伯里平原上的驻地。然而那里又暴发了西班牙流感，更多的人失去了性命。平原上大多数军营附近都有军人公墓，有些墓主人死于战斗负伤，但大多数是被疾病夺去了性命。 6

第一次世界大战结束后，国家削减了军事开销，因为没

* 英语中“坦克”（tank）一词的另一个意思是“水箱”。

有人能想到在不久的将来还会遭遇另一场战争。有一小段时间，军队几乎难以为继。为了筹钱，他们甚至让士兵捕猎平原上数量众多的兔子，并把战利品卖到当地的肉店。有一段时间，平原上的军队减少了。当地人的生活本来有可能恢复正常，当然，事情并没有朝这个方向发展。

随着欧洲的动荡形势再次加剧，军队重新开始购买土地。1927年，他们购买了伊穆波尔村（只留下了教堂）。虽然土地换了主人，然而一直到第二次世界大战时，在伊穆波尔村和平原上其他地方，生活还是一如往常。但是，战争带来了更多的军队。1943年，伊穆波尔村的村民被迫转移出来，他们的家园成了美国士兵的兵营。在这里，士兵们为了诺曼底登陆展开秘密训练。最初，村民被告知，他们的家具会得到妥善保存，战争结束后就能返回家园。可惜这一天根本没有到来。村民们直到转移前几天才收到通知，他们被迫以极低的价格卖掉了他们的农用机械和牲畜，包括5 000多只羊以及70头正在产奶的牛。

以如此强硬的手段对待当地人当然很糟糕，却产生了一个意想不到的结果：这里的土地因为不再用于农业生产而得到了保护。在英国其他地方，战时自给自足的需求与农业机械化的普及重叠在一起，接踵而至的还有廉价的人造肥料与合成化学
7 杀虫剂。这些革新共同助推了农业生产方式的重大变化，其结

果是人们大规模种植单一作物，生产出的庄稼含有化学物质，野生动植物更是遭到了毁灭性的破坏。在英国南部和东部地区的南北丘陵地带，几乎所有长满野花的白垩质草地都被犁耕成了农田，或者成了“改良的”牧场。但是在索尔兹伯里平原，大部分洼地直至今天都保留着原样。无论人们如何批评军队驱逐居民、强行购买土地，但确实无意中创造了一块巨大的、未经官方批准的自然保护区。今天，军队在平原上占有400平方千米土地（40 000公顷）。这不是索尔兹伯里平原的全部，但是超过了它的一半面积。不管怎么说，这都算是很大的一片土地了。

从小时候参观过巨石阵后，我一直到2002年的冬天才有机会再次回到索尔兹伯里平原。那时，我是南安普敦大学的年轻讲师。南安普敦大学在巨石阵以南40千米的地方，所以距离并不算远。我已经在南安普敦附近研究了六七年熊蜂的习性。让我惊讶的是，英国的很多种熊蜂我根本没有见过，在汉普郡南部，就连最常见的草熊蜂和低熊蜂似乎也不见踪影。20世纪80年代早期发表的熊蜂分布图表明，它们应该也分布在英国南部地区。我听说索尔兹伯里平原上有一些罕见昆虫和野花，这是附近最有可能遇到这些名字带有异域色彩的罕见熊蜂的地方了。所以，在二月份一个阴沉的上午，我开车来到蒂斯伯里的军营。在进入索尔兹伯里平原之前，我必须要听取一份安全简报。

安全简报由一位中士传达。他个子矮矮的，腰有点像水
8 桶，留着很浓密的八字胡，简直就是漫画版的军人形象。他非常严厉地向我陈述了有可能遇到的各种危险，听得我感觉活着走出这片平原的希望很渺茫。他说，平原上有大量未曾爆炸的炮弹，这是100多年军事训练积累的结果。所以，他建议我只走主干道。在地上挖掘和捡拾金属物品可不是明智之举，而且也是绝对禁止的。在任何时间都不允许进入中心爆炸区，这早在我的意料之中。但是，其他地方也有可能进行实弹射击，并将通过一些旗子发出警报。他特别提醒说，在平原上开车时，最好让挑战者坦克优先通过。它们重60吨，时速超过60英里，可能会因为注意不到而从一辆家用轿车上径直碾压过去。这听起来真是个非常实用的建议。

几个月后，在六月初一个凉爽、晴朗的日子里，我再次回到平原上寻找蜜蜂。我开着我那辆略显滑稽的两座黑色丰田MR2跑车，当然不适合与坦克“正面交锋”。我穿过了被巨大的兵营占据的巴尔福德镇，沿着一条狭窄的小道向北蜿蜒前行。小道很快变成了没有铺路面的小径，深深的车辙让我的车特别不适应。我经过了一块警告牌，上面标示着我即将进入军事训练区。不过，幸运的是，我并没有见到红旗，这表示不会存在马上被炸飞或是被步枪扫射的可能。小径缓

缓上升，过了约四分之一英里后，消失在一直向北延伸的高原草地上。

索尔兹伯里平原的氛围与众不同，而且随时都在发生着变化。在这里，历史的痕迹更明显一些，变化产生的影响比 9
英国其他地方表现得更加强烈。狂风肆虐，在灰色的天空下，一切是那么昏暗、孤独。第一天上午便是这个样子，除了我站着的小径以外，几乎看不出有其他人来过的迹象。确实，现在的景象与5 000多年前树木刚刚被伐过后的样子区别不大。我把车靠边停下，拿出网子，开始步行。索尔兹伯里平原比周围的地势稍高一些，所以远处的地平线看起来像下沉了一样，越发让你觉得来到了另一个世界，远离了日常的喧嚣。起伏、开阔的草地向各个方向延展，偶尔才有一些低矮的山楂树丛和饱经风霜的山毛榉树打破这种格局。凉风阵阵，蜂儿很少，但是花开得很好。除了人们非常熟悉的草甸和低地植物，如红车轴草、白车轴草、蓬子菜、秋狮牙苣、百脉根、滨菊、金钱半日花、直立委陵菜、多蕊地榆之外，还有许许多多种我不太熟悉的花，有些我之前从来没有见过。这里生长着大量的驴食草，它们娇弱的粉色花朵在微风中摇曳着。这种豆科植物曾经作为动物饲料而被广泛种植。现在，农民们已经不需要在轮作中加入这种固氮豆类植物，所以对它们不再感兴趣。据我所知，索尔兹伯里平原是如今英国唯一有野生驴食草生长的地方。这里还有许多不同寻常的豆类植物，如岩豆、染料木、多叶马蹄豆等。草地上零星点缀着蚂蚁堆，像《神秘博士》中的戴立克一样，掩映在紫色百里香中。在小径旁受到人类活动干扰的地方，有大片的齿疗草。这是一种毫无特点的紫花，给人以骨瘦如柴的感觉。不过，它们很受蜂类喜爱。土路旁还有高高的蓝蓟和香味浓烈的黄木犀草。山楂和黑刺李丛中，偶尔会冒出几株水苏和宽萼苏。
10 这里曾经是蜂儿的天堂，估计未来也会一直如此。

说句公道话，随着探索的深入，我发现索尔兹伯里平原也不是到处都有花。在几片耕地中，有些区域通过施肥“改善”过，有些区域被灌木侵占了，除了山楂，几乎没什么其他东西。整体来看，草原上如马赛克一般点缀着一块块开满野花的区域，有些区域的面积还很大。在这些长满花的地方，蜂类、蝴蝶、食蚜蝇能轻易地找到自己的最爱。这片平原是我在英国探索过的地方中野花最多的一处。就花的密度而言，只有外赫布里底群岛的某些沙质低地才能与之一较高下，但花的面积要小得多。

走着走着，太阳出来了，风也变小了，一只云雀开始在我的头顶歌唱起来。阴暗、荒凉变成了动人心魄的宁静与原始。随着温度的上升，兔子啃过的草皮上散发出各种草的混合味道。第一只熊蜂出现了。这是一只明亮熊蜂的工蜂，正在驴食草上采集花蜜。后来，我落入一个小坑，身边一下子围满了蜂，就连摇摆的花也起劲地嗡嗡叫着。

我本来指望能见到一些罕见的种类，但是，最初我见到的很多都是在南安普敦后院能见到的物种：红尾熊蜂、明亮熊蜂、长颊熊蜂和牧场熊蜂。我捉住一些牧场熊蜂，因为有记录说该平原上有藓状熊蜂和低熊蜂分布，而这三种熊蜂又长得非常类似，所以要仔细观察。根据书上的说法，它们都是铁锈色的，但是牧场熊蜂腹部侧面有黑色的绒毛，另外两个物种则没有。低熊蜂翅基附近长着棕色的绒毛，其中有一小簇是黑色的；它的腹部还围着一圈深棕色的绒毛，能将它与其他种区分开来。藓状熊蜂背部和侧面都没有黑色的绒毛，11
外表特别整洁，给人以天鹅绒般的感觉，有人把它们描述成“帅得像泰迪熊一样”。很抱歉啰唆了这么多细致的区别，恐怕昆虫学者的一生都得关注这些细小、无足轻重的细节特征。有时，我们还要努力去理解一些主观的评述，比如它们与令人想抱一抱的玩具之间到底有多相似。难道不是所有熊蜂都像令人想拥抱的玩具吗？不管怎样，我已经研读过所有与此相关的书了，尤其是弗雷德里克·斯莱登的《熊蜂》。这本书出版于1912年，无疑是关于熊蜂的书里最好的一本。作者在书中热情洋溢地描述了熊蜂的生活史与习性，以及英国不同种熊蜂间的细微差别。我对这些细节可以说是了如指掌。纸上谈兵并不难，但是，在实地考察中，当我把嗡嗡叫的熊蜂关进一个小玻璃瓶里时，要想看清它有没有黑色绒毛，在哪里有黑色绒毛，还真不是一件容易事，拿着手持放大镜观察也无济于事。（后来，我发现了一个小窍门：在瓶子里塞卫生纸，把熊蜂轻轻地挤到瓶壁上，让它们无法动弹。）我花了几个小时，逐一察看这些棕色的熊蜂，最后非常不情愿地得出结论：它们只是牧场熊蜂。这些稀有的熊蜂与普通的熊蜂极为相似，真是一个不幸的特征，也是一个不替人着想的特征，就好像它们非要弄得特别让人难以发现似的。

找不到稀有熊蜂物种让我感到失望，当我正要返回车里，准备再去其他地方碰碰运气时，我注意到一只感觉不太对的熊蜂：黑色的身子，红色的尾巴。乍一看有点像普通的红尾熊蜂，但细看之下，我发现它的红色和黑色都要比普通的红尾熊蜂淡一些，尾部也更尖一些。相对于红尾熊蜂的蜂王来说，它有点小，但是，相对于红尾熊蜂的工蜂来说，它又显得有点大。它的飞行方式也有些特别。这只熊蜂正在造访一
12 些被我的车轮碾压的紫花野芝麻。于是我用网子把它捕住，再装到瓶子里进一步观察。当然，它无助地嗡嗡了一会儿，后来便没劲了，安安静静地待着不动。我趁机仔细观察了它。认真察看了它的腿之后，我弄清了它的身份：它是一只红柄熊蜂的蜂王，是我要找的低熊蜂的近亲。红柄熊蜂后腿的花

粉篮上长着橙色的刚毛，而红尾熊蜂的花粉篮则由黑色刚毛构成。在近处看，两者差别很明显。我得再次向您道歉：又没忍住啰嗦了一些形态方面的细节。这弱化了我的表达，使我不能把我当时激动的心情有效传递给您。这可是我第一次见到稀有熊蜂，也是第一次见到“BAP榜单”上的物种[4]。红柄熊蜂在英国东南部地区曾经非常普遍。旧的分布图上显示，这种熊蜂在汉普郡全境都有分布，在其他南部诸郡也有分布。斯莱登曾描述说它们在肯特郡很常见，但之前我一只也没见到过。

欣赏并拍照之后，我把它放了。这时，乌云再次笼罩了天空，西边开始下起了毛毛雨。我四处闲逛了一会儿，浑身都湿透了，便决定收工回家。但是，我的兴趣已经被勾起来了。如果我想见到更多稀有熊蜂物种，并进一步了解它们，那么非这里莫属。

我想要了解为什么有些熊蜂分布广泛，而有些则变得如此罕见。如果我能理解这些稀有物种的生态需求，以及是什么导致了它们数量的下降，我应该更有可能想出拯救它们的 13
办法，阻止它们的数量继续下降，甚至还有可能让它们在已经消失的地方重新出现。我制订了一个计划，希望通过一个夏天的野外工作，至少能发现这些物种基本的生态需求。我计划在这几个月的时间里，尽可能去平原上更多的地点，每个地点搜寻一小时。我会数一下我见到的所有蜜蜂，并辨别它们的身份。此外，我还要统计每个地方的花的种类，记录这些蜜蜂停留在什么花上，是在收集花粉、花蜜还是二者兼有。我的目的是要绘制一张普通种和罕见种的数量与分布图，并弄清它们青睐哪种花。我希望索尔兹伯里平原可以成为一个窗口，让我们了解英国100年前的样子。那时的英国大部分地方都是开满鲜花的郊野，现今罕见的熊蜂还非常常见。例如，我有可能会发现红柄熊蜂特别钟爱黄苜蓿的花粉或是水苏的花蜜，这些植物在英国的大部分地方都不太常见了。要是果真如此，倒是很容易解释红柄熊蜂数量的下降，也很容易找到解决办法：多种一些岩豆和水苏。在改善农业环境计划中，可以在农场种这些花。这样，红柄熊蜂有可能在乡下更多的地方再次出现，变成常见种。虽然生活很少像这样简单，但是我最初的想法就是这样。更何况我找到了一个完美的借口，可以在这个夏天的大部分时间里在索尔兹伯里平原上拿着捕虫网快乐地奔跑，还能美其名曰“我在工作”。

在接下来的两个月里，我见到了大多数英国罕见的熊蜂，
14 也通过午饭对本地木屋酒馆的馅饼做了一个调查。这些酒馆位于横穿平原的美丽山谷中，古色古香。在花了几个小时的工夫，恼火地盯着挤在瓶壁和卫生纸间同样恼火的熊蜂之后，我终于找到了低熊蜂和藓状熊蜂。在有些地方，低熊蜂十分

常见。多次实践之后，我几乎不用挤压就能分辨出它们的棕色斑条。让人伤心的是，我只见到了几只像泰迪熊一样的藓状熊蜂。不过，至少这里还有它们存在的踪迹。我也见到了草熊蜂，然而，和以前一样，这也费了一些力气。我需要仔细观察它们的花纹和头部的形状，从而保证我看到的不是与它们有亲缘关系但更加常见的长颊熊蜂。我也见到了英国已知六种盗熊蜂中的五种，这些熊蜂会使用一些不正当的手段去入侵其他熊蜂的巢穴，杀死蜂王，再奴役那里的工蜂。我还见到了断带熊蜂，这让我始料未及。它们或许是命名最有误导性的熊蜂了，往往没有名字中所反映的中断的条带。与之形态类似却更为常见的欧洲熊蜂通常情况下倒是有中断的条带，越老个体特征越明显。随着经验的积累，我可以通过其他细节特征区别这二者。例如，断带熊蜂白色尾部的边缘略带红色；欧洲熊蜂的工蜂尾部是白色，而非米色*，边缘则略呈棕色。（很抱歉，我又谈细节区别了——现在，你应该理解为什么很少有人擅长辨认熊蜂了。）断带熊蜂主要分布于英国北部和西部的山区，这就是为什么我很意外会在这里见到它们。原来，在索尔兹伯里平原上存在着一些离群的断带熊蜂。之所以说它们离群，是因为这个栖息地实在是太与众不

---

* 欧洲熊蜂在英语中的俗名为buff-tailed bumblebee，直译为“有米色尾部的熊蜂”。

同了。这种熊蜂没有出现在“BAP榜单”上，但很多人认为
15 它们应该被列入这个榜单，因为在过去的50年里，它们的数量大大减少。现在，索尔兹伯里平原已经成为苏格兰以南地区唯一生存着大量断带熊蜂的地方了。

在平原上探索时，我顺道参观了伊穆波尔村。现在，它已经变成一个阴暗、毫无生机的地方。教堂被保留了下来，每年都要举行仪式。但是，其他老房子并没有得到保护，任由它们在岁月的流逝中变成了断壁残垣。木质结构的草泥房子已经腐烂倒塌，重新融入了平原。为了防止倒塌，砖房的茅草屋顶已经被替换成了锈迹斑斑的瓦楞锡支持结构，因此它们还能在模拟巷战中发挥作用。这些房子的窗户变成了黑洞洞的窟窿，张着大嘴朝向曾经的街道。现在，很难想象人们住在这里时熙熙攘攘的样子。

八月初，军事训练暂停了两个月，我趁此机会潜入平原中心附近的“轰炸区”。位于几英里外拉克希尔山上的炮兵营经常轰炸这里，使方圆几百米的区域形成了月球表面陨石坑般的景观，表明他们的炮打得还不错。弹坑催生了一些适合在耕地上生长的杂草，如新疆白芥和罂粟，它们通常是犁地后冒出来的。这片坑坑洼洼的区域周围生长着茂密的灌木。由于显而易见的原因，这个地区不可能有羊之类的牲畜。四周的山楂树丛中，分布着很多獾窝。可想而知，肯定不时会

有獾被炸得粉身碎骨，或许还有一些会因为经常遭受噪声影响而损伤听力，但明显这些都不能阻止它们继续在这里生活。因为没有人在这里放牧，这片区域正在慢慢恢复成6 000多年前林地的样子。参观一个几乎无人涉足的地方让人陶醉，但也有点让人胆战心惊。或许在英国，像这样的地方仅此一处。
有人可能会说应该把灌木丛砍掉，因为它们抢占了花和昆虫 16
开阔的栖息地。不过从另一方面看，看着大自然通过自己的演化进程缔造变化总是好事一桩。

直到八月末，我才体验到最令我激动的寻蜂活动。尖叫熊蜂无疑是英国最濒危的熊蜂，它们的名字来源于飞行时发出的独特的高频嗡嗡声。那时，我都几乎要放弃希望，感觉不会找到这个物种了。尖叫熊蜂曾经在英国的南部和东部都有分布，但是随着多花草地被破坏，它们的数量急剧下降。现在，只有几个地方还有它们的身影，索尔兹伯里平原是其中最有名的一个。与其他熊蜂不同，尖叫熊蜂身上的颜色搭配非常独特，体色灰棕，胸部有一道黑色的条纹，尾部略微发红。这听起来可能没什么让人激动的，但是至少这是它们的不同之处。我敢肯定，如果我见到它们，我一定能认出来。夏天一天天过去了，我多次去往索尔兹伯里平原，却连一只尖叫熊蜂都没有见到，不禁怀疑它们已经在这里绝迹了。一天傍晚，当我正在平原东部边缘检查一片蓝蓟时，一只个头很小、叫声很尖的蜂在我周围飞来飞去。在平原上探索的过程中，我曾经遇到过几次这样奇怪的情景。这种情况很少见，主要发生于我站在开阔地带的时候。蜂儿会在我的头顶绕着小圈盘旋三四次，然后迅速飞走。我感觉自己是平原上的新地标，正在接受它们的检查和调查。[5]不管怎样，在此情况
17 下，我都会用我的捕虫网猛挥一通。然后，更多的是靠运气而非判断力捕捉到好奇的熊蜂，把它塞进瓶子里。看看，快看看！这居然是一只尖叫熊蜂的工蜂，它一副疲惫不堪的样子。到了夏末时，我又见到了两只尖叫熊蜂，一只是工蜂，另一只是雄蜂。后者的颜色更加鲜艳，长得非常漂亮。

在许多方面，探索索尔兹伯里平原的收获不只在于蜂类，而是其他的野生动植物。除热带地区以外，我几乎没有在其他地方见过这么多蝴蝶。我第一次来这里的时候，便见到了许多金堇蛱蝶。这种蝴蝶非常罕见，而且正在不断减少。它们橙黑相间的翅膀有点像跳棋棋盘。后来到了夏季，蝴蝶更多了。成群的克里顿眼灰蝶、欧洲白眼蝶、天蓝色的白缘眼灰蝶在阳光中泛着微光，伪装高手棕眼蝶与银斑豹蛱蝶在微风中越飞越高，南洋眼蛱蝶在花丛中不知疲倦地奔忙着，还有很多其他的蝴蝶在这里繁衍生息。索尔兹伯里平原上的鸟类也非常丰富，其中包括两种英国最罕见的鸟。但是，我在
18 这里只见到了其中的一种——石鸻。它长得有些笨拙，亮黄

色的眼睛略微外突，体形和鸡差不多，却长着一颗大脑袋，让人感觉不成比例。我很幸运，看见了一对石鸻在刚犁过的地里阔步而行。我正要靠近仔细观察，却被它们发现。两只鸟儿发出一声悲鸣，然后迈开修长的黄腿，迅速跑开了。我没有看到第二种罕见的鸟类——大鸨，因为在2002年时，它们在索尔兹伯里平原上根本不存在。不过，后来它们回到了这儿。这是一个真正得到践行的再引入项目的结果。大鸨是一种奇怪的生物，长得有点像松鸡或火鸡。不过，从亲缘关系上来看，它们更加接近鹤。大鸨是世界上最重的飞行鸟类，雄鸟体重能达到20千克，高一米多。或许它们也是最可笑的鸟类。为了吸引雌鸟，雄鸟需要进行奇特的表演。它们会往颈部的气囊里充气，使其变得膨胀；下颌部的羽毛指向天空，翅膀向上翻转，并将巨大的白色尾巴往前折向头部。这些动作都是同时进行的。野生动物电视节目主持人克里斯·帕克汉姆对它们的描述十分令人难忘："它们就像穿着芭蕾舞短裙的牧师。"它们会保持几分钟，时不时地还要抖动一下羽毛，显得更加投入。如果这个难受的姿势还显得不够蠢的话，它们还会发出愚蠢的叫声来加以配合，那叫声就像是在打喷嚏的同时放屁。如果你是一只雌性大鸨，这些动作加起来应该足以吸引你的注意了。看在雄鸟的分上，希望如此吧。

大鸨栖息在开阔地带，一度生活在威尔特郡和东安格利亚地区。在国外，俄罗斯的草原曾经是它们的家，东欧和西班牙的平原地区也有它们的身影。巨大的体形让它们不可避免地成了猎人的目标，所以在很多地区，它们早已灭绝。在英国这样拥挤的国家，它们的生存机会非常渺茫，尤其是在
19 捕猎盛行的19世纪。1832年，英国最后一只大鸨被猎杀。猎人们肯定知道大鸨在逐渐消失，他们只是控制不住自己。172年后，在2004年，一些志愿者从俄罗斯引进大鸨雏鸟，开启了一个再引入项目。能引进的鸟儿数量非常有限，因为耕地中的鸟巢只有在人们收割庄稼、有被毁的风险时，才有可能从中把蛋取走，再在笼子中把鸟儿养大。每年，志愿者们大约会释放20只雏鸟。截至2009年，有些被释放的鸟儿已经长大，孵化出了英国180多年以来的第一批野生雏鸟。但不幸的是，它们没有挺过接下来的冬天。成鸟的生存率同样不容乐观。年轻的鸟儿会遭受其他动物的捕杀，而且经常撞到栅栏上。几年前，我曾去过释放区。当时，一位工作人员解释说，这么重的鸟儿需要小角度起飞和降落。而在这个过程中，它们经常会撞到铁丝栅栏，因为等它们看到栅栏时，已经来不及躲开了。不过，好消息是它们似乎有充足的食物。所有从栅栏旁捡回来的尸体健康状况都很好——只不过已经死了。

拯救大鸨的再引入项目一直持续到现在，我也参与了一个将短毛熊蜂再引入肯特郡的项目。相似的是，这两个项目

的最终结果都是未知。研究显示，西班牙的大鸨与原来生活在英国的大鸨基因最接近，所以，现在回归项目中释放的大鸨都来自西班牙。还有另外一种猜测：来自俄罗斯的大鸨在冬季有一种向南迁徙的本能，以至有些鸟儿离开释放地点后，到了一些不太适合的地方，因此存活下来的概率很小。现如今，在索尔兹伯里平原上，来自西班牙和俄罗斯的大鸨混居
着。我真纳闷，当西班牙的雌性大鸨听到俄罗斯的雄性大鸨 20
鼓着气发出带有异国腔调的喷嚏声时，它们会作何反应。不幸的是，据我所知，没有一只在英国本土出生的大鸨雏鸟能够熬过冬季。最近，有人发推文说看见五只雄性大鸨飞过巨石阵。那场面该有多美呀！或许有一天，一个能自行繁衍的种群将会建立起来。但是，如果它们依然不能掌握垂直起飞和降落技巧的话，我怀疑这将会是非常小的一个种群，在濒临灭绝的边缘苦苦挣扎。

在索尔兹伯里平原栖息的生物中，我最喜爱的非熊蜂类生物是丰年虫。它们比大鸨要小得多，与坦克有着密不可分的关系。有人曾经建议我去寻找这类生物，所以，在抵达平原的第一个夏天，我就兴奋地在经过的每一处小水坑中仔细寻找。你可以想象，每到下雨的时候，坦克都会在平原的泥土上碾压出许多车辙，形成大量灌满雨水的大坑。春末时，积水越来越少，变成豌豆汤一样的绿色，完全失去了流动性，

这是寻找丰年虫的最佳时机。我再次去索尔兹伯里平原时，第一次见到一只丰年虫。它半透明的身体呈棕绿色，有三四厘米长，仰面朝天地躺在水中，利用它数不清的腿非常有节奏地在贴近水面的水下前行，黑色的眼睛从头部两侧的眼柄上突出来，长长的尾部有个分叉。总的来看，它是一种很古怪的生物。然而我靠得太近了，以至它钻入浑水深处消失不见。不过，几分钟后，它又浮上来。它们在平原上非常常见，
21 但我总是看不够。令人痛心的是，在英国，你一定能找到它们的地方并不多。临时水坑常常被填平，没被填平的水坑又受到了污染，这让它们在英国西南部地区幸存的种群数变得屈指可数。但是，在索尔兹伯里平原上，坦克的活动给它们提供了充足的栖息地和运动方式。丰年虫是非常特异化的生物，它们没有任何对付鱼、蜻蜓稚虫等天敌的防御手段，所以只能趁着捕猎者还没来得及到达那里之前在短时间存在的水坑中生存。冬雨填满这些水坑时，丰年虫的卵孵化出来，并在春天飞快地生长。它们用数不尽的腿在水中过滤藻类和细菌充当食物。在夏季水坑干涸之前，它们会完成发育过程并产下卵。这些卵能在水坑干涸时存活下来，在平原的泥土中等待着雨水再次到来。如果孵化条件不好，这些卵能存活很多年。在过去，这些卵混在夏天逐渐干涸的泥泞中，被野牛、野猪等大型哺乳动物的腿和身体带到别的地方。野猪不

断翻动泥土的行为可能也为它们创造了得以生存的临时水坑。
我想，在英国全境，马和马车在未铺的路面经过时都有可能
创造适合丰年虫生存的栖息地，不过如今，土路都被沥青路
面取代了。现在，至少在索尔兹伯里平原上，让泥土飞溅的
坦克和其他军用车辆有效地完成了这一工作。虫卵沿着车辙
传播开来，大部分适合它们生存的水坑里都出现了它们的身
影。军用车辆与微小、脆弱的丰年虫之间这种偶然的协同关
系成了平原上军队与野生动植物之间关系的缩影。1897年，
军队购买这片土地时，并没有打算创建一处巨大的自然保护
区。我们可以想象，这根本不是他们在意的东西。可是，自 22
然保护区还是出现了。虽然军队的初衷是要创建一片训练区
域，但是现在，他们对于野生动植物的需求也非常敏感。他
们已经适应了自己的新角色：平原上珍稀动植物的守护人。
有些军人也是野生动植物的爱好者，除了乘着坦克冲锋陷阵
和练习互相射击以外，他们还利用业余时间记录蝴蝶和花儿
的种群，绘制物种分布图。

我们回过头来接着说蜂类。你可能会想知道，我到底在平原上发现了什么，以至让我激动万分。你或许还记得，我来此的目的是要了解罕见熊蜂的生态需求，尤其是了解它们喜欢什么花，以便最终能更好地保护它们。最后，我制作了一张巨大的电子表格。纵列是不同的花，最上边一行是蜂类

名录，中间有大量的数字，表明有多少只蜂儿到访过那些花。当然，我积累的大部分记录都是常见的熊蜂，尤其是红尾熊蜂。在索尔兹伯里平原上，红尾熊蜂数量众多。在我记录的蜂类中，大多数都只拜访少数几种植物：蓝蓟、红车轴草、驴食草、草木樨、矢车菊、齿疗草、百里香。令人沮丧的是，罕见物种的数据非常稀少。即使在西欧野花最多的索尔兹伯里平原草地上，罕见熊蜂仍然非常难见到。对于尖叫熊蜂，我所有的数据如下：一只黑色的雄蜂曾到访过宽萼苏；一只工蜂到访过齿疗草；另一只工蜂曾在我的头顶盘旋。我根本不能勾画出这个物种完整的觅食行为，当然也无法得出后续要在英国全境种植齿疗草和臭夏至草的结论，虽然这还不算是最糟的情况。同样地，我只见过两次草熊蜂，三次红柄熊蜂，四次藓状熊蜂。相较于一个夏天的忙碌来说，收获实在
23 太少了。不过，对部分其他种类的罕见熊蜂，我记录了稍多的可靠数据。有充分的数据表明，低熊蜂似乎对豆科植物情有独钟，它们主要造访红车轴草、驴食草、草木樨和百脉根。还有数据表明，断带熊蜂主要造访驴食草、齿疗草和田野孀草。

在平原上考察的最后一天，我一边大口地吃着在这里捕捉的梭鱼（人不能总是吃馅饼呀），一边看着潦草的笔记本，回顾了一下这个夏天的收获。总的来说，这是一个有趣的开

端，过来看看这些能飞行的稀有之物本就是一桩美事。很明显，我还得做更多的野外工作才能进一步了解这些难以捉摸的生物。我需要找到一些罕见熊蜂的栖息地，在那里它们仍
然和斯莱登时代一样常见。不过，这显然并不容易。 24

第二章
本贝丘拉岛和卓熊蜂

地球上没有天堂，却有天堂的碎片。

——朱尔斯·雷纳

当我们乘坐的18座双螺旋桨飞机在轰鸣声中向右倾斜，去寻找本贝丘拉岛上的跑道时，我正在低着头看一本讲述加勒比地区风光的旅游手册——蓝绿色的海水如水晶一般透明，包裹着熠熠发光的新月形白色沙滩；岸上的沙丘繁花似锦，黄色、紫色、红色的花儿竞相绽放。虽然没有椰子树，但是其他所有画面都让人感受到一座亚热带岛屿的风情。你可以在这里放松一周，享受阳光、凤梨奶霜酒和雷鬼音乐。几分钟后，当我走出飞机，刺骨的风让我回到了现实——这里不是安提瓜岛。*

---

* 安提瓜岛是加勒比海的热带岛屿，为英联邦成员国安提瓜和巴布达的主要岛屿之一。本贝丘拉岛是英国本土西北边缘的岛屿。

本贝丘拉岛的机场非常小，但至少还有跑道。如果你飞去附近的巴拉岛，那你的飞机就得在沙滩上降落，而且还得趁着退潮的时候着陆。这里是不列颠群岛最偏僻的角落，属于北大西洋上一条地势较低的岛链——外赫布里底群岛，距离苏格兰西海岸60千米。2005年8月，我带着任务来到这
25 里：寻找卓熊蜂。它的学名是*Bombus distinguendus*，与尖叫熊蜂同为英国最罕见熊蜂之一。

100年前，卓熊蜂在英国境内随处可见。在南方，它们的数量并不算多，但是从康沃尔郡到萨瑟兰郡，从诺福克郡到彭布罗克郡都有关于它们的记录。它们在北部地区更常见，这似乎表明它们虽然不喜欢高原地区，但更偏爱凉爽、湿润的地方。不幸的是，卓熊蜂在20世纪遇到了麻烦。从1940年开始，在南方地区，卓熊蜂的数量开始下降，就连索尔兹伯里平原上长满鲜花的山区也不足以维持它们的生存。40年内，它们已经从英格兰、威尔士全境和苏格兰本土的大部分地区消失。20世纪末，它们仅仅分布于赫布里底群岛和奥克尼群岛，在凯思内斯郡和萨瑟兰郡边远的北海岸地区也有零星分布。现在，最稳定的种群生活在外赫布里底群岛中心的尤伊斯特群岛上。这其实是两座岛屿，由南尤伊斯特岛和北尤伊斯特岛构成，中间还夹着本贝丘拉岛。我来此当然是为了能见到卓熊蜂，更多了解这种英国最罕见的熊蜂，或许还能做

点什么，帮助它们免遭灭绝的厄运。

我的博士生本·达维尔来机场接我。他已经在赫布里底群
岛花了两个夏天研究那里的熊蜂，并提取它们的DNA样本。
他正在调查这些被分割的岛屿种群是否受到了同系繁殖的影
响，即由于种群过小、基因交流被阻断导致的遗传多样性逐
渐丧失的现象。本开着他的大众露营车来到了这儿。这辆车 26
太老了，又很潮湿，车窗处长满了苔藓，偶尔还有一些小的
菌菇冒出来。这便是我们未来一周住宿的地方。

我原以为要费很大工夫才能找到卓熊蜂，因为寻找罕见的濒危物种需要投入极大精力，毕竟，我当初花了将近两个月的时间才在索尔兹伯里平原上见到第一只尖叫熊蜂。但是，那一年，在尤伊斯特群岛上，卓熊蜂随处可见。这反倒有点让人失望。我在距离机场30码[*]的地方便见到了第一只卓熊蜂。它是一只工蜂，正落在那些围绕院子的蔷薇篱笆上，在粉色花朵的雄蕊中奔忙着，发出高频的嗡嗡声振落花粉。我异常激动，担心它会是我这次行程中见到的唯一一只卓熊蜂，所以花了很长时间从各个角度对着它拍照。不过，我要承认它有点名不副实：它的个头并不大，而且也不够黄，管它叫“中等稻草色熊蜂”似乎更合适些。[**]当然，这有些拗口。不

* 1码=0.914 4米。——编注

** 卓熊蜂在英语中的俗名为great yellow bumblebee，直译为“大黄熊蜂”。

过，卓熊蜂是最容易辨认的熊蜂之一。它通身黄褐色，只有胸部中央有一圈黑色的带子，还是挺漂亮的。

我们从本贝丘拉岛出发，一路向南，离开了机场附近那一群丑陋的混凝土建筑。这个地区的美景再一次震撼了我。我们的右侧是一连串完美的白色沙滩，沙滩上一个人也没有，太阳在海平面的边缘闪闪发光。在我们左侧，长满了紫色欧石南的远山缓缓隆起。我们穿过一片沙质低地，这里正是卓熊蜂幸存的秘密所在。沙质低地是世界上最罕见的栖息地之
27 一，由破碎的贝壳沙粒堆积形成，几乎只分布在苏格兰和爱尔兰的西部地区。数千年来，海洋的运动把这些颗粒抬升到地面，然后风化成贝壳沙粒平原。海滩上的沙丘为这些平原遮挡了盛行的西风，把细小的沙粒留了下来。贝壳沙粒天生就是碱性的，很难保留营养物质。结果，所有的营养物质都被频繁到来的雨水冲刷走了。再往内陆方向，基岩抬升形成了低矮、古老的山丘，上面覆盖着一层酸性的泥煤，由此滋养了苔藓和欧石南这两种苏格兰大部分地区更为常见的高沼植被。这片沙质低地是一条狭长平缓的陆地，最宽处也不超过一两千米。它们分布在岛屿的西部海岸，夹在西侧的沙丘、大海与东侧的丘陵之间。

一片由营养贫乏的沙地构成的平原听起来并不是什么很有意义的地方，但这片平原上却生长着数量众多的野花，多

种蜂和其他野生动植物在这里茁壮生长。让人意想不到的是，野花在营养匮乏的地方却能枝繁叶茂。豆科植物是这里的优势类群，它们的根瘤上充满了固氮的根瘤菌，因而能够从空气中吸收氮，并转化成对形成蛋白质至关重要的硝酸盐。其他大部分草本植物就不能做到这一点，所以它们在这片沙质低地上生长得特别缓慢，由此给豆科植物留下了阳光和充足的生长空间。当我们驱车向前时，我们发现道路两侧长满了红车轴草、白车轴草、广布野豌豆、岩豆、百脉根等植物。这些植物在索尔兹伯里平原上也大量生长，而且都受到不同种类熊蜂的喜爱。如果熊蜂想要寻觅天堂，那一定就是这里了。

我们把车停在路边，漫步在齐膝高的花丛中，捕虫网和相机早已准备就绪。在我到达之前，这里一直在下雨，本已经在他长满苔藓的车里熬了几周。在本贝丘拉岛，一旦下起 28
雨来，你就没什么可做的了。我太走运了，我在那儿的时候，天气特别好，万里无云，太阳非常努力地照耀着大地。不过，天不会很热，因为在这个纬度，太阳不会升得很高。一只短耳鸮飞掠而过，似乎在搜寻老鼠。多数猫头鹰很少在白天捕猎，但对短耳鸮这种猫头鹰来说却是正常现象。或许是因为在这个纬度，夏天的夜晚太短了，所以它们需要在白天活动。在行走的过程中，我们的脚步打扰了数百只正忙着采集花粉和花蜜的熊蜂，它们倒是懂得抓住短暂的阳光。尤其让我激动的是，我见到了很多藓状熊蜂。这种熊蜂在英国本土非常罕见，我在索尔兹伯里平原上就发现，在野外环境里很难把它们与牧场熊蜂和低熊蜂区别开。在外赫布里底群岛就没必要担心这个问题，因为这里没有其他两种熊蜂。不管怎样，外赫布里底的藓状熊蜂与英国本土的藓状熊蜂长得并不相同。它们为什么会有区别，我们不得而知。但这里的藓状熊蜂有着栗色的胸，黑色的腹部，配上它们“像泰迪熊一样”的外表，看起来非常漂亮。我也没有办法解释为什么在外赫布里底群岛的大部分地区，藓状熊蜂反而是最常见的蜂，与欧洲其他地方的情况正好相反。在这里，它们似乎是优势种，是更有力的竞争者。而在英国的其他地方，它们都不可避免地成为罕见物种，挣扎在灭绝的边缘。

藓状熊蜂并非赫布里底群岛唯一拥有独特颜色的熊蜂。我们也见到了欧石南熊蜂。一般情况下，欧石南熊蜂的蜂王
29 个头很小，身体有三圈黄色的色带，尾部呈白色。但在这里，它们的蜂王个头很大，尾部呈棕红色。起初我非常困惑，因为它们的外表和英国多数地区常见的欧洲熊蜂的大个蜂王很像，但是，我知道赫布里底群岛并没有欧洲熊蜂分布。

我们在那片花海中待了一下午。大部分时间里，我都趴在地上，握着相机，随时准备拍照。我偷偷地接近卓熊蜂和

藓状熊蜂，小心翼翼地尽量少踩坏花儿。它们大部分都是工蜂，但即便是已经到了八月，我也见到了几只蜂王。这里的季节开始得很晚，大部分蜂王会一直冬眠到六月份。卓熊蜂蜂王的个头还不足以配得上它们的名字，但它们真的漂亮极了。我那天照的相片有些特别好看，这主要是因为运气，倒不是我的判断力好。熊蜂保护基金会把其中的一些相片用于它们的宣传品，有一些也出现在我撰写的有关熊蜂的书籍封面上。每次见到这些相片，我都能想起当时的情形：顶着赫布里底的太阳趴在花丛中，周围围着嗡嗡叫的蜂儿。

接下来几天，我们前往南尤伊斯特岛的南端，又返回北尤伊斯特岛的北端。在这期间，我们把见到的东西一一记录下来，仔细辨认不同蜂儿造访的野花种类，以便把数据补充到我们的资料库中，并对这些蜂进行基因取样[6]，尽可能多地拍照记录。我很惊讶这里的植物群落与索尔兹伯里的如此相似，大部分常见的野花都一样。要知道，二者在气候和地质上差异巨大。事实上，我的惊讶也是多余的。这两处栖息地的土壤都比较贫瘠，排水良好，均由古老海洋生物的钙质贝壳形成。要不是远处的海浪声和一直都让人冷飕飕的气温， 30
你或许真的以为到了索尔兹伯里平原或是南部丘陵某片长满鲜花的原生草地。除了许多豆科植物外，这里还有很多矢车菊。这种高高的紫色花朵颇受雄性熊蜂的喜爱。或许是因为它们的花朵很大，茎很结实，可以为雄蜂提供一个完美的平台，让它们在这里悠闲地吸吮花蜜，再钻进去寻找伴侣。这里还有大量半寄生植物小鼻花。它们寄生在草上，从草根部吸收营养。[7]也有一些在农耕中长出的杂草，如南茼蒿、罂粟和麦仙翁。最近几十年，这些杂草在这里生长得很艰难，因为它们是一年生植物，只有每年的翻耕和收割才能让它们繁衍下去。过去，庄稼地里经常长满了矢车菊和红色的罂粟花，杂草的种子经常会混入第二年需要耕种的谷物里，这样，人们便无意中把它们传播到了其他地方。即便这些耕地闲置一年，这些杂草也会非常繁盛。它们会大量开花，把种子散播出去。这些种子可能会在土壤中静静地等待几年之后再发芽生长。罂粟花的种子尤善于此，它们可以几十年都处于不活跃的状态，静候合适的时机。现代的种子精选技术可以把不需要的杂草种子都剔除出去，与此同时，大部分禾谷类庄稼都会喷洒除草剂，从而杀死所有阔叶植物。所以，在绝大多数耕地中，杂草的数量急剧下降。在英国，有些杂草已经灭绝了，如黄鼬瓣花和柴胡。很多杂草的数量出现下降，还有些在灭绝的边缘挣扎，如麦仙翁、鬼针草、穿叶异檐花、红
31 侧金盏花等。它们除了拥有这么新奇的名字，当然也同样值得我们去拯救。

沙质低地少有农业活动，因此耕地杂草在这里比较常见。

这个地区的农场被称为克罗夫特小农场，通常位于住房附近，面积很小，周围还有篱笆围着。这里的传统住房是低矮的石屋，砌着超厚的石头墙，里面通常只有一两间屋子。不过，这些房屋大部分被现代化住房取代了。克罗夫特小农场的农场主往往也拥有并管理着一部分更为广阔的沙质低地和沼泽。到了冬季，他们一般会在沙质低地上放羊。夏季时，他们便把羊群赶到山上。沙质低地偶尔也种植小片的庄稼，如马铃薯、燕麦、黑麦，传统做法是从海滩上弄来海草充当肥料。在收割后，这些小地块通常还要闲置一两年。由于偏远且地块狭小，人工化肥和杀虫剂在这里并未得到广泛应用，使用率比本土要低得多。鸟瞰沙质低地平原，你可以看到小片的庄稼与闲置年份不同的休耕地块交织在一起，背景是长满车轴草的牧场。它提供了一个越来越罕见的例子，证明人类活动可以促进野生动植物的发展，创造出的栖息地形成了漂亮的马赛克图案，同时也实现了丰富的生物多样性。

看看现如今卓熊蜂的分布图，你可能会找一个借口说它
们是适合沿海生存的物种，因为距离海岸8 000米之外的地
方根本没有种群分布，更别说更远的地方了。甚至有人认为，
它们是仅仅生活在沙质低地上的物种，因为它们在这样的地
区确实最为常见。然而，略加思索，你便可以发现这明显不 32
是事实。早先的记录表明，卓熊蜂过去曾分布在英国的全境，

例如沃里克郡就有卓熊蜂分布的记录，而那里并没有广阔的海岸线和沙质低地。在欧洲，波兰南部就有卓熊蜂分布，但距离最近的海岸也有1 000多千米。并不是卓熊蜂偏爱沿海地区，而是它们赖以生存的花只在这种环境里大量生长。至少在英国北部，在这个物种最适宜生存的地方就是这种情况。

我们不太清楚为何卓熊蜂如此罕见。在尤伊斯特群岛观察过之后，马上就能发现它们对于花的种类并非特别挑剔。与其他熊蜂比较起来，它们的喙相对较长，所以它们能在花蜜藏得较深的花朵中觅食，如小鼻花、岩豆、广布野豌豆、红车轴草、矢车菊等，但是也会不失时机地去拜访其他的花，我就曾经在家里庭院中种的玫瑰花上见到过它们。它们对于巢穴的位置也并不挑剔，仅有的一些记录（有些还要感谢我们曾经专门训练过的一条嗅探犬）显示它们经常在旧兔窝里做巢。在英国大部分地区，旧兔窝可多得是。不过，卓熊蜂喜欢的多花草地比100年前少多了。当时，英国有许多专门为晒制干草而存在的草地，也有很多白垩丘陵。但是，我们还没有令人信服的证据来说明为什么和其他熊蜂相比，卓熊蜂受到的环境影响要更大。长颊熊蜂是另一种喙较长的熊蜂，现在，它们在英国全境仍然很常见。根据我们多年来的数千条记录，长颊熊蜂和卓熊蜂几乎在相同种类的花上取食。很
33 明显，对花的偏好并不能完全解释为什么有些熊蜂更易受到

栖息地消失的影响。

（至少对于野生动植物来说）不幸的是，克罗夫特小农场的生产方式正在发生改变。大部分农场主都超过60岁了，他们后继无人，因为他们的孩子通常都不会选择追随他们先辈的脚步。克罗夫特小农场的生活很艰难，传统的小农场并不能供养一个家庭，大部分农场主还需要有兼职的工作来贴补家用。即便这样，他们的日子仍然很清苦。这些小农场只能收到小笔的农业补贴，大笔的补贴都被分配到欧洲其他地方那些较为富有的农民手中了。所以，小农场主并不是一个诱人的职业选择。今天成长起来的孩子都在看电视、上网，并且意识到生活并不一定意味着要在世界的边缘勉强度日。他们也渴望酒馆、俱乐部、商店以及各种各样的刺激，这当然没错。所以他们选择了离开，去追求格拉斯哥和伦敦灯红酒绿的生活。慢慢地，小农场被废弃了，耕地杂草也失去了生存的空间。没有了冬季羊群，沙质低地的植被越来越高，错落的灌木成了这里的主要植被，地上覆盖了一层厚厚的枯草和其他植物，各种开花植物慢慢衰落了。

尽管有些小农场被遗弃，但还有一些小农场被收购，整合成了主要用于放牧的大集团。到了夏季，人们不再把羊赶到山上放牧，因为这样做太耗时间，而且羊群也不好照看。所以，在整个夏天，沿岸沙质低地上的羊群密度都很大，而这对蜂类来说是灾难性的。羊喜欢啃食嫩芽，在这种情况下，牧草没办法长高，几乎没有什么植物能开花。这样，授粉昆虫就失去了食物来源。

赫布里底群岛另一标志性的生物——秧鸡也受到了农业
34 活动变化的影响。这个物种与卓熊蜂有着类似的经历，它们在英国的数量同样也在急剧下降。这种奇怪的鸟类与黑水鸡有亲缘关系，它们喜欢在高草中筑巢，谷物田、为晒制干草而种植的草地、没有被牛羊啃食过的沙质低地等都是理想场所。它们看起来并不是特别地漂亮——个头和矮脚鸡差不多，身上长着浅黄褐色和赤褐色的羽毛，深色的斑纹给它们提供了理想的伪装。以前，它们在英国非常常见，但是现在数量却急剧下降，这是因为新的庄稼种类和化肥的使用提前了庄稼收割的时间。和栖息在开阔田地的大鸨一样，没等秧鸡的雏鸟长大，庄稼就已经被收割了。割草机从成千上万的鸟巢上轧过，毁掉了鸟蛋和雏鸟。晾晒的干草只能在夏季收割一次，而青贮饲料[8]从春到夏可以收割好几次，对秧鸡来说，这种从干草到青贮饲料的转换简直是灭顶之灾。在爱尔兰北部，曾发起过一项鼓励种植青贮饲料代替晾晒干草的运动，还鼓励人们养羊。这导致在1988年至1991年的三年中，秧鸡数量就减少了八成。赫布里底群岛是秧鸡在英国的最后一个据点，但是岛上也只剩几百只了。它们非常胆小，极少离开高草，所以在那次旅行中我一只都没有见到。不过，幸运的是，在那之后的一年春天，当我到访内赫布里底群岛的奥龙赛岛时，我听见过它们的叫声，偶尔也能见到它们。奥龙赛岛完全由英国皇家鸟类保护协会管理，目的是要保护红嘴山鸦和长脚秧鸡等珍稀鸟类。仲春是长脚秧鸡交配的季节，这时，它们
刚从非洲迁徙回来。雄鸟发出干涩的嘎嘎声，试图唤起雌鸟 35
的注意。这声音不像是鸟儿的叫声，倒更像是巨大的蝗虫。与大鸨不同，雄性长脚秧鸡非常害羞和保守，它们通常躲在遮蔽很好的地方发出叫声，而且往往是在晚上。在奥龙赛岛，它们整晚叫个不停，以致我需要几杯拉弗格威士忌才能入睡。

抱怨那些导致长脚秧鸡和卓熊蜂死亡的变化毫无意义。世界总是要往前走，传统方式不可避免地会慢慢消失，找出办法继续前行才是社会面临的挑战。我们可以加大对传统方式的补贴力度，比如给克罗夫特小农场主付钱让他们继续以前的生活方式，从而保持传统的农业形式，保护与此有关的野生动植物。这会花费纳税人的许多钱，而且有一个风险——创造出一种迪士尼动画般的恶搞版奇异乡间生活。而另一方面，如果我们任由克罗夫特小农场的生活方式自行消失，那么沙质低地上一些独特的野生动植物也可能会随之消失。皇家鸟类保护协会现在管理着赫布里底群岛的大部分地区，其中包括北尤伊斯特岛上面积相当可观的一块区域以及

岛上数量众多的资源。他们正在与当地人密切合作，但愿他们的行动能够保留这座岛屿的一些特色和生物多样性。

至少现在看来，卓熊蜂和藓状熊蜂似乎已经能够在尤伊斯特群岛上繁衍下去。然而，它们还面临着其他威胁。这些种群的隔离程度很高。过去，在内赫布里底群岛和英国本土都有种群分布，这便有机会为这里的种群输入“新鲜血液”：来自外部的基因。现在，这些外部基因的来源没有了。这些种群很有可能会慢慢受到近亲繁殖的影响失去遗传多样性，
36 最终导致在赖以生存的栖息地仍然存在的情况下逐渐灭绝。这正是本来到这里研究的内容。为此，他从赫布里底群岛不同岛屿上收集不同种类熊蜂的DNA样本，调查遗传多样性的保留状况，并且推测蜂类在不同岛屿间迁徙的频率。

我们尤其渴望从生活在莫纳赫群岛上、地理隔离程度最高的熊蜂种群中提取样本。站在北尤伊斯特岛上，影影绰绰地可以看见位于西边地平线上的莫纳赫群岛。它们是一组海拔很低的岛屿，位于外赫布里底群岛以西10千米，更深入北大西洋。目前，这些岛屿上无人居住，也没有什么交通工具，所以，我们不太确定怎样才能到达那里。

在尤伊斯特群岛和本贝丘拉岛上采集蜂类基因样本和收集不同物种的生态信息时，我们向遇到的少数几个本地人打听去莫纳赫群岛的路。一连几天，我们一无所获。不过，谈

话还是很有意义的，我们听到了当地人可爱、柔和的口音。在我听来，他们说的应该是苏格兰高地和南爱尔兰语的一种混合语。相比英语，这里的许多人更喜欢说自己本土的盖尔语。事情终于在本贝丘拉岛上的五金店里有了转机。五金店的店主个子很高，一副饱经风霜的样子。他向我们介绍说自己叫罗纳德·麦克唐纳。听到他的名字，我差点笑出声来。我猜想，他可能已经习惯了人们的反应。他要是没有一个红色大鼻子的话，那还没那么可笑。罗纳德碰巧认识一个叫唐纳德·麦克唐纳的人，不过并不是他的亲戚。唐纳德·麦克唐纳在莫纳赫群岛上养着一群羊，时不时会过去看看它们。店主非常热情地在电话本上为我们查找唐纳德的电话。这比预想的时间要长，毕竟本贝丘拉岛的电话本只是一本小册子，
比英国本土地区足以拿来作门挡用的电话本薄多了。尽管如 37
此，麦克唐纳这部分还是占了好几页，“麦克唐纳，D”也有几十个。最终，我们找到了电话号码，但是没人应答。我们一直打了几天才终于有人接了电话，没想到却走进了一个死胡同——唐纳德最近出去照看他的羊群了，暂时不打算回来。我们又失去了一个机会。

还有两天，我们就要登上返程的航班了。和一些观鸟者的偶然谈话让我们知晓他们租了一条船，第二天正要去莫纳赫群岛。巧的是，船上恰好有两个空座，他们也乐得我们能

分担一些费用。第二天清晨，天刚刚放亮，我们早早地来到了一片偏僻的海滩，在约好的地点等待出发。我们幸运地看到了一只海獭游过来，在距我们不到50米的地方上了岸。它似乎没有注意到我们，给自己做了一会儿清洁工作之后便消失在草丛中。不久，观鸟者也到了。他们激动地闲聊着，还背了一大堆望远镜和相机袋。再后来，我们租的船从北边的岬角进入眼帘，这是一艘橡皮艇，外侧装备着两台巨大的雅马哈发动机。驾船的是一个看起来很干练的小伙子，名叫克雷格。他穿着一件厚厚的干式潜水衣，一看就是个非常理性的人。我们蹚着冰凉的水上了船，很快便在波浪起伏之中朝着远处的莫纳赫群岛出发了。当我们快速从波浪峰顶驶过时，那感觉就像是露天游乐场。我们穿着潮湿的衣服瑟瑟发抖，眯着眼睛盯着迎面而来的“蜇人”的水花。过了不到二十分
38 钟，我们进入了群岛的避风处，驾驶员便把船熄了火。

在无人居住的岛屿上探索有一种魔力，它唤起了我们的童心。大家朝各个不同的方向出发，都渴望有所发现。本和我拿着捕虫网，还有一些人拿着望远镜和长焦相机。天气很好，当我朝我们看到的最高点走去时，身上很快就热了起来。那是一片由众多沙丘构成的高地，比海岸高40米左右，站在高地顶端能看到整片岛链。莫纳赫群岛实际上由三座独立的岛屿构成，绵延大概四千米。落潮时，白色的贝壳沙构成

的沙洲把它们连在一起，还有数不清的小块岩石从周边海水
中突出来。这些岛屿曾经供养着100个渔民和克罗夫特小农
场主。他们都在这里艰难谋生，靠着贫瘠的土地和海上的收
获勉强度日。[9]这里甚至有一所小小的学校和女修道院。现
在，他们的房子和牲口圈只剩下了矩形的石头墙，破败不堪。
1942年，最后一批人离开了这里。据说在15世纪之前，人们
可以在落潮时通过沙洲从莫纳赫群岛走到北尤伊斯特岛。不
过，这肯定非常危险，因为你需要在海水涨潮之前快速走完 39
10千米路程。据说，这座沙洲被暴风雨吹走了。群岛上没有
避风的港口，所以，自那之后，每当海面不平静时，住在岛
上的人们便与外界失去了联系。这种情况在这里非常常见。

现在，这里没人居住，却到处都是羊。站在沙丘顶部，我能看到几百只。它们低着头，正在啃食地上的草。这些小岛好像难以维持它们的生存。向内陆走，靠近沙丘的地方地势稍微平坦一些，这种地形可以被归类为沙质低地。但是，与之前在尤伊斯特群岛见到的沙质低地比较起来，这里的土壤更贫瘠。羊群的过度啃食导致土壤上的植被只有半厘米高。这些植物像微缩盆景一样，叶子细小，倒伏的茎紧紧贴着地面。通常情况下，植物间会形成竞争，它们尽可能往上长，以便遮挡其他植物，独享阳光。但在这里，植物紧贴地面，彼此竞争看谁能躲过羊群经常光顾的嘴唇。植物的种类很多，

我通过叶子辨认出了红车轴草、白车轴草、野豌豆、百脉根，但是没有一种植物处在花期，因为花蕾还没来得及绽放就被吃掉了。有些地方的植被彻底消失，任凭风把土壤带走，形成了光秃秃的沙坑。

我有一个朋友，他把羊群轻蔑地称为“长毛的蛆”。环保主义者、作家乔治·蒙比特曾不吝笔墨地讨论羊（以及鹿）过度啃食对英国的高地造成的负面影响。它们的啃食不仅破坏了植被，让小树失去了长大的机会，也使大片区域变成了单调的草皮，几乎没有野生动植物存活。土壤表面的渗水能力也因此变得很差，雨水顺着山坡倾泻而下，从而
40 引发洪水。他痛陈了那种农业方式的弊端，同时指出，这供养了很少一部分人，却让众多纳税人为他们的补贴买单。我们为什么要付钱来供养那样一种具有破坏性的做法呢？我在莫纳赫群岛探索的时候，不禁认同他的观点。这些岛屿被认定为“在科学上具有特别意义的地点”，也是国家自然保护区，因此这里理应受到保护，管理的原则也应当以野生动植物的利益优先，野花、蜂类和所有其他与沙质低地密切相关的生物能够在这里和谐共存。我认为这是它们应该呈现的样子。但是，眼下它们毫无生机，连昆虫都没有，平坦得可以打保龄球。至少可以说，这种情况真是让人失望。

唯一能向上生长并能开花的植物是翼蓟，因为顽强的茎
保护了它们。在以生长翼蓟为主的地方，翼蓟形成了厚厚的
一层地毯，穿行其中，让人很不舒服。不过，事实证明翼蓟
最终成了我们的救命稻草，因为在它们的叶子上，我们找到
了一直在搜寻的熊蜂。然而，那里只有藓状熊蜂，而且大部
分是雄性。我无法理解它们是如何在资源如此匮乏的情况下
熬过来的，或许它们只是一个垂死种群的残余。我们采集了
蜂腿的样本，本把它们带回实验室进行分析。结果显示，许
多雄蜂是二倍体。蜂类的性别决定方式非常奇特，与人类大
不相同。雄蜂通常由未完成授精的卵发育而来，染色体是正
常的一半，所以DNA数量也是正常值的一半。如果以科学术
语来称呼，那它们就是“单倍体”。雌蜂由受精卵发育而来，
因此它们有完整的DNA和成对的染色体，是“二倍体”。拥
有遗传多样性的健康种群都是以这种方式运行的，但是，在
近亲繁殖的种群里则会出现问题。这是因为蜂类没有性染色
体，只有一个基因决定性别，这个基因在一个种群中会以几
十甚至几百种形式出现，它们被称为“等位基因”。只有一 41
个等位基因的个体会成为雄性，有两个不同的等位基因则会
变成雌性。单倍体个体的染色体都是单份的，所以它们会自
动地成为雄性。二倍体通常有两个不同的等位基因，因为从
父母处获得完全相同的等位基因的可能性很小，因此二倍体

通常是雌性。当种群数量很小时，问题就来了。在小种群中，基因的多样性消失了。某个基因的不同副本数在稳定地减少，这一过程被称为“遗传漂变”。如果决定性别的基因失去了基因多样性，那么种群中就会仅剩几个不同的等位基因，蜂王和具有相同等位基因的雄性交配就会变得非常常见。蜂王产下了本该成为雌性工蜂的受精卵，但是其中一半因为遗传了完全相同的基因副本，从而变成了二倍体雄性。这些雄性在种群中不负责任何劳动（雄性熊蜂不承担任何工作，除非你把交配也算成一种工作），因此，该种群将会失去一半劳动力（工蜂），使蜂巢面临灭顶之灾。莫纳赫群岛上出现了如此多的二倍体雄性，对于这些存量不多的藓状熊蜂来说，并不是一个好兆头。

尽管有绵羊的问题，也缺乏除近亲繁殖熊蜂以外的蜂类，但我还是度过了田园诗般的一天。中午时，潮水很低，我踩着沙洲到了第二座、第三座一直到最后一座岛。我的午餐是盒装胡椒牛排馅饼，品质很差，但也算可口。我坐在沙丘上，看着西面的新斯科舍。返回时，我被一只小暴风鹱吐了一身。如果可能的话，我肯定不会选择再挨上一次，但这样新奇的经历还是值得体验一次的。当时，我正在沿着北岸走，右边是沙丘，左边是暗礁，根本没注意到沙茅草丛中的大洞，等我看见时已经太晚了。之前几个小时，我只能听到海浪的拍打声、头上不多的几只海鸥的叫声和绵羊的咩咩声。42
所以，听到身边一阵巨大而刺耳的干呕声时，我被吓了一跳。片刻之后，我的腿上被喷了一大团消化了一半的鱼，奇臭无比。看来，小暴风鹱把意外经过这里的人当成最佳娱乐方式了。小暴风鹱的父母在靠近海岸的兔窝中筑巢，尤其喜欢在岛屿筑巢，因为这里少有捕食者。白天时，稍大些的暴风鹱幼鸟被单独留在窝里。它们毛茸茸的，浑身米白色，坐在洞口处等待路过者，然后用呕吐物精准无比地喷他们一身。当然，这种手段估计是用来对付捕食者的。我再也不会靠近它们的巢穴了，而且，在被喷了一身之后，我肯定不喜欢吃它们，所以它们这种手段还是很奏效的。我花了很长时间才在小溪里把裤子洗干净。纵然费了这么大力气，臭味还是伴随了我几天。（在此，我要向在回家的飞机上坐在我身旁的那位女士表示歉意。）在那段海滩上，还有几十个暴风鹱的窝，以至于我只好在返回时特别小心。

过了一会儿，当我离开暴风鹱，朝沙丘上爬的时候，我意识到远处有喧哗声，听起来像是午饭时间的小学操场，与我所处的环境明显不协调。当我接近一座高大沙丘顶部时，声音越来越大。有了暴风鹱的经历之后，我变得更谨慎了，想着会不会有什么其他有毒的生物等着我呢，于是我采用了一种被称作“猴子跑”的姿势慢慢往前爬，这还是我在学校可笑的军训中学到的。随着喧哗声越来越近，我又换成了“猎豹缓步走”，用腹部一点点蹭着往前走，越过沙丘顶部偷偷往下看。在海滩上，或许有1 000只灰海豹，它们正慢慢挪到温暖的沙滩上。其中有许多幼崽已经能够在浅滩中爬行，
43 相互追逐，或是给父母添乱，还不停地发出各种叫声。这一幕实在是壮观，我很少有机会在英国见到这么多大型野生动物。更棒的是，它们完全没有意识到我的存在。虽然离得有些远，但我还是用相机拍了个够。我忘了时间，没发现已经开始涨潮了。最后我全速跑过已经被水打湿的沙子，一路踩着水花回到我们的船只停泊的岛上。

这一天过得很棒，没想到还有一个惊喜在返程中等着我们呢。尽管有风，又不时有水花喷溅过来，我还是在小船中打起了瞌睡。突然，小船歪向一侧，我差点被甩了出去，只好用力抓住橡胶船壁上的绳子。这时，一只巨大的棕色鳍从触手可及的地方经过，伸出水面大约有一米高。后面还跟着另一只鳍，不过要小得多。这是姥鲨的背鳍和尾鳍。克雷格立刻掉转方向躲了过去，可惜我们的船还是吓到了它。当我们绕了一圈回来准备仔细观察时，它已经沉到了波涛之下。就体形而言，姥鲨在海洋中排名第二。它们是滤食生物，能长到10多米，而且不会攻击人类。很不幸，这些行动迟缓的庞然大物在世界很多地方都因捕杀而灭绝了。所幸在赫布里

底群岛，它们的数量还相当可观。

英国这一偏僻角落，以及它所养育的卓熊蜂等野生动植物的未来岌岌可危。我们对这里的一小支卓熊蜂隔离种群进行的遗传学研究表明，它们的遗传多样性很低。这早在我们的意料之中。这一结果意味着一旦它们赖以生存的环境发生变化，它们几乎没有任何应对能力，而且更易受突发疾病的影响。近亲繁殖这一问题很有可能也影响着生活在这里的其他生物，因为它们大部分都是规模不大的隔离种群。从前， 44
当这些物种在英国本土广泛分布时，岛屿上的种群可以通过偶尔迁入的外来种群重建新的种群，提高遗传多样性。现在，对赫布里底的很多物种来说，等到“外援”的可能性极小，它们只能自求多福。

让人担心的是，这种独特的环境还面临着许多其他挑战。如前所述，克罗夫特小农场的生活方式正在发生变化，这些岛屿的人口也在不断下降。你可能认为人少对于野生动植物来说是好事，但是，沙质低地野花的多样性在很大程度上是人类活动的结果。这里的人类活动主要指小规模、低强度的农耕活动。对蜂类和花来说，向大规模养羊牧场的转变并非好事。我们在莫纳赫群岛上已经见证了这一点，太多的羊造成了灾难性的后果。而另一方面，土地荒芜同样也不是好事。

从长期来看，还潜伏着更具灾难性的威胁——气候变化。卓熊蜂非常适合在寒冷的气候中生存。它们个头大，长有绒毛，这些都有利于它们在英国西北部寒冷、潮湿的气候中保暖。在英国北部地区，卓熊蜂非常常见；但随着长满花的栖息地的减少，它们的数量也迅速减少。它们的生存范围限制在了这些区域，再也无法向更北的地方扩张。气候变暖意味着卓熊蜂有可能被那些生活在南方的栖息地、却向北迁移的熊蜂种类取代。卓熊蜂已无路可走，这种情况将带给它们致命的最后一击。气候变化还有另一个威胁。沙质低地海拔只有几英寸，因此，哪怕是海平面的小幅上升（根据现有预测，未来几十年便是如此情况）都可能会导致这些低地被
45 海水淹没。如果风暴等极端天气常态化（根据预测，这种情况极有可能会出现，而且近些年已经出现这一趋势），那么这种情况出现的可能性就会更大，因为海岸边起保护作用的沙丘将会被风暴撕出一些口子，从而造成海水涌入。当然，果真如此的话，那么不仅仅是熊蜂，这里生存的几乎所有物种都会消失。到时，人们能做的任何挽回之举都可以说是杯水车薪。

对卓熊蜂来说，如果从长计议的话，或许应该寄希望于壮大它们在苏格兰本土的种群。凯思内斯郡和萨瑟兰郡的北海岸分布着一群卓熊蜂，在那里，它们至少没有被海水淹没的危险，因为那里的海岸大多是陡峭的山地。熊蜂保护基金

会已经在这个地区做了很多工作。他们鼓励农民，并与当地社区一起合作种植不同种类的花，轮替牧羊，让草场上的花有机会开放。皇家鸟类保护协会也没闲着，他们正努力在德内斯、邓尼特角和其他一些地方为长脚秧鸡与卓熊蜂创建栖息地，并加以管理。现在，长脚秧鸡的数量还很少，但正在逐渐增长。卓熊蜂在北海岸的分布范围也稍有扩大。不过，我们不太清楚这到底是更为努力记录导致的结果，还是卓熊蜂的分布范围真的扩展了。[10]但愿是后者吧。说实在的，这两个物种重新回归 46
以前的分布地的可能性微乎其微。它们生活在这样偏远的地方，大部分人可能根本没有机会听到或见到它们，如果有，也极为罕见。

有人主张，想要证明自然保护的意义，最佳办法就是计算一下野生动植物所能提供的服务的价值。换成现在的话说，就是要去计算它们所能提供的“生态服务价值”。蜂类经常被拿来做例子。从全球范围来看，蜂类授粉大约创造了2 150亿美元的价值。这个数字是通过计算在没有蜂类和其他授粉者的情况下，我们将会损失的庄稼的价值得出来的。因此，我们应当保护它们，因为它们养活了我们。这种说法也可以用于其他生物，如以蚜虫为食物的瓢虫、食蚜蝇，以及能分解粪便的苍蝇等。在我看来，这种观点并不能站住脚。难道大自然只有为我们效力时，才具有意义吗？我们也太以自我为中心了吧！不管怎样，就长脚秧鸡和卓熊蜂而言，这种说法并不成立。最近的研究表明，一个地区大部分庄稼的授粉工作是由该地区2%种类的蜂类完成的。也许你猜到了，就是那些普通、常见的蜂。从经济角度来衡量，卓熊蜂根本就无足轻重。对于尤伊斯特群岛上克罗夫特小农场中的植物来说，或许它们的贡献微不足道。事实上，就生态服务而言，无论是秧鸡，还是卓熊蜂，抑或是许多其他植物和动物，根本谈不上能做出多少有价值的贡献，如果有一天它们灭绝了，我们可能也不会在任何方面明显感到世界变糟了。但是，我个人仍然认为那将是不幸的一天。我们不能纠结于自然为我们做了什么，而是应该反过来想一想我们为它做了什么。我不知道何时再有机会去赫布里底群岛观察那些迷人的生物，但
47 是我相信，它们的存在让世界变得更加美丽了。

第三章

戈尔茨山脉和黄腋蜂

审视自然，你将更理解这个世界。

——阿尔伯特·爱因斯坦

多年来，搜寻罕见熊蜂的经历让我有机会前往英国的各个角落，从寻找山地物种的苏格兰高地出发，途经彭布罗克郡的海岸沙丘、东安格利亚的沼泽和康沃尔的海边悬崖，直到萨默塞特平原上长满鸢尾的壕沟。除了外赫布里底群岛之外，在几乎所有这些地方，都很难找到英国罕见的蜂类，哪怕是在那些特别漂亮，花多得数不胜数的地方也照样如此。然而，以前关于熊蜂的书上曾说，这些物种虽没有欧洲熊蜂那么普遍，但也一度十分常见。在弗雷德里克·斯莱登1912年出版的著作《熊蜂》中，他提到了尖叫熊蜂和短毛熊蜂（后者在英国已经绝迹），而且是把它们当成常见物种来谈论的。他写道，短毛熊蜂“在英国南部和东部地区特别常见”，

尖叫熊蜂“在许多地方都很常见”。在他那个年代，草熊蜂被称为“大型长颊熊蜂”，这说明它们是花园中的常客。他找到
49 并挖取了所有这些种类熊蜂的巢穴，并对它们进行详尽描写。而我研究了20多年熊蜂，居然连一种熊蜂的巢穴也没有见过。即使后来使用了专门受过军队训练的嗅探犬，也无济于事。[11]

在我看来，英国发生的变化十分巨大，甚至在那些未被破坏的栖息地上，如今的画面也可能只是以前繁荣景象的余晖。我们真的很难确定这一点是否真实。没有时光机器，仅凭一些书籍和笔记，我们永远无法得知18世纪和19世纪的博物学家穿行的田野是怎样的情形。从保存下来的黄花九轮草草酒的配方中我们得知，想要酿造这种酒，第一步就是要收集满满两大桶黄花九轮草的花瓣。由此，我们可以推知那时的黄花九轮草要比现在更常见。但是，至于到底有多少蜂儿造访它们，它们的根部到底养育了多少虫子，我们无从知晓。写到这里，我突然想到，或许有一个办法可以了解英国之前的样子：去东欧看一看。我听说在欧洲的一些地方，农业生产基本没有发生太大变化。这里没有第二次世界大战之后使英国上瘾的那种想要提高产量的冲动，也没有欧盟共同农业政策对农场实施有悖常情的各种复杂农业补贴，后面这种情
50 况在西欧很普遍。

波兰是我们开始寻觅之旅的好地方。这里没准儿有大量

的尖叫熊蜂等物种，多到足以让我们在它们的栖息地研究它们在取食、营巢等方面的偏好。就像博物馆里的老档案记录的那样，在波兰、斯洛伐克和捷克边境地区岩石密布的山区里，生活着大量熊蜂，其中有些种类在英国根本就没有。一想到有可能找到长头熊蜂和红尾盗熊蜂等异国物种，我就充满了期待。[12]听度假回来的朋友们说，那里仍能看见用马拉车的场景，田里还有人工垛成的老式干草堆。按他们的描述，这里的耕作方式和100年前的英国差不多。这可是我知道的最像时间机器的一件东西了。所以，在2006年8月，我和本·达维尔、吉莲·莱乘坐廉价航班飞到了克拉科夫。吉莲·莱是我的博士研究生，我们刚开始研究熊蜂的营巢习性。尽管克拉科夫的景色和魅力极负盛名，但是我们并没有在那里逗留——我们是来研究蜂的。我们租了一辆车，从机场一路向南，朝着塔特拉山脚下的扎科帕内出发了。

塔特拉山位于喀尔巴阡山脉的西端，也是其中最高的部分。喀尔巴阡山脉绵延1 200千米，它起于波兰，穿过斯洛伐克、乌克兰、罗马尼亚向东南延伸。波兰一侧的塔特拉山冬天是滑雪的胜地，夏天是远足者的天堂。不过，这里吸引 51
的主要还是波兰的度假者，而不是其他更远地区的游客。按地质学的标准来说，塔特拉山非常年轻。它和阿尔卑斯山一样，是在非洲板块北移与亚欧板块相撞的过程中抬升起来的。

非洲板块移动的速度和人指甲生长的速度大体相当。这一缓慢的碰撞早在一亿年前就已开始，至今仍在继续。因为形成时间短，塔特拉山受到的侵蚀并不算严重，所以它非常陡峭，有众多锯齿般的山峰，这一点倒是很像阿尔卑斯山。不过，它没有阿尔卑斯山那么高，最高处只有2 650米。我们在扎科帕内找到了一家小旅馆，到了晚上，又以第二天需要消耗体力去爬山寻蜂为幌子，大吃特吃了一通香肠和皮露吉（波兰饺）。[13]

早上开始就有些不顺。我们驶出扎科帕内，一头扎向山里。看起来只有那条路能上山。可我们忽略了一块用波兰语写着“禁止通行”的小牌子。一位警察守在路的尽头，他的工作正是让那些不守规矩、非要开车上山的人缴纳罚款。我们的钱包不可避免地瘪了下去，只好驱车赶回扎科帕内，又搭乘游客大巴，经过那位生意正酣的警察直达山脚。波兰一侧的塔特拉山是个国家公园，我们花了不少钱才得以进入。不过，当我们开始沿陡峭的山路攀爬时，起码不用担心被现金所累了。

起初，小路在茂密的树林中蜿蜒穿过。这是一片暗针叶林和落叶林混杂的树林，其间很少见到花和昆虫。沿陡峭的
52 山路爬了几个小时后，我们来到一片高山草甸。突然间，到处都是花和蜂儿。金黄色的贯叶连翘、虎耳草、拥有粉扑状

淡紫色花朵的鸽子蓝盆花，还有纤弱的圆叶风铃草，都把那一串串靛蓝色的乌头花映衬得更加惹人注目。一丛丛柳兰把山坡装扮成了粉色，那些地方最近刚发生过塌方，更加杂乱，也更加陡峭。我们趺趺撞撞，四处寻找。在那么陡峭的草甸上捉蜂可是个不小的挑战，因为你不可能一边看路，一边捉蜂。结果，我们三个在兴奋中都摔了好几下。本和我都能熟练捕捉并辨识英国地区的熊蜂，吉莲则是这一领域的新手。然而我们很快都陷入了迷茫——和英国比起来，这里的蜂类简直让人不知所措。有些蜂看起来很熟悉，有些给人感觉差不多，却又有所区别，还有些与英国的蜂一点都不一样。我们早知道情况会是如此，而且也做过准备，但是很明显，应对这么多新物种还是需要花费一定时间。我们拍了许多照片，制作了一些标本，为的是以后能够确认我们的鉴定结果。[14]

在接下来的几天，我们爬上爬下，记录不同熊蜂的数量以及它们赖以为生的花。我们之前从未见过的种类中包括红尾盗熊蜂。这是一种漂亮的昆虫，长得有些像人们所熟知的红尾熊蜂。不过，为了能在高山上保暖，它们身上的绒毛更长、更密，斑纹的颜色也稍亮一些，它们也爱偷盗，因此我们给它们冠名“红尾盗熊蜂”[15]。为了能让长舌蜂授粉，乌头 53
花已经进化了一些。它们的花蜜隐藏在长长的、弯曲的管形花的末端。但是，红尾盗熊蜂会用它们锋利而且带齿的上颚粗暴地咬开花的一侧，把花蜜偷走。我们没见过的另一种蜂是比利牛斯熊蜂。这也是一种讨人喜欢的熊蜂，长相酷似英国的早熊蜂。不过，它同样也拥有更密实、更长的绒毛，颜色显得更黄一些。根据名字你就可以猜出来，它是一种高山物种，所以它钟爱高山上的柳兰。我们也见到了一些长头熊蜂。这种棕色的蜂特别像英国的牧场熊蜂，但是它们的颜色更暗一些，有点像被烟熏过。

很显然，这里没有我特别想要了解的英国罕见蜂种，例如尖叫熊蜂和草熊蜂之类理应生活在波兰南部的蜂。这倒不奇怪，毕竟这是在高山之上，我们见到的主要是高山物种，而不是在英国期望看到的那些。这里的高山草甸非常漂亮，但它并非一个理想的窗口，能让我看到期望中的景观。所以，在塔特拉山的陡坡上艰苦跋涉了几天之后，我们决定再到别的地方去看看。

我们没有哪个需要专门去一趟的地方，所以就随意选了
54 个方向。我们离开扎科帕内，朝东北方出发。那天早上，最初下了点毛毛雨。我们沿着小路穿行在起伏的乡间。这里的土地被草丛分割成了长条，有些只有20米宽，但有一两百米长。这与英国的农业方式大相径庭，很多地里的拖拉机都无法掉头。也可以说与现代英国的农业完全不同，倒更像是中世纪时的敞地制：土地属于地方领主，但被分割成许多小块，

每个佃农分得几块进行耕种。几个世纪以来，耕作这些小地块时造成的土壤移动使地块间产生了犁沟。在英国，没有用现代化机械耕种过的田地里偶尔也能见到田垄和犁沟。我们停下来，四处逛了逛。但是因为天气潮湿，根本就没有蜂儿出来活动。然而，这里的栖息地看起来依然充满生机。很多地块被犁过，但还没有耕种，有些地块种着为了保持土壤肥力而需要轮作的车轴草[16]，有的种着红车轴草，有的混种着红车轴草、白车轴草和中间车轴草，还有的种着驴食草。在现代农业中，耕而不种和通过翻耕车轴草以增加肥力的方法都已非常罕见，但在廉价的人造肥料出现以前，这种轮作方法持续了数百年。廉价人造肥料带来的后果是农民每年都可以种植庄稼，导致土地不得休息。

上午稍晚的时候，我们经过新塔尔格。这里死气沉沉的，让人感觉只有饱经风雨的方块状水泥建筑。稍后，我们到了一个圆鼓鼓的低矮山脉的南端，比塔特拉山要逊色多了。这
便是戈尔茨山脉，我们的旅行指南上仅仅简单提及此处，还 55
把它描绘成一片有狼、猞猁、熊等出没的荒野。旅行指南上根本没提到熊蜂（大部分旅行指南上都没什么关于蜂类的介绍，这确实有点让人忧伤），但我们推测，有熊出没的地方，想必也适合蜂类生存。现在，阳光变得更强烈了，所以我们把车停在了一座桥旁。桥下，汩汩的溪水正从山上流向南方。

眼下，我们还没到山里呢，而是在一片有着木头房子的地方，还有小块的田地和小果园。果园里种着的大多是些长满地衣的老苹果树。这里的树比较高大，树上有很多结瘤，与现代果园里由砧木嫁接而成的低矮树木截然不同，仿佛我们真的回到了一百多年前。两个上了年纪的人正在用镰刀收割小麦，又用手敏捷地把它们堆垛起来（把秸秆麦穗朝上垛成金字塔），让麦穗进一步干燥成熟，最后脱粒。我之前从来没有见过这样的情景，估计在过去的一万年里，大部分时间都是这么做的。现代机器的发明让这项繁重的工作成了过去。不远处，有一位妇女正在用镰刀割路边的草，她把割下来的草放到自己的围裙里，估计是为了回家喂牲口。这时，一个满脸堆笑的小伙子赶着载满西葫芦的马车快速经过，还朝我们大声打着招呼。他的马车安装的是充气轮胎，这好像是对现代化唯一的一个小小的让步。小伙子好奇地盯着我们的捕虫网和其他装备。我比画了一下捕捉蜜蜂的动作，不过这可能让他更加困惑了。可不管怎样，他还是觉得这些东西挺有意思的。

我们分头出发去寻蜂。这里的田野杂乱无章，看起来一切规模都很小。这就意味着有很多的边边角角和被遗忘的角落，而那里刚好是野花生长的理想场所。我的旅行指南里把这些地方称为“无用之地”。不过在我眼里，它们可是宝地。

庄稼地里经常有一些正在开花的耕地杂草，其中有些十分常见的物种，如矢车菊、烟堇和罂粟，还有一些我从来没见过，如大花鼬瓣花。这种花是一种药草，花朵的形状像喇叭，是长舌蜂的最爱。显然，这里很少使用除草剂。这些耕地杂草在那些犁过但并没有种庄稼的地上长得也很好，这和外赫布里底群岛上克罗夫特小农场里的情形差不多。正如我们此前所见，有些地块里种着用以增加肥力的红车轴草，许多蜂儿在那里嗡嗡地叫着。在各个地块之间，在果园的树下，在大路和小路的边上，生长着大量多年生野花，如矢车菊、治伤草、欧洲猫儿菊、车轴草、孀草、甘牛至、百里香，还有与众不同的林山罗花。这种植物长着艳紫色的新叶，加上红黄相间的花朵，看上去异常漂亮。溪岸上长满了喜马拉雅凤仙花，它们粉色的花朵低头下垂着。作为入侵植物，它们很受蜂类的喜爱。[17]无论我们去哪儿，总会遇到成片的野花和嗡嗡叫的昆虫。

在为翻耕施肥而种植的车轴草中，除了草熊蜂、卓熊蜂
和尖叫熊蜂外，还有许多长颊熊蜂。在一座果园里，我发现
了红柄熊蜂、欧洲熊蜂、红尾熊蜂和眠熊蜂。在小路旁，除
长头熊蜂和早熊蜂外，我还看到牧场熊蜂。还有一些其他种 57
类的熊蜂，有些我还不能立刻辨认出来。它们有的全身黑色，
却长着白色的尾部；有的全身黑色，腿的基部却有簇状的黄

毛；还有一些拥有亮眼的黄色条带，又长着白色或橙色的尾部。这些我无法辨认的熊蜂基本上都是雄性，于是我捉住了一些仔细观察。一个小时后，当我们返回车里时，我们已经记录了15种能叫得上名字的熊蜂，还有几种我们无法辨认、叫不出名字的熊蜂。为了下次见到它们时能有一致的称呼，我们给每一种都取了名字——尾部呈白色的黑色熊蜂便成了“白尾黑熊蜂”（一个完全没有创意的名字），腿的基部有簇状黄毛的熊蜂便成了“黄腋蜂”。从科学角度来说可能不是那么严谨，但在那时我们也已经尽了最大的努力。

我们继续向前，进入戈尔茨山脉。狭窄的道路仅能供一辆车通过，沿着河流在山谷中蜿蜒向前。每隔几千米，我们就停下来寻找熊蜂，每个地方花上一个小时，清点每个物种的数量，记录它们所拜访的花的名字，就像我在索尔兹伯里平原做的那样。在此之前，我很少到过如此具有田园气息的地方。

那天晚上，我们一边喝着美味但又极其便宜的泰斯基啤酒，一边交流彼此的收获。吉莲和我试图弄清楚这些熊蜂到底是哪种，便采用了昆虫学上最常用的方法：观察生殖器。我读博士的时候，曾经在显微镜下观察了六个月的蝴蝶生殖器。许多昆虫只有特别仔细察看雄性的生殖器才能区分出来。不同物种的雄性的生殖器通常都独特而且复杂，与之相比，

雌性的生殖器帮不了多大忙。幸好现在是八月份，熊蜂很多。我们没有带显微镜，只有一只手持放大镜。在昏暗的灯光下，
去观察如此微小的器官可真是一件非常困难而又需要技巧的 58
工作。在这一点上，喝啤酒可没什么用。

最后，我们给不同种熊蜂的雄性生殖器画了草图，把这些草图与我们随身携带的欧洲所有的熊蜂种类的生殖器图片做了对比。（据我所知，还没有一部法律禁止跨境走私蜂类的色情图片，至少在欧洲没有。）比对结果让我有些意外。吉莲是一个漂亮文静的女孩，也是我们的智囊。她第一个注意到，所有我们没有辨认出来的怪异的雄蜂生殖器几乎一模一样，与我带来的图册上断带熊蜂的生殖器很像。我只在索尔兹伯里平原上见过这个物种，那里所有的雄蜂都大同小异。它们的长相酷似欧洲熊蜂，都有两圈黄带和泛白的尾部。在波兰，这些雄性似乎走了一条疯狂路线，它们采用了一种更为繁杂、更有吸引力的配色方案。这让人很不可思议，因为雄蜂的颜色搭配模式被认为是一种进化而来的防御手段，显示它们有螯针，使那些捕食的鸟类不敢轻举妄动。（不过，大山雀和蜂虎并不理会这些，照样会把它们整个吞下。）此外，也有人指出，许多物种长相类似是因为它们会彼此模仿。通过采用相同的颜色搭配模式，它们以集体的名义向捕食者发出强烈信
号。[18]雄性熊蜂并没有螯针（螯针是由产卵管衍化来的，雄 59

蜂当然不具备），所以我认为它们的颜色搭配模式是一种虚张声势的手段。雄蜂从模仿雌蜂中获得了好处——先前同蜂王和工蜂“交过手”的鸟儿知道，这种颜色模式代表着危险。[19]你可能因此认为雄蜂与工蜂颜色极为相似，但事实上，在很多物种中情况并非如此。通常，雄蜂的颜色要更加鲜艳一些。它们的黄带通常更宽，还拥有毛茸茸的黄色面颊。就被捕食的风险而言，这当然是愚蠢的策略。但是，这可能是性选择的结果，因为蜂王或许更喜欢颜色鲜艳的雄蜂。所以，雄蜂为了增加交配的概率，只好让自己的颜色更鲜艳。从进化角度来说，成功交配然后被天敌吃掉，算是一种成功。这比二者皆无、终老一生要好多了。我要承认，这当然只是大胆的猜测。我并没有证据可以证明雌蜂喜欢颜色鲜艳的雄蜂。但是，在蝴蝶和鸟类中，这种情况确实存在。难道蜂类就不是这样吗？我的一位孟加拉博士后曾研究过熊蜂的性选择，发现雌性熊蜂更愿意与有长腿的雄性交配。当然，那是另一个故事了。

现在，让我们回到主要的问题。很难解释为什么波兰的雄性断带熊蜂会有这么多的颜色变化。人们感觉它们应该颜色鲜艳，以便取悦雌蜂，或者是通过模仿雌蜂的颜色来避免
60 被天敌吃掉。但它们偏偏大胆地采用了多种颜色搭配模式，这实在让人难以理解。或许，波兰的雌蜂口味兼收并蓄，抑

或它们喜欢与长相怪异的雄蜂交配，从而导致不同颜色搭配模式的雄蜂激增。这得要好好研究一番才能下结论。

至少现在，我们确定了所见到的熊蜂到底是什么种类，这样我们便可以开始收集本地区不同熊蜂的数据了。我们在奥科特尼卡高那的一个旅馆住下来。这里风景如画，是一座位于大山中心的小村庄。村里的房屋零零星星地分布在奥科特尼卡河的岸边。我们很想知道旅馆是怎样维持运营的，因为在这盛夏时节，几乎没人入住。与塔特拉山相比，这里的游客要少得多，也没有过分敬业的交通警察，这正如我们所愿。

接下来一周，我们在那些起伏的山脉和山谷间继续探索，寻找蜂类。在山谷中，沿河建设了许多小农场。这些小农场的田地面积很小，而且少有农业机械。有些农民有小拖拉机，但是无法使用英国那种巨大的联合收割机，基本上所有的收割都由手工完成。马车则是这里最常见的运输工具。再往高处，农田让位给了牧场，成为小群牛羊放牧的地方。再往高处，茂密的森林与欧石南丛生的荒野交织在了一起。现在正是黑果越橘成熟的季节，我们看到许多本地人采摘了满满一篮的紫黑色水果。他们有些拿着奇怪的装备，把一些平行排布的金属刀片连接在一只手套上，用来把黑果越橘从枝上梳下来。当我第一次看见一个人从灌木丛中闪现，手持滴着深色果汁的刀排时，我的心跳中断了片刻。这画面让我想起了恐怖电影《猛鬼街》中的弗莱迪·克鲁格。

我们并没有见到熊和狼，这着实有点让人失望，但我们
61 确实见到了其他一些野生动物。到处都是蝴蝶，有灰蝶、蛱蝶、凤蝶、粉蝶和眼蝶。我最喜欢的是斑貉灰蝶。山区牧场生活着大量的橙灰蝶，它们金色的翅膀在阳光下熠熠生辉。熊蜂蚜蝇是一种很常见的食蚜蝇，它们毛茸茸的，很漂亮，而且有很多不同色型，每一种色型都模仿某种熊蜂。在这里，我平生以来第一次见到疣谷盾螽。它们个头很大，翡翠绿和黑色相间的身体通常躲藏在向阳山坡的草丛里，伪装得很好。在英国，这个物种仅在布赖顿南丘陵附近的三个地方有分布。但是在戈尔茨山脉，它们非常常见。疣谷盾螽拥有令人胆寒的上颚，它们的名字即来源于此*。据称，在瑞典，人们曾用它来去除身上的疣。不过，我想应该有更容易些的办法。我们并没有在第一天的基础上发现更多种熊蜂。只有几只盗熊蜂，其中包括我之前没见过的四色盗熊蜂，它们专门袭击断带熊蜂的巢穴。我们在这里见到了很多在英国十分罕见的物种，这倒是我意料之中的事情。尖叫熊蜂在这里到处都是，也有很多红柄熊蜂、

---

* 疣谷盾螽的英文俗名是wart-biter cricket，直译为“能咬下疣的蟋蟀”。

断带熊蜂和草熊蜂。英国所有常见的熊蜂种类在这里都很常见。

那么，我们的数据反映了什么呢？自从2002年我在索尔兹伯里平原上开始寻找罕见熊蜂以来，我一直在努力弄清为什么有些种类急剧减少，有些干脆就灭绝了，还有一些则蓬勃发展。这个问题可以推而广之，用于大部分动植物。为什么沼泽山雀比蓝山雀的数量要少？为什么杓兰几近灭绝，而
紫斑掌裂兰则像它们的名字一样常见呢*？如果人们认真研究 62
细节，他们就有可能发现答案。例如，研究者发现白缘眼灰蝶喜欢温暖的气候，它们只能在牧草低矮、朝南的白垩低地上生存；它们的近亲——克里顿眼灰蝶则没有那么挑剔，能够在牧草更高、更阴凉和朝北的地方生存。前者比后者罕见就是情理之中的事情了。事实证明，熊蜂并不愿放弃它们的生态奥秘。

从波兰回来之后，我花了很长时间研究我们收集到的数据。不是所有人都喜爱钻研数据，但它们真的很让人满意，尤其是能清晰地呈现某种模式的时候。在英国，变得罕见的熊蜂种类大多对花有类似的偏好：它们通常都有长长的喙，喜欢红车轴草和其他花冠较深的豆科植物。它们也喜欢薄荷

* 紫斑掌裂兰的英文俗名是common spotted orchid，其中common一词的意思是“常见的”。

类的植物，如鼬瓣花。喙很短的断带熊蜂是唯一的例外，在波兰，它们会从多种花朵上采蜜。我正在研究这些数据的时候，我的另一位博士生克莱尔·卡维尔向我展示了她的研究成果。她研究了1930年至1999年之间英国熊蜂访花数量的变化。她的研究清楚而又令人沮丧地显示，有熊蜂到访记录的物种中，76%的到访次数出现下降趋势。花冠较深的植物下降最严重。从1978年至1998年的20年间，红车轴草的到访次数就下降了40%。这样看来，目前仍然在波兰翻耕车轴草中繁衍的熊蜂在英国变少就不足为奇了。现在，这里当然还有红车轴草，但比原来少多了。

差不多就在我和克莱尔交换意见的时候，两位荷兰生物学家——戴维·柯来金和伊沃·拉马克斯也在尝试着解决相同
63 的问题。他们想到了一个巧妙的办法去回溯时间，研究熊蜂曾经的情况。他们并没有去波兰，而是去了图书馆。荷兰与英国相似，都有农业集约化的历史，而且也是一个人口稠密的国家。所以，荷兰的蜂类数量也呈下降趋势。实际上，有三种已经在英国灭绝的熊蜂同样也在荷兰灭绝了，分别是苹果熊蜂、卡氏熊蜂和短毛熊蜂。在荷兰，数量急剧下降的熊蜂种类也与英国类似，包括低熊蜂、尖叫熊蜂、草熊蜂和断带熊蜂。欧洲的博物馆里有许多熊蜂标本，其中很多都是在20世纪前30年业余昆虫收集盛行时被捕捉的。柯来金和拉马

克斯意识到，许多蜂类标本后足的花粉篮中仍有花粉，这些花粉在那里大概存放了100年。这个绝妙的想法一下子就让困难迎刃而解——通过检测花粉颗粒，他们就能弄清蜂儿采蜜的那些花是什么种类。他们从荷兰、比利时和英国的博物馆中展出的蜂类腿上收集花粉，并加以分析。然后，他们重回那些蜂被捕捉的地方，从仍然生活在那里的常见熊蜂身上收集新鲜花粉。（有些种类已经从那些地方消失了，不过在其他地方还能找得到。）他们的数据显示，与那些能适应未来变化的熊蜂种类相比，那些随后消失的熊蜂赖以生存的植物种类更少。也就是说，后者更加专一。尤其是那些长舌的熊蜂，通常只拜访红车轴草和其他豆科植物。断带熊蜂似乎特别喜
欢圆叶风铃草，而欧石南熊蜂则偏爱欧石南和黑果越橘。相 64
比之下，那些能适应20世纪发生的变化的熊蜂从一开始就口味更广，通常会从不同的花上采蜜。他们还发现，数量下降的熊蜂种类所偏爱的花在20世纪的减少速度也要高于平均速度。这些蜂很不幸，碰巧喜欢上了并没有多大前途的花。例如，圆叶风铃草如今在大部分地区都非常罕见，那些对它们情有独钟的傻瓜熊蜂日子也不好过。这当然和我们收集到的数据反映的情况差不多。罕见的熊蜂种类之所以数量下降，正是因为它们喜爱的食物变得罕见了。在波兰，各种花依然数量庞大，所以这些熊蜂还有生存空间。如果我们从不同角

度研究同一问题，却能得出大致相同的结论时，那么这些结论通常可以信赖。

关于蜂类采蜜的庞大数据让我可以研究另一个与熊蜂之间的竞争有关的问题。当我还是本科生的时候，我曾学过一个经典的研究案例，是一位名叫格雷厄姆·派克的澳大利亚人在20世纪70年代对美国科罗拉多州的熊蜂所进行的研究。他爬上爬下，数熊蜂，收集数据，和我们在波兰山区的做法差不多。不过，他的兴趣点不同——他在收集数据证明熊蜂之间的竞争关系。不同种类的熊蜂在外形、个头和基本生态学特征上非常相似。当然，有的体形稍微小或者大一些，有的绒毛多些，有的少些，颜色也可能不太一样，但是从广义上来说，它们都有相同的食物来源：花。早在20世纪30年代，一位名叫格奥尔基·高斯的苏联生态学家就提出了“竞争排除原理”，并最终命名为“高斯原理”。这个原理指出，使用
65 同一资源（可能是食物、筑巢地点或其他任何赖以生存的东西）的两个物种不能共存。重点在于，处于优势的竞争者会赢得竞争，把对手排挤出去。草履虫是生活在淡水中、与变形虫有亲缘关系的微小原生动物。他用两种草履虫做实验验证了这一点。在任何给定的水质和食物供应条件下，总会有其中一种草履虫最终胜出。熊蜂似乎是一个有趣的研究对象，可以通过调查熊蜂验证高斯原理是否真的会在现实世界中发

生。这正是派克的研究内容。

派克收集他到过的每座山上不同海拔地区的熊蜂数据，发现在任何一个山区牧场上，大量存在的熊蜂只有三至四种。进一步观察后，他发现那些地区总有一种短喙、一种长喙和一种喙长中等的熊蜂。正如我们推测的，短喙的熊蜂以浅花冠植物为食，长喙的熊蜂以深花冠植物为食，喙长中等的熊蜂主要以花冠不深不浅的植物为食。这三类熊蜂把花的资源进行了分配，避免了彼此间的竞争。存在的物种随海拔而变化，有时不同的山头也有所不同。此外，在大部分地方也存在着第四种熊蜂——西部熊蜂。它们与波兰的红尾盗熊蜂类似，不过它们盗取的是花蜜。而且，它们是从蜂鸟经常光顾的花冠极深的植物中盗取花蜜，因此不会与其他熊蜂构成竞争关系。派克的研究证明高斯的理论在熊蜂中同样正确：熊蜂群落确实是由竞争来规划，喙长类似的熊蜂不会共存。只有喙长不同，又以不同植物为食的熊蜂才能共同繁衍兴旺。达尔文雀族的情况与此类似，在这些小鸟中，不同物种演化 66
出了不同形状的喙。它们以这种形式分配资源，把彼此之间的竞争降到了最低。它们有的喙细长，用来啄食昆虫；有的喙略微宽大，用来压碎小颗粒的种子；还有的喙更加宽大，用来压碎较大颗粒的种子和坚果。

我们在波兰收集到的数据似乎不太符合高斯原理。我们发现了多达15种熊蜂生活在一起，有时甚至生活在同一片牧场上。诚然，在拥有长喙的熊蜂中，虽然也有一些草熊蜂，但最常见的只有长颊熊蜂。类似地，在那些喙长中等的熊蜂中，尽管也有一些尖叫熊蜂、红柄熊蜂和低熊蜂，但牧场熊蜂的数量要比它们多得多。此外，在短喙的熊蜂中，通常有四五种共同生活在一起，欧洲熊蜂、明亮熊蜂、早熊蜂、眠熊蜂和断带熊蜂就属于这种情况。按照高斯的说法，一个物种应该把其他所有物种都打败。正如电影《挑战者》中所说的，“只能有一个”。那么，这到底是怎么回事呢？

当我仔细察看它们造访的花时，我发现原来这些拥有短喙的熊蜂访问的不同种类的花，仅有一小部分的重叠。明亮熊蜂通常光顾伞形科植物（欧独活、当归等），其他熊蜂似乎在躲避这些花。眠熊蜂痴迷柳叶菜，断带熊蜂则钟情于矢车菊。（过去，在荷兰、英国和比利时，断带熊蜂通常喜爱圆叶风铃草，但我们在波兰很少见到这种植物。）虽然这几种熊蜂的口器大同小异，但它们还是重新分配了资源，使竞争最小化。我们不太清楚它们到底是如何进行分配的，也不清楚为
67 什么这种情况没有在科罗拉多州发生。有可能是因为熊蜂在美洲仅存在了两千万年，但在欧洲存在了三千万至四千万年。在这里，它们有充足的时间获得特定的生态位。这种想法不是非常具有说服力，毕竟，在任何人的书里，两千万年都算

是很长的一段时间。但是，这是到目前为止我能想到的最佳解释了。关于动植物之间的相互作用方式，我们仍有许多问题有待研究。

这些对比显示，波兰的熊蜂种群多样性要比英国丰富得多。当然，戈尔茨山脉也绝非英国在进入集约农业时代之前的复制品。但是，它至少也能让我们有一定的认识。就熊蜂和花的物种数量而言，弗雷德里克·斯莱登一定会有熟悉的感觉。然而，至于他会怎么看待那些波兰香肠，我就不得而知了。

不过，我并不是希望农民们都去从事艰辛的劳作。我希望的是这仅存的一点乡间生活方式，在我走之后还能继续留存下来。这听起来有点高人一等的样子，但是这里其实并没有明显的贫困，我们遇到的人看起来也都很快乐。就像尤伊斯特群岛克罗夫特小农场上的农民一样，他们生活在一个美丽且不受打扰的地方，吃着健康的食物，多数是自己或是邻居种的。如果他们也像我们一样，整天奔波着去上班，坐在格子间里，或是在开会时梦想着能每年去一次希腊的某座岛屿，那么他们的生活究竟是在变好，还是在变坏呢？我不知道这个问题的答案。尽管我知道改变在所难免，但如果完全从熊蜂的角度来说，我希望这些改变不会发生。就像在外赫布里底群岛一样，年轻人会满足于接管波兰乡下的小农场

吗？此外，外界的影响也发挥着巨大的作用。早在我们到访
68 的前两年（2004年），波兰就已经加入了欧盟。欧盟的共同农业政策是迄今为止人类制定的最不公平、最模糊、最有悖常理的法律之一，我担心这一政策会导致在波兰部分地区和东欧一些地方硕果仅存的生物多样性彻底丧失。共同农业政策在20世纪50年代末出台，其初衷在于，通过补贴现代农业、保证作物价格不受供求关系的影响，实现增加粮食产量的目的。这个目标看起来值得称赞，尤其是在欧洲地区，第二次世界大战造成了近20年的食物配给和食物短缺。这些政策的负面作用是我们为欧洲乡村地区的破坏提供了补贴，使乡村地区采用机械农业方式生产了大量的粮食，廉价、受补贴的农产品充斥了世界市场，让欧盟的农民能在与发展中国家农民的竞争中获得人为带来的后天优势，结果导致世界其他地方数百万的农民陷入贫困。本质上，这还涉及用欧洲纳税人的巨额资金来补贴机械农业。其中绝大部分资金都流入了跨国农业企业和欧洲最主要的土地所有者的腰包。无论从谁的标准来看，这些组织和个人已经相当富裕，只有一小部分补贴资金提供给了小农场主。他们为了能收获更多的粮食、开拓农场而苦苦挣扎，这些人才是我们应该补贴的对象。跨国公司收购大量农田实现土地兼并，以及经常随之而来的本地人被取代、工业规模的农业生产，通常是非洲和南美洲才

有的事情。但是，最近这些年，在整个东欧，这种情况也已
经出现，尤其是在罗马尼亚、塞尔维亚、匈牙利、乌克兰等
国家。在波兰，外国公司如果想要购得土地，需要一份专门
的证明。但是这项法律在2016年已经到期，所以，跨国农业 69
企业非常有可能会购买尚处于廉价状态的土地，将农业生产
改成工业模式，同时还能从我们这些纳税人手里获得补贴。
2015年2月，波兰农民用拖拉机阻挡全国的道路，抗议他们
的生计所受到的威胁。但是，他们是否能阻挡“进步”的潮
流，还有待观察。

这个故事也有积极的一面。用纳税人的钱来补贴全欧洲
的农业这一事实意味着纳税人对于这些钱的支配有发言权。
如果欧盟的共同农业政策出现重大调整，把补贴大公司的钱
用在补贴小型农场上，鼓励可持续的、环境友好型的农业生
产方式和本地粮食生产，就能让农业社区的生活变得更好，
而不是毁掉它们。当然，发生这样重大的变化并不是件容易
的事，但我们绝不能因此就放弃尝试。或许，那是其他时代
的故事，甚至是另一本书的故事了。 70

第四章
巴塔哥尼亚与金巨熊蜂

> 想一想蜜蜂，它们能意识到自己必死无疑吗？它们会因惊讶而恐惧吗？它们的复眼能见到幽灵吗？
> ——马尔·坎贝尔《蚂蚁崇拜》

2012年1月1日，我从格拉斯哥起程，途经希思罗和法兰克福飞到了布宜诺斯艾利斯，我的博士生杰西卡·斯克里文与我同行。她正在研究英国的隐熊蜂[20]的种群基因和生态学特性。我们当时正在苏格兰做研究，整个十二月，苏格兰的天气都可以用“阴郁”[21]来形容，所以我们都盼望着去南半球 71
感受一下夏日阳光的味道。我们自愿承担的任务是去调查欧洲熊蜂对南美洲本土动植物的影响。有消息说，有些灾难性的情况即将发生，威胁到了南美洲所有熊蜂的未来。我想亲自看一看到底是怎么回事，是否有可能找到一些解决的办法。

南美洲是南半球唯一拥有熊蜂自然种群的地方，大部分种类的熊蜂都生活在北半球。我们推测，它们最早起源于四千万年前的东喜马拉雅地区，然后向旧世界的温带地区扩展，向西扩散至波兰，并最终到达本贝丘拉岛；向东到西伯利亚，并越过白令海峡，抵达阿拉斯加和北美洲其他地区。熊蜂个头大，而且身上布满绒毛，因此它们会在温暖的气候中变得体温过高。所以，它们从不冒险向南靠近赤道。美洲地区是唯一的例外。在那里，几乎不间断的山脉贯穿中美洲，连接起落基山脉和南美洲的安第斯山脉。在大约四百万至一千五百万年前，有些特别有冒险精神的蜂经由山脉中较为凉爽的栖息地到达南美洲。它们在南美洲演化出了多个物种，因此我们推测，它们一定非常喜爱自己发现的新环境。现在，南美洲生存着24种本土熊蜂。这其中包括一些非常奇特的熊蜂，如钝头熊蜂。它们适应了南美洲热带地区潮湿的低地生活，这种栖息地通常不会与熊蜂联系在一起。钝头熊蜂周身黑色，翅膀也是烟黑色的，酷似木蜂，以不惜一切代价保卫自己的巢穴而出名。它们的生活史与一般的熊蜂非常不同，种群可持续几年，没有冬季滞育。一个蜂巢中也可能有多达八只蜂王，不过，它们经常厮斗，最终只会剩下一只。和欧
72 洲的情况一样，南美洲有些种类的熊蜂数量也大幅度下降，极有可能是集约化农业造成的。例如，斗熊蜂（听起来是种好斗的熊蜂？）是一种生活在巴西、乌拉圭和阿根廷北部开阔草地上的熊蜂。现在，人们认为它们已经从先前很多栖息

地中消失了。以前，在布宜诺斯艾利斯附近还可以找到它们。但是现如今，它们似乎已经灭绝了。在过去的25年里，鲜有关于它们的记录。

我特别渴望见到一种叫金巨熊蜂的物种。据称，它们是世界上最大的熊蜂。与它们相比，卓熊蜂看起来像是蚊子那么小。而且，据说这种奇妙的动物有一身漂亮的金色绒毛（恐怕我不能用皮毛这个词来谈论熊蜂身上的毛）。鉴于它们体形庞大，有人把它们的蜂王比作会飞的金色老鼠。这些绒毛也能帮助它们在巴塔哥尼亚和火地岛寒冷、多风的气候条件下保暖。金巨熊蜂是阿根廷和智利南部发现的唯一一种本土熊蜂，与安第斯山脉联系密切。遗憾的是，根据当地科学家的报告，在欧洲熊蜂进入南美洲之后，金巨熊蜂正在迅速消失。

尽管有很多入侵物种造成灾难的翔实记录，如英国的水貂、北美灰松鼠，以及澳大利亚的蔗蟾和野兔，但人们依然热衷于把蜂类从世界的一个地方带出来，并释放到其他地方。原产于欧洲和非洲的蜂类已经扩散到了除南极洲以外的所有地方。人类也特意把许多其他蜂类，如各种熊蜂和一种独居的小型蜂从一个大洲带到了另一个大洲。在20世纪80年代
末，智利农学家从新西兰引进草熊蜂，以期帮助车轴草授粉。 73
草熊蜂并非原产于新西兰，而是在1885年出于同样的原因从

英国肯特郡引进到那里的。新西兰农民注意到，他们的红车轴草不结籽。后来，他们发现这是因为没有熊蜂为它们授粉。就和现在波兰的情况一样，19世纪80年代的新西兰和智利农民也种植车轴草，然后通过翻耕来提高土壤的肥力。我们不太清楚为什么智利人对本土金巨熊蜂所提供的授粉服务不满意。或许是因为在种植车轴草的低地，金巨熊蜂的数量太少了，毕竟它们更适宜生活在山区和凉爽、潮湿的森林地带。不管对本土熊蜂的不满是出于何种原因，事实是草熊蜂被人为引入本地区，并且几乎没有人考虑过它们可能带来的后果。很快，草熊蜂便定居下来。

智利这个国家的形状很奇特。它呈长带状，从南到北有3 000多千米长，被挤在一个狭小地带里。它的西边是太平洋，东边是安第斯山脉，北边的阿塔卡马沙漠是地球上最干旱的地区之一，南方的火地岛则雨水充沛。火地岛也是最接近南极洲的陆地。草熊蜂最初被引入位于智利中部的首都圣地亚哥附近。草熊蜂以此为中心，分别向南和北两个方向扩散，直到被两端的极端气候挡住了脚步。

1994年，智利的邻国阿根廷第一次出现了关于草熊蜂的记录。我还是简单介绍一下阿根廷的地理情况吧！安第斯山脉横贯南北，阿根廷位于其东侧。阿根廷和智利一样狭长，但形状大致呈三角形，以火地岛为顶点向中部和北部变宽

（火地岛分属智利和阿根廷两国）。阿根廷的中部及北部地区宛如球状，与巴西、玻利维亚、巴拉圭和乌拉圭接壤。同智利一样，阿根廷各地的气候差异巨大：南部地区严寒、多风，西北部是高山沙漠，东北部则是亚热带森林。安第斯山脉是 74
世界第二高的山脉，在智利和阿根廷两国的大部分边境线上提供了令人生畏的屏障。这不失为好事一桩，让两国极少交恶。不过，在阿根廷的圣马丁德洛斯安第斯附近，山脉海拔较低，有的山口只有700米高。人们认为，草熊蜂就是通过这些地方翻越了安第斯山脉。不久，在圣马丁周围温暖葱郁的南青冈和智利南洋杉森林中，它们几乎已经随处可见。多年来，它们似乎与金巨熊蜂做到了和平共处。二者都是长喙物种，所以它们都喜欢深花冠植物。人们担心它们会有朝一日读懂生态学教材上的高斯原理，发现它们不该生活在一起。如果草熊蜂果真是超级赢家，那么或许它们会造成当地的金巨熊蜂消失，特别是这两种熊蜂都喜欢本地生长的一种美丽植物——紫色倒挂金钟。阿根廷科马休国立大学位于圣卡洛斯–德巴里洛切，就在圣马丁南边，该校的一名科学家卡罗琳娜·莫拉莱斯从20世纪90年代就开始研究本地区的熊蜂，还关注过不同熊蜂这些年来的数量变化。她注意到，草熊蜂到来之后，金巨熊蜂的数量稍有下降，但是并没有受到特别巨大的影响。在相当长的一段时间内，这两种熊蜂似乎不太懂高斯原理，相安无事。这倒是好事，它们做到了和平共处。不幸的是，这并非故事的结局。

欧洲熊蜂为欧洲人所熟悉和喜爱。最近，在一个网上投票中，它们被评选为英国最受喜爱的昆虫。欧洲熊蜂扩展到了非常广泛的地区，比草熊蜂的生活范围更加广阔。欧洲熊
75 蜂被大量用于西红柿授粉，因此，每年大约有两百万窝欧洲熊蜂在欧洲的工厂中被繁殖出来，然后传播到全世界。与草熊蜂一样，欧洲熊蜂在1885年从英国肯特郡被引入新英格兰，用以帮助车轴草授粉。1991年，或许是在一个西红柿种植者非正式的援助下，它们传播到塔斯马尼亚岛。大约在2005年，它们意外从日本的西红柿温室中逃脱，现如今，它们正在野外繁衍扩散，不断蔓延，引起了环保主义者的担心。兴许最严重的恶果是智利加入了这一行列，并且在1998年，他们也进口了一些欧洲熊蜂，或许他们不满足于仅有一种非本土种类的熊蜂。我们不太清楚人们指望欧洲熊蜂在智利扮演什么角色。它们的喙很短，因此不擅长为红车轴草授粉。或许，当地人想让它们为西红柿授粉。

无论引进它们的初衷是什么，欧洲熊蜂都没有固守原地等你弄清楚。它们的适应力非常强，无疑是最顽强的一种熊蜂，几乎能够在所有栖息地生存下来，就连深耕的土地也不例外。从南方半沙漠的摩洛哥到北方的挪威，再到东方的以

色列，都是它们的自然分布范围。它们迅速适应了智利的新环境，并向外拓展，边扩张边繁殖。欧洲熊蜂是短喙熊蜂，所以它们依赖浅花冠植物生存，这与长喙的草熊蜂和金巨熊蜂有所不同。在自然状态下，这些花是由安第斯山脉中数百种本土独居的蜂来授粉的。这些物种大都个头很小，喙很短，而且我们对它们的珍贵性知之甚少。它们可能受到了新的竞争对手的影响，也可能没受到影响。欧洲熊蜂也擅长偷盗花蜜。当种群需求增加时，它们会在花的侧面或背面咬出洞，从而盗取花蜜。正因如此，几乎没有它们不能食用的花。

2006年，在被引入智利八年之后，欧洲熊蜂首次到达阿
根廷。它们沿着当年草熊蜂的路径，穿越山口，抵达圣马丁，76
数量迅速增长。让卡罗琳娜感到惊恐的是，其他种类的熊蜂都在或迅速或缓慢地消失。金巨熊蜂曾经是本地区唯一的熊蜂，在夏季时随处可见。但是，后来它们似乎已经消失了，一同消失的还有大部分草熊蜂。在圣马丁和巴里洛切周围，这种情况一直持续到了现在。在过去的九年里，卡罗琳娜只见到过几只金巨熊蜂，不禁让她担心这些金巨熊蜂随时都有可能灭绝。

世界上最大规模的熊蜂数量急剧下降是吸引我来阿根廷的原因。有些重要问题似乎需要我们去回答。是什么导致了金巨熊蜂数量的下降？是因为入侵者带来的竞争，抑或是有

什么其他原因？欧洲熊蜂分布的范围到底有多大？在它们所到之处，当地熊蜂是否真的消失殆尽？我们能够做点什么改善这些情况吗？

带着这些疑问，2012年1月2日早晨，我和杰西卡来到了布宜诺斯艾利斯。刚到时，我们感觉有些时差失调，视线模糊。金巨熊蜂的祖先或许是在一千万年以前到达的阿根廷，草熊蜂比我们早到18年，欧洲熊蜂则是在六年前刚到的。我们租了一辆车，随后出发去寻找熊蜂。布宜诺斯艾利斯在阿根廷的东海岸，坐落在拉普拉塔河河口以南。我们大致的计划是开往正西，到达门多萨，然后再折向南，开往圣马丁，沿途寻找熊蜂。门多萨位于安第斯山的山脚下，在圣马丁北部，距圣马丁约1 300千米。没有人知道欧洲熊蜂向北和向东到达了哪里，因为在阿根廷，昆虫学者可谓是凤毛麟角。我们知道，在行进中的某个时刻我们一定会碰到它们的前锋。
77 与此同时，我们也想记录找到的其他熊蜂。据说，除金巨熊蜂以外，阿根廷有七种本土熊蜂。但是，有关它们的分布情况，我们知之甚少，更别说生态学方面的信息了。

离开布宜诺斯艾利斯比预想的要难。从机场出来，我们唯一能找到的一条路是经过市中心朝正北方向前进的。那时，我们连一份地图都没有，也没什么别的可以用来指引道路。所以，在迷宫一般的街道中寻找一条向西的道路时，我们迷路了。路上有冒着烟的旧汽车、崭新的四驱车、马车，偶尔还有羊经过。没什么标志可以帮我们，路标也很少，有些主干道上还有危险的深坑。这里如果有道路通行规则的话，也一定非常灵活。汽车在我们的两侧交织着穿行而过，它们会突然转向来躲避深坑和其他车辆。道路右侧似乎属于最快的人或最破的车，那意味着这里从来都不属于我。整体来看，这真是一次让人神经紧张的体验。幸运的是，当地人似乎不太介意我的迟缓。尽管有多次差点要撞上去的经历，但没有一个人朝我使劲摁喇叭。不久，我完全失去了方向感，只好让杰西卡通过太阳的位置来判断哪边是西方。这有些困难，因为现在是仲夏的中午，太阳差不多在我们的正上方。不过，杰西卡还是尽了最大努力。甭管怎样，在经过了市中心的林荫大道和郊区数不尽的弯路之后，我们终于在下午走上了正路，开始了向西的行程。

离开杂乱无章的郊区之后，我们进入了我有生以来见过的面积最大的大豆田。阿根廷是世界上最大的农产品输出国之一，世界四分之一的大豆和百分之五的牛肉从这里产出。布宜诺斯艾利斯周围是一片辽阔、肥沃的平原，向西绵延800 78
千米，面积约有500 000平方千米，比整个英国还要大一倍多。严格说来，它并非一片田野，而是由数以千计的矩形田野构成。但是因为它们被狭窄的篱笆隔开，而且中间没有灌木，树也很少，所以看起来更像是一块一直会延续下去的田地。除了用来存储大豆的巨大银色筒仓偶尔出现外，地平线连续不断。这个让人印象深刻的例子充分证明了人类主宰自然的能力——他们能消灭害虫、铲除杂草，会把一切都牺牲掉种植单一作物。我看到一件很有意思的事——这里在肆无忌惮地为转基因作物做广告。在欧洲，转基因作物受到严重质疑，人们经常用血红的标题给它们冠以“弗兰肯斯坦”作物的标签。但是在这里，路旁的篱笆上挂着巨大的标志牌，不遗余力地宣传绿色田野中生长着的转基因作物品种。听说，这里生产的大豆大部分都被运往半个地球之外的中国。在那里，它们被当成牛饲料或是生物燃料。我注视着这片辽阔的单一绿色，不由自主地想到我们本来应该拥有更多智慧，找到一些对生态环境破坏较小、能更有效利用宝贵的自然资源的办法。

我喜欢到陌生的国家转一转，主要是因为这让我有机会见到之前未曾见过的野生动植物。但是，这里鲜有令人享受的东西。对生物学家而言，阿根廷东部地区格外令人失望。斗熊蜂已然消失，几乎所有曾经可能生存在这里的生物都不见踪迹。很明显，这里使用了大量的杀虫剂，因为我们经过的仅有的几条小溪中根本没有鱼和两栖动物，也没有苍鹭和白鹭等亚热带地区常见的捕食鸟类。所有这些小溪都被整修

成了直直的水渠，而且经常由水泥筑成。大部分水渠只是充 79
当排水沟，恶臭冲天，毫无生机而言。很明显，这里的人们只是把同一种作物年复一年地种植在同一片土地上，根本没有采用轮作的方式。这意味着要大量施用人工肥料，从而加重了对小溪的污染，导致有毒水藻的滋生。我们经过的仅有的几座小镇大多是一副惨淡的样子，到处都是尘土，还有许多销售和修理农业机械的店铺以及售卖化肥的店铺。

我不禁好奇，这片土地在被人类独享之前会是怎样一番情形？这里土地肥沃，有可能生长着大片亚热带森林，其中生活着各种有趣的生物。当然，我们人类需要吃饭，农民也需要谋生计，但让本来充满生机的森林彻底消失总是一件令人不齿的事情。

说句公道话，这里也有些有趣的亮点。在驾车穿过这片广袤平原的第二天，当我们在路旁杂乱无章的澳洲桉树下停下来吃午饭时，我们注意到树枝上有几个巨大的鸟窝，它们的主人——吵闹不已的绿鹦哥能发出嘶哑的叫声。这几窝鸟好奇地向下盯着我们看。有一种蜻蜓似乎已经对污染产生了抵御能力，能在小溪里大量繁殖。飞过道路时，它们的翅膀在阳光下闪闪发光。在行车过程中，我们不可避免地会撞上它们。一些棕色的小鸟在路边静候，随时等待捡食这些蜻蜓的尸体。后来，我们才弄清了这些鸟的名字——叫隼。城镇附近经常出现狗的尸体，这些肿胀的尸体往往会引来体形更大的凤头巨隼。这种鸟儿让人过目不忘，它们长相凶恶，有点像刘易斯·卡罗尔作品中的漫画鸟儿，体形和鹰差不多，头上长着冠毛，红色的脸上光秃秃的，柠檬黄色的腿却显得
80 特别长，给人不协调的感觉。对于我们的经过，它们毫不胆怯，而是用那不会眨动的黄色眼睛紧盯着我们，俨然一副挑衅的样子。

因为我们致力于寻找熊蜂，所以，我们每行驶80千米就停顿一次，做一个小时的计时研究去寻找它们，同我们之前在索尔兹伯里平原和波兰的戈尔茨山脉时采用的方法一样。我们挑选至少有几种路边野花的地方作为搜寻地点，包括黄星蓟、丝路蓟、起绒草等。它们都是外来种，应该是被早期的殖民者意外带过来的。尽管我们尝试了许久，但我们没有找到任何熊蜂。蜜蜂倒是有很多，偶尔还能见到巨大的窗木蜂。对此，我激动了一会儿，以为找到了黑色的钝头熊蜂。窗木蜂非常漂亮，但胆子较小，个头与熊蜂差不多，黑玉色的身上泛着紫色的油亮光泽。它们其实是一种独居蜂，尽管
81 与熊蜂长相相似，但两者之间的亲缘关系实际上很远。[22]

第二天我们继续向西行进，发现土地逐渐变得不如之前那么肥沃，庄稼的长势也要差一些，不再是绵延不断的样子。我的定位装置显示，我们正在不知不觉地攀升。虽然我们并

没有见过可以被称为山的地方，但现在已经到达了海拔2 000英尺处。这里的车辆也更少，经常一辆车也见不到。在经过圣路易斯镇之后，耕地突然不见了。呈现在我们眼前的是一片看不到尽头的平原，长满了低矮、多刺的灌木。笔直的道路空空荡荡，成为人类到过的唯一标志。之前的土地虽然没有一望无垠的单一作物，但也是精耕细作的产物，与现在的景象构成了相当大的反差。我们停下来，伸展一下身体，又在齐腰高、长满刺的金合欢树丛中闲逛了一会儿。这里有很多昆虫，也有一些个头很小的本地蜂，围绕着仅有的一些正在开花的灌木飞来飞去。在石头地上，各种甲虫正匆忙地爬行。原野中一片寂静，偶尔有几声蝉的断奏才会打破这片宁静。它们长着球一样的大脑袋，栖息在长满细枝的灌木上。黑头美洲鹫在我们头顶上盘旋，估计是盼着我们死呢。远处，小规模的龙卷风在平原上旋转前行，旋风把尘土和树叶都卷到了天上。

我们继续西行。一路上没什么地标，也没有拐弯，这让我们感觉好像待在原地不动。每隔80千米，我们都停下来搜寻熊蜂。现在比之前要有趣多了，因为能见到很多从未见过 82
的昆虫。不过，我们还是没见到熊蜂。一座名叫拉巴斯的小镇突然出现在我们面前，我们决心停下来过夜。我完全无法想象这里的居民靠什么来谋生。经过拉巴斯之后，周围的绿意多了些。一些勇敢的人曾尝试在路旁开辟田地和葡萄园，不过，看样子它们的收成都不好。道路还在慢慢爬升，随着高度的增加，我们见到了更加旺盛、规模更大、修整得更好的葡萄园。田野上长着一排排茁壮的葡萄藤，一团蓝灰色的云笼罩在西边的地平线上。地图显示，我们正在接近安第斯山脉。但是，田野上的景象还是没什么特别的地方。当我们接近门多萨的时候，云更高了，并且呈现出纹理、褶皱和影子。杰西卡和我差不多同时意识到那根本不是云，而是突然涌起的山脉，顶部没入云中。我们停下来，目瞪口呆，又拍了些照片。但是，照片并不能完全捕捉到场景的壮丽。这里是安第斯山脉最高的地方；同时，阿空加瓜山则是美洲最高峰，海拔接近7 000米。

门多萨处在众多高峰的怀抱中，是阿根廷的葡萄种植中心，以醇厚的马尔贝克红酒而闻名。凉爽的山坡上，葡萄长势很旺，因为有春天山顶积雪的融水滋润着它们。我们到达门多萨时，已经驱车行进了大约1 100千米，进行了约15次无果的一小时熊蜂搜寻。我们开始怀疑，这里是否还留存着阿根廷的本土熊蜂。如果有，它们到底在哪里呢？大部分熊
83 蜂喜欢凉爽的气候。所以，很自然，我们下一步就是要往安第斯山脉的高处去寻找。博物馆中古老的记录显示，金巨熊蜂曾经出现在像这样靠北的地方，现如今这里也应该有一些

其他物种。从门多萨向西，我们找到了一条非铺装道路，可以迂回向上进入山里。植被从葡萄园变成了点缀在半沙漠岩石坡上的桶状仙人掌，然后又过渡成更为葱绿的亚高山灌丛。当我们慢慢接近阿空加瓜山时，天变得黑暗起来。铅色的云笼罩着山顶，时不时地还有闪电穿过云层。就是在这个地方，杰西卡见到了第一只南美洲的熊蜂——一只匠熊蜂的蜂王。它庞大的身体大部分都是黄色，尾部泛红，正在一株黄星蓟上觅食，完全不理会我们的存在。所以，我们坐下来，伴随着头顶隆隆的雷声，欣赏了一会儿它的表演。在灌木中搜索一番之后，我们发现了更多的匠熊蜂。它们大部分都是工蜂，其中有很多都在某种矢车菊上觅食。后来，我们沿着路到了海拔2 000米的地方，这里到处都是欧洲柳穿鱼，看来匠熊蜂也非常喜爱这种植物。

我们在一座叫乌斯帕亚塔的小镇住了一夜。这里是一处低调而又令人愉快的旅游基地，是专门为那些高山徒步者和在奔腾河水中漂流的人准备的。我们喝了一瓶“安第斯”啤酒以示庆祝，然后，每人又来了一份美味的牛排和本地红酒。在这种情况下，如果没有这两样东西，似乎有点无礼。[23]在这个海拔，能有这么温暖着实令人惊讶。我们坐在户外吃饭，头
顶就是阿空加瓜山，看着那些拥有彩虹般绿色羽毛的漂亮蜂鸟 84
在路旁树木的紫色花丛中穿梭，真是一个特别愉快的夜晚。

第二天早上，我们向山里进发，最终抵达阿根廷与智利接壤的地方，这里的海拔接近3 000米。我们希望能在位于遥远北方崇山峻岭间的凉爽地带找到金巨熊蜂的种群。但是，经过一番搜寻，我们一无所获。偶尔倒是能看到更多的匠熊蜂，其中很多正在皱菊上觅食。这些长着粉色花的皱菊紧凑地生长在一起，银色的叶子特别漂亮。我们的头顶整天都笼罩着风暴云，当我们在户外拿着捕虫网忙碌时，还经常被冰冷的大雨点浇成落汤鸡。黄昏时，我们返回门多萨，并从那里折向南，开启前往圣马丁的6 000千米行程。在接下来的几天里，我们沿着向南的主路前进，这条路在安第斯山脉东侧较为平坦的地上，沿路有很多小酒店，茂盛的葡萄园和苹果园随处可见。只要有机会，我们就往西绕一段，返回山里寻蜂，结果崎岖的土路让我们租来的那辆破车完全瘫痪了。山上很多地方都被一群群的山羊啃过，牧羊人则骑在马上，一身传统装扮：戴着宽边帽，披着斗篷，穿着特别宽松的裤子。我曾在学校的地理课上学过关于南美牧羊人的知识。当时，我还用几个小时为他们画了一幅形象画。但是，我清楚地记得老师说他们放牧的动物要比山羊更加健壮。我们在想他们是不是为了吸引游客才特意打扮成这样，但看起来又不像。因为很明显，我们是这些偏僻的山谷中仅有的游客。大部分花都被山羊吃掉了，我们很难找到什么蜂。不过，在距离门

多萨300千米的南边，有一座名叫马拉圭的乡下商业小镇，在那里，我们找到了几个独立的匠熊蜂种群。 85

经过马拉圭小镇之后，葡萄园渐渐消失不见。小路在布满岩石的沙漠中蜿蜒前行了将近160千米，最后到达格兰德河的拐弯处。宽阔的棕褐色河流从西侧陡峭的岩壁上倾泻下来，进入平缓的山谷，被砾石分成了数不尽的溪流。在桥的那边，躺着一匹死马，肚子上有一个好像是篱笆桩一样的东西伸出来。经过这只不幸的动物，再往远处，几座房子矗立在几英亩绿油油的田地之上。在棕褐色的环境里，绿色的田地非常显眼。看样子这里可能会有蜂，所以我们停下来寻找。或许是为了防止美洲狮伤害牲畜，田地周围牢牢地围上了用带刺的金合欢树枝织成的篱笆。这些篱笆也能有效地阻挡昆虫学者，于是，我沿着河床上的鹅卵石绕过这片田地。透过篱笆，我看到一片杂草丛生的草地。其中有一种独特的浅蓝色的花，它们是蓝蓟，肯定错不了。如果这附近有熊蜂的话，那它们一定在这里。蓝蓟能分泌富含糖的花蜜，所以受到各种蜂的喜爱。在我的印象中，蓝蓟与夏日寻找蜂儿的快乐日子密不可分，因为在英国，大部分适合蜂类生存的地方都有它们的身影，如索尔兹伯里、邓杰内斯角的鹅卵石和沙丘上，以及泰晤士河口的沿海沙丘和沼泽。而在新西兰，它们是入侵杂草。在新西兰干旱地区，那些曾经用来养羊的草地如今都长

满了蓝蓟。原野上钴蓝色的花海构成了生活在那里的英国熊
86 蜂最主要的食物来源。[24]我总会在花园里种上一片蓝蓟，因为它们易成活，在草本花坛中格外漂亮。据说，它们也是治疗蛇咬伤（估计它的名字也与此有关[*]）和蜂蜇伤的良药。不过，我从没尝试过。

幸运的是，有一个地方让我可以翻越带刺的篱笆。我提心吊胆地翻了过去，随时准备着去迎接一个农民愤怒的大吼。那里有很多蜂群，有木蜂、蜜蜂、各种独居蜂和熊蜂。我们察看片刻，认出这些熊蜂是入侵的欧洲熊蜂。不仅是一两只，而是有几十只，随处可见它们享用着蓝蓟的花蜜。看来，我们是遇到了从圣马丁一路向北而来的先锋队。

从某些方面来说，看到这些熟悉的生物让人感觉很亲切。欧洲熊蜂是迄今为止最容易人工养殖的熊蜂。前些年，我曾花了很长时间研究它们，也做了各种实验。虽然我们预料到会在路上某个地方同它们相遇，但没想到有这么快。我们从地图上简单查看了一下，发现我们仍然在圣马丁北边900多千米的地方。熊蜂只用八年就跨过了这段距离。要知道，它们每年只有一代，巢穴又不能移动（除非它们比我想象的要聪明），每年建巢之前，它们的蜂王必定已经占据了这个地区。

* 蓝蓟的英文俗名为viper’s bugloss，字面义即为“能医治蝰蛇伤的药草”。

这样算来，它们每年能扩散100多公里，这个速度相当了不起。在熊蜂被引入塔斯马尼亚岛和新西兰之后，尽管它们最终占据了这两座岛屿，但它们扩散的速度要慢得多，每年只有几千米。我们之前不知道熊蜂的蜂王有如此强的飞行能力。87
在这里，它们是外来物种，潜伏着严重危害本土熊蜂的可能性，但我还是不由自主地表现出对这些顽强的小家伙的喜爱和敬佩。作为欧洲最常见的熊蜂物种，它们在新的环境里也活得很好。毕竟，来南美洲又不是它们的主意，我们凭什么责怪它们在这里的成功呢？

我招呼杰西卡过来。我们俩捕了几只蜂，并把它们装好，准备进行检查，看看它们携带哪种疾病。熊蜂非常多，以致有一次我一下子捕到了两只。这可是个低级错误。如果你稍有耐心的话，从网中把一只蜂弄到瓶子里非常容易，但是网中如果同时还有另一只愤怒的蜂儿，那可就是另外一回事了。理智的人会把它们全部放走，然而我无法抵挡要同时把它们弄到瓶子里的诱惑。这样做差不多只能造成一个结果——手被蜇。这次也不例外。好在杰西卡是捕虫高手。当我在一旁挣扎，诅咒和吮吸阵阵作痛的拇指时，她已经捕了很多只了。

我们继续朝南，沿着格兰德河又行进了一段距离。尽管有水源，但是花很少，根本没有蜂。我们进入了一片活火山地区，西侧不远处有几座光秃秃的圆锥形山峰。河水在凝固的黑色岩浆中切割出一条河道，公路也变成了崎岖的砾石小径，沿着河流穿过这片壮丽但并不太适合居住的田野。天气非常热，黑色的岩石吸收了太阳的热量，产生了滚滚热浪。这里几乎没有植物，实际上，除了家蝇以外几乎没有任何形式的生物。我们一停下来吃午餐，这些家蝇便成群结队地围
88 上前来。30年前，我曾在撒哈拉沙漠中部有过类似的经历。我真不知道这些生物是如何生存下来的。

又行进了约250千米之后，我们进入了一片包围乔斯马拉尔小镇的绿地。这里恢复了生机，我们立刻找到许多欧洲熊蜂。我不由自主地想到，这些欧洲熊蜂到底是如何穿越我们刚刚走过的这片区域的呢？这对我们来说都是无比艰巨的任务。要知道，我们配着空调汽车，有充足的瓶装水，有打包好的午餐。很难想象，蜂王是如何在这片无花的荒原上寻找道路的。

从这里向南一直到圣马丁，经历都大同小异。沿途我们穿过了几片规模更大、布满岩石的荒芜沙漠。但是，只要有绿地，就可以找到欧洲熊蜂。不过，无论我们怎样努力地寻找，都没有发现本土熊蜂，尤其没有发现金巨熊蜂。我们捉了一些欧洲熊蜂，把它们装好后继续往前走，一边开车，一边思考着为什么欧洲熊蜂在这里如此普遍。或许，它们得益于生长在路边的大量欧洲杂草，如蓝蓟和翼蓟。或许它们摆

脱了欧洲山区的竞争，因而获得了更多的自由。比如在波兰，就有许多其他种类的短喙熊蜂与它们竞争食物。也有可能它们甩掉了许多天然的寄生虫，如武氏蜂盾螨和泡眼蝇。前者感染它们的呼吸道，后者能从体内把它们活活吃掉。当然，我们一回到英国，便要对带回的样品进行检查，看一看它们究竟感染了什么疾病和寄生虫。

在距圣马丁大约80千米的地方，前方的地平线变成了阴沉沉、灰蒙蒙的样子，看起来有点像我在洛杉矶和首尔上空
见过的雾霾。之前在岩石高原上延伸的道路突然沿着一条巨 89
大的沟壑边缘俯冲下来，在悬崖的边上蜿蜒前行。我把车靠边停下，准备欣赏一番。这里的景色本来应该非常壮丽，只比美国的大峡谷稍逊一筹。不过，空气中充满了看起来像是烟的东西，只有偶尔当烟消退或是被疾风吹走时，我们才能看到山谷对面。我们下了车，很快便发现那根本不是烟，而是沙尘。这些沙尘刺痛了我们的眼睛，让我们直打喷嚏。八只巨大的黑鸟顺着气流飞向高空，我们很难在沙尘弥漫的风中眯着眼看清它们。但是，我注意到它们的脖颈上有白色环状羽毛，而且比我一开始认为的要更远，因此，它们的实际体形应该更大。事实上，它们是安第斯神鹫，是地球上最大的鸟类。这些可怕的大鸟竟然默默地悬停在盘旋的沙尘之中，真是壮观而怪异。

我们花了很长时间观察这些大鸟，直到眼睛再也无法忍受沙尘，随后便朝峡谷底部出发了。不久，我们经过了一座名叫圣胡宁的小镇。这里的植被与此前截然不同。谷底竟然出现了葱绿的森林，这可是我们在大约2 500千米的路途中第一次见到森林。沿着弯弯曲曲的路折向西，覆盖着森林的起伏小山、清澈的小溪和结冰的蓝色湖泊映入眼帘。如果没有仍然飘浮空中的尘土，这一定是无与伦比的风景。这些森林一直向南延伸，越过了圣马丁和圣卡洛斯–德巴里洛切。阿根廷的大部分地区都在安第斯山脉的雨影区内。盛行的西风在经过智利隆起的安第斯山脉时，把雨水降在了那里，因此，进入山脉东侧的空气比较干燥。然而，这个地区的山脉海拔
90 较低，来自太平洋的潮湿空气可以向东到达这里，滋养了这些秀美的森林。当然，这里也是被引进的熊蜂最初从智利进入阿根廷的地方，无论是草熊蜂还是欧洲熊蜂都是如此。

我们再次停下来寻找熊蜂。这里鲜花盛开，欧洲熊蜂随处可见。树林间生长着很多漂亮的橙色六出花和紫色的倒挂金钟。我捉住了这趟旅行中见到的第一只草熊蜂。它是一只蜂王，正在路边沾满灰尘的蜀葵上觅食。2006年之前，金巨熊蜂在这里非常常见，但是也有人说它们在这里早就绝迹了。

当我们朝西南行进时，灰尘越来越多，蜂儿也变少了。地上覆盖着一层灰尘，植物也在灰色覆层之下透不过气来。

我后来才知道，原来那些是火山灰。之前我们听说，大约两个月前，阿根廷和智利边界附近有一座火山爆发了，并且一直在喷射浮石和火山灰。但是，因为我自己生活的地区没有这些东西，所以过了很长时间我才知道它们是什么。我们经过几处湖泊，湖面上的背风处覆盖着厚厚的浮石。后来我们得知，第一次最强烈的喷发刚发生时，湖面上的浮石层厚得足以在上面走人。我们只见到几只欧洲熊蜂，它们看起来很忧伤，身上满是灰尘，正在同样被灰尘覆盖的花朵上觅食，这些花粉中肯定也混着很多火山灰。我猜想这一定会毁了它们发育中的幼虫；或许很多蜂巢会直接被火山灰掩埋，蜂儿无法逃脱。显然，各种蜂都很少，而且它们的种群之间离得很远。

我们穿过了圣马丁，它位于一片长长的湖泊旁，以夏季徒步和冬季滑雪而闻名，是一个旅游度假的好去处。这里的
房子大部分由瑞士和德国移民用木材建造，风格与瑞士阿 91
尔卑斯山下的农舍类似，使这一地区看起来像是一片瑞士的土地降落在了南美洲，周围那些顶部积雪的山脉更加重了这一感觉。我们停下来在一个小餐厅喝了点东西。这里出售二十五种热巧克力，还附带大块的巧克力蛋糕，但除此以外再无其他东西了。

从圣马丁出发后，我们驱车走了一天抵达巴里洛切。我

们途经一座座风景如画的森林，把火山灰也甩在了身后。在这里，我们遇到了卡罗琳娜和她的博士生玛丽娜·阿尔伯特曼。玛丽娜刚刚开始她的博士研究，研究课题便是欧洲熊蜂入侵的影响。她正在尝试勾勒出欧洲熊蜂在圣马丁以南的分布图，她的记录已经延伸到了距圣马丁1 200千米的埃尔卡拉法特。在欧洲熊蜂扩张的范围之内，她几乎没有见过金巨熊蜂，但是她的一个同事报告说，几天前曾在附近的一片湖泊旁见过一只。玛丽娜便带着我们前去搜寻，以期有所收获。这里的火山灰要少得多，景色极美。高高矮矮的雪山排列在绿松石一样的湖边，仿佛相框一样。为了加强保护，这里设立了国家公园，到处是茂密的森林和漂亮的野花。沿着纳韦尔瓦皮湖岸，我们走到了最近发现金巨熊蜂和卡罗琳娜多年记录熊蜂的地方。湖岸边长着开满娇嫩白花的尖叶龙袍木，冬季吹过湖面的风让它们布满了结瘤和扭曲。过去，金巨熊蜂非常喜爱这种花。但是，我们只见到了欧洲熊蜂。我们还见到了很多其他动物，比如长着蓝色、白色和铁锈色羽毛的棕腹鱼狗。它们的大小和鸽子差不多，正在湖岸边觅食。一群群的绿喉鹦哥从我们身旁飞过。虽然如此，我们还是感到
92 有些沮丧。我们从门多萨向南行进了1 300千米，而且一直处在金巨熊蜂过去的分布范围内，但是我们一只也没有见到。而现在，很明显，在几乎所有已知的分布范围内，金巨熊蜂

都濒临灭绝。从埃尔卡拉法特到火地岛只有约300千米，从那里到南美洲最南端也是300千米。以目前的蔓延速度计算，两三年内，欧洲熊蜂就能到达南美洲最南端。那可能意味着金巨熊蜂的末日。

那么是什么造成了金巨熊蜂的减少呢？我们与玛丽娜和卡罗琳娜详细讨论了这个话题，认为看起来似乎不是它们与欧洲熊蜂间的竞争导致的。它们虽然会从某些相同种类的花上取食，但二者在喙长方面的区别使得它们对花的偏好并不相同。在世界其他地方，长喙熊蜂与短喙熊蜂能相安无事地共存。在波兰等地，数十种熊蜂能其乐融融地生活在一起。而且，金巨熊蜂减少的速度之快好像也不是竞争所能解释的。

我们讨论了归因于疾病的可能性。在世界的大部分地方，人类对熊蜂疾病知之甚少，但我们知道，熊蜂可能会遭受由原生动物、细菌、真菌和病毒造成的多种感染。西班牙人征服新世界后，他们无意中把一些欧洲疾病传染给了美洲土著人，而后者对这些疾病几乎没有抵抗力。欧洲人感染麻疹等疾病后能迅速康复，而且不会有遗留问题，但对美洲土著人来说，这些疾病却是致命的。结果是灾难性的，在过去几十年里，可能多达95%的美洲人口消失了。有些文明，如阿兹特克人，则完全陷入混乱，轻易就被欧洲入侵者占领了。人
们曾认为亚马孙平原的大部分地区都是原始森林，最近有证 93

据证明事实上那里曾经养育了庞大的文明，种植着大面积的农田。但在距今500年时，疾病抹去了这一切，还扩展到了欧洲人都不曾到达的地方。这个过程主要是单向的，不过美洲土著人也送给了欧洲人梅毒，这也算是替自己稍稍地报了一点仇。[25]

是不是熊蜂也经历着类似的事情？我的博士生皮特·格雷斯托克最近做了一些巧妙的实验。实验显示，疾病可以在不同蜂种根本不接触的情况下相互传播。当一只被感染的蜂在花上采蜜时，它身上携带的寄生虫就会把花污染。有可能是口器污染了花蜜，也可能是脚和身体污染了花瓣。在毫不知情的情况下，下一只来采蜜的蜂便被感染，要么把寄生虫吞进体内，要么就把它们带回自己的巢内。皮特自己称它为“花际传播疾病”，或简写为“FTD”。如果欧洲熊蜂携带着一些它们自己基本免疫的疾病，那这些病非常容易传播给本土蜂。但是，我们很难对这种假设进行测试。现在几乎没有金巨熊蜂了，所以，我们没法研究到底是什么导致了它们的死亡。如果有幸捉住一只金巨熊蜂，那可能是因为它是少数能逃脱疾病的幸存者，或者可能是具有天然免疫力的少数派。研究入侵熊蜂能弄清它们携带什么疾病，这也是我们捕捉欧洲熊蜂样本的原因。但是，这并不能说明是哪种疾病导致了
94 本土熊蜂的死亡。更何况，还不一定是疾病造成的呢。

玛丽娜已经开始了这方面的研究。她发现，巴里洛切附近的许多欧洲熊蜂感染了熊蜂孢子虫病，这是一种生活在欧洲和北美洲的熊蜂携带的疾病。在欧洲，这种疾病有时对熊蜂是致命的。不过很多个体虽然携带着病原体，却没有任何症状。这种疾病以前并没有在南美洲记录过，可另一方面，由于此前几乎没有人注意过，所以我们很难判断没有记录到底意味着什么。很有可能这种疾病随着欧洲熊蜂到达这里，并且造成了金巨熊蜂的减少。不过，对此我们并没有十足的把握。

我们随后研究了在阿根廷采集到的欧洲熊蜂，发现其中有很多还携带着另一种病：熊蜂短膜虫病。它的病原体是一种锥虫，与舌蝇在非洲传播的昏睡病的病原体有亲缘关系，后者能造成熊蜂内脏感染。被感染的熊蜂会表现出多种症状——它们的卵巢会更小，脑子似乎也更笨，不太善于学习，也记不住造访哪些花会更有收获。在欧洲熊蜂被引入之前，人们曾在南美洲的熊蜂身上发现过熊蜂短膜虫。但是，入侵者从欧洲带来了不同基因型的熊蜂短膜虫，没准这正是金巨熊蜂走向毁灭的原因。

很明显，我们还需要做很多工作才能弄清到底发生了什么，或许可以使用博物馆中的标本来确定在欧洲熊蜂到来之前，金巨熊蜂携带着什么疾病。判断昆虫针上早已死去的熊蜂携带哪种疾病听起来很麻烦，但现代技术手段非常灵敏，应该能够检测出病原体携带的基因。玛丽娜已经做过这方面的尝试。她检测了一小部分古老的金巨熊蜂标本，并没有发现熊蜂孢子虫病原体。不过，可供她使用的标本并不多。所
95 以，她不确定结果到底是真的没有，还是她的技术有缺陷没能发现它们。她需要的古老标本是那些感染了熊蜂孢子虫病，且被最终杀死的“阳性对照”，但她并没有找到。

草熊蜂或许也可以提供一点儿线索，让我们知道到底是怎么回事。阿根廷的草熊蜂似乎和金巨熊蜂一样受到了欧洲熊蜂到来的影响。这确实有点意思，因为草熊蜂同样也源于欧洲，按说应该对欧洲的疾病有免疫力。另一方面，智利和阿根廷的草熊蜂是从新西兰引进的，从离开英国算起，它们在那里已经生活了约100年。如果它们在新西兰有100代都没有接触过某种疾病，就很有可能失去了对这一疾病的抵抗力。因此，如果罪魁祸首果真是某种疾病的话，那它一定起源于欧洲，但在熊蜂被引入新西兰时，并没有传播到新西兰。多年前我刚好从新西兰收集过一些草熊蜂的标本。所以，只需要检查一下它们携带哪种疾病就行了。现在，再给我一些资助来贴补费用就能解决问题。

如果我们能再多做一些研究，就可以弄清金巨熊蜂死亡的根源。但那之后呢？我们没有办法给火地岛那些暂时幸存

的熊蜂注射疫苗。或许更可能的做法是设立一个圈养项目。可这也非常麻烦，因为此前从未有人圈养过它们，而且我们还有可能永远无法把它们再次放归自然，除非未来的技术能一劳永逸地解决这一问题。有人给我提了一个非常有创意的建议：把火地岛的金巨熊蜂全部清空，然后把它们转移到安
全且没有本土熊蜂生存的福克兰群岛。虽然我不知道那里是 96
否有适合金巨熊蜂生存的花，但那里有类似的气候。没准儿英阿联合拯救熊蜂的项目还能修复我们两国惨淡的政治关系呢！不过，另一方面，这种做法会不会带来更大的弊端？毫无疑问，在福克兰群岛生存的本土授粉者恐怕要与新的外来熊蜂竞争，金巨熊蜂携带的疾病也可能影响它们。做了诸多权衡之后，我认为尽管这个想法很有吸引力，但是我们应该吸取以往的教训，不应该在尚未透彻理解的情况下就强加干预，因为这有可能让事情变得更糟。

除了造成金巨熊蜂的灭绝外，欧洲熊蜂的引入可能还有更为严重的后果。我们不知道南美洲的其他熊蜂在遇到入侵者时会有怎样的反应。如果疾病这一假设是正确的，那么其他本土物种也极有可能会受到感染。2012年，可爱的匠熊蜂距离朝门多萨前进的欧洲熊蜂的先锋队只有一步之遥，但是在2015年，杰西卡和我发现的种群似乎已经被欧洲熊蜂征服了。它们也会消失吗？再往北走，还有更多的熊

蜂。南美洲总共有24种熊蜂，其中很多生活在安第斯山脉的秘鲁和哥伦比亚境内。欧洲熊蜂能走多远呢？我们不得而知。根据它们表现出的对气候的忍耐性，我们有可能预测到这一范围。在欧洲，它们的分布范围从苏格兰到西班牙南部、摩洛哥和特内里费岛，向东到达中东干旱贫瘠的土地。它们显然充满生命力，适应能力很强，或许比其他任何熊蜂都强。凉爽的安第斯山脉一直向北延伸，欧洲熊蜂或许能够渗透到南美洲的大部分地区。只有时间才能验证这
97 一点。

然而，也并非完全没有希望。对欧洲熊蜂来说，火地岛可能太冷了。尽管我对此持有疑问，但如果果真如此，那么这里就有可能成为金巨熊蜂的避难所。或许还有些遥远的山区金巨熊蜂种群隐藏在安第斯山脉中那些欧洲熊蜂不能到达的地方。在巴里洛切附近，直到欧洲熊蜂到达那里八年之后，还偶尔能见到金巨熊蜂的身影。这或许是最值得欣慰的地方。正像一小部分北美土著人挺过了疾病的肆虐一样，这些幸存的金巨熊蜂可能也具备了抵抗力。如果有足够多的个体存活下来的话，那它们的数量说不定能慢慢恢复，因为它们曾经蓬勃生长的栖息地仍然存在，正期盼着它们的回归。

在经过巴里洛切之后，我们转向东行。我本想继续向南，以期最终能见到一些金巨熊蜂。但是我们的时间不够，而且

我们知道在那个方向能找到什么。根据玛丽娜的研究，欧洲熊蜂已经从巴里洛切向南拓展了相当远。于是，我们转向东行，离开了安第斯山脉，去勾画一幅完整的欧洲熊蜂扩张图，也是为了查清在巴里洛切和大西洋海岸之间是否还有本土熊蜂生存。不久，我们便离开了葱绿的森林，再次进入不适合生物生存的地方，这里如荒漠一般，还布满了石头。我们驱车经过了很多石灰岩地带，层层叠叠，非常漂亮。一亿年前，这些岩层曾铺在海床之上。现在，它们侧翻过来，并且受到了火山活动的影响。为了调节放松一下，我们停止了寻蜂，花了一段时间在石头上敲敲打打，寻找化石。这里有很多鹦鹉螺化石，是远古时生活在海洋中的软体动物。巴塔哥尼亚地区发现过一些特别了不起的化石，包括几个恐龙新种，但可惜我们没有什么重大发现。

虽然我们没有找到任何恐龙化石，不过第二天，我们确
实在一个拐弯处见到了一只真实的恐龙正在吃人，至少乍一 98
看是这个样子。有人用玻璃纤维建造了一只实物大小的食肉恐龙，并把它放在茫茫荒野之中。这么做具体是出于什么原因，我们至今仍无从知晓。有一个过路人把车停在张开的血盆大口之下，爬到车顶，然后又跳起来，把自己挂在恐龙的牙齿上，这一幕刚好进入了我们的视线。

在朝遥远的东海岸前进的过程中，我们在每一片长势良

好的花丛中搜索熊蜂。但是在后来的路途上，我们一只都没找到。我们见到了很多其他美妙的东西，包括美洲鸵。查尔斯·达尔文是最早描述这种不具备飞行能力的大鸟的人。在“小猎犬号”上旅行期间，他详细描述了它们的特征。这些美洲鸵大部分都以家庭为单位在一起活动，每家中有十几只幼崽跟在后面。这里也有原驼和大羊驼，它们结成小队在干旱的平原上奔跑。但是无论怎样努力，我们都无法找到熊蜂。看起来，欧洲熊蜂似乎没有向东深入多少。这实在有些奇怪，因为它们向北、向南都扩展了相当大的范围，而且盛行风也会把它们吹向东部。从巴里洛切稍向东行便是一大片和沙漠差不多的区域，不过并没有向北必须要穿越的那片区域那样环境恶劣。向东行进了300千米之后，我们发现了一片灌溉良好、长满花的区域。我想，欧洲熊蜂很有可能在这里繁荣起来，而且最终一定会到达这里。

继续东行，我们穿过了潘帕斯草原。这片草原十分巨大，星星点点地分布着一些春季开花的金合欢树。看起来这里是熊蜂生活的好地方。不过，我们一只熊蜂也没有找到。这里的牧人放牧的牲口数量大得惊人，以至这片草原养育了5 000万头牲口。我们已经吃过很多牛肉了，但是那天晚上，还是粗心地点了一道“烧烤大杂烩”。我们以为那会是美味的小块儿牛排，事实证明，我们太天真了——端上来的是动物身体的不同部分，我们只得努力辨别到底它们属于哪一部分。不过，有一点几乎可以肯定：这些烧烤的东西里有被切成片的牛鞭和一大堆牛肚。最后，在一路颠簸、尘土飞扬地行进了 99
将近6 000千米后，我们抵达了布兰卡附近的海滩。看见美丽的沙滩，我们立刻冲过去，泡在水里使自己精神一下。然而，我几乎是马上就被水母蜇了，一下子让我没了心情。水母的触手贴在我的脚上留下了红色的痕迹，就像被鞭子抽过一样。

把欧洲熊蜂引入南美洲是人类导演的众多可预测的灾难之一，人类早该知道这么做的后果。当初，可能有几个智利农民认为往他们的田里引进一些欧洲熊蜂能够带来经济利益，而现在，整个南美洲都在为此付出代价。这个轻率的行为可能会导致24种熊蜂的灭绝。看起来似乎没有办法解决，也没有办法抵消已发生的恶果。我们有望找出导致金巨熊蜂数量下降的真凶，或许这有助于为其他地方能否引进外来种熊蜂的争论提供依据。说不定在南美洲北部生存的本土熊蜂也有类似梅毒一样的东西来阻止欧洲熊蜂的传播。

截至2016年1月，来自南美洲的最新消息显示，欧洲熊蜂已经到达了麦哲伦海峡北岸。麦哲伦海峡的最窄处只有10千米，所以，应该阻挡不了它们多长时间。一位名叫何塞·蒙塔尔瓦的智利昆虫学家成功发起了一项为金巨熊蜂设立档案的运动，鼓励人们把有关本土熊蜂和入侵熊蜂的记录发给他。

在欧洲熊蜂入侵的地方，陆陆续续有几个人汇报见过金巨熊
蜂，这让我们看到了希望，或许真的有一些个体拥有了对抗
100 欧洲疾病的免疫力。果真如此，那可真是令人欣慰。我们现
在只能交叉手指祈求好运，希望有一天能见到一只在本土的
森林中焕发生机的金巨熊蜂。然而，除非我们抓紧时间去火
101 地岛，否则，现实场景很可能和我期望的正相反。

第五章
加利福尼亚和富兰克林熊蜂

生物多样性很喧闹——有的走，有的爬，有的游，有的俯冲，有的嗡嗡叫；生物灭绝却很寂静——除了我们自己的声音以外，一切都很沉默。

——保罗·霍肯

2013年春天，我应邀来到加利福尼亚大学戴维斯分校，做了一系列关于熊蜂研究的报告，并会见了尼尔·威廉姆斯的研究小组。尼尔是一位蜜蜂生物学家，瘦高个，脾气很好，非常可爱，我们曾经在研讨会上见过几次。据我了解，他正在研究如何以最佳方式来增加加利福尼亚的传粉昆虫数量，因此我非常渴望去看看他们的工作。我还有一个不为人知的目的：戴维斯分校距离富兰克林熊蜂出没的地方非常近。

富兰克林熊蜂的故事充满悲剧色彩。如果不是因为罗宾·索普的努力，我们对这个物种几乎一无所知。罗宾一直在戴维斯分校工作，他的研究基地也在那里。很多年里，他研究的主要对象是蜜蜂和授粉，但后来他对加利福尼亚的野蜂产生了浓厚的兴趣，其中就包括熊蜂和很多独居蜂。20年
103 前退休后，罗宾获得了按自己喜好进行研究的自由。他的大部分研究兴趣都集中在熊蜂上，并在全美及其他地方开展了很多实地考察。我们现在已知的有关富兰克林熊蜂的大部分信息都是罗宾获得的。

富兰克林熊蜂看起来很漂亮，它们体形中等，除了一圈宽宽的黄色条带以外，全身几乎都是黑色的，看起来有点儿好战。亨利·J. 富兰克林1913年出版了第一本有关南北美洲熊蜂的专著，为了表达对他的敬意，1921年，这种熊蜂被命名为“富兰克林熊蜂”。从富兰克林的著作和博物馆的记录中我们得知，富兰克林熊蜂仅分布在加利福尼亚州和俄勒冈州交界的一片很小的区域内，是所有熊蜂自然栖息地中面积最小的。和以往的情况一样，我们同样不知道它们为何被限制在这片区域之内。就我们所知，它们对环境的要求并不是非常挑剔，但或许存在某种因素使它们局限在这个地区。它们的食物非常普通，除羽扇豆、花菱草和细斑香蜂草外，还有很多其他食物。我们不知道它们在哪里筑巢，可能像很多熊蜂一样选择旧兔窝。大约在1994年之前，只要你和罗宾一样知道去哪里找，它们还是非常常见的。

不幸的是，在20世纪90年代中期，北美洲发生了一些
可怕的事，有一大类熊蜂在几个季节的时间里竟然从整个大
陆上完全消失了。这些消失的熊蜂之间亲缘关系较近，属于
熊蜂亚属（*Bombus*）。[解释一下：所有的熊蜂都属于熊蜂属
（*Bombus*），但这个属又进一步分为三个亚属，其中有一个被
称为熊蜂亚属。这确实容易让人感到困惑。]这一大类包括北
美洲最常见的熊蜂：锈斑熊蜂、黄带熊蜂和西部熊蜂。这些
物种一度数量庞大，却突然变得稀少，甚至从曾经分布的广 104
阔区域内消失了。好在其中大部分物种在其他地方依然存在，
例如在最初分布范围西北方的伊利诺伊州和艾奥瓦州，我们
还能见到锈斑熊蜂，尽管它们曾经分布在横跨北美洲东部的
广大地区。黄带熊蜂在缅因州和佛蒙特州似乎生活得还不错。
西部熊蜂虽然分布范围缩小到了原来的四分之一，但是它们
在阿拉斯加州仍旧十分常见。可悲的是，富兰克林熊蜂却是
一个例外。它们也属于这个亚属，但与其他成员不同，它们
变成了地方性蜂种，仅分布在长300千米、宽100千米的一小
片区域之内。1995年，罗宾注意到它们的数量比以往少了很
多，而且在逐年下降。2006年，富兰克林熊蜂消失了。从那
之后，罗宾回到它们以前经常出没的加利福尼亚州和俄勒冈
州的交界处寻找它们。不过，他的运气并不好。

那么到底发生了什么？我们最容易想到的是，尽管这里

没有特意引进熊蜂，但也发生了与南美洲同样的悲剧。这一大类熊蜂消失的根源有可能需要追溯到20世纪80年代，那时，比利时开始了熊蜂的商业化驯养。业余蜂类爱好者、兽医罗兰·德荣赫博士发现，熊蜂能为西红柿授粉提供有效帮助。在这一点上，蜜蜂基本什么忙也帮不上。于是，他开始养殖欧洲熊蜂的蜂巢，并用于销售。在此之前，科学家们曾经养殖过少量蜂巢用于科学研究，但是没有人尝试过为这一过程提速，把它们用于大规模生产。德荣赫的蜂巢销售火爆，不仅在荷兰境内大受欢迎，还销售到了国外。[26] 1990年
105 时，几家熊蜂工厂在比利时和荷兰涌现，争相满足全球西红柿生产对熊蜂蜂巢的需求。

北美洲的西红柿种植者也想拥有这项技术，但与智利不同，这里严禁引进外来物种。那时，还没有人掌握大规模养殖北美物种的技术。在欧洲，熊蜂养殖者严守他们的生产机密。我曾经有幸参观欧洲三家最大的熊蜂养殖公司，但是每家公司都坚持让我签署一份不许泄密的协议。有意思的是，这些公司的养殖方法大相径庭，但因为他们都不与竞争对手分享知识，所以他们都不能把这一过程最优化。恐怕我不能再多说了，否则我就要上法庭了。

在这种严格保密的氛围之下，北美洲地区的人无法通过简单询问的方式来知晓如何建立自己的熊蜂养殖公司。后来

到底发生了什么至今仍是一个谜团。据说，有些种类的北美洲熊蜂的蜂王被带到了欧洲的工厂，目的是看一看能否引导它们筑造蜂巢。这些蜂巢随后被带回北美。这听起来倒是合理，但是很难找到记录证实这种说法。熊蜂养殖公司不愿意承认参与其中，原因不言自明。

不幸的是，迄今为止，似乎已经证明了不可能在大规模养殖熊蜂蜂巢时不受疾病的影响。在自然状态下，熊蜂会遭受很多疾病的侵袭，包括病毒、细菌、真菌等。当人们用野外捕捉到的蜂王建立新的蜂巢时，这些疾病就不可避免地被带进了工厂。熊蜂蜂巢的养育也需要依靠从蜜蜂蜂巢中取得的花粉，因为实在没有其他性价比高的途径可以获得所需的几千千克花粉。（你可以尝试一下自己从花朵上收集花粉，那 106
时你便能意识到还是蜜蜂更善于此。）蜜蜂和熊蜂有许多相同的疾病，所以花粉又成了疾病进入养殖工厂的另一途径。工厂尽最大努力去消除疾病，因为很明显它们无助于自己的生意，但是离开工厂的蜂巢仍有许多受到了感染。爱尔兰的一个研究小组在2012年发表的一项调查显示，来自欧洲主要工厂的蜂巢经常携带多种病原体。[27]

情况很有可能是这样的：从欧洲返回的北美熊蜂蜂巢携带了至少一种欧洲疾病，然后又把这些疾病传播到北美洲的野生熊蜂种群之中。不同于巴塔哥尼亚的是，疾病极有可能是由本土物种而非引进的熊蜂物种传播的。罗宾认为这可能由一种会导致熊蜂腹泻的致命真菌，即熊蜂微孢子虫感染造成。无论它是什么，如果它真是一种疾病，我们不知道为什么它只会影响一个亚属的熊蜂，而北美洲的其他熊蜂则不受影响。（但有一点可能值得注意：欧洲工厂里养殖最多的物种欧洲熊蜂也属于熊蜂亚属。）也可能是因为那些不受影响的熊蜂有时携带着病原体，却没有表现出任何症状。

此种解释明显缺乏证据。和金巨熊蜂一样，北美洲的熊蜂种群消失得太快了，让科学家们措手不及。当大家意识到
107 发生了什么的时候，基本上已经结束了，没有人能找到它们并查清凶手。剩余的那些熊蜂可能天生就拥有抵抗力，所以，即使能确定病原体，并使剩余的熊蜂接触病原体，这些熊蜂可能也不会死。

针对这种情况，有一个聪明的解决办法，那就是效仿玛丽娜在阿根廷的做法：利用博物馆中的标本。我们需要使用1990年以前的标本，然后通过扩增病原体DNA的基因技术判断出它们携带哪种病原体，再与现在生活在北美地区野外的熊蜂身上发现的病原体进行比较。在1990年以前，随商业熊蜂到来的病原体应该还不存在。悉尼·卡梅伦正在伊利诺伊大学的实验室里做这项工作，所以，我们有望在一两年之内对此有更深入的了解。当然，这仍不足以为我们提供应对措

施。一旦人类释放一个外来物种，无论是蜂、疾病还是蔗蟾，几乎不太可能把它们清除干净。对于微小的寄生虫来说，那更是不可能。

就这样，我在四月底飞去了美国加利福尼亚州。这一次，我做了一个漫长的折线旅行。我从格拉斯哥出发，第一站是阿姆斯特丹，然后是俄勒冈州的波特兰，最后又向南到达萨克拉门托。等到最后一段行程时，正是春日里一个美丽的午后。然而我太累了，只得把脸贴在车窗上休息。波特兰市是一座绿色的城市，哥伦比亚河穿城而过，湖泊和森林掩映四周，令人心旷神怡。我们向南行进，越过多山的原野和茂密的森林，很快便把人类文明丢在了身后。虽然已经是四月末，但地势较高的湖泊依然封冻着，白色的积雪点缀在漫无尽头的黑压压的森林中。我猜想这些森林中应该有很多熊、驼鹿
和加拿大马鹿。继续向南，陆地开始下降，地势变得平坦， 108
供人居住的地方更多了，就连砍伐森林后建立起来的浅绿色的草场也越来越多。我的正下方就是富兰克林熊蜂种群的中心地带，以俄勒冈州南部的乡村小镇阿什兰为中心展开。或许，在无数绿色山谷和被森林覆盖的山峰上，幸存下来的富兰克林熊蜂蜂王正在那儿思量着从冬眠中醒来、迎接春日的阳光呢！

过了阿什兰，我们越过更多树木葱郁、荒无人烟的山脉。

我们还飞越了加利福尼亚州北部海拔3 000米的火山——白雪皑皑的沙斯塔山。从那里向南，海拔变低。森林开始被住宅用地和成片的草地打断，房屋点缀在森林之中。这和阿什兰附近的情形差不多。然后，森林突然消失了，变成了一片广袤无垠的耕地，平坦得仿佛是一块馅饼。这里是长达800千米的加利福尼亚中央山谷。这片长条形的肥沃耕地从北向南延伸，夹在东部的落基山脉和西部的加利福尼亚海岸山脉之间。作为地球上耕种最密集的土地之一，这里的田野就像一张绿棕相间的棋盘，大部分都是工整的正方形，薄薄的篱笆将南北和东西工整清晰地隔开。当飞机开始下降时，我发现有些巨大的地块中整整齐齐地种着一排排果树。但除此以外，几乎没有其他树木，也鲜有能生长野生生物的自然栖息地里所具备的东西。看起来相当单调，令人沮丧。

戴维斯位于中央山谷的北端，地处萨克拉门托以西几千米的地方。尽管我刚一着陆时对中央山谷的第一印象并不好，但戴维斯还是非常有魅力的。这是一座寂静的大学城，到处是阳光、人字拖、林荫街道、蔚蓝的天空以及坐落在人行道
109 上的咖啡馆，还有很多人在公园里玩飞盘游戏。第二天，我步行探索了一番之后，感觉这里和苏格兰像是隔了一百万英里。宽阔的林荫道布局非常规整，但与美国其他城市不同的

是，这里几乎没有汽车，差不多每个人都在骑自行车。街上仅有的一些汽车行进得异常缓慢，因为在戴维斯，行人有权随时过马路。结果，我发现步行探索戴维斯特别麻烦。每当我在人行道上驻足观察方向时，旁边的汽车以为我要过马路，都会主动停下来。如果我犹豫不决，司机会恳请我先过，面带微笑地鼓励我。这时，我便感觉非过不可。很多时候我会在岔路众多的宁静街道上非常礼貌地走过来，走过去。

在戴维斯接下来的几天，我做报告、与尼尔的学生交谈，进一步了解他们的工作。尼尔负责研究不同种类的蜂是如何利用田野的：它们在哪里筑巢？这些巢穴距离庄稼有多远才能满足它们的授粉需求？除了这些庄稼以外，它们还需要哪些花才能维持生存？这些研究在很多方面与我的团队多年来从事的工作类似，但是这里的气候更加优越，蜂的种类也不同。在中央山谷，有相当多种类的庄稼需要授粉，如甜瓜、苹果、草莓、桃子、油桃、杏、西瓜等。然而，这个地区并不适合蜂类生存，因为这里几乎没有本土植物，所以它们很难找到筑巢的地方，可供取食的野花也很少，有一种解决办法是在某种庄稼开花时引入一些蜜蜂蜂巢。种杏树的农民就是这么做的，但是，这种做法并不理想。蜜蜂蜂巢的租用费用很高，而且变得越来越难取得，因为近年来蜂群的死亡率
出奇得高。如果蜜蜂的供应因为某种原因突然中断，比如突 110

发疾病，那么农民的麻烦可就大了。无论如何，西红柿和草莓之类的庄稼用蜜蜂授粉并不理想，因此完全依赖养殖蜜蜂并非出路。

因为授粉业务的旺盛需要，加之贫瘠的田野造成的蜂类短缺，加利福尼亚州变成了研究蜂类的热点地区。在很多年中，研究人员效仿罗宾·索普的做法，专门以蜜蜂为对象，研究如何养殖它们从而为加利福尼亚州提供稳定的蜜蜂供应。最近这些年，人们的研究兴趣转向了其他野生授粉者，因为他们已经意识到北美洲其他4 000种蜂类中的大部分也是可用的授粉者。尼尔早期曾和加利福尼亚大学伯克利分校的克莱尔·克雷曼开展过研究，他们的研究显示野生栖息地附近的农场（主要指中央山谷边缘地带的农场）受益于野生授粉者，因为这些野生授粉者从野生植物中跑出来为庄稼授粉。因此，地处山谷边缘地带的有机农场根本不用买蜜蜂，而那些使用杀虫剂和位于中央山谷中心地带的农场不得不租用蜜蜂，否则他们的庄稼就要减产。此外，在野蜂栖息地附近的农场里，授粉工作在不同年份更有保障——仅仅依靠一个物种进行授粉存在风险，因为它们也有糟糕的年份。但是，如果有很多不同的授粉者，事情就会是另外一个样子，这样每年至少有一种蜂能出色完成任务。

当然，中央山谷中心地带的农民也不用收拾东西，搬家

到边缘地带去，也无须看着山谷边缘地带的农民有用不尽的
蜜蜂而干着急。一个显而易见的解决办法是他们可以在自己
的农场上额外种植些花，为野蜂提供筑巢地点，这样他们就
不用依靠附近的野蜂栖息地了。这正是尼尔的团队一直在研
究的内容：他们在地块边缘或正中间种上长条形的花带，还 111
种了一些能提供筑巢地点的木本树篱。这些花带非常漂亮，
有向日葵、羽扇豆和花菱草形成的黄色和橙色，还混杂着沙
铃花的紫色。到目前为止，这一方案确实提高了野蜂群的数
量，改善了庄稼的授粉情况，取得了人们预期的效果。此外，
这种做法带来的好处远远不止以上提到的这些。英国生态水
文中心理查德·鲍威尔负责的研究小组通过实地考察发现，
如果把庄稼地的8%留做花带和其他野生生物栖息地，不仅能
增加蜂的数量，也能增加步甲、瓢虫、食蚜蝇等这些害虫天
敌的数量。更加值得注意的是，在额外留出野生生物栖息地
的地方，五年内各种庄稼的产量都有所上升。如此看来，农
民们虽然牺牲了8%的土地，但收益并没有降低。当然，我们
不能从白金汉郡直接推断加利福尼亚州的情况，但这强有力
地证明在农业生产方面，少也可能意味着多。农民种庄稼的
面积越大，收获就越多，这似乎是显而易见的事实，但真实
情况却未必如此。想象一下，如果我们可以利用这些事实及
其类似的研究，说服全世界的农民在田地上增加一些适合野

生生物的栖息地，从而减少杀虫剂的使用，那该多好呀！中央山谷里那些种植着大片单一作物的农田以及阿根廷无边无际的大豆田中如果也有辽阔平坦的野花带和自然栖息地，或许能收获同样多的粮食。

112 在戴维斯时，我和罗宾·索普长谈了一番。他带我参观了专门研究蜂的设施，即负有盛名的“小哈里·H. 莱德劳[28]蜜蜂研究所”。这座研究所位于戴维斯郊区“蜜蜂生物学路”的尽头——我不是在开玩笑，这真是路的名字。罗宾引荐了一位仪表堂堂、长相酷似达尔文的人。他将近80岁，个子很高，留着浓密的白胡子。不过，比起达尔文晚年的胡子还是逊色一筹。这座研究所里仍有一半地方用来养殖和研究蜜蜂。实验用的蜂箱放在室内，但用塑料管子通到室外，工蜂正匆忙地在管子里进进出出。剩下的地方到处都是好学的学生，他们有的正在忙着一项麻烦又耗时的任务——培育沃氏熊蜂的蜂巢。这种熊蜂是加利福尼亚州最常见的熊蜂，在以后的实验中，它们会派上用场。这些蜂巢将要被放到有和没有野生花带的田地中，从而观察花对熊蜂的生存和蜂群的繁殖到底有多大影响。

从房子里出来，罗宾自豪地向我展示了由冰淇淋品牌哈根达斯赞助的“蜂苑”，这里以种植加利福尼亚州的本土花卉为主。花园中央的底座上有一座用陶瓷制作的巨型陶瓷蜜蜂

雕像，花丛中也有多种真实的蜂。凭借几十年的野外工作经
验，罗宾几乎一眼就可以辨认出其中大部分蜂，而我辨认北
美这些更为常见的熊蜂还需要花点工夫。这里有黑尾熊蜂、
沃氏熊蜂、凡戴克熊蜂，还有许多分条蜂和切叶蜂，以及大 113
量在阳光下会变色的紫黑色木蜂。加利福尼亚州曾记录了
1 000多种熊蜂，我感觉其中大部分都生活在这里。蜂鸟似乎
认为蜂儿还不够多，也赶来凑热闹，在灌木间高速穿梭。可
惜，这里仍然没有富兰克林熊蜂，让人颇为遗憾。罗宾很自
豪地向我展示一个黑尾熊蜂的巢穴，它钉在树上，看起来就
像是供山雀筑巢用的盒子一样。这种熊蜂与早熊蜂的亲缘关
系很近，而且性格同样温顺。我们掀开盖子，迅速地偷窥了
一下蜂巢内部。它们根本不予理会，依然泰然自若。

完成在戴维斯的工作之后，该进行一次冒险了。春天的加利福尼亚州北部是博物学家的天堂。冬季的雨水使这里繁花似锦，郁郁葱葱。从四月到十月，除了最高的山上，这里几乎每天都可以见到太阳。这个地区的地理多样性和气候多样性非常突出，西部海岸笼罩在冰冷的海洋和温暖的空气造成的雾气之中，它们滋养了壮观的红杉树林，我曾有幸前往参观过它们。向着内陆的方向朝东去，红杉树林让位给了地中海灌木，再往东便是中央山谷的耕地平原，最后便是巍峨的落基山脉。

虽然富兰克林熊蜂曾经的活动范围位于戴维斯的正北方，但是我决定先前往西北方的海岸山脉。在那里，戴维斯分校有一片规模不小的自然保护区。麦克劳克林保护区占地7 000英亩[*]，由加利福尼亚州本土草本植物和稠密交缠在一起的灌木丛构成。在世界其他地方，这种栖息地几乎已经完全消失了。保护区的管理员保罗非常热情地带我参观这里。麦克劳克林原来是个金矿，但是金子枯竭之后，土地已几乎不
114 能使用，便转交给了加州大学。这里有些地方受到了采金的严重污染。采金是对环境污染最大的工业之一——每生产一枚戒指所需的0.3盎司[**]金子，就要产生约20吨含有汞和氰化物的有毒废物。据说在减少环境破坏方面，在麦克劳克林采矿的公司比其他公司做得要好，保护区的大部分并没有因采矿而遭到严重破坏。然而，麦克劳克林本就有些与众不同，因为它位于蛇纹岩之上。这种岩石本身就含有多种有毒金属。所以，这里的土壤中含有大量的镁和铁，而大多数植物无法在这种土壤中生存下来。大部分曾经长满加利福尼亚州本土植物的草地都变成了农业用地，那些没有变成农田的地方则遭到了欧洲野草的严重入侵。这些欧洲野草好像非常适应加利福尼亚州的气候，它们战胜了一切。麦克劳克林的蛇纹岩

* 1英亩≈0.4公顷。——编注

** 1盎司≈28.3克。——编注

提供了一些能够对抗入侵者的保护手段。上千年的进化使一些本土花卉适应了这里的土壤，同时由于这里的土壤金属含量很高，这些欧洲入侵者无法轻易应对，因此欧洲野草在这里的入侵程度较小。尽管如此，有些还是成功了。因为这些入侵物种也在慢慢适应本地的环境，所以保罗与它们的战斗必将是一场长久战。

这片保护区的面积有7 000英亩，这就意味着用手拔草并不现实。所以，保罗迫不得已使用了除草剂，它们能选择性地只对付杂草。在保护区，这并非理想的举措。但对于这样一大片土地，在缺乏人手的情况下实在想不出更好的办法。幸运的是，乡土草种似乎对这些除草剂有一定的抵抗力。尽管它们的
生长状况也会受到一定的影响，却不会完全死掉。无论你对于 115
在保护区使用除草剂的合理性有什么样的想法，它确实有一定的作用。保罗带我参观了一些没有处理过的区域，那里花很少，主要是疯长的杂草。相比之下，附近用除草剂处理过的草地则是另一番景象。那里至少生长着四种羽扇豆，呈现出蓝色、黄色、奶油色等多种颜色。还有生机勃勃的卡罗来纳翠雀花，它们像许多蓝色的小塔，壮观极了。地上长满了乡土植物黄车轴草，像是铺了一层地毯，其他的花好像是从这个地毯上冒出来似的。

这一天我们非常愉快，检查入侵杂草和恢复地区的状况，

还在狭窄的小溪里匍匐着寻找国家级濒危物种加州红腿蛙。据称或许有人在麦克劳克林见过它们，因此保罗非常热衷于验证其可靠性。当然，我依然着魔一般地捕捉熊蜂，鉴定种类，期望能够找到未曾发现过的富兰克林熊蜂种群。但我们两人都没有达到目的，既没找到富兰克林熊蜂，也没找到加州红腿蛙。不过，我找到了一个加州熊蜂的巢穴。工蜂们正在从干土的裂缝里往外飞，估计下面是个废弃的兔子窝。加州熊蜂并没有出现在这个保护区的记录之中。所以，这一天的折腾也不是完全没有结果。

从麦克劳克林出来，我向北进发，该去拜访富兰克林熊蜂曾经的栖息地了。我沿着5号洲际公路进入中央山谷的中心，穿过了一望无垠的庄稼地，一排排的庄稼整整齐齐，还经过了几千英亩杏树。这并非加利福尼亚州最大的杏树种植区，最大的一片还在南边，位于旧金山附近。尽管如此，这里的杏树种植面积依然大得惊人。在英国，哪怕是沼泽区中心的耕地，与这里的工业化粮食生产比较起来，简直就是微不足道。咱们来看几个数字吧：加利福尼亚州有80万英亩杏树，杏的产量占全球的80%，价值约50亿美元，约7 000亿
116 枚杏。这在任何人眼里都是非常庞大的数字。

与布宜诺斯艾利斯西部的农业带类似，从长远来看，这种生产粮食的方法是否可取，或者是否能持续发展还是一个

尖叫熊蜂

图片来源：Ivar Leidus/ Wikimedia Commons

红尾熊蜂

图片来源：Ivar Leidus/ Wikimedia Commons

红柄熊蜂

图片来源：Kjell Magne Olsen/ Wikimedia Commons

明亮熊蜂与白车轴草

图片来源：Jonathan Kington/ Geograph and Wikimedia Commons

欧石南熊蜂

图片来源：Ivar Leidus/ Wikimedia Commons

长头熊蜂

图片来源：Ivar Leidus/ Wikimedia Commons

比利牛斯熊蜂

图片来源：Hectonichus/ Wikimedia Commons

熊蜂蚜蝇

图片来源：Martin Andersson/ Wikimedia Commons

四色盗熊蜂

图片来源：Arnstein Staverløkk, Norsk institutt for naturforskning/ Wikimedia Commons

卡氏熊蜂

图片来源：Natuurbeleven/ Wikimedia Commons

西部熊蜂

图片来源：Stephen Ausmus, USDA ARS/ Wikimedia Commons

金巨熊蜂

图片来源：Pato Novoa/ Wikimedia Commons

蓝铃花林地

图片来源：Edmund Shaw/ Geograph and Wikimedia Commons

值得探讨的问题。在加利福尼亚州，集约农业对环境造成了巨大压力，已经开始出现裂缝——这里的“裂缝”就是字面意思。生产一枚杏需要大约5升水，这样算来，杏农需要35亿立方米的水进行灌溉。当然，还有很多其他庄稼需要灌溉。我曾开车经过被大水漫灌的大片农田，那里简直就是巨大的方形浅湖，目的就是让土壤保持湿润，以便种植甜瓜、玉米、西红柿、辣椒和马铃薯。我们人类的家里、花园里和高尔夫球场上也需要大量的水。近些年，加利福尼亚州降雨不多，所以出现了水短缺的问题。有些杏农有权使用日益减少的河水进行灌溉，其他人则没有这样的权力。他们只好在地上钻孔，这些孔一直延伸到地下蓄水层，利用水泵抽水进行灌溉。这下可忙坏了凿井人，他们的订单已经排到了一年后。以前，他们只需钻150米便可找到水源；如今，这个数字已经翻倍。这无疑增加了钻井和抽水的费用。当然，还有另一个让人担心的问题：已经存在了数千，甚至数百万年的蓄水层正在消失。现在，对于抽多少水、挖多少井并没有相关规定。这股新的“淘金热”正使加利福尼亚州面临“寅吃卯水”的局面。而且，这个问题不仅限于加利福尼亚州。在美国，每年有25立方千米的地下水被抽出来，这个数字真让人惊掉下巴。

使用蓄水层会导致地下水的枯竭，这显而易见。除此之
外，还会导致一些其他问题。地下水中含有很多溶解盐，在 117

上千年的时间里，它们从周围的岩石中吸收而来。加利福尼亚州总体上是一个气候温暖、阳光充足的地方，所以土壤和庄稼叶子中的水分蒸发很快，而盐分是跑不掉的，它们便在土壤中积累起来，威胁到了庄稼的生长，并最终导致庄稼死亡。许多农民意识到他们的杏树已经显示出了盐胁迫的初期症状，如缺少叶绿素导致树叶苍白，叶子边缘也变成了棕色。除掉土壤中的盐分并非易事，充足的降雨会把盐分慢慢冲走，但是近几年这里的降雨量实在是稀少。

如果这些还不值得你关注的话，那么请看另一个事实：蓄水层的消失正在导致中央山谷的下沉。根据美国国家航空航天局2015年的数据，有些地方的土地每个月下沉五厘米，累计已经下沉了两米，对房屋、道路、水渠和桥梁都造成了破坏。

除了水，这些面积庞大的果园还有其他需求。我之前已经提到，杏农在二三月时需要引入蜜蜂进行授粉，这需要全美85%的商业蜜蜂蜂箱。每到这时，170万个蜂箱，约800亿只蜜蜂从美国各地运来，为这里的2.5万亿朵杏花授粉。对大多数蜜蜂来说，这只是它们漫长年度旅行中的一站。在为这里的杏树授粉之后，它们会被带去北方，为华盛顿州的苹果和樱桃授粉。夏季到来时，它们又去东方，为北达科他州和南达科他州的苜蓿和向日葵授粉。八月时，它们还要去宾夕法尼亚州，为那里的南瓜授粉。等冬季到来，它们再返回佛罗里达州。有些蜜蜂走不同的路线，它们先到得克萨斯州为美国南瓜提供服务，然后去威斯康星州为蔓越莓授粉，最后去密歇根州或缅因州为蓝莓授粉。有些蜜蜂每年要行进两万公里，但就目前而言，杏树果园是为养蜂人带来最大利益的一站。作为全球最大的商业授粉活动，在授粉的两三周里， 118
每个蜂箱要价高达200美元。随着蓄水层的下降，租赁蜂箱的价格开始攀升。十年前，每个蜂箱仅需75美元。价格的上涨由两个因素造成：一是杏树面积的增长导致授粉服务的需求增加了；二是商业养蜂人面临着蜜蜂死亡的问题，这导致了蜜蜂供应量的降低。可怜的蜜蜂承受着来自各方的压力：它们需要对付各种庄稼上的杀虫剂，要对抗外来病原体和寄生虫，还要忍受奇特的单调饮食。整整一个月里，它们的食谱中只有杏花，接着是一个月的樱桃花，再来一个月的向日葵。尤甚于此，它们需要一次次地被密封在蜂箱中，在隆隆的卡车上颠簸几天。这肯定让它们感到困惑不已，压力重重。难怪美国的养蜂人一直在努力保证有足够多活着的蜜蜂来满足杏树授粉的需求。戴维斯的科学家估计，到达杏树果园的单个蜂箱中，蜜蜂的平均数量从几年前的约19 000只降到了现在的12 000只。养蜂人提高了分巢的频率，以此来弥补蜂群死亡带来的损失，但这导致蜂群规模越来越小，也越来越脆弱。

很明显，整个系统正徘徊在崩溃的边缘。如果干旱继续，或者蜜蜂的问题变得日益严重，那么加利福尼亚州的农业可要陷入巨大的麻烦中了，杏农们要面对的问题尤其棘手。当然，可以通过鼓励野蜂进入杏园来解决其中的一个问题。尼尔的团队研究重心是田地里的庄稼，但是更好的办法是在杏园里混种
119 一些野花和天然植被，以便为本土蜜蜂提供食物和筑巢地点。

虽然我们都知道杏树靠蜜蜂授粉，但有证据表明当有野蜂存在时，蜜蜂的努力会更有效果。克莱尔·布里顿是与尼尔·威廉姆斯和克莱尔·克雷曼合作的博士后，他的研究表明，如果杏园中同时出现其他蜂，那么蜜蜂的行为也会发生改变。在那些远离本土植物，因而没有其他蜂存在的杏园里，蜜蜂通常在花朵之间行进的距离很短。中央山谷边缘地带的杏园里，经常有分条蜂和其他本土蜂光顾。在那里，蜜蜂在杏树间的移动距离更远，也更加频繁。可能是因为蜜蜂试图躲避竞争，所以当它们嗅到本土蜂的味道时，便躲远一些（我猜是这种情形）。你可能好奇蜜蜂的飞行距离有什么要紧，其实这与杏园的种植布局有关。农民们通常把不同品种的杏树分排种在同一地块中。与苹果类似，不同品种的杏树不能自己授粉，它们需要另一品种的杏树来完成授粉。所以，只有当蜜蜂在不同排杏树间穿行时，才能实现有效授粉。克莱尔估计野蜂能将产量提高5%甚至更多，这看起来好像不多，

但请别忘了，杏的销售能创造50亿美元的价值，它的5%可不是小数目。当然，如果蜜蜂有什么意外的话，那些本土蜂就显得更重要了。如果我是一个杏农，我肯定会给它们留出生存空间。

野外非常荒凉，我一路向北，中间只做了一次短暂的逗
留，去路边一家小餐馆匆匆地喝了一杯咖啡。这家小餐馆的
一个角落里站立着一头凶恶的灰熊雕塑，实在是与众不同。
到了中央山谷开始变窄的地方，山从两侧包围上来。此后路
不断上升，5号洲际公路也更名为“级联仙境公路”。这里非 120
常漂亮，两侧的针叶林一望无垠，山顶积雪的沙斯塔山在远
处赫然耸现。几天前，我曾在空中俯瞰过这座山。进山公路
的很大一部分都与萨克拉门托河并行。湍急的河水奔腾向南，
去灌溉中央山谷的杏园。在接近火山口的南侧，道路突然转
向西，绕过陡峭的山脉，经过了一座有些偏僻，而且名字与
众不同的小镇——杂草镇。我在那里稍作停留，吃了顿午饭。
我对那里唯一的印象是小镇的入口处有一块牌子，上面写着
“杂草欢迎您”。虽然它留给我的印象不深，但当听说2014年
它毁于野火时，我还是感到非常伤心。经过杂草镇之后，公
路蜿蜒穿过绵延近百千米的森林，到达了俄勒冈州的边界。
大约仅仅走过15千米的下坡路之后，我便到达了阿什兰镇。

我的富兰克林熊蜂寻根之旅抵达了一座旧式的乡村小镇。

镇中心是一些古老的木隔板房，若隐若现地坐落在长满鲜花的草地上，东侧映衬着雪山，漂亮极了。对我来说不太走运的是，当地的露天剧场正在演出莎士比亚的戏剧，所以旅馆全满员了。阿什兰镇带有一种令人着迷的艺术感和嬉皮士风格，好像有人把旧金山的一片撕下来，抛在了俄勒冈州的乡下。我最后住进了小镇边缘的一家汽车旅馆。那里没什么特别的，不过周围有美丽的山景，也算是一种补偿吧。接下来几天，我手拿捕虫网，徒步探索了这个地区，渴望找到富兰克林熊蜂。

在这里寻蜂比在老家多了几分危险。在灌木丛中来回奔跑地追蜂可不是明智之举，因为这里到处都生长着太平洋毒漆。所幸，在麦克劳克林，保罗曾经给我描述过它们的长相，
121 并且警告过我，一旦接触了它们像橡树叶一样浅裂的闪光叶子，皮肤便会出现水泡，进而变成伤口，需要几周才能痊愈。我尽最大努力躲开它们，最终只出现了轻微的刺痛。让我这样一个英国人胆战心惊的是，这里的石头小路上时常能见到响尾蛇。第一次遇到响尾蛇时，我先听到声音，然后才看到了它，那声音就像干涩的齐特琴。我傻乎乎地以为听到了蝉的声音，便穿过灌木丛去看。好在为了躲避太平洋毒漆，我移动得很慢，所以我及时发现了这条粗壮的棕蛇，不至于靠得太近。它用那种所有响尾蛇都有的恐怖神情凝视着我，尾

巴发出咯咯的声音，作为对我的警告。在这个时节，它们刚刚从冬眠中苏醒，所以通常都无精打采。我随后看到的大多数响尾蛇只是把三角形的头从洞穴中伸出来，引起我注意的都是它们迅速返回洞穴的动作。

春回大地时，到这里探索是一段令人愉悦的经历。我又
变成了到处乱跑的孩子，一手拿着捕虫网，另一只手拿着相
机，沉浸在自然的美景和声音中。清早时，到处都是可爱的
山齿鹑，它们跑得很快，冠毛出奇得蓬松，有点像20世纪80
年代新浪漫主义乐队中的成员。当我靠近时，它们会从灌木
丛中蹦出来，然后像上了发条的玩具一样，沿着小路一歪一
斜地向前跑。长耳大野兔悠闲地跑来跑去，它们倒是非常镇
定，仿佛是那大得过头的滑稽耳朵让它们减缓了速度。树上
的小动物们正在酣战，或许是为了争夺夏天的领地，也可能
是春天的荷尔蒙正在它们的体内发挥作用，以致森林里吵闹
不已。西丛鸦和北美灰松鼠似乎已经彼此宣战，在树冠之中
展开了游击战，估计是在争夺相同的食物资源。不过，在我
看来，二者好像都没有必胜的武器装备。与此同时，橡树啄 122
木鸟们也正啄得你死我活。这种鸟儿有些不同寻常，它们以
家庭为单位生活在一起，分担着照看巢穴的工作。为了储存
越冬的橡子，它们有一座特殊的“粮仓”。那是一棵树，被它
们凿出无数个橡子大小的洞。经过一段时间，橡子会变干、变

小，这些鸟儿便会花上冬天的几个月时间转移这些橡子，为它们寻找更加合适、能塞得更紧的洞。很可能这些鸟儿之间的争斗是为了冬天最后的贮藏。有一次，一对争斗中的鸟儿从树上掉下来，摔在了我面前两步远的地方。它们的腿缠绕在一起，每个都想要啄瞎对方的眼睛。所幸它们注意到了我，朝不同方向飞开了，明显没有受伤，也让我为它们松了一口气。

这里生活着很多熊蜂。大部分我和罗宾一起找到的物种这里都有，而且还有很多我之前没有见过的，比如名字很好玩的绒角熊蜂。这种熊蜂头部毛茸茸的，却没有带辨识性的角。我捉了几百只不同的熊蜂，察看后发现其中有很多是刚从冬眠中苏醒过来的蜂王。毫无疑问，我没有发现富兰克林熊蜂。因为之前有过在阿根廷寻找金巨熊蜂而不得的经历，所以这次我并不太惊讶。这一定是距离最远的投篮了，毕竟这是一种本地专家苦苦寻觅六年而不得的熊蜂。有一次，我短暂地激动了一下，不过很快意识到我捉住的不过是一只长相极为相似的阴暗熊蜂的蜂王。

几天后，我该挂靴飞回南方的家乡了。我走了一条适合观光的路线，沿着这条风景优美的路线，向东进入了喀斯喀特山脉，然后又折向南进入内华达山脉。不过，我没有时间，所以无缘欣赏。在加利福尼亚州的最后一个夜晚，我住进了塔霍湖南岸一家又小又寒酸的汽车旅馆。这片湖坐落在内华

达州边界的齿状山脊之上，位于萨克拉门托正东方，海拔 123
2 000米，翠绿色的湖水如田园诗一般美丽。加利福尼亚州的
富豪们会来这里聚会，因此湖岸分布着众多赌场，弗兰克·辛
纳特拉偶尔在这里唱几次歌。据说，约翰·F. 肯尼迪和玛丽
莲·梦露曾在树林中的一座小木屋里幽会。不过，我斗胆猜
测，那座木屋肯定比我住的好很多。我坐在高大的冷杉树下
的原木长椅上，享受着黑麦面包、西红柿和一种由本地山羊
奶制成的味道浓烈却可口的“洪堡特雾”奶酪。不过，我得
时不时停下来，好击退一帮胆大包天、觊觎我的美味的金花
鼠。水龟慢慢地拖着身子来到湖岸旁的岩石上，享受日落前
的最后一缕阳光。朝湖的北侧和东侧望去，雪山和被密林覆
盖的山谷层峦叠嶂，消失在远处的薄雾之中。落基山脉范围
广大，很多地方我们无法到达。对很多昆虫学家而言，即使
有幸见到富兰克林熊蜂也无法将它们识别出来。或许富兰克
林熊蜂现在只存在于罗宾的记忆之中，正如他在戴维斯的办
公室中那几只被钉住的标本一样。[29]当然，故事也可能是另一
番情景。或许在某个地方，在一座病原体无法到达的山谷中，
还幸存着一些富兰克林熊蜂，也有可能生存着那些具有一点
点自然抗性的个体的后代。我确信罗宾还会一如既往地在原
来的栖息地寻找富兰克林熊蜂的身影，直到他最终因物种的
灭绝而败下阵来。哪怕他只能再找到一只，那也很好哇！ 124

第六章
厄瓜多尔和挣扎的熊蜂

愿你走过的小径曲折蜿蜒、人迹罕至、充满危险，能够通向最令人惊奇的景色；愿你爬过的山脉高耸入云。

——爱德华·阿比

为什么学生们总是走得那么慢？这个问题困扰我很多年了。我工作的每所大学都有长长的走廊，每个学期都塞满了一群群漫无目的、慢慢吞吞的学生。确实，有些学生身体超重，这让他们不得不放缓脚步；还有些正在进行视频通话或用手机免提聊天，这严重分散了他们的精力，让他们无法完成把一只脚放到另一只脚前面这一复杂任务。但即使有些人并没有联入互联网，也没有受到垃圾食品的残害，他们走起来一样慢慢吞吞。或许是他们拥有大把的时间无处打发，都怪学校没有给他们布置充足的任务。无论出于何种原因，他们这种不紧不慢的样子都让我难以忍受。因为我一般情况下都非常忙碌，他们成了我需要绕过的一个又一个移动障碍，没有尽头。我通常都是从一个地方跑到另一个地方，甚至在学校的走廊里也是如此。在穿过校园时，我几乎每次都是跑着前进。我知道这对你们来说很不可思议，但这确实是事实。
125 只要有机会，我尤其喜欢跑着上楼。所以，当有一群臀部巨大的学生挡住楼梯时，我简直会抓狂。人生太短暂了，可不能那样悠闲地混时间。

考虑到我对缓慢行动的不耐烦或许已经到了完全不可理喻的状态，独自落到后面更是让我觉得自己愚蠢的男子气概荡然无存。这是2014年9月的事。当时，我们正走在安第斯山脉高处一条泥泞、陡峭的小路上，我被落到了一群学生的后面。公共汽车把我们送到了所能抵达的最远的地方，这里到我们的目的地还有6 000米的丛林小路要走。所以，我和十三个学生、两名员工在湿滑的路上开始艰难前行。我们的背包和装备被捆扎成巨大的包裹，大得连四头强壮的骡子都难以应付。当最后一名学生消失在我面前雾蒙蒙的森林中，只留下我气喘吁吁、大汗淋漓时，我想到了年龄、海拔、时差综合征，但不管找什么借口，也很难弥补我受到伤害的自尊。当小径钻入云中时，我被远远地落在了后面。后来我才知道，这是因为食物中毒，后果才刚刚开头。很有可能是前一天时，我在基多的一个路边小摊上吃了一大块的肉馅油酥糕点导致的。接下来几天，我虚弱得像小猫一样。

我们之所以来这里，是为了参加萨塞克斯大学一个为期
两周的实地考察课程。学生们需要学习云雾林的生物多样
性，了解其生态特征。云雾林是生长在安第斯山脉1 500米
至4 000米处陡峭山坡上的高海拔雨林，因其拥有种类繁多的
鸟类、兰花、蝴蝶等物种而闻名。厄瓜多尔被南北走向的安
第斯山脉一分为二，是世界上物种多样性最丰富的地区之一。
在厄瓜多尔，位于安第斯山脉东侧的部分地区属于亚马孙盆
地，这里的雨林保护得较好。安第斯山脉西侧的部分人口密 126
度较大，农田之间一片片的热带森林和长满棕榈的海滩吸引
着众多希望体验不同于加勒比海风光的游客。远离西海岸的
加拉帕戈斯群岛也属于厄瓜多尔。安第斯山脉本身同样包含
着多样的栖息地，既有顶部积雪、不断喷洒灰尘的荒凉活火
山，也有葱绿的高地云雾林，还有生长在树线以上的寒冷的
高山草甸——帕拉莫群落。虽然面积比英国大不了多少，但
厄瓜多尔拥有地球约10%的动植物种类，数目之多让人惊讶。
这里生活着317种哺乳动物、460种两栖动物和410种爬行动
物（在英国，它们的数量分别是101、7和6）。当然，没人
知道厄瓜多尔有多少种昆虫，但迄今记录的蝴蝶已经达到了
4 500种（英国有70种）。

我坐在路旁喘口气，汗流浃背。长着透明翅膀的蝴蝶在

树冠的阴凉中如鬼魅一般飞过。它们翅膀的大部分地方都没有显色的鳞片，所以，除了一些纤细的黑色纹路和翅脉以外，其他地方都是透明的。一只带金色条纹的黑色袖蝶[30]正毫不费力地在路上飞行，绕着我挥舞翅膀，或许它曾经短暂地把
127 我的红衬衫当成了某种奇特的花。我注意到路旁的河岸上有一个被蛛丝覆盖的洞穴，一只巨大的捕鸟蛛从里面伸出了前两条毛茸茸的腿。大蜘蛛总让我心惊肉跳，于是，我决定继续前进。

我终于爬到云层之上的目的地。这里海拔约1 800米，一座小木屋坐落在山顶的一块空地上，四周的景色令人叹为观止。云层笼罩着幽谷，森林密布的山峰屹立云端。蜂鸟盘旋在小屋四周漂亮的灌木丛中，一些奇异的鸟儿在周围的森林中鸣叫，多彩的蝴蝶正驾着上升的暖流轻快地飞翔。

圣卢西亚云雾林保护区是一个社会性的尝试，由十几个本地家庭创立。这些家庭很难单纯依靠小农场谋生，所以就另谋出路。他们把土地整合成巨大的自然保护区，保护了735公顷的森林。为了谋生计，他们为游客修建了小屋，所需的一切材料都是用骡子或者是自己运上来的。不过，我还是无法想象他们是怎样把一整块做窗户用的玻璃弄了上来。有一段时间，他们生意艰难，游客稀少。直到米卡·佩克到来之后，情况才有所改善。米卡是萨塞克斯大学的环保主义者，

四十来岁，不过还像个小男孩似的。他幽默亲和，整日忙于厄瓜多尔和巴布亚新几内亚地区的各种雨林环保项目。他从一家名为“地球监察”的组织那里获得了一笔资金，选派了一些志愿者赴圣卢西亚研究野生动植物。志愿者们需要为这一优先权支付一笔费用，其中很大一部分进入了村民的口袋，这对他们刚刚起步的生意来说好比天上掉下来的馅饼。米卡和“地球监察”团队每年来这里一次，已经来了四年。他们的钱改善了这里的小屋条件，不仅建了更多更为舒适的卫星
小屋，还建造了热水供应系统（在这么偏远的地方，这可是 128
了不起的成果）。米卡又为萨塞克斯大学的本科生在圣卢西亚开设了实地考察课程。有几所大学也效仿而至，从而给当地人带来了稳定的收入。虽然未来仍然未知，但目前而言，这里的生意总算能维持下去了。

很有意思的一点是，圣卢西亚是作为一个联合体经营的，没有负责人。众多的联合所有者和他们的家人共同出资，进行管道维修，提供导游服务，清理厕所，所有需要做的事情都是由大家共同完成，而且似乎大家都欣然接受。米卡承认，这一切的幕后肯定非常混乱，尤其涉及重大决定时更是如此。不过，从整体来看，这里似乎运转相当良好。

圣卢西亚的森林中，濒危物种的种类多得让人惊讶，其中包括数量众多的眼镜熊。帕丁顿熊就属于这个物种，不过

它来自邻国秘鲁*。最近几十年，这些熊饱受伤害，其一是栖息地的丧失；其二是非法猎杀。十分荒诞的是，它们的爪子售价20美元；它们的胆囊被认为是珍贵的药材，售价高达每只150美元。（此外，还有一些其他极度濒危动物的身体部件也被视为药材，似乎是随机选定的。）要知道在厄瓜多尔，每个月的平均工资只有30美元，所以，我们不难理解，为什么一个有枪的无良之人会受不住诱惑而去射杀它们了。

圣卢西亚的森林中还有许多其他哺乳动物，如细腰猫、虎猫、南美小斑虎猫、长尾虎猫、狐鼬、蜜熊和有点危险的美洲狮。美洲狮是现存体形最大的猫科动物。（令人伤心的是，这个地区的美洲豹在几年前因猎杀而灭绝了，但圣卢西亚保护区的所有者们希望，未来有一天它们能够重返这里。）

129 估计你能想象出来，因为有望见到这些令人惊奇、有异域感觉的野生动物，甚至还有可能见到美洲狮或者熊，学生们都兴奋不已。他们中的大多数之前没有机会考察热带地区。不过，我去那里有一个不可告人的目的。杰里米·菲尔德是另一个团队的成员，他曾多次到访过这里，并在这里见到过熊蜂。杰里米并非熊蜂专家，他的研究对象是那些“社会性较低”的胡蜂和蜜蜂，也就是那些介于独居生活和社会生活

* 帕丁顿熊是英国著名的卡通形象。

之间的物种。[31]尽管如此，见到熊蜂时，他还是能辨认出来。我们几乎对生活在南美洲热带地区的熊蜂的生态和行为一无所知。对于大部分的熊蜂，我们的知识来源仅限于博物馆中几只被钉住的标本。杰里米告诉我，他也在这里见过兰花蜂。这种蜂非常漂亮，体形大、颜色丰富，仅见于新热带地区。所以，我既有可能见到并研究人们知之甚少的生物，又能完成教学工作，这种诱惑实在难以抵挡。

傍晚，到达小木屋后，我们尝到了最美味、浓郁的热巧克力，是由山谷中种植的可可豆制成的。住在这里是一种非常美妙的经历，既原始又不乏舒适。我们到达之后不久天就黑了。在热带地区，白天到夜晚的过度非常短暂，太阳像一块石头般从天空落下。夜幕降临时，我们坐在阳台上倾听自 130
然的声音。森林中的夜行动物醒过来，开始为彼此奏响小夜曲，或是打响争夺地盘的战争。我们只能猜测到底是什么东西在发出这些形形色色的叫声。有些优美，有些怪诞，有些让人无法忘怀，还有些只是永不停歇的嗡嗡声和咯咯声。是蟋蟀、蝉、青蛙、夜鹰或林鸮之类的夜行鸟类，还是其他不为我们所知的奇特生物？萤火虫开始在树丛间闪烁，蝙蝠从建筑的屋檐下飞出来。我上次来热带地区是十多年前的事了，这回重访更有一种神奇的感觉。

这里没有电，我们只能借着烛光进餐。食物很简单，只有米饭和豆角，不过味道很好，尤其是经历了在森林中令人精疲力竭的漫长徒步之后，感觉饭菜也更加香甜。我本来很轻易就可以再多吃一倍，奶酪也不必缺席，当时我的肠胃不适还没开始呢。我们的大部分食材都产自小屋旁边的一个有机菜园，它们也会被带到距离最近的村子上去销售，距这里约8 000米，由骡子驮过去。这种方法不仅恰当、应季，而且食物运输的里程也非常短。哪怕最近的超市在月球上，又有何妨？我们早早地就上床了，尽管十分疲惫，却也异常兴奋，期待第二天的收获。

第二天早上，窗外一只蜂鸟在开花的灌木上进食发出的咕噜声吵醒了我。山谷中的云雾已经散去，太阳从东方照耀着群山。借助大量咖啡，早饭的水果和酸奶迅速下肚。那天上午我们步行到林中去熟悉场地，我又一次加深了对它们的认识。米卡对这些森林了如指掌。他带头走在一条狭窄、蜿蜒的林间小道上，我走在最后，方便停下来察看引起我注意
131 的东西。用扶臂支撑的巨树笼罩在我们的头顶，树上点缀着附生植物——这些植物没有扎在土壤中的根系，而是长在其他植物之上。树枝上长满了兰科植物、凤梨科植物和蕨类植物，种类之多简直不可胜数。在厄瓜多尔，光是兰花就有2 500多种。经常浸润在云雾之中，给这里的森林带来了充足的水汽，使附生植物得以生存。凤梨科植物还另有高招：它

们叶子上的沟槽可以捕捉雨水，汇入中心的“井”中。这样，每棵植物都有一座专用的小型水库。这些空中水池本身也是许多野生动物的家园，为食蚜蝇的幼虫和蝌蚪等动物提供了生存空间。

很快我便发现了第一只熊蜂，而且是一只雄蜂。引起我注意的是一种熟悉的嗡嗡声，比云雾林中大多数昆虫发出的声音音调都要低。我之前的移动打扰到了一只正在路旁休息的蜂，所以我停下来观察它。不久，它再次停下来休息，降落在某种低矮植物心形叶子的尖端，距地面约一英尺左右，在小路一侧阳光斑驳的区域里驻足。随后，我发现的大多数熊蜂也都生活在类似的环境中。这只熊蜂看起来与英国的种类没有太大的区别：它们个头差不多，体形类似，两根黄色的条带和白色的尾部点缀在黑色的身体上。如果你能把长颊熊蜂的前半部分剁下来，然后与眠熊蜂的后半部粘在一起，大概就能得到我见到的这个家伙。（不过，我猜想大多数人还是不理解它们到底是什么样。）当时，我不能确定它的身份，但随后的调查（我们咨询了伦敦自然历史博物馆的熊蜂分类专家保罗·威廉姆斯）显示它是园丁熊蜂。

这只熊蜂的行为与之前我见过的大相径庭。它蜷缩着身子，触角向前突出，腹部抖动着，一副警觉万分、随时准备
攻击的态势，与人印象中熊蜂放松的样子完全不同。它躁动 132

不安，隔几秒钟便会发狂般地在叶子上变换一下位置，并冲向从它旁边飞过的任何东西。不久我注意到，并不独此一只，还有两只雄蜂停在附近，相隔仅一米左右。它们会追逐飞近的其他昆虫，如果在打斗过程中进入了另一只熊蜂的势力范围，则会受到攻击。两只熊蜂会疯狂地纠缠在一起空战几秒钟，然后返回各自的地盘。它们并不总待在一个地方，似乎每一只熊蜂都有几片最钟爱的叶子，彼此靠得很近，它们就轮流在这些叶子间栖身。

我意识到团队中的其他人都走远了，便迅速用彩带在小树枝上做了个记号，跑了几步追上去。这时，我开始感到恶心。我回想起刚才的情景，这种行为好像与求偶有关。熊蜂的求偶行为有点神秘，达尔文在英国肯特郡唐恩宅的花园中第一次研究了这一行为。许多种熊蜂的雄蜂会用信息素标记出长约200米的环形，达尔文研究的长颊熊蜂就是如此。众多雄性熊蜂绕着环形一圈一圈地转，而且方向相同，就像是开足马力的赛车，估计是为了给雌蜂留下深刻印象。但奇怪的是，那些处女蜂王对这些赛车手傻里傻气的举动好像没什么兴趣，根本就不予理睬。在其他熊蜂种类中，如眠熊蜂，雄性更直接。一大群雄蜂激动地等在即将有新蜂王出现的巢外，当蜂王出现时，雄蜂便直接把它们掳走。另外几种熊蜂的雄蜂则聚集在山顶，等待着处女蜂王的到来。不过，仍然没有人见证过蜂王到来。我之前见过很多次雄性熊蜂的这种行为，厄瓜多尔的雄性熊蜂明显表现不同。133

我记得人们还从一些生存在北美洲和亚洲的熊蜂，如内华达熊蜂的身上记录了第四种行为，这种情形中的雄蜂有极强的领地意识。据说这样的雄蜂有突出的大眼睛，帮助它们发现进入视线的蜂王。这些突眼的家伙会为长期的栖息地而争斗，并把这些栖息地作为瞭望台，以便发现潜在交配对象，同时也瞪大眼睛留心竞争对手。一旦发现有处女蜂王到来，它们便像战斗机飞行员一样紧急升空，在空中拦截蜂王，拖到地面，毫不客气地强行交配，连基本的仪式都没有。厄瓜多尔的熊蜂也会采取这种毫无美感的策略吗？它们并没有突出的眼睛，好像也没有固定的栖息地。不过，除此以外，它们的行为倒是非常类似。

在接下来的几天里，杰里米和我忙于教学生们如何辨认昆虫，我则每隔五分钟便跑一趟厕所。用来堆肥的厕所对环境来说可能是好事，但在热带地区，它们可不是你愿意去的地方，尤其是在原本就已经感到很恶心的时候。这让我没有时间再研究熊蜂的行为。我和学生们带着捕蝶网和扫网进入森林，前者用来捕捉飞行中的昆虫，后者通过击打灌木丛捕捉停歇中的昆虫。与在邓布兰小学教孩子们一样，教这里的学生如何使用这些捕虫网也妙趣横生。毕竟，经常出现一通乱拍之后，除了把昆虫吓跑之外毫无所获的情况。我们向学生们解释怎样区分不同的昆虫，如蝗虫、甲虫、胡蜂、螳螂等。这些只是粗略地分类，每一类中还包括许多个不同的物种，但是再进一步辨别昆虫就很难了。在英国，有很多参考
134 资料可以协助我们辨识昆虫种类。科学家们对那里的动物进行了详细的描述和研究，发现新物种的可能性微乎其微。然而，在热带地区，一网下去便有可能捕捉到几个没有被科学家正式描述过的新种。据估计，我们现在命名的物种只占地球全部物种的五分之一。余下的五分之四中，很可能有相当大的一部分是生活在热带森林中的昆虫。捕捉到新种非常容易，但是辨认出网中哪些昆虫是新种则极其困难。不幸的是，现在只有极少数昆虫分类学家具备区分新种和已知种所需的丰富知识，而且这个数字还在日益减少，因为似乎没有人愿意资助这种工作。

尽管油酥糕点带来的影响仍在继续，但在森林中东奔西跑地寻找昆虫还是让我很激动。杰里米很好玩，在学校中，他是一位性格文静、说话轻柔、为人谦和的小伙子，也是一位受人尊敬的教授和昆虫社会行为与进化方面的专家；到了野外，他一下子变了一个人，非常激动，充满了十岁男孩才有的热情，拿着捕蝶网四处奔跑。很明显，他一直没有从喜爱虫子的时期中走出来。他还有一个优势：身材又高又瘦，

能够捕捉我够不到的昆虫。我们两个开展了一场比赛，看谁能捕捉到最有趣的标本，于是我使出了浑身解数。我们又蹦又跳地追赶昆虫，掀开木头和石头，在粪便里翻找，还涉水到小溪里寻找有趣的生物。我们发现了各种各样奇怪的生物。我捉到了一只非常罕见的齿蛉，它个头很大，样子特别原始，和草蛉有亲缘关系。它们的上颚巨大，但其实也很脆弱。杰里米找到了一只黑蜣，来回应我的齿蛉。黑蜣也是个大块头，全身黑色有光泽，能发出吱吱的叫声。它们肯定用这种叫声与幼虫进行沟通。我又捉住了一只猫头鹰环蝶作为对他的回
应。它有一只小鸟那么大，翅膀上一对硕大的眼斑让它们看 135
起来就像一张实物大小的猫头鹰脸。杰里米又回应了一个更好的——他找到了一只可怕的沙漠蛛蜂。这种动物有着黑天鹅绒一般的外表，大小如我的拇指，还会用麻痹的捕鸟蛛喂养后代。（我们有幸见到一只沙漠蛛蜂正在往洞里拖着一只蓝色捕鸟蛛，这只无助的猎物一瘸一拐的，看起来很漂亮。）[32]我们就这样一路前行，收获了丰富多彩的昆虫，其中包括纤细的竹节虫、带刺且善于伪装的螽斯、能模拟发黄的树叶的蛾子、匆匆忙忙的蜚蠊、装饰着奇特尖刺和突起的毛虫，如此等等，不胜枚举。

对我来说，除熊蜂外，我们见到的最让人兴奋的昆虫或
许是兰花蜂。兰花蜂分为两大类，一类属于兰花蜂属。它们 136

有光泽，呈虹彩般的绿色，体形比熊蜂略小。它们像微型蜂鸟一样，无须降落就能在花朵上悬浮，用长喙探取花蜜。飞行时，它们身手敏捷，启动迅速，能在飞行过程中身体一动不动地悬停在空中探察周围的环境，只有翅膀在挥动。有意思的是，有一种本地的蝇也进化出了与兰花蜂类似的金属色泽和飞行模式，可能是为了愚弄鸟类，让后者以为它们也有螯针。

第二类兰花蜂的体形要大得多，它们身披浓密的绒毛，身上有橙色、黑色和黄色的条纹。根据杰里米的判断，它们属于马兰蜂属。当我第一次见到这样一只兰花蜂时，它的大小和毛茸茸的外套让我以为它是熊蜂的蜂王。但是细看之下，我发现它不是熊蜂。它的后足胫节膨大，这是所有雄性兰花蜂共同的特征。这些膨大的腿是中空结构，有一个小孔通向内部，用来储存有香气、易挥发的化学物质。这些物质对于吸引异性和求偶成功还是非常有效的。大部分雄性兰花蜂只从一种兰花上采集化学物质，而这种兰花慢慢变得只依赖这一种蜂授粉。在香水业中，有一种被称为“脂吸法”的提取工艺，即利用脂肪或油脂吸附的方法把香味从花朵中提取出来。雄性兰花蜂就是利用这种方法。它们从头部的下唇腺分泌一滴脂性液体滴放到兰花上，等液滴吸收了花的香气之后，兰花蜂便把液滴舀起来，储存在腿里。随后，脂肪被重新吸

收回体内（花的香气不会被吸收），循环至下唇腺，等待下次
使用。它们就用这种方法把花香慢慢聚集到腿腔之中。有时
你能见到雄性兰花蜂为了抢夺这些化学物质而厮斗。它们把
对手制服，然后从失败者的腿中吸走脂性香气液滴，这样， 137
它们就不用再去花丛间奔波。在热带森林中，很难发现兰花
蜂的巢穴。不过，据说它们的社会性介于独居蜂和群居蜂之
间。雌性兰花蜂结成小群生活在一起，它们彼此地位平等，
并且都会产卵。这与杰里米的研究方向正好相符，因为它们
可以提供一些线索，让我们了解蜜蜂、蚂蚁等复杂昆虫生活
进化初期的情形。要是能找到它们的巢穴就更好了。

正当我因这些兰花蜂而兴奋异常的时候，杰里米找到了他的“获奖作品”——两个微方头泥蜂的巢穴。这类蜂实在是太小了，只有三四毫米长，简直没什么可看的。但它们进化出了一种与其他群居胡蜂和蜜蜂完全不同的生活方式。它们以跳虫和蓟马为食，生活在丝做成的微小巢穴里。这个与核桃大小相当的巢穴用丝悬挂在树干的枝杈遮挡处，也有的吊在巨大的叶子之下。杰里米曾在巴西的大西洋雨林中研究过另一种微方头泥蜂，他发现其中的雄性也积极参与保卫巢穴的工作，这在蜜蜂和胡蜂中极为罕见。通常，雄性都非常懒惰，它们只承担一项任务——交配。因此，他渴望能深入了解这种厄瓜多尔的微方头泥蜂。

尽管我们竭尽全力捕捉昆虫，但是说到打动学生，我们根本不是米卡的对手。他之前曾出去设置了很多能自动拍摄野生动物的相机陷阱，目的是要捕捉森林中哺乳动物的影像。很快，他便拥有了眼镜熊和虎猫的照片，甚至还拍到了一只大型雄性美洲狮出现在距离小木屋只有几百米的位置。乔治·蒙比特在他的《野性》一书中曾说道："生活在危险野生动物已经消失的地区的人们，其实在潜意识中会怀念那些由
138 于对野生动物的恐惧而产生的刺激感。"我认为他说到了骨子里。如果知道那些美妙的生物就生活在我们周围，我们的生活无疑将会变得更有乐趣，到了夜晚，当我们拿着手电筒沿林间小路搜寻时尤其如此。这时，我们想象的不再是老鼠的沙沙声，而是突然变成了熊[33]的鼻息，或是美洲狮准备攻击时匍匐向前的声音。

每天晚上，我都在森林边缘靠近小屋的地方挂起一条白色的床单，并把紫外线灯光打在上面。在我们的眼中，这是一种有点怪异的紫色，但其实大部分被释放出来的光是我们看不到的。对昆虫来说，床单非常亮，因为昆虫的眼睛能捕捉到我们不可视的紫外线。打开灯几秒钟后，各种蛾子便飞扑上来。有些蛾子非常小，很不起眼，隐约点缀着棕色的斑点，有时翅膀还带有圆齿形边缘，这能为它们在树皮或枯叶上栖息提供伪装。还有些拥有非常显眼的彩色斑点，如奶油

色、黄色、橙色、红色等。在白色的床单上，它们很是醒目。
但当它们栖息在长着菌类，或是被潜叶蝇留下了很多弯弯曲
曲痕迹的树叶上时，这些斑点都是很好的伪装。有些蛾子体
形硕大：大蚕蛾长着羽毛般的触角，用于感觉方圆几英里之
内的雌性；天蛾飞得很快，它们流线型的身体强壮有力，长
长的翅膀末端带尖，上面分布着绿色、棕色和黄色的花纹。
当天蛾因为激动或困惑而围绕灯光盘旋时，经常与别的昆虫 139
撞在一起。灯光也吸引了其他昆虫：大嗓门的蝉从一贯栖息
的树干上被吸引过来；巨大的栗色金龟子舞动翅膀发出咔嗒
咔嗒的声音，带着笨拙的板砖才拥有的优雅，一头撞上来，
然后落到地上，又在原处折叠好翅膀，趴着不动，显然是被
刚才的飞行累坏了；叩甲、胡蜂、蝇、蝽等也赶了过来，有
些安安静静地靠在床单上休息，更多的则胡乱绕着圈飞行。
这是大自然多样性的完美展示，就在一条白色的床单之上。
学生们兴致勃勃地聚在床单周围，感受着这场昆虫暴风雨。
当有奇异或漂亮的昆虫新成员到来时，他们一边指指点点，
一边大声呼喊，丝毫不在意有蛾子落到他们的头上，甚至钻
进了他们的衬衣里。

除了认识动物以外，学生们也有机会学习辨识植物。这次的老师是安娜，这位可爱的厄瓜多尔女士对山区的植物可谓是无所不知。我对厄瓜多尔的植物完全不熟悉，这些植物

中的大部分科属在欧洲根本没有分布。所以，我一路都在努力地向她学习。即使是那些熟悉的植物科属，看起来也与欧洲完全不同。例如，在厄瓜多尔，一些菊科植物长成了30米高的树，实在难以看出它们与我家草坪上的雏菊和蒲公英哪里有相似之处。安娜解释说，许多本土植物已经适应了由蜂鸟授粉，拥有很深的管状花，且常为红色，这些是与蜂鸟的加长版喙协同进化而来的。这些漂亮的鸟儿在森林中无处不在，而且几乎每次都伴有翅膀的拍打声和叽叽喳喳的叫声。
140 不过，在茂密的树叶中，你很难看清它们的身影。

毛里齐奥是小木屋的共有者之一，每天黎明，他都带着我们去雾气蒙蒙的森林中观鸟。黎明是观鸟的最佳时机，这时，鸟儿们会发狂般地鸣叫大约一个小时，然后消失在茂密的树冠之中。不过，即使在这时，你也很难看清它们，因为它们隐身于高高的树上。但是，毛里齐奥能够惟妙惟肖地模仿多种鸟儿的叫声，因此可以对它们的叫声做出回应。这吸引了很多鸟儿从树梢上飞下来，争相察看新的竞争者或可能的伴侣，从而使我们大饱眼福。我们见到的很多鸟儿的名字本身便能说明问题，如火脸唐加拉雀、金头绿咬鹃、红嘴鹦哥、蒙面咬鹃、巨嘴拟䴕、扁嘴山巨嘴鸟等等。在这些漂亮的鸟儿之中，我最喜爱的是金头绿咬鹃。大约20年前，我在伯利兹的森林中花了很长时间想要一睹它们的芳容，但并未如愿，只能听见它们在远处鸣叫。这里的金头绿咬鹃特别温顺，尽管等了这么长时间，能见到它们也是值得的。它们长得胖乎乎的，体形和鸽子差不多，周身翠绿色，腹部的毛却是红色，在阳光下，它们绿色的脑袋呈现出虹彩般的金色。阿兹特克人和玛雅人把金头绿咬鹃视为“空中之神”，认为它们是自由、善良和光明的象征。他们首领的头饰就是由雄性金头绿咬鹃尾巴上的绿色羽毛制成，有半米长，被视为比黄金还要珍贵的东西。因为这些鸟被认为是“羽蛇神”的象征，无比神圣，所以人们会活捉它们，拔掉尾巴上的羽毛，然后再把它们释放。（对于神明来说，这种做法似乎也并不算敬重。）在圣卢西亚，有一只胆子很大的金头绿咬鹃经常来小木屋看我们。它停在院子边缘上的一棵树上，侧着闪光的头顶看着大家，倒真像是一位神明在好奇地俯瞰下面凡夫俗子的
愚蠢行为。 141

早晨散步回来之后，我们会在小木屋外挂着的蜂鸟喂食器旁暂停一会儿。这里面装满了糖液，吸引了十几只蜂鸟过来享用这些唾手可得的盛宴。这些鸟儿已经习惯了人类的存在，完全不理会近在咫尺的我们。毛里齐奥为我们一一说出它们的名字。想要不去喜爱蜂鸟实在是不可能——这些空中的珍宝每时每刻都非常活跃。由于种类不同，它们在头冠、喉咙和尾部拥有或红、或紫、或青铜色的不同羽毛。每次瞥

见它们，我都会忍不住微笑。不同种蜂鸟之间差异很大：雄性紫长尾蜂鸟尾部彩带般的羽毛比身体还要长；盘尾蜂鸟有松软的白色腿毛，尾部长着一对像线一样细的羽毛，尾部末端却扩展成椭圆的旗帜；有些种类的喙部短粗；有些又长又直，像锥子一样；茶腹隐蜂鸟的喙则像弯刀。偶尔，一只小林蜂鸟也会出来转一下。它们是世界上最小的鸟类之一，只比熊蜂略大一点儿，挥动翅膀的速度能达到惊人的每秒钟70次。这种近距离观鸟简直是傻瓜式的，与我所熟悉的英国观鸟构成了鲜明的对比。在英国，我需要拿着望远镜偷窥那些
142 一律棕褐色的鸟儿，实在是难以分清。[34]有了毛里齐奥的帮助，我们很快就可以辨识这些鸟儿了。在喂食器逗留期间，我们至少看到了17种蜂鸟。从黎明到黄昏，总有鸟儿过来进食。所以，我一有空便拉把椅子坐下来观察，还不时地傻笑。

在第五天，学生们自己分成了小组，并且开始谋划自己独创的项目，只从教师那里获得些许的指导。我负责指导两个小组：一组是三个想要研究蜂鸟行为的女孩；另一组是两个女孩，她们想要比较在原生林与砍伐区、次生林或受损林区中，蝴蝶和蛾子的数量差异。等学生们安排好任务，并且开始收集数据之后，我得以腾出精力来继续研究熊蜂。我搜寻了从小木屋辐射出去的所有小路。因为地形极其崎岖不平，这些小路都异常陡峭，通常是在令人晕眩的悬崖边上凿切出

来的，走起来十分艰难。从这些泥泞的小路上滑下去可不是个好主意。有些小路蜿蜒通向附近一座海拔2 500米高的山峰，还有一些垂直降到了仅1 300米的峡谷，在那里，山间的激流倾泻在圆形的巨石之上，五颜六色的蝴蝶在水边潮湿的沙滩上品尝盐味。幸运的是，那时我已从食物中毒中挺过来了，我的腿也恢复了力量。独自一人在这些偏远的森林中搜寻熊蜂，但同时下一个拐角就有可能与熊、美洲狮或睫角棕榈蝮面对面，
实在是太刺激了。[35] 143

我找到了很多熊蜂，它们都是雄性园丁熊蜂，做着和以前相同的事：趴在叶子上，紧张地颤动着，好像小能量球一样。有些园丁熊蜂结成了小群，有二至五只；还有些单独活动。它们都在激烈地保卫着自己的那片地方，不过看起来也没有谁想要争夺它。它们选择趴着的地方毫无特殊之处，既不阳光明媚，也不阴凉，更没有鲜花绽放。在我看来，这样的地方能找到数百万处。

在上山的路上，蜂非常常见，一直到海拔2 500米处都是如此。那是步行能到达的最高点。但是下山的时候，它们逐渐消失了，到了1 600米以下，我一只蜂也没有发现。我用红带子在它们喜欢栖身的植物上做了标记，这样第二天我就可以很容易找到它们。

我一有时间便回去察看。因为我这两个组的学生进展得

很顺利，所以接下来的日子里我有很多次这样的机会。研究蜂鸟的女孩正在研究不同种类的蜂鸟的胆量是否不同。她们发现，有些蜂鸟确实胆子很大。例如，曾经有茶腹隐蜂鸟和盘尾蜂鸟降落到她们手上进食。当然，除此以外她们还有很多其他研究内容。我研究的熊蜂倒是反复无常，我只能小心翼翼地接近它们。幸运的是，它们似乎并不是每天都在变换地点，所以我知道什么时候应该慢下来，匍匐前进去观察它
144 们。有几次，在我到的时候，一只蜂并不在它通常待的地方。但是，如果我多等一会儿，它通常都会回来。偶尔，我见到它们在栖息的地方涂抹一些东西，我猜想这应该是信息素。雄性熊蜂有毛茸茸的触须，有些种类会把触须当成刷子，当它们沿着树叶和小树枝走过时，便会在留下的痕迹上刷一些从头部腺体中分泌出来的、有刺激气味的液体。多年前，达尔文在自己的花园中研究的那种熊蜂就是如此。或许这些蜂在给自己的领地做记号，目的是吸引雌性或者排斥其他雄性。

如果下雨或者阴云密布，那么所有的蜂都会消失，或许它们是躲到某个地方去了。但是，太阳一出来，它们马上又返回来了。偶尔，会有一两只消失半个小时，我想它们可能是找花蜜吃去了。不过，我很少在花上见到它们。我猜想最大的可能是它们主要以生长在雨林树木上的花为食，这些花比我要高得多。很可能园丁熊蜂的工蜂也是这种情况。我一

只工蜂都没有见到过，但是因为有很多雄蜂，所以附近应该也有很多工蜂。在热带森林中从事研究的生物学家面临的挑战之一，便是他们研究的很多行为发生在无法达到的林冠层中。

只有一次我曾见过一只雄性园丁熊蜂在一棵茜草科灌木上进食。这也属于一种我们无法在南美洲辨认的植物种类。在欧洲，茜草科最有名的成员是攀爬生长在草地或灌木篱笆中的低矮植物，如蓬子菜和原拉拉藤。在南美洲，这个科的很多成员也是大型灌木或乔木，这其中就包括咖啡树。我不禁疑惑，这些安第斯熊蜂是否对厄瓜多尔的咖啡授粉有所贡献，但是我没有机会去考证这一点。

在有很多雄性蜂群的地方，它们的空战很值得一看。战 145
斗有时会持续几分钟。两只蜂迎头对飞，就像年轻气盛的少年玩开车对撞比胆量的游戏。它们擦肩而过，沿弧线飞开，在空中画出“8”字形，然后返回来进行另一个回合。偶尔也有第三只蜂参与进来。当它们都发疯般地绕圈飞行时，一切都变得杂乱无序。它们兴许会在空中撞到一起。有时，它们缠到了一块儿，你只能见到腿、绒毛和翅膀。它们落到地面停留一会，然后再返回空中，继续鏖战。有一次，我见到一场持续了接近四分钟的战斗。光是看着它们，我都感到有些累了。或许这是一场耐力的较量也未可知。其中一只会不可避免地先落到地上，看起来精疲力竭。如果它回到领地，便会再次受到空中那只蜂的攻击，从而迫使它继续投入战斗。通常，最终结果是所有雄蜂都回到它们的栖身处。但偶尔也有一两只似乎被赶跑了，或许是因为跟不上节奏，也可能是因为需要用花蜜补充能量。这时，它的栖息地往往就丢掉了。

我试过捕捉一些蜂，并让它们在罐中待一段时间。如果它们是从一群蜂中弄出来的，通常不久之后就会有一只蜂过来，占据它们的领地。虽然下面的描写看起来有点过于人格化，但确实是我的真实感觉。入侵者一副心满意足的模样，但同时也非常紧张，似乎随时准备因自己的偷盗行为而受到攻击。有些领地看起来非常抢手——如果我取走第二只蜂，马上就会有第三只蜂过来占据这里。那么，它们到底在追求什么呢？

有趣的是，这片森林中生存的另一种生物有着与此极为类似的行为。奇特的冠伞鸟身着鲜艳的红色和黑色羽毛，冠羽和特洛伊头盔上的毛差不多。这种鸟是圣卢西亚保护区的
146 标志。每年九月的交配季节，雄性冠伞鸟会在早上聚集到供雌性挑选交配对象的求偶场。圣卢西亚的求偶场隐藏在一座陡峭山谷的丛林深处，到小木屋需要走两个小时的艰难路程。求偶行为发生在第一缕阳光出现后不久，长约半个小时。所以，为了进行观察，你需要在四点起床，摸黑打着手电筒走

两个小时。我无法拒绝试一试的诱惑。毕竟，能欣赏到如此奇特而又迷人的一幕，辛苦一点也值得。五只雄鸟聚在一起，表演点头舞，一边拍动翅膀，一边发出嘶哑的喉音。很明显，其他时候可能会有二十只或是更多的鸟儿聚在一起，我今天看到的算是比较安静的一幕了。寻找交配伙伴的雌鸟只需要过来观察就行了。附近的雄鸟都在这里秀自己的本领呢，雌鸟可以从中挑选最有魅力的一只作为伴侣。这样，它的儿子们就有望继承同样的性感特征，成为理想的伴侣，使家族延续下去。然而，雄鸟对照顾后代没有任何贡献。在短暂的交配行为之后，雄鸟便重新返回求偶场。如果它果真魅力十足，可能会拥有多次交配机会，而那些逊色的竞争对手可能根本没有机会交配。在观察期间，我并没有见到有雌鸟到访求偶场。我猜想它们很少出现。如此一来，大部分早上，这些雄鸟傻里傻气的行为只能是徒劳无功。

并不只是冠伞鸟才有求偶场。在英国，黑琴鸡和索尔兹伯里平原上的大鸨也有这种行为。夏季，人们经常能见到成群的蚋在小溪旁的阴凉处一起跳舞，估计它们也在进行类似的行为。某几种羚羊、胡蜂和鱼也有这种行为。就雌性而言，优势是显而易见的，因为它们可以挑选“长势最好的庄稼”。这种方式对长得最潇洒的雄性来说也很棒。但是，那些没被选中的不幸者就非常悲催了，它们被拖入了一场永远无法

147 获胜的比赛之中。

或许我研究的这些熊蜂正做着类似的事，只不过聚集的个体要少一些，方式更有攻击性。它们不像冠伞鸟那样十几只雄性聚在一起，而是结成小群，有时甚至是独自上阵。而且，它们不是表演，而是投入空战。据目前所知，雄性熊蜂只有一个作用——交配，所以，它们的行为应该与寻找配偶有某种联系。很难想象它们还有什么其他目的。我猜想，雌性熊蜂偶尔会赶过来，这也和冠伞鸟一样。（或许我们该把它们叫作冠伞雌鸟？）这些雌蜂可能是被信息素吸引来的，抑或是被雄蜂在它们领地留下的那种神秘东西吸引来的。如果雌蜂仅仅见到一只雄蜂在孤独地守卫着领地，它会与这只雄蜂交配吗？还是会拒绝它，把它看成在众多雄蜂聚集的理想场所中无法找到栖身之地的失败者？雌蜂会继续前行，去一群雄蜂中精挑细选出最性感的交配对象吗？如果真是如此，那单只雄蜂就是在浪费时间。它们应该像雄性冠伞鸟一样加入一个团队，一段时间之后，说不定事情会朝那个方向发展。或许这只是初级求偶场，几千年之后，雄性可能会结成更大规模的群组。也可能，雌性没有那么挑剔，不需要把雄性逐个比较，这样幸运是不是偶然也会降临到独居雄性的身上？

我们无法回答其中任何一个问题。如果有可能，我想返回厄瓜多尔，以便更好地理解这些问题。我从没见过一只蜂王，但是处女蜂王很可能偶尔会到来。或许我可以把雄蜂聚在一起的情形拍摄下来，这样应该有更大的机会见到过来造访的蜂王。我可以尝试着在叶子上涂抹一些信息素，以便观察是否能吸引蜂王。不过，那需要从雄蜂的头部提取信息素，
它们肯定不乐意。我同样可以测量这些雄蜂，看看那些在聚 148
集地的雄蜂是否比独自生活的雄蜂体形更大，体魄更强；或者测定这些雄蜂的DNA，看看聚集在一起的雄蜂是否有亲缘关系。我还能察看一下雄蜂是否每年都在相同的地点聚集。还有很多可能有待考察。

这些看起来好像都是细枝末节的小事。对人类来说，这些蜂在做什么又有什么关系呢？但是，如果达尔文没有提出迄今最重要的科学理论，那他的研究不同样是细枝末节的东西吗？与他同时代的人在忙着开展更有实际意义的研究，如制造新型的蒸汽机和为化学工业的发展奠定基础。而达尔文在做什么呢？他花了几十年时间观察蚯蚓，琢磨附着的藤壶，让他的孩子追捕蜂类，比较生活在加拉帕戈斯群岛上的雀类的喙的形状。在一般人看来，这样做有什么意义？谁能预测到这会导致具有划时代意义的自然选择理论的产生呢？当然，就重要性而言，我的研究发现远不及此理论的亿分之一，但是谁也无法否定理解我们周围世界的意义。说不定这种理解就能揭示出其他的东西呢？

在圣卢西亚的最后一天，我观察了距离小木屋最近的一群雄性熊蜂。尽管我对充满肉汁的大馅饼无比渴望，但两周的剧烈运动和食物自制让我感觉身体异常康健。蜂还是像以前一样烦躁不安，在栖身处彼此死死盯着。一种不安的感觉在我心中油然而生。据此3 000千米的南方，在阿根廷门多萨
149 下面的河谷中，欧洲熊蜂仍在向北继续扩展。它们会来到这片美丽的原始山脉吗？厄瓜多尔的云雾林中长满了鲜花，高海拔也使这里并不是非常炎热。所以，如果携带着欧洲病原体的欧洲熊蜂能够在这里生存，我丝毫不会感到意外。我们只希望它们无法成功，或者即使它们成功了，也希望园丁熊蜂能拥有比金巨熊蜂更强的抵抗力。可这并不是唯一的威胁。从我坐的地方向南看，我能看到一条窄窄的带子贯穿森林，一直延伸到下面的山谷以及更远处的村庄，亮绿色的山谷与山坡上的森林形成了鲜明对比。人们砍光了山谷中的树木，代之以甘蔗和牧草，山坡上也有几片同样的亮绿色。农民们为了增加收入，已经开始砍伐陡峭山坡上的树木。圣卢西亚现在得到了保护，这种情况在保护区的经济状况还能支撑的情况下尚能维持下去。但是就整体而言，森林正在稳步消失。米卡利用卫星数据指出，附近的森林正在以每年0.7%的速度消失。尽管这听起来不算是一个很大的数字，但是那意味着每年留给美洲狮、蝴蝶和长鼻浣熊的空间越来越少。照此情

形，一段时间之后，一切都会消失。大型哺乳动物通常会最先消失，因为它们需要巨大的活动范围。当人们进行农耕时，他们会与这些哺乳动物产生冲突。捕猎仍然盛行，哪怕是受到法律保护，美洲豹也经常遭到猎杀。

逆转这些趋势、调和人类与野生动植物的需求，将是一个巨大的挑战，但我们必须要想办法做到。圣卢西亚为我们提供了一个可能的范例：通过发展旅游业和提供科研资源来保护森林。但这还远远不够。约恩·沙勒曼是我在萨塞克斯大学的一位同事，他计算了建立一个覆盖全世界所有濒危鸟类的保护体系所需的费用。当然，那样的体系也会保护地球上其他大多数濒危物种。根据计算结果，每年人类需要花费
670亿美元，听起来简直是一个天文数字。不过，沙勒曼指 150
出，这只是全球每年碳酸饮料花费的20%，比华尔街投资银行的银行家每年奖金的一半还少。与那些钱相比，这并不算什么巨款。当然，同发动战争所需的费用比较起来，这更不值一提了。只要我们选择去做，就可以轻易获取保护冠伞鸟、蜚蠊、蜂鸟、天蛾、熊和熊蜂的费用。如果一罐可乐售价的
五分之一就能拯救世界，那可算不上什么高价。 151

第七章
泰晤士河口的棕地雨林

滋养这片荒野的只有阳光和
雨水，野草中又现点点金黄。
——林赛·劳里《蒲公英》

你可能已经感觉到了，我对野生动植物一直特别痴迷。大约从七岁开始，每到周末和暑假，我都会去本地的运河里捕捉蝾螈和边纹龙虱，去荒废的采石场爬上爬下寻找稀有的兰花，爬上废弃的磨房搜罗鸟窝，或者去采砾坑周围的荒地上追赶蝴蝶。我成长于什罗普郡，是工业革命开始的地区。这些我和朋友们一起搜寻野生动物的地方已经成了被工业时代抛弃的遗迹。有一点我当时并没有在意，那就是我和朋友们很少去农田里寻找蝴蝶，因为我们早就意识到，在亮绿色的黑麦草田和大块麦田中不太可能会出现那些有趣的生物。

你可能会纳闷，为什么这些工业时代的疤痕最终孕育了如此多的野生动植物。在有些情况中，答案显而易见——例

153 如，150年前建造的用来运输煤炭和铁矿石的运河可能现在变成了一片细长的湖泊。只要污染不是特别严重，里面一定会生活着大量的豉甲、蜻蜓、边纹龙虱、翠鸟和其他生物。虽然农田中的池塘大多被填平了，但很多运河被保留了下来。（不幸的是，也有大量运河被排干、填埋。）幸存下来的运河生机勃勃。好在未曾受到破坏的那些运河现在大多得到了保护，人们在那里钓鱼、沿牵道骑行、观鸟或者寻找片刻的宁静，以躲避繁忙的交通和现代社会的喧嚣。但那些采石场、废弃工厂、矿山废石堆呢？它们为什么也成了野生动植物的宝地？部分原因在于它们被遗弃了，不再受人类的打扰，无须再使用杀虫剂，也无须犁耕和播种。哪怕有一丁点的机会，自然都会悄悄地潜入那些看似完全不可能的地方。我曾参观过的加利福尼亚州麦克劳克林保护区就是一个极好的范例。那里曾是一座金矿，现在成了罕见熊蜂、响尾蛇和加州红腿蛙的天堂。

很多废弃工业场所的共同特征是土壤贫瘠，还有些根本没有土壤。这似乎有点反直觉，但大部分野生植物群落已经适应了低肥力的土壤。廉价人工肥料的广泛使用使大多数农田变得过于肥沃，根本不适宜这些植物的生长。下次当你走过田边的树篱时，看一看你能在空档处发现哪些植物，估计你见到兰花、孀草、圆叶风铃草、黄花九轮草的可能性不大。

无论你在英国的哪个地方，你倒是有可能看到许多荨麻、酸
模、峨参等植物正在抽芽，仿佛传说中的三裂草一样，它们
是少数能够在高硝酸盐土壤中幸存的植物。相比之下，在混 154
凝土裂缝、废石堆、砾石、废弃工业场所等地，营养物质匮
乏，许多植物和昆虫物种反而在这里找到了宜居的家园，非
常和谐地生活在一起。

废弃工业场所杂乱无章的特性也为不同种类的植物和动物提供了可利用的场所。采石场中有许多阳光充足、朝向南方而且有遮蔽的角落，那里生活着喜暖的昆虫和蜘蛛。同样也有一些潮湿、阴暗的角落，成为地钱等苔藓生长的好地方。这里也会有一些“崖壁”供鸟儿安全筑巢，或是为一步步在岩石缝中攀登的石竹和景天提供台阶。水可能会聚集在采石场底部，形成浅浅的水池和沼泽区，为两栖动物和喜爱潮湿的兰花提供生存空间。多年前，当人们在地上爆破和开凿洞穴时，所有这一切都不是他们的初衷。那时，看起来他们正在把乡野弄得一团糟，当地人可能也会抱怨尘土和噪声。采石工人挖的坑通常会被废弃，主要是因为它们没什么用了，而且也不容易被填上。不过，这种做法却在不经意间为野生动植物创造了一个庇护所。

不幸的是，以前的工业场所通常都被冠以“棕地”的称号。这个名字给人以“丑陋”的感觉——“棕地”听起来十

分肮脏。在大众的脑海中，它们唤起的形象通常都有碍观瞻：存在污染、锈迹斑斑的工厂，堆积如山的矿渣，亟须修复和重新开发的“痈块”。此外，棕地大多靠近城市，或位于城市中。那里的地价高得离谱，开发商无时无刻不在寻找土地以满足我们对新住房[36]和市郊购物中心等贪得无厌的需求。表
155 面上看，如果你承认人类确实有开发新项目的必要，那么开发棕地就是合情合理的。另一个显而易见的选项是开发绿地。当然，任何人都不想见到这一结果。绿地向来被认为是神圣不可侵犯的，是给英国带来绿色和愉悦的地方，政客们反复强调要保护它们。（当然，每年仍有大量绿地被开发。）但是，让我们仔细思索一下这个悖论。

绿地通常意味着农田，即种植谷物、油菜籽的田地，或是被改良过的绿色牧场。这些田地里通常没有野生动植物，几乎都是种植绝对的单一作物，根本没有杂草、昆虫或是鸟类。你可以在盛夏时站在麦田中观望一下，极有可能除了小麦以外，你见不到其他植物；除了风以外，你听不到其他声音。那里不会有昆虫的鸣叫，不会有云雀在高空喳喳飞过。如果有浓密的树篱、宽阔的边界和未被耕种的角落，那里倒有可能生活着数量可观的常见植物、鸟类、昆虫等。但总体来看，大部分农田是野生动植物的荒漠。具有讽刺意味的是，在农田中建房反倒会导致大部分野生动植物的数量明显增加。

例如，花园中的熊蜂群落似乎比农田中要稳定得多。我们把
熊蜂蜂巢分别放到花园和农田中，并观察它们的生长，结果
一目了然——花园中的熊蜂生长得好很多。养蜂人在市区的
收益要高得多，高到了足以带动人们在伦敦中心等地养蜂的
热情。如今，办公楼和旅馆顶部放置着数以百计的蜂箱。城 156
市居民通常认为野生动植物分布在乡下。但奇怪的是，最近
野生动植物在城市中更多。这是现代农业的一个悲哀，但也
显示出花园作为城市自然保护区的潜力。如果郊区面积日益
增长的话，城市花园将是一个我们应该充分利用的机会，而
郊区面积的增长几乎是板上钉钉的事。

当然，也有一些其他原因表明我们不应该在农田上建房。相当重要也显而易见的原因是，我们需要食物。政府经常提到渴望粮食自给自足，以免过分依赖进口，但同时他们又批准在乡下建立新城区，而且经常是建立在农田之中。我认为我们不能主观地推断开发棕地比开发绿地要好，毕竟每个地方的优缺点需要认真进行权衡。随着人口数量的增加，土地正承受着截然不同的压力。

我猜想很多读者可能认为我的想法有点怪异，因为我甚至主张有时宁愿在农田中建房也不愿在肮脏的废弃工业区建房。我来举个例子吧。不过，首先请回答我一个问题：你认为总体来看，英国哪个地方拥有最多的物种，即生物多样性

最高？恐怕你永远无法猜对。我来公布答案吧，是温莎大公园。那是一片面积达3 500英亩的区域，包含古老的橡树林、湖泊和草地。因为靠近伦敦，所以几个世纪以来，有各种研究偏好的生物学家都对它进行过详细深入的考察。温莎大公园中的物种清单有可能已经接近完整，或者至少和地球上其他任何地方比较起来算是接近完整。在那里，单单是甲虫就有2 000多种，这真是一个令人震惊的数字。谁知道英国会有
157 这么多种甲虫呢？更别提它们还生活在同一个地方了。现在，请回答另一个问题。在英国，你认为哪个地方物种密度最大，每平方英尺上的物种数量最多？事实上，没人能够十分肯定地说清这一点，因为很多地方并没有被仔细地调查过。不过有一个地方是冠军的有力争夺者，那里虽然离伦敦很近，但与温莎大公园的环境大相径庭。关于这个地方，我们听说过很多传闻，尤其是因为它成了英国环保主义者的最新战场之一。它的捍卫者创造了“英国的雨林”这个称呼来吸引大家关注它的生物多样性。它也曾引起我的注意，因为据说那里生存了一些英国最罕见的熊蜂。2015年7月，我认为是时候去那里探访一番了。

我的旅行出师不利。导航显示的目的地是泰晤士河口北岸，位于东伦敦西瑟罗克的圣克莱门特教堂。周围方圆几英里的区域是一片旧工厂区，其中可见道路、环岛、混凝土硬

地面、巨大的货车停车场、用钢铁包裹的工厂厂房、墙上画着涂鸦的仓库和无处不在的垃圾。我们也能见到类似的区域遍布现代世界的土地，在大城市的边缘尤其常见。在我的眼中，它们充分证明了我们把世界搞成了多么糟糕的样子。在为数不多的几块裸露在外的泥土地上，长着一片片醉鱼草、翼蓟、菊苣等植物。显然，已经不可能变得更加荒凉了。

这里的道路和环岛非常复杂，我的廉价导航系统无法胜
任。我绕了半个小时才终于找到了教堂。它是一座燧石铺面
的优美古老建筑，体现了典型的东盎格鲁风格。这里曾经是
埃塞克斯郡的乡村地区，但很早以前就被日益扩张的城市吞
并了。如今，某种化工厂包围在教堂四周，巨大的块状建筑 158
被涂成亮红色，杂乱地装配着许多钢铁管道，一些银色的烟
囱正在往外冒烟。在这样的环境里，教堂显得极不协调。

这里的工业区让我感到沮丧和压抑。于是，我停下车，从教堂向南走。路上到处是垃圾，不过，路边一簇簇的悬钩子和醉鱼草非常茂盛，一直长到了路上，好像在努力掩藏被丢弃的垃圾。那天天气湿热，走在狭窄的小路上，让人有一种窒息的感觉。半个小时后，当我终于来到一座水泥防波堤上，远眺潮来潮往的泰晤士河泥泞的河口时，我如释重负。岸边有一条东西向的小路，随处可见狗粪、涂鸦、随手丢弃

的啤酒罐和破碎的瓶子。由此判断，遛狗的人和那些晚饭后无处可去的年轻人一定经常光顾这里。在泥滩上，一只杓鹬孤独地飞了起来，它那久久不逝的叫声与都市的烦乱格格不入。

我向右转，沿着防波堤向西走。如果导航正确，我的目的地应该在一千米左右之后出现在我的右侧。我正在寻找西瑟罗克潟湖。这片三角形土地占地面积约30英亩，在谷歌地图上，它是一大片混凝土区域中的一块亮绿色。在20世纪90年代初期，这里曾是老西瑟罗克燃煤电厂的一部分，用来倾倒电厂产生的大量粉煤灰。后来电厂被拆毁，但在此后大约20年的时间里，倾倒粉煤灰的地方却没人理会。据说，就是这片看似没有希望的地方如今已经变成了野生动植物的天堂。

我向西朝达特福德泰晤士河上的伊丽莎白二世桥走去，若隐若现的桥拱上车水马龙。我离得较远，几乎听不到发动
159 机的声音，宁静得有些出奇。一路都是粉蓝色的菊苣花，红尾熊蜂正忙着在上面采集花蜜。其中有几只雌性沙地毛足蜂，是英国更加出众的独居蜂之一。它们有时被称为“裤蜂”，因为雌蜂看起来像是穿着南美洲牧羊人引以为傲的肥大金色裤子。事实上，这只是因为它们的后足上分布着一层像刷子一样的金色的长毛，用来收集花粉。蜂类已经进化出了多种携

带花粉的方法，最为人熟悉的是熊蜂和蜜蜂的“花粉篮”。花粉篮由一节扁平、有光泽的后足形成，边缘长着一排长而弯曲的刚毛。它们把花粉滚成一个球，用一点花蜜粘在足的侧面上。“裤蜂”的后足和它们一样，只不过它们是凭借大量的毛来吸附干花粉，不会形成黏性花粉球。叶舌蜂用胃携带花粉，回到巢中再把它们反刍出来；切叶蜂则把花粉压缩在腹部的毛中。

当我看到“裤蜂”在它们的“裤子”中填满花粉时，我的心情好了许多。毕竟，太阳出来了，花儿和蜂儿到处都是。一簇簇新疆千里光上挤满了昆虫：有小小的黑花粉甲虫，有身子鲜绿、大腿粗壮的花金龟，有斑豹弄蝶、火眼蝶，还有毛茸茸的橙寄蝇。起绒草的花比我还高，它们为长颊熊蜂和牧场熊蜂提供食物。再往前一点儿，一段结实的新篱笆出现在我的右侧。篱笆大约有八英尺高，上面布满了难看的尖刺。每隔十码就能看到一些措辞严厉的牌子——“绝对禁止入内”“入侵者必将受到法律制裁”“警告：护卫狗正在巡逻中”，上面还画着长相凶猛的狗。在篱笆的后面，我只能见到一小片桦树林。它有效地遮挡了一切，即使你站在略高的防
波堤上，仍然什么也看不到。这应该就是西瑟罗克潟湖了。160
不过，看起来这次旅行将无疾而终。我之前并未申请进入这个地方的许可证，我以为能够走进去随便逛呢。看来这是不

可能的了。

我沿着篱笆走了一段儿，伺机进入，途中看到了一大片广布野豌豆。这种漂亮的攀爬植物长着一簇簇紫色的管状花，非常受长舌类熊蜂的欢迎。至少有三只低熊蜂的工蜂正在那里忙碌着。这种稻草色的熊蜂非常漂亮，腹部点缀着颜色更深的铁锈色条带。棕带梳熊蜂是英国最常见的罕见熊蜂，不过，这话听起来有些别扭。它们的珍稀程度让我无论什么时候见到它们都会变得兴奋。同很多其他罕见熊蜂一样，它们也变成了主要分布在海岸的生物，仅生活在沙丘、咸水沼泽、海崖和其他无法进行农耕的地方。索尔兹伯里平原是它们在内陆上为数不多的分布地之一。我并不十分意外能在这里见到它们，因为泰晤士河口是棕带梳熊蜂最后的据点之一。这里也有两个更为稀有的物种：尖叫熊蜂和红柄熊蜂。只可惜，这也意味着这些濒危物种直接受到了正在沿泰晤士河东扩的伦敦城区的威胁。

我用了大约半个小时的时间对着这些棕带梳熊蜂拍照，想尽量照得好一些。之后，我沿着篱笆继续前行。在最西边的拐角，篱笆突然出现了一个直角的拐弯，朝内陆方向延伸过去。有某个人在篱笆上弄了一个不小的窟窿，这让我高兴极了。那里像楔子一样塞着一辆破烂不堪的雅马哈摩托车，看起来有点像某个人骑着摩托车把篱笆撞出了一个洞。不过，如果果真如此，那几乎就成了自杀。无论这个洞是怎么形成的，我倒是心存感激。我钻了过去，又爬过一道满是泥泞的沟，里面全是闪着光泽、正在飞舞的长足虻。我用手划拉着 161
走过一片芦苇地，进入了远处的桦树林。显然我不应该出现在这里，而且随时有可能被凶猛的护卫狗攻击，所以这倒真成了名副其实的探险。

说实话，里面的情形有点出乎我的意料。树林间有一条供越野摩托车走的泥土小路，很明显能看出来这里经常有骑车人光顾，估计也是未经允许的。车轮在松软的地上轧出了深深的车辙，露出了深灰色的土壤，我猜想这可能是粉煤灰。走着走着，我被一座奇怪的纪念碑绊了一下。这是一只制作精美的木质十字架，上面题写着“安得鲁·达维尔”，周围整齐地排列着几百只福斯特啤酒罐。这里看起来实在不像是墓地——或许是为了纪念那位骑摩托车冲撞篱笆而壮烈牺牲的车手。[37]我沿着小路向北穿过树林，好不快活。不过说实话，“英国的雨林”这种褒奖有点言过其实了。我能判断出我的右侧是一大片开阔区域，接近被围起来的中心区。但是，每当我试图要挤过灌木到达那里时，我都会来到一片长长的、芦苇丛生的潟湖岸边，很难跨越过去。

走了大约1 500米后，我好像要走到这个地方的最北端了，因为我能听到不远处重型机器运转的声音，也能透过树木隐隐约约看到集装箱的影子。我再次向右转，发现这一段潟湖又浅又窄。我穿过芦苇丛，手脚并用地爬过一块旧木板。
162 这肯定是有人特意放在那里的。突然间，我发现自己深陷一片齐腰深的花海之中。这片开阔区域大约有10英亩，主要由山羊豆粉色和白色的泡状花构成。这种豆科植物像灌木一样高，看起来在粉煤灰中生长得很好。铬黄色的圣约翰草点缀其间，还有垂着头的深紫色醉鱼草和茂密的淡紫色田蓟。从植物学意义上来看，这里的植物种类并不是非常丰富，而且山羊豆等很多植物并非乡土植物，但是这些植物为蜂、食蚜蝇和其他众多昆虫提供了盛宴。我喜出望外地见到了几只英国最大的食蚜蝇——黑带蜂蚜蝇，它们试图通过模仿英国本土极具危险性的胡蜂，从而掩饰自己实际上是美味、无毒，能供鸟儿饱餐一顿的事实。

这个地方昆虫很多，主要是数以千计的熊蜂。我花了整个下午的时间徜徉在花丛中，拍摄所有我觉得有价值的东西，尝试寻找生活在此地的稀有物种。我特别希望能找到著名的跳蛛，但找了很久也没有见到它们的影子。它们是西瑟罗克潟湖的特有物种之一，这种生物在英国只有两个已知栖息地，另一个是位于泰晤士河对岸肯特郡的斯旺斯柯姆半岛。这两个地方都属于棕地。不过，斯旺斯柯姆半岛马上就要被建成巨大的派拉蒙主题乐园，旨在与巴黎的迪士尼乐园一争高下，立志成为欧洲最大的旅游景点之一。对跳蛛来说，这当然是坏消息，毕竟它们可能不会喜欢那里的水槽和过山车。这种毛茸茸的蜘蛛仪表堂堂，身着灰色的条纹，两对向前突出的黑眼睛大得出奇，用来判断猎物的距离。虽然我没有找到负有盛名的跳蛛，但我找到了几只五带象甲蜂，它们正在翼蓟
上吮吸花蜜。这个物种不像跳蛛那么稀有，但也足以让我激 163
动不已。奇怪的是，在这种微小的独居蜂的腹部，只有四个黄色的条带，而不是五个。正如它们的名字所反映的，它们专门捕食象甲。[38]它们将象甲麻痹，然后储存在沙质土壤的地下坑道中，倒霉的象甲在尚未死亡时便被象甲蜂的幼虫慢慢地吃掉。我非常喜欢象甲，但是我还是接受了它们在面对象甲蜂时的可悲命运，因为后者同样十分可爱。

当我出去搜寻时，天气非常热。太阳像铆足了劲似的工作着，让黑色的粉煤灰吸足了热量，烫得几乎无法触摸。说不定这正是西瑟罗克潟湖的秘密所在，或许也是这里有那么多昆虫的原因。西瑟罗克潟湖是许多昆虫在英国分布范围的最北缘，它们努力在这种温暖潮湿的气候中完成自己的生活史。基于此，有很多英国昆虫仅仅分布在朝南的山坡、欧石南丛生的荒野或者是沙丘上，在这些地方，夏季的阳光使光秃秃的沙质土壤异常灼热。粉煤灰正好提供了那样一种炎热的微气候，辐射出热量。这里可能不是雨林，但差不多和热

带地区的温度一样。

花海中浅浅的积水、黑色的沙岸让我想起了火山形成的特内里费黑色沙岸。水温太适合洗澡了，所以我甩掉鞋子，卷起裤子，蹚起了水。不过，考虑到这里原来是工业区，我
164 还是战胜了游泳的诱惑。当太阳开始西沉时，我坐在沙岸上，脚浸在水中，呼吸着这里特有的空气，感受着别样的田园风光——如此美妙且充满野生动植物的地方居然是由堆积工业废物而意外形成的，真是让人不可思议。短短20年的时间里，这个群落竟从无到有，而且是在工业化程度相当高的地方发展起来，完全没有人类的帮助。说不定在附近其他未受打扰或者被废弃的小片地方，也存在这里的大部分或是全部生物，那些环保主义者通常尚未发现。例如2008年时，无脊椎动物保护协会就尝试在这年三月弄清伦敦和泰晤士河口地区576个地方的物种。虽然他们还没有足够的人手进行全面的调查，但他们发现有一半以上的地方有丰富的生物多样性。无论如何，在英国最大的城市中心显然有可能存在着许多野生动植物丰富的地点。当然，其中很多兴许难以发现，公众也无法到达。遗憾的是，无脊椎动物保护协会的研究估计，按照目前的开发速度，到2028年，它们都会被建筑覆盖。

几周之后，在八月中旬，我回到西瑟罗克潟湖进行了一次授权访问。我渴望能与熟悉这个地方的人一起探索一下这

里，也想了解更多关于它的历史。所以，我与无脊椎动物保护协会的棕地事务负责人莎拉·汉雪尔约在正门处见面。正门位于一座巨大的印染工厂后面。莎拉非常开朗，属于少数对工作和与昆虫相关的一切充满了热情的人。我们四处走动，把那些有趣的昆虫指给彼此看。与此同时，她向我讲起了这个地方最近的历史和为了保护它而进行的斗争。后来我意识到，上次“非法侵入”时，我竟发现了这片地区三个部分中
最南边的那一个。我发现的这一部分面积最大，但是这三个 165
部分的命运各有不同。莎拉的故事从2005年开始。那时，一位名叫彼得·哈维的昆虫学家受命来调查这一地区，目的是看看到底这里有什么，极有可能是因为业主正在考虑开发这里。那时，人们已知南面那部分栖息着一些珍稀鸟类，包括芦苇莺、水蒲苇莺、文须雀。正因如此，这里被授予了“具特殊科学价值地点”（通常被称为SSSI）这一称号。关于那里的昆虫，虽然曾有人在1996年至2003年之间做过一项马马虎虎的调查，但人们知之甚少。彼得的发现让他既惊讶又困惑。在一年中，他进行了几次调查，发现了939种无脊椎动物，加上之前已记录在案的，现在这个地区的无脊椎动物已经达到了1 243种，其中有35种在世界自然保护联盟的极危物种“红皮书”中榜上有名。此外，还有116种国家级珍稀物种和352种地方性物种。在众多蜂类中，彼得当然找到了低熊蜂、

红柄熊蜂和罕见的海紫菀分舌蜂。海紫菀分舌蜂喜欢在咸水沼泽的沙岸上挖掘洞穴，还能在位于潮水标志线以下的地方筑巢和生存。通过封住巢穴入口，它们能在里面保留一些空气。尽管有如此妙招，近几十年来，这种蜂还是在沼泽开发过程中遇到了巨大的灾难，因为它们的巢穴和赖以生存的海紫菀都消失了。

彼得还有一些其他意外发现，如沼泽短刺斑步甲、驼背红蚁、魔长足虻等。甚至还有一种生活在芦苇上的秆蝇，学
166 名叫*Homalura tarsata*，以前在英国从来没有记录过。当然，这都是些晦涩拗口、鲜为人知的物种。对于它们的生活方式，我们几乎一无所知。但无论如何，它们的存在总是一件美妙的事情。

总而言之，彼得找到的生物数量相当可观。别忘了整片区域只有30英亩，与一块普通的耕地面积差不多。而且，这还没有包括数不清的植物、哺乳动物、鸟类和两栖动物，也没有拿着光诱捕器去仔细寻找蛾子。如果把这些也计算在内，肯定又要增加几百种。这就是为什么这里被称为“英国的雨林”，因为雨林地区以包含众多物种而闻名。西瑟罗克潟湖是距离我们最近，同时还含有奇妙昆虫和蜘蛛的宝库。

仿佛命中注定一样，就在这个地方的非凡价值被发现之后，英国皇家邮政便提交了一个申请，要建一座巨大的仓库

和火车停车场，这势必会把这里多样的生物完全铲除。无脊
椎动物保护协会自然要反对这种开发。他们首先向辅助保护
生物多样性的政府组织——英格兰自然署求助。无脊椎动物
保护协会向英格兰自然署提出申诉，指出如果英国物种最为
丰富的地方都不能得到环境立法的保护，那么就没有什么地
方是安全的了。他们申请把这片区域设立为“具特殊科学价
值地点”，这样就可以让这个地区获得一些保护。但是英格兰
自然署拒绝了他们的申请。经过一番谈判，他们接受了一个
折中计划，把这个地区砍去一半。北边的部分将用于开发，
而南边的部分，也就是我之前探索过的那一部分将得到保护。
同时，为了给珍稀鸟类提供栖息地，将修整里面的一小片湿
地。深挖湿地，还要加一个池塘衬底以减少水的流失。就保 167
护昆虫来说，这是一个灾难性的提议，因为最北端是最好的
昆虫栖息地。那里有一片极棒的草地，里面生长着大量车轴
草和野豌豆，大部分棕带熊蜂都在那里出没。

无脊椎动物保护协会发起了一项请愿，收集到2 500个签名并提交给下议院。他们甚至与当时的首相托尼·布莱尔进行会谈，但是并没有什么结果。无脊椎动物保护协会随后发起了一场漫长而又昂贵的法律诉讼，来挑战对这个地区的开发。这场诉讼经历了各级法院，最后到了上议院。在那里，诉讼遭到了拒绝。开发似乎比保护野生物种要重要——这个

国家迫切需要另一座货车停车场和仓库，这是为了发展经济而进行的一部分努力，它比那些特别的跳蛛、魔长足虻和棕带熊蜂应该更有优先权。

正当一切看起来已经无法挽回的时候，皇家邮政自己踢了一脚漂亮的乌龙球。他们发行了一套纪念邮票，描绘了英国最罕见的昆虫。这个讽刺的行为马上被保护运动发起者利用。无脊椎动物保护协会迅速发行了一套讽刺邮票，主题是即将被皇家邮政的库房毁掉的昆虫种类。我们可以想象皇家邮政幕后的尴尬，可能也有一两个领导人辞了职。不久之后，他们便放弃了开发，分储中心则被建在了几码之外的另一个地方，那里没什么生物多样性的价值。人们可能会想，为什么没有早一点提出这个解决办法？为什么需要花费这么大的代价？

只可惜，故事还没完，这个地方仍然没有得到保护。另一家公司搬了进来，在北边，也就是花草最多的那个部分建
168 了一座巨大的印染厂。你读到的《每日邮报》很可能就是在这里印刷的。后来我才知道，莎拉和我见面的印染厂停车场原来就是一片充满花香和虫鸣的地方。

从停车场往南走，我们进入了原来的中心地带。现在，这里看起来非常适合做后世界末日电影或是《神秘博士》的拍摄场所。大部分植物已经被摩托车蹭没了，只留下赤裸的

黑色沙质灰尘，上面矗立着生锈的电力塔。疯狂的麦克斯到了这儿肯定会有回家的感觉。与这里比较起来，我在南边树林中见到的摩托车痕迹简直是小巫见大巫。莎拉说，到了周末，几百个本地的越野摩托车爱好者会在这里举行非正式比赛，甚至还弄了一辆快餐车进来，也不知他们是怎么做到的。他们一定玩得非常痛快——我曾经有一辆越野摩托，所以懂得加大油门，在弯道处滑行，弄得身后尘土飞扬是多么让人激动。不过，他们可把这里的植物糟蹋苦了。很明显，保安人员已经放弃了对驱逐摩托车手的努力，因为他们一直不断地在破坏篱笆然后钻进来。再者，也没什么值钱的东西需要保护，所以，还不如干脆放他们进来。

尽管有这么多的干扰，在车手们没有到过的地方还是有
很多花。飞尘的碱性很强，所以能养活那些通常生长在白垩
土上的花——野胡萝卜的伞状花，草木樨的黄色穗状花，以
及百金花漂亮的粉色小星星。莎拉解释说大名鼎鼎的跳蛛在
这里到处都是，它们喜欢躲在煤渣下面（即多孔、奇形怪状
的岩石块，是发电厂炉子的另一种副产品）。煤渣上有很多
孔，跳蛛可以在里面冬眠。我们用了很长时间翻动煤渣，不
过实在是让人失望，无论是著名的还是普通的，我们一只跳 169
蛛也没找到。

现如今，这个地区中心地带的大部分属于英国国家电网，

他们打算在上面新建两座电力塔。这无疑会丑得离谱。不过，鉴于无论从哪个角度都能看见电力塔和化工厂，所以对审美来说，已经不再有多大影响了。对野生动植物而言，可能最终也不失为一件好事，因为这样就不会再有进一步的开发了。一旦电力塔建立起来，英国国家电网一定会采取措施禁止车手在下面赛车，因为这肯定有安全问题。果真如此，电力塔下面的土地说不定还有希望得到修复，花和蜂类兴许会在这片安宁的地方再次繁荣起来。而且，著名的跳蛛也可能会再次出现。

由于这些牺牲，这片地区的最南端最终躲过了开发。尽管这里稀有昆虫的数量众多，但英格兰自然署似乎对来访的鸟类更加感兴趣。他们花了很大的力气清理周围日益增多的桦树，建立了一套昂贵的潮水交换系统，以保持水域的面积。夏初我蹚过水的那片潟湖当然不是为了行为不端的昆虫学家准备的。虽然现在它幸免于开发，但未来仍面临威胁。大部分昆虫赖以生存的草地阳光明媚鲜花盛开，如果想要留住草地，那些树木就要受到严格的管理。山羊豆正在威胁着所有本土植物，或许也要对它们进行一定的控制。车手偶尔来一次，弄出一些光秃秃的区域并造成一定的破坏可能还会带来好处。如果国家电网把他们从中心区域清除出去，这些车手就可能同时出现，那将是一场灾难。无脊椎动物保护协会乐

于见到这片区域对公众开放，让男女老少一起来这里欣赏漂亮的花草和美妙的昆虫，但摩托车配上戏耍的孩子似乎会很 170
糟。未来尚处在未知状态，但至少目前这个地区还算得上安全。

2009年，由于拯救西瑟罗克潟湖而付出的努力，无脊椎动物保护协会获得了《观察家报》颁发的“伦理奖”。他们在各级法院上的斗争让我们意识到了环境立法有多么的脆弱，在保护珍稀昆虫方面尤其如此。然而整件事还不能算是巨大的环保胜利，因为这个地区的很大一部分已经遭到了破坏。现在，如果在那里开车多转转，会发现有很多其他废弃工业场所将被用来开发。好在至少有一个棕地环保故事以喜剧结尾，就发生在沿泰晤士河向东几英里处的坎维岛上，我和莎拉接下来便去了那里。

坎维岛十分奇特，它距离伦敦只有一步之遥，却给人以偏僻、荒凉、饱经风霜的感觉。它占地面积约18平方千米，曾经是一片盐水沼泽，仅位于海平面上一两米。几条浅浅的小溪把这里与埃塞克斯郡的其他地方隔开，使它勉强可以算是一座岛。在20世纪初，岛的东南端曾是著名的海滨度假胜地。但是，这里也经历了与英国其他海滨城市相同的命运，随着廉价的国外旅游线路的兴起，这里日渐没落。海滨游乐中心、夜总会和房车营地都显得非常破旧。坎维威客[39]位于

171 岛屿的西侧，虽然距离都市只有一英里左右，能够看见郊外的莫里森超市和“得来速”麦当劳，但这里就像是另一个世界。

1953年冬季，坎维岛遭遇严重的洪水，造成58人死亡。不久以后，这里便修筑了一座水泥防波堤。在那之前，坎维威客是一片盐沼，定期有洪水发生，而防波堤的建设注定会破坏当地的生态。对蠕虫和软体动物等小型泥栖生物而言，海边的泥滩和沼泽是非常理想的栖息地，也为涉禽提供了充足的食物。不过，阻止高潮的到来使这一切都受到了破坏。龟裂的盐碱地不能用作耕地，便用来堆放清理泰晤士河时挖出来的沙子和淤泥。于是，六米深的淤泥被堆到了这里的土地上。后来，在20世纪70年代，这里又变成了炼油厂，并开始开发建设。人们修建了巨大的圆形沥青路面，供巨大的圆形油罐作地基用。水泥路把它们连接了起来，甚至还安装了路灯。后来，石油价格下降，这个项目便被放弃了。在几十年里，坎维威客几乎没什么用，仅仅作为倾倒垃圾和丢弃、焚烧被盗车辆的地方。2002年，人们计划开发这里。与西瑟罗克潟湖的情况一样，从放弃石油冶炼计划到2002年的25年间，这里到处是倾倒的淤泥和被烧毁的车辆，看似毫无希望的地方却孕育了神奇的动物，其中包括五种英国最罕见的熊蜂和至少300种蛾，共有30种无脊椎动物进入了英国自然保
172 护联盟的“红皮书”。

与之前的情况类似，这里也被分成了三个不同的部分，分属三个不同的组织，最初的计划是开发北边的80英亩土地。一个名为“东英格兰开发署”的半官方机构取得了这一部分的开发权，计划在这里建一家高档的汽车展厅和大型停车场。说实话，这个地方并不太适合建汽车展厅——过往的车辆并不多，坎维岛也不是一个交通枢纽。不过，我并不是这方面的专家。然而，对蜂类利好的是，这个项目遇到了阻碍，一个四条腿的小障碍——冠欧螈改变了一切。按它们的珍稀程度来说，冠欧螈有过高的保护地位（它们并不罕见）。至于为什么出现这种情况，我倒是没有了解过。请不要误会我，我不是要建议取消对它们的保护。其实我非常喜爱冠欧螈，而且希望所有的野生动植物都能像冠欧螈一样受到保护。我们的土地法规定不能伤害冠欧螈，所以在转移冠欧螈的过程中，开发只能暂停。对新土地的开发而言，这种做法再常见不过了。不仅仅是冠欧螈，胎生蜥蜴和蛇蜥也经常被转移。这种转移是最没用的花架子之一，它们只是为了让环保主义者高兴的敷衍，也让开发商有了借口，可以让他们声称已经抵消了开发带来的伤害。你可能纳闷我为什么会这样说，能使冠欧螈免于被埋在水泥地之下，这难道不是一件好事吗？既然如此，让我花些笔墨解释一下吧。

通常情况下，某种生物的数量与这一地区的承载能力大体相当。我们可以假想一座岛上生活着一些鹿。岛屿的大小决定了它只能生长供100头鹿食用的草。如果现有鹿的数量低于100，那么它们就能拥有充足的食物和舒适的生活，母鹿也
173 能产下健康的幼崽。这种情况下，幼崽更容易活下来，而鹿的数量就会增长。如果鹿的数量超过100，食物将变得匮乏，动物就会变得瘦弱，容易得病，出生的幼崽数量也会下降，从而导致鹿的数量减少。群体生态学家用“密度制约”来描述这一现象，即出生率和死亡率之间的变化使群体数量通常有一种接近某一地区承载力的倾向，换成另一个科学术语就是“稳定平衡”。当然，鹿的数量也会有小幅度的变动。在温暖湿润的年份，草可能要长得好一些，鹿的数量兴许就会攀升。但是，一旦条件趋于正常，鹿的数量则会恢复如初。只有当这座岛屿的面貌从根本上发生改变，比如要修建机场时，承载力才会发生变动。

好了，这个话题就说这么多吧。但是，这与蝾螈和蛇蜥有什么关系呢？在转移过程中，需要给这些动物找一个去处。通常会选择栖息着蝾螈和蛇蜥，且距离最近的地方。在上面提到的这个例子中，他们找到了坎维威客不建汽车展厅的地方。转移的第一步是在开发地点周围建一个阻挡蝾螈的障碍，这样就不会有新的蝾螈进来，被转移出去的也无法再回到原处。（我不知道蝾螈是否会这样做，但是我倒想做一些实验

测一测它们返回原地的能力。）通常会使用一种丑陋的厚塑料布，把它们埋在土里，附在间隔开的木桩上。但是看来东英格兰开发署非常有钱，他们使用了一种升级版的屏障——一道亮闪闪的镀锌金属墙。直到现在，它依然矗立在那里。墙建起来之后，到了春天，通过在下面放一些木块、锡片或旧方毯作躲藏地，便可以在蝾螈去池塘进行繁殖时把它们捉住，因为它们通常会聚集到这些躲藏地下面。当然，也可以在地
上挖一些诱捕陷阱。捕捉以后，它们就被释放到邻近坎维威 174
客的地方。

说到这里，我想你已经发现了这种做法的问题。用来安置的地方本来已经有一些冠欧螈栖息在那里（当然，在金属墙建起来之前，它们与其他地方的冠欧螈属于同一种群），把北部的冠欧螈清理之后，这个种群被挤到了面积为原来一半的地方。不难猜出将来会发生什么——过分拥挤将导致种群数量的下降。如果转移了500只冠欧螈，平均就会有500只新的冠欧螈以某种方式死去。有可能它们会慢慢死去，直到数量降至承载力以下。或许死去的并不是被转移来的这500只，很有可能既有原来生活在这里的冠欧螈，也有被转移来的那些，但它们同样都会死去。当然也可以把冠欧螈转移到一个距离很远的地方，但是，只要那里已经有冠欧螈，只要数量已经达到或接近承载力，还是会发生同样的悲剧。唯一能奏

效的解决办法是找一个适合但此前未曾有冠欧螈生活的地方，这可不是一件容易事；还有一种选择是建设一个全新的冠欧螈栖息地。说句公道话，新栖息地如果真能建设得非常到位，倒也是一个可行的办法。但是我曾经见识过相当多的维护工作，往往更像是象征性的努力。其结果是对于投放其中的动物数量来说，规模太小，或者条件根本不符合要求。这样，
175 动物必然会死亡。[40]

尽管如此，转移计划仍继续推进，冠欧螈被如约清理了出去。清理完冠欧螈，这个地方马上就进行了“绝育手术”：所有的植物都被铲除，还喷洒了除草剂，大片长满鲜花的美丽草原就这样遭到了破坏。开发商可能无比渴望消除这个地区作为野生动植物栖息地的价值，以防再次出现开发的障碍。可以说，他们基本上采用了“焦土政策”。

正是在这个时期，无脊椎动物保护协会出现了，给人感觉就像是美国骑兵似的。那时，它还是一个刚刚成立的组织，旨在填补英国野生动物保护的空白。在此之前，早就有许多慈善组织致力于保护备受喜爱的动物，如鸟类、哺乳动物、植物等。但除了蝴蝶保护组织外，没有任何组织关注无脊椎动物（昆虫、蜘蛛、蛞蝓、蜗牛、蚯蚓等）的保护。而实际上英国（地球上其他地方也是如此）的大部分生物都属于无脊椎动物。为什么没有组织专注于这些生物的保护呢？

原因显而易见——有谁愿意参加蠼螋保护基金会或是蛞蝓欣 176
赏协会呢？这些生物甚至没有一个足够响亮的统一称呼。“无脊椎”这个词听起来太过专业，有种拒人于千里之外的感觉，而且也相当模糊，仿佛指代所有没有脊椎的东西。不过，话又说回来，我们能叫它们什么呢？可能大家比较熟悉的是“爬行的虫子”，但这听起来并没有让它们增加魅力。“虫类”似乎是一个较好的折中方案。可是，有些迂腐的昆虫学家指出，从专业角度来说，它们只能指某一类昆虫，比如蚜虫、沫蝉、盾蝽及类似的动物。

坎维威客并没有足以让英格兰自然署感到兴奋的珍稀鸟类，甚至比不上西瑟罗克潟湖。它的价值在于无脊椎动物，其中包括一些没有名气的生物，如坎维岛步甲。在一百多年的时间里，它们从英国的记录里消失了，直到再次出现在这里。坎维威客还有罕见的桨尾丝蟌。这种金属绿色生物通过薄薄的翅膀飘浮在空中，仿佛是一块焕发了生机的珠宝一般光彩夺目，就像它的名字所描述的那样。如果有人想要为保护这个地区而战斗，那肯定是无脊椎动物保护协会了。让坎维岛步甲和它的六腿朋友们感到幸运的是，他们已经有所突破了。你可能认为向公众推广这一运动必是难事一桩，因为毕竟这是第一次为了一些几乎没人听说过的生物去保护一座丑陋不堪的废弃工业区。然而，在无脊椎动物保护协会的精心运作之下，《卫报》的环境编辑约翰·维达尔意识到了这个地区的重要性，并于2003年5月发表了一篇非常有分量的文章，引起了公众的注意。科学家们对那里的生物展开了进一步的调查，发现了1 400多个物种，这已经超过了西瑟罗克潟湖，其中还不乏一些十分罕见的动物。虽然这个地区的
177 北部遭到了破坏，但是其余的200英亩在2005年被英格兰自然署授予了“具特殊科学价值地点”的称号，使它得到了一定程度的保护。

可惜，这并没能终止开发计划。余下的部分现在分属不同的业主——东部的三分之一属于土地信托组织，这是一家慈善组织；但其余三分之二属于莫里森超市连锁店，他们野心勃勃地准备在这片土地上大搞开发。他们的理由非常乐观，因为尽管这个地区拥有“具特殊科学价值地点”称号，当地规划部门还是批准建设一条双线车道的公路，并从属于土地信托组织的一个角上穿过。这条路已经建好了，据称耗资1 800万英镑。但当地人戏称这条路为“没有目的地的路”，因为看不出来它要通向哪里。既然可以毁掉“具特殊科学价值地点”的一部分来建设一条没有目的地的路，那么莫里森有理由相信，他们的计划同样充满希望。

然而，尽管新建了双线公路，但在过去的十年中，坎维威客并没有什么变化。土地信托组织把他们那块土地的管理

权转交给了无脊椎动物保护协会和皇家鸟类保护协会。这两个协会把这一地区变成了共同管理的自然保护区，使这里的未来有了保证。2014年9月，保护区正式对公众开放。现在，这里安置了配有说明文字的宣传牌，小路也做了标记。莎拉带我参观的正是这一部分。

我们沿“兰花小径”出发了。不过，现在已是八月底，兰花已经谢了。这条小路完美利用了30年前建设的水泥路，通向那个永远都未完工的油罐。在这条饱经风雨的水泥路上，有些地方已经被植物覆盖，裂缝里冒出了花，它的美丽令人难以想象。很快我们清楚地发现，是栖息地的多样性使得这
里有如此丰富的野生动植物。比起西瑟罗克潟湖，这里的多 178
样性有过之而无不及。百步之内，我们便见到了疏林、灌丛、沼泽、长满欧石南的沙质荒野、沙丘以及干燥的白垩草地。地被似乎也有很多种，有些是粗糙的沙土，有些是细腻的淤泥，后来的建筑工作还增加了一片片的砾石、水泥和石头地面。在某些被人为干扰的沙土地上，我看到了一簇簇蓝蓟，找到罕见蜂类的可能性一下子提高了很多。为油罐准备的碎石沥青路面愈发增强了地被的多样性，因为它略高于周围的地面，所以边缘长满了耐旱的窄叶黄菀，日积月累，它们的根系渐渐地使碎石沥青路面出现了裂纹。虽然那天并不算很热，但是黑色的沥青路面辐射出很多热量，白钩蛱蝶和孔雀

蛱蝶正在上面取暖。我一下子就看到了一只尖叫熊蜂，这是一只工蜂，正在一株长在沙土坑里的齿疗草上采集花粉。当我们俯下身仔细观察时，莎拉向我解释了坎维威客所面临的挑战。

虽然这个地方现在已经得到了法律的保护，但是并不意味着这里总能保持丰富的野生动植物物种。如果不加干预，这里都会变成疏林。对于某些林鸟和植物来说，这当然是好事，但是这几乎一定会导致大部分罕见昆虫和兰花等动植物的消失。最简单的解决办法是砍掉一部分树木，只不过当地居民肯定会强烈反对这一点。他们认为动用链锯肯定是在破坏自然，这种想法倒是可以理解。莎拉指出，如果没有人为干预的话，坎维威客不会有树，因为树木通常不会生长在盐碱沼泽上，然而这种说法并不足以让当地人信服。最后，大家想了一个折中的办法：保留一片防护林带，这样，从远处
179 看这里仍有林地。然而，防护林带就成了种子的来源，而一棵桦树每年能结1 700万颗种子，所以想要保持这里的开阔会是一件永无止境的工作。管理团队还想要铲掉一些表层土壤，弄出几片地方供分条蜂筑巢，同时种植一些一年生的植物。他们也想建一些小丘，挖一些坑，为不同的植物和动物创造更多样的微气候。但这同样遭到了当地人的抵制，他们不希望看到自己用来遛狗的小路被铲除。

与大多数自然保护区相比，坎维威客吸引的游客似乎更具多样性。越野摩托车手可能是个麻烦，幸好他们的数量没有西瑟罗克潟湖那里的多。自制火箭的人也来这里，因为圆形的沥青路面是理想的发射台，连美国的卡纳维拉尔角都自叹不如。不过，很明显这会带来失火的风险，而且有些地方真的被火猛烈地烧过。观星社团的人晚上也会过来，因为这里与伦敦的距离刚刚好，光污染很小。灌木丛中还种植了一小片大麻，曾有人报警让警察过来打击非法狂欢。这里举行过哈士奇狗比赛，也曾捉住过在这里放飞栗翅鹰的猎鹰人，引起了皇家鸟类保护协会的惊慌。所有这一切都对管理提出了挑战（观星者是例外，他们应该没什么危害）。不过，从某种角度来说，有那么多不同的人出于各不相同的原因使用这个地方，而这里依旧是野生动植物的天堂，我想这未必不是一件好事。从某种意义上来说，这些访客兴许对于塑造野生动植物得以繁荣的环境做出了贡献。摩托车弄出来的小片裸地可能利大于弊，随手丢下的烟蒂，跑偏的火箭，不知死活
的飙车手们点燃的汽车都可能造成火灾。不过，这恰恰能阻 180
止树木长起来，也能保留开阔地供蝴蝶晒太阳，还能让独居蜂在这里筑巢。

兰花小径带我们兜了一个圈，绕过几乎没有车辆的双线公路，又回到入口处。现在，我理解了这个地方的布局：很

明显，返回停车场的小路环绕着坎维威客北边那一部分，也就是在被宣布为“具特殊科学价值地点”之前曾经遭到东英格兰开发署破坏的那部分。在读过坎维威客和这部分遭破坏的历史之后，我非常惊讶地发现这里并非寸草不生，整个地区变成了一片花海。用来阻止冠欧螈的金属墙仍旧存在，但能清楚地看出来，试图使这里“绝育”的努力并未达到预期的效果。通过清理植被，大量土地裸露在外。正如我们曾经见证过的，只要稍有机会，自然便会偷偷潜入进来。莎拉不太确定计划中的开发遭遇了什么。2012年，东英格兰开发署解散了，所以，极有可能开发计划被暂时遗忘了。我们迈过齐膝的篱笆，漫步在红车轴草、百脉根和丝路蓟之中。虽然已近深秋，而且乌云密布，但仍有很多蜂，估计有十几只低熊蜂和几只尖叫熊蜂。这片区域比自然保护区的花要多很多，这应该是清理造成的结果，于是这里成了蜂类重要的生活区。然而这片区域并没有受到正式的法律保护，恢复重建汽车展厅或是商业园区可能只是时间问题。截至目前，坎维威克只有四分之一的区域受到了保护。我们期望将280英亩的区域全部转交给无脊椎动物保护协会或是皇家鸟类保护协会，难道这也太过分了吗？毕竟，这里栖息了一些极为罕见的生物。
181 集约化农业发展70年后，尖叫熊蜂在整个英国迅速衰落，或许只剩下六个种群。据我们所知，坎维岛步甲仅生活在西瑟罗克潟湖和这里。难道我们就不能不去打扰它们吗？（除了偶尔的哈士奇狗比赛和自制火箭发射以外。）莫里森超市把土地捐献出来，展示一下他们对环境的在意难道不行吗？创建一座“莫里森虫类保护区”怎么样？

虽然坎维威客和西瑟罗克潟湖的部分地区得到了保护，但毫无疑问，其他许多生活着大量野生动植物的棕地已经遭到了破坏。如果仔细观察，你将发现濒危物种会出现在各种不可能的地方。人们曾以为坎维岛步甲已经灭绝，但它们却再次出现了。与此类似，人类上一次见到红胸气步甲还是1928年的事（在东萨塞克斯的比奇角）。自那之后，人们以为它们灭绝了。但到了2005年，人类又在伦敦纽汉区的碎石瓦砾中见到了它们的身影。令人遗憾的是，它们出没的那堆瓦砾当时已列入住宅开发计划，现在已经动工。在这些故事中反复出现的一个悲剧特征是，往往到了要被毁灭的最后关头，人类才发现这些稀有物种。61只珍贵的红胸气步甲被匆忙转移到附近一个特意为它们创造的有碎砖块和水泥块的地方。但是，新家是否符合它们的要求，我们不得而知。红胸气步甲非常挑剔[41]，我们对它们的了解又少得可怜。所以，胜券并不在它们这一方。 182

无脊椎动物保护协会和其他所有野生动植物慈善组织都没有足够的力量去勘察并保卫每一块被废弃的土地和砾石堆，

所以我们无法知道，到底有多少著名的跳蛛或红胸气步甲被浇筑在新超市的地基里。很明显，能正确保护这些地方的前提是要对它们进行全面调查[42]，一旦发现有数量众多的稀有或重要动植物，就应该给予保护。目前，这两步都做得不够好。如坎维威克一样，政府似乎更乐于见到这些“具特殊科学价值地点”牺牲在经济发展的神坛上，即便明显有其他选择的
183 时候也是如此。

我希望大家能够更多地意识到，那些生活在我们鼻子底下、大城市中或是最不可能的地方出现的野生动植物同样具有价值，棕地也可能拥有美妙又让人惊讶的丰富野生动植物。它们大部分靠近都市，有些就在都市之中。这给都市人提供了一个绝好的机会，只要走几步就能见识到珍稀动植物。我并非建议让所有的棕地都变成自然保护区，确实不容否认，有时它们还有更好的用途。但是，在我们召唤推土机之前，我们应当结合常识好好想想。英国的野生动植物岌岌可危，我们再也不能失去少数几个还能让它们繁荣发展的地方。

我多么希望未来的孩子们还能在池塘里嬉戏，在野外寻觅美丽的野花，在石头下翻找气步甲，倾听鸟鸣声和熊蜂的嗡嗡声。对日益增长的城市人口来说，与野生动植物不期而遇的机会将越来越少，而那些棕地在家门口为我们提供了空间。虽然是人类曾经的活动制造了它们，但现在，它们充满

了野性，与修剪得整整齐齐的城市公园截然不同。棕地里上演的是自然的进程，自然是一切的主宰。

在日益拥挤的世界里，我们生活在一个拥挤的国家，像
棕地一样美好的地方屈指可数，我们应该好好珍惜。 184

第八章
奈颇城堡与被遗忘的蜂

野性……想象一下我们已经失去，但本可以拥有的生活；想象一下那些早已消失，但本可以存在的物种；想象一下那些早已失去，但本该拥有的能力。

——罗伯特·麦克法兰采访乔治·蒙比特，讨论后者的《野性》一书

谁也不是每天都有机会收到一封来自城堡骑士的电子邮件，邀请你共进午餐，并带你参观他的城堡。我不由得有些感动，但同时又因为本能地表现出了渴望被“大人物”镇住的冲动，而对自己略有愠怒。我特别激动，这可是第十任从男爵查尔斯·伯勒尔爵士，是奈颇城堡的主人。自从我来到萨塞克斯，就听说过他的许多事情。那是2013年的春天，我理所当然地接受了他的邀请，并在几天后驱车来到了奈颇城堡。这座城堡是约翰·纳什在1806年为伯勒尔家族修建的。

一千米外还有一座“正宗”城堡，它是1066年黑斯廷斯战役刚刚结束之后，由威廉一世的一位骑士修建的。但让人惋惜的是，在18世纪初，该城堡的大部分都因为修路而被毁了。
185 这条路便是后来的A24公路。

我满心期待，以为会有一位身着盛装的男管家来开门，不想开门的却是一个穿着简便的户外装的小伙子。当我以“查尔斯爵士”相称时，他大笑起来，并告诉我查理[*]在书房里。我沿着走廊来到一间镶着橡木的大房间，屋里摆放着多种风格的旧办公桌，餐桌和椅子上散布着纸张、文件、旧地图、毛绒动物和照片。在这一片凌乱之中，有一个人正在走动，这正是查理。我猜想他大概有五十来岁，留着一头充满孩子气的不羁发型，笑容可掬。后来我才发现，他平易近人，是我所遇到过的最友善的主人之一。特德·格林也在那里。他或许是英国最顶尖的古树专家，熟悉古树所维持的生物多样性。他本人也是一副饱经风霜的模样，不过他的眼里闪着光，原来那是一股“邪恶”的幽默感。喝咖啡时，查理向我解释了奈颇工程的来龙去脉。

1983年，查理接手家族遗产的管理。当时，他还是一个年轻人，刚从赛伦塞斯特的英国皇家农学院毕业。那时有六

* 查尔斯的昵称。——编注

个佃农，3 500英亩的庄园大部分都变成了集约农业耕作。这处房产的历史记录十分翔实，其中很大一部分曾经是一座鹿园，是国王约翰最喜爱的猎场。那时，这座古堡里饲养着220只格力犬。在16世纪中叶，人们废弃了鹿园，开始大力发展冶铁，并为此建造了一座长度超过一千米的蓄水池来提供动力。很快，这个行业便没落了，这里又变成了以耕地为主，既有牧场，又有农田。这种情况一直持续到了18世纪。幸好蓄水池被保留了下来，它是工业时代的另一个遗物，不过现在栖息着众多的野禽和其他水生生物。 186

18世纪80年代，查理家族成了这座庄园的主人。不久，他们建起了新城堡，还有一座面积巨大的新鹿园环绕在建筑周围，把这里变成了一座牧场，零星点缀其中的橡树如今已十分粗壮。庄园的其他地方仍然是农田。1912年，梅里克·伯勒尔爵士蓄养了奈颇庄园的无角红牛。这种血红色的牛既能产奶，又能用作肉牛，性价比很高。经过精心培育，他的牛获得了多项大奖，并与这座庄园紧密联系在了一起。到20世纪80年代，这里已经有500多头牛。然而，由于这里位于西萨塞克斯，有着密度很大的威尔德黏土，并不太适合现代集约农业，因此这座庄园的粮食产量从来都不高。在两次世界大战之间，因为利润实在太低，有一半土地被荒废了。但在第二次世界大战期间，因为需要粮食自给，包括鹿园在内的所有土地都开始恢复耕种，耕种范围一直延伸到了新城堡的门前。

查理刚接管时，这里基本上还是第二次世界大战时的老样子，差不多整座庄园都变成了集约农场。不过，由于这里的土壤并不能使作物高产，因此始终获利很少。为了勉强维持生计，人们对这里的土地进行了更为苛刻的耕种，紧贴树篱底部和鹿园橡树周围的土地都被犁耕，目的就是为了尽可能提高产量。即便如此，补贴政策的变化和牛奶价格的下降还是导致庄园入不敷出。查理开始质疑一直以来的做法——榨干土地的最后一滴产出，到头来还是赔钱的生产方式确实有点说不过去。不过，经过几个世纪的农事劳作后，他们还
187 能做点什么呢？2000年时，他们怀着极大的悲伤卖掉了最后一头牛，同时完全放弃了奶业。

2001年，为了使收入多样化，查理与英国环境、食品与农村事务部（Defra）[43]签订了《农村管治协议》，旨在重建新城堡周围的鹿园。特德·格林过来察看了一番，震惊地发现连巨大橡树下的土地都被用来耕作，而且很多橡树的生长状况很糟。老橡树能维持令人惊异的生物多样性——生活在橡树表面与内部的昆虫和螨至少有423种，它们吃橡树的叶子，形成栎瘿，吮吸树液，啃咬树根，等等。橡树上还生长了数不清的真菌，地衣的种类高达324种，简直令人难以置信。

（我们有多少人能想到，地衣竟然有那么多种呢？更别说仅在橡树上就有这么多。）一棵橡树就是一个完整的世界，甚至在它死后依然如此，因为在数百年慢慢腐朽的过程中，许多昆虫会在死去的木头中筑巢。早期的森林里，肯定有大量已经死去、正在慢慢腐烂的木头，估计每公顷能达到200立方米，许多昆虫和真菌专门以此为生。这些昆虫为啄木鸟提供了食物来源，而其他鸟类和蝙蝠可以在朽木慢慢形成的树洞中筑巢。朽木在腐烂的同时也有助于防止水土流失，固定大量的碳，最终释放出新的树木生长所需的营养物质。简言之，死去的树是野生动植物的乐园，是林地生态系统中不可或缺的一部分。

如此看来，现代林业的做法真是令人沮丧。树木死去后，为了防止滋生病菌，它们会被立刻清理掉，同时也防止几乎不可能发生的意外事件——砸中路人。（有多少人会在大风天气里站在枯树下面呢？）在管理严格的森林中，每公顷的 188
枯木含量不足一立方米，导致以枯木为食的生物变得极为稀少。例如在英国，利用松树桩上积水的腐洞进行繁殖的松食蚜蝇已经徘徊在灭绝的边缘。类似地，据我们所知，在死亡已久、充分腐烂的空心树干中，有一种潮湿的黑色糊状物，它们是紫叩甲的繁殖地。如今，紫叩甲仅存在于几棵树中。在现代世界中，我们没有给这些可怜的生物留下任何生存空间。

奈颇庄园的有些橡树要么已经死了，要么就快死了。传统做法当然是把它们砍下来当柴烧，好在特德懂得枯木的价值。他建议查理把这些死去的树留在原地，额外多种一些新的树作为补充。在驱车来城堡的路上，我见过这种情形。老树仍然得到保留，大部分都还活着；有些中空的树已经死了一部分，没了树叶的树枝疙疙瘩瘩的，但仍有一簇簇的新叶焕发着生机；有些树木已经完全死去，被啄木鸟凿出了很多洞，巨大的树枝不时坠落到地上慢慢腐烂。这一切看起来实在是棒极了。

作为《农村管治协议》的一部分，耕地被复原为牧场。查理引进了一些牧场动物（黇鹿、埃克斯穆尔高地小马、古老的英国长角牛），都是一些生存能力强、基本上不用照顾的品种。现在，他们的房子外不再是麦田和油菜，放眼望去，一群群牧场动物过着几乎接近自然的生活。他们也注意到，昆虫和鸟类的数量也开始增长。正如查理自己所说："现在只
189 有轻松和空间，再也没有了压力。"

这在某种程度上促使查理做出了一个大胆的举动——让整座庄园摆脱传统农业，变成一个"再野化"的项目。有些人认为"再野化"这一概念是环境保护方面的一次革命。在英国，环保方面的常规做法经常需要进行精细的管理，以此

来保留某些有特殊价值的栖息地。例如，如果不加以管理，白垩丘陵就会消失。在索尔兹伯里平原的周边地区，这样的情况正在发生。包括索尔兹伯里平原在内，那些长满鲜花的幸存白垩丘陵几乎都在自然保护区内，如萨里郡的博克斯山和南部丘陵上布莱顿附近的卡斯尔山。冬季，一队队的志愿者拿着斧子和锯，砍掉山楂和黑刺李灌丛。他们可能会把牧场动物弄过来一段时间，用拖拉机收割草地，说不定还会人工拔掉或是用灭草剂消除入侵杂草。欧石南丛生的荒野也有类似的情况。这些荒野很有价值，能为珍稀蝴蝶、鸟类、爬行动物和各种花提供理想的生存环境。但是，如果不把入侵的桦树清理掉，这些荒野马上就会变成森林。这些地方绝对算不上自然的野外，它们是几个世纪或几千年来由人类创造出的栖息地。从某种意义上来说，它们与周围的谷物田一样都由人类精细管理。

“再野化”最早由美国环保主义者和环境活动家戴维·福尔曼在1990年提出。环保运动并没有有效地阻止栖息地的缩减和消失，这让他非常痛心。“再野化”的核心在于创造巨大的保护区，然后让大自然来决定发展方向。人类尽可能少干预，理想状态是完全不干预。欧洲的最佳例子是荷兰的东法尔德斯普拉森。这片区域面积为56平方千米，在1968年围坝造田以前基本上是一片开阔的海域。此后，这片沼泽

190 保护区迅速变成了一片供涉禽栖息的重要湿地。但是，柳树树苗的入侵对它造成了威胁。如果不予以干预的话，这个地方可能就不适合涉禽生活了。也就是在那时，一位名叫弗兰斯·薇拉的荷兰生物学家提出了一个极具争议的解决办法。

早就有人认为，在人类出现之前，欧洲的大部分地区都被茂密的“原始”森林覆盖着，这种想法是通过分析保存在泥炭和湖床中的花粉得出的。弗兰斯并不认可这种观点，他认为并不完全是森林，而是由林间空地、灌木丛和密林混杂在一起组成的开放森林，并依靠大型食草动物，如原牛、野猪、野牛、鹿等来维持。再往前追溯，五万年前时，可能也有犀牛和古菱齿象，后者能轻易扳倒一些大树。甚至有一种说法，认为橡树等本土种粗大的树干，以及带有深裂纹的厚树皮是进化的结果，就是为了能保护自己不被这些早就灭绝的动物连根拔起。这听起来倒是颇有诱惑力，因为它为生态学上的一个难题提供了可能的答案，即在人类到来并砍伐森林之前，那些珍稀的草原野花、蜂和蝴蝶生活在哪里？有些生物，如只能生活在向阳处的白缘眼灰蝶，是不可能在森林中存活的。但是，说不定过去的欧洲并非全部是茂密的森林
191 呢？说不定白缘眼灰蝶[44]、蜘蛛兰等都生活在巨大的林间空地中呢？弗兰斯说服荷兰的相关部门，不要用人工或灭草剂

来清理柳树，说不定大型哺乳动物也能做这些工作，但是方法更加自然。引进的马鹿、矮种马和牛能在这里自由生活，大型捕猎动物的缺乏则导致它们的数量有些过剩。现在，人们猎杀一些动物，以免它们数量过多造成饥荒。但除此以外，几乎没有什么管理。目前，这里大概有3 000头马鹿、1 000匹矮种马和300头牛。这些动物无疑帮助抑制了柳树的生长，所以这个区域仍然是一座非常重要的鸟类保护区，生活着白尾海雕之类与众不同的物种。或许最重要的是，东法尔德斯普拉森和“再野化”的观念已经在荷兰深入人心，尤其是这座保护区距离阿姆斯特丹市中心只有10千米，访问和体验这片近乎荒野的地区十分方便。

在被保护区域面积更大的地方，“再野化”项目更进一步。史前欧洲陆地上漫步的鹿、野牛、原牛和矮种马曾经受到狼、猞猁和熊的猎杀，如果再往前追溯，捕食者还包括狮
子以及鬣狗。自然环境中总会有顶级捕食者，人类到来之后 192
才驱赶或捕杀它们，并取代了它们的位置。如果想要恢复自然群落或自然生态进程，那么就需要有顶级捕食者，或者说这是“再野化”的精神所在。再引入顶级捕食者最为著名也最成功的例子是在美国怀俄明州的黄石公园中释放狼群。1872年，黄石公园被设立为国家公园。它位于落基山脉东部，面积达9 000平方千米。（为了便于理解，我来做个比较：黄

石公园的面积比汉普郡、东萨塞克斯郡、西萨塞克斯郡和萨里郡加在一起还要大。）当然，狼是这个地区的本土物种，尽管如此，它们还是被视作不受欢迎的物种，哪怕在国家公园里也是如此。因此，在黄石公园和美国大部分分布地区，人们有意要把它们捕杀殆尽。1926年，护林员捕杀了两只幼崽。此后不久，狼似乎从这座公园里消失了。

到了1933年，有报告说，因为没有狼，加拿大马鹿[45]的数量急剧增长，植物正在消失。小树苗都被吃掉了，所以没有了新生的树木，草地也被啃得光秃秃的。公园管理部门开始了一个长期项目——射杀加拿大马鹿，但猎杀的数量并不足以阻止它们的分布范围扩大。到20世纪60年代时，当地的猎人们早已习惯了加拿大马鹿异常多，而且容易猎杀的情况，
193 他们开始抱怨护林员杀得太多了。以猎杀加拿大马鹿为生的猎人们，居然还要费事追逐它们，这简直天理难容。在美国，猎人们是庞大的票仓，所以国会威胁如果护林员无法让加拿大马鹿的数量恢复如初，那他们就有可能撤销对黄石公园的资金支持，完全不理会加拿大马鹿的数量显然已经过多这一事实。加拿大马鹿的数量再次回升，公园里的植物几乎都要消失了。

说句后知后觉的话，整件事处理得非常愚蠢，解决加拿大马鹿过度啃食的方法不言自明，那就是引入狼。当然，有

些人曾经提过这个建议。但是直到20世纪80年代，这个想法才受到重视。最后，到了1995年，在经过了几十年的争论之后，14匹加拿大狼被引入黄石公园巨大的围栏中。经过几个月的驯化，它们被正式释放到黄石公园中。第二年，这里又增加了17匹狼。

尽管受到了心情不爽的猎人们偶尔的迫害，这些狼还是活下来了。仅仅过了四年，它们的数量达到100多匹。自那之后，它们的数量徘徊在80匹到170匹之间。有些狼已经越过了公园的边界，在那里它们可以被合法猎杀。但是，由于公园外围仍然是荒野之地，所以很多狼都存活了下来。据悉，在公园内和周围的区域，现在共有约250匹狼。或许这听起来很多，但是，如果你想想这片区域的面积，你就不会有这种感觉了。即使所有这些狼都生活在公园内，那么也只能达到每36平方千米的面积中有一匹狼。

尽管狼的分布密度很低，但它们对黄石公园的生态影响非常深远，并不仅仅局限于使加拿大马鹿的数量减少了50%。这些影响被俄勒冈州立大学的生态学家威廉·瑞波详细地记录了下来。他认为狼的出现不仅降低了加拿大马鹿的数量，还深刻影响了那些幸存者的行为。加拿大马鹿通常不会去陡 194
峭的河谷，因为在那里，它们很难发现正在接近的狼群，所以更愿意待在开阔的地方。加拿大马鹿喜欢吃大齿杨、东方白杨和柳树的叶子，其中柳树生长在岸边潮湿的地方。没有狼的时候，林地的范围大大缩减，结果影响到了河狸的生存。河狸对柳树有强烈的依赖，因为柳树是它们冬季的食物来源。那时，河狸一度几乎从黄石公园内消失，但是在狼回归之后，柳树开始恢复，河狸也紧随其后恢复起来。河狸本身就是生态系统的工程师：它们筑造的水坝能创造更多的湿地和沼泽，这反过来促进了柳树的生长，同时也为两栖动物、涉禽等提供了栖息地。河狸创造的栖息地种类繁多，有深潭，有急滩，也有浅水沼泽，这促进了多种昆虫和鱼类的生长繁殖。它们的水坝也能蓄水，从而在雨水多的时候减少对河岸的侵蚀，有效灌溉下游。总之，这个长着大牙、胖乎乎的棕色啮齿动物发挥的作用实在让人震惊。

根据瑞波的研究，引进狼还有很多其他好处。没有狼的时候，郊狼曾种群庞大，但引入狼之后，郊狼退回到了陡峭的地方，这使得曾被它们捕食的小型哺乳动物和在地上筑巢的鸟类数量有所回升。被狼吃剩的加拿大马鹿的遗骸为渡鸦、狼獾、秃鹰甚至熊等食腐动物提供了食物。此外，熊还能从河岸旁重新长出来的结满浆果的灌木中获益。由狼向外辐射产生的效果被称为“营养级联”，它创造了一个引人入胜的故事。在这个故事中，恢复生态平衡使相当大面积内的野生动植物受益良多。杂志、书籍、自然纪录片中经常提及这个故

事，俘获了众多人的心。 195

最近，有些科学家质疑故事是否真如瑞波描述的那样美妙。有些人试着去验证他的说法，但并未得到与瑞波一致的结果。例如，使加拿大马鹿远离河岸未必能改善柳树的长势，而且很难找到直接证据证明加拿大马鹿在河岸边活动时更易受到攻击。尽管如此，大部分人仍然认为狼和随后恢复的河狸对黄石公园确实产生了深远而积极的影响。

查理在阅读中了解了黄石公园的故事，并去东法尔德斯普拉森见到了弗兰斯，见证了那里的情形，最终决定在奈颇做出类似的尝试。2004年，他把更多的土地从传统生产中摆脱出来。到了2009年，庄园的大部分地区都纳入了《更高级别管理协议》。根据此项协议，他从英格兰自然署那里获得了丰厚的补助，以此来维持生物多样性。所有的土地都用高高的围鹿护栏包围起来，但遗憾的是，由于有公路从中穿过，所以被分成了三块。他还拆掉了内部围栏和大门，只留下旧树篱。这里早就有欧洲狍栖息，在此基础之上，又增加了古老的英国长角牛、泰姆华斯猪、黇鹿、埃克斯穆尔高地小马。查理本打算引进一些野猪，这个英国本土物种在700年前就因猎杀而绝迹了。虽然购买并养殖野猪是合法的，但是它们需要豢养在专门定做的围栏里，得把整座庄园围起来，费用非常高，因此不可行。所以，查理选择了与它们最为接近的泰姆华斯猪。与牛和矮种马一样，泰姆华斯猪这一品种历史悠久，生存能力十分出众。它们很会养育后代，口鼻比其他家养的品种要长很多，善于寻找天然的食物。它们的抗晒能力也非常强——假如还得靠查理和他的团队去给这些猪涂抹
196 防晒霜，那就不叫“再野化”项目了。

自此以后，这些动物基本上处于放养状态。鹿的数量增加了，不过还要定期杀死一些，以防数量失控。类似地，过多的牛也会被送往屠宰场，这些牛肉在伦敦的市场上售价很高。除此之外，这些动物不受打扰。当然，它们全年都待在户外，自己寻找庇护所，自然生产，自主照顾幼崽。植物也不受任何形式的管理，这片土地被放任自由发展，根本没有要清理树木或是其他任何形式干预的打算。

距离这次宏大的实验项目开始已经有十年之久。我异常兴奋，急于见到那里的真实情况。查理把我们带到一个停着一辆巨大旧车的地方。这辆六轮军用敞篷运输车看起来几乎哪里都能去。我们爬上车后斗，呼啸着出发了，仿佛是要进行一次正儿八经的冒险，这种感觉在萨塞克斯郡是找不到的。

当我们一路颠簸，在庄园上穿行时，首先让我印象深刻的是这些田地之间巨大的差异。有些地方是开阔的草地，上面长满了黄色的毛茛，还有零星的牛马粪便。不过，最初我们并没有见到任何大型动物。兔子在我们面前轻快地跑过，

草地上还散落着一些被秃鹫吃剩的兔子残骸——一块块的皮毛和骨头，还有肢解后毛茸茸的腿。一道用来分隔田地的门在树篱间留下一条空隙，我们颠簸着从中穿过，眼前的田地呈现出截然不同的另一番景象。这里出现了悬钩子和野玫瑰丛，后者纤弱的粉红色花刚刚开始绽放。带刺灌木黑刺李和山楂也在此蓬勃生长。这四种灌木茂密地生长在一起，形成 197
了对抗牲畜的堡垒，有的灌丛直径和高度都达到了好几米。我们从车上爬出来仔细观察。尽管它们长着刺，但很明显，它们也受到了动物的啃食，外层树叶上明显有被咬过的痕迹，树干也裸露出来。但无论如何，它们仍然在向外扩展，尽管速度很慢。最棒的是，在大丛灌木的中心，梣树、橡树和榛树冒了出来。如果没有周围带刺的灌木充当盾牌，它们不可能存活下来。很明显，这里正在慢慢向林地过渡。那些能够忍受啃咬的带刺植物正在不断走向死亡，因为它们最终会被灌丛中心长出的树遮蔽。不过，还需要等五十年甚至上百年后，能完全遮挡它们的树冠才会长起来。

我随脚踢翻了一堆干牛粪，昆虫学者常常会做这种反社会的行为。牛粪中的蜣螂和它们的幼虫数量多得让我惊讶。略加思索，我便明白了其中的道理——这里的牛不会经常注射阿维菌素。在世界的其他地方，这些除虫药经常用于牲畜，致使它们的粪便对昆虫来说也有毒性，从而减少了燕子和八哥等鸟类能捕到的猎物数量。这些天然粪堆不含任何药物，因此是多种昆虫理想的繁殖地。到现在为止，人们已经在奈颇发现了24种蜣螂。

猪拱土留下的痕迹比比皆是——一大片的土地上随处可见被猪翻起的草皮，有的草皮甚至被丢得在半英亩范围内到处都是。去法国和西班牙时，我曾经在野猪经常出没的地方见到过这种情形，但在英国却从未有过。尽管看起来乱七八糟的，不过从生态学角度来说，这种扰乱是自然进程，而且可能不可或缺。泥土被翻动起来以后，形成了光秃秃的地方，
198 也产生了小丘和洞穴，这为植物发芽提供了场所。温暖、有遮蔽的地方所形成的微气候也成了蜂和蝴蝶晒太阳的好地方。我们认为矢车菊、麦仙翁等耕地杂草的生长与耕作带来的干扰有密切联系。在现代灭草剂和种子清选方法实施以前，这些植物一直生长在庄稼之中。你可能会疑惑，在人类出现之前它们生活在哪里呢？或许答案正是野猪创造出来的一片片裸地。

我们跳上车，颠簸着经过了几块类似的田地，但下一块田地却完全不同。这是一片黄花柳密林，里面的树高达10米，密密麻麻地挤在一起，连徒步穿过都很困难。为什么这里差别这么大？查理解释说这与食草动物的部分行为有关系，尤其是牛。刚被引进时，这些牛挤在田地之间，还无法理解突

然而至的自由。它们之前都生活在封闭的地方，所以，初到
这里的它们无所适从。几周之后，它们才敢到旁边的田地里，
几个月之后才走遍了整座庄园。尽管没有狼的威胁，但它们
似乎还是避开了某些地方，这些地方便迅速演变成了树林。
黄花柳的种子非常轻，风一吹便四处飘散，很快就蔓延开了。
同时，一块田地被纳入这个项目的时间似乎会影响这块地的
发展情况，查理推测，这可能取决于被纳入项目的这一年到
底适合橡树、梣树抑或是其他哪一种树木的生长。令人耳目
一新的是，这一切竟然完全是大自然按照自己的规划，在没
有人类干预的情况下完成的杰作。查理的头脑中并没有什么
目标，他只想看一看奈颇到底会变成什么样。我花了很长时
间才搞懂是怎么回事，因为之前涉及的环保努力全部是有目 199
标支配的。比如，引进已灭绝的蜂，创造100公顷多花的栖
息地，或者是避免入侵物种的扩散。我从未想到过居然还可
以完全放手，不做任何管理。这真的是太奇妙了。

我们把车停在一个有些生锈的精致平台旁，它距离地面约六米，建在一棵颇为威严的老橡树上。我当时正与特德大声闲聊，查理示意我不要出声，带着我们悄悄地爬上平台。我不知道为什么需要安静，但心想还是别问了。从平台上望下去，底下是一大片浅浅的水域和沼泽。这里曾经是耕地，但铲走了泥土，还像河狸一样在一条小溪上筑了坝。按同样

的方式，查理和他的团队还恢复了从庄园穿过的埃德河迂回的河道。他的祖先把埃德河改造成了运河，加深并调直河道，为的是方便在冬汛时有效排水。现在有充分的证据表明，这让下游的泄洪情况变得更糟，但那时，这一改造原本是出于好意。这种改造也在很大程度上降低了生物多样性。和黄石公园中河狸的做法差不多，恢复迂回的河道营造出了浅水区、深水区、激流区和缓慢的回流区，这为植物、昆虫和鱼创造了不同的栖息地。

我们安静地站在树边平台上。先是听到了一只布谷鸟的叫声，然后又听到了斑鸠在远处鸣叫。这两个物种在近些年都经历了数量的锐减，但是在奈颇，它们似乎生活得很好。一只赤鸢悄无声息地在我们头顶飞翔着，它懒洋洋地摆动着分叉的尾巴，一会儿向东，一会儿向西，一片一片地搜索着地面的猎物。查理用手指了指右侧的灌木，我注意到三头马鹿，其中有两头雌性，另一头是只幼崽。它们正从黄花柳丛
200 的影子中慢慢走进浅水，静静地吃着半露出水面的柳树嫩叶。马鹿黄褐色的兽皮在太阳下闪着光，肌肉微微颤抖着，还不时轻掸着尾巴驱赶苍蝇。我们远远地观察着它们的行为，这时，马鹿突然定住不动了，表现得十分警觉，它们的眼睛和耳朵都瞄准了远处的湖岸。在那里，一头泰姆华斯猪出现在灌木丛中，身后还跟着三头小猪。等到这四头猪在泥泞的水

边开始啧啧地饮水时，马鹿才放松下来。我看得入了迷，仿佛正在体验东非观兽旅行，但比后者更非同寻常，因为这里距离我家只有30千米。一方面，我知道它们只是猪和马鹿，是日常可见的东西；而另一方面，这一幕非常令人心醉，因为它们生活在野外。

在我们观察的时候，查理小声地和我们聊起了这些猪。很明显，它们有时会完全没入湖中，像小型河马一样消失在水下。它们在湖底的淤泥中搜寻河蚌，嘎吱嘎吱地嚼碎了一起吃掉，像是在吃巨大的牡蛎一样。[46]到了冬季，它们喜欢挤成一堆睡觉取暖，以致睡在最下面的一头偶尔会因窒息而死。这些猪对野外的生活还不是很熟悉，但总的来说，它们适应得相当好。看着母猪带着它的孩子们在浅滩中打滚，我不禁想到了那些圈养在农场围栏中，只能移动一两英尺的猪，二
者的差距真是太大了。 201

那天，我们还遇到了一群长角牛，其中几只后面还跟着三头小牛犊。它们漫步在悬钩子和黑刺李之间被踩踏出来的小径上，边走边吃草。很明显，它们已经克服了旷野恐惧症，似乎对现有生活非常满意。英国的长角牛长相有些邋遢，不过也很讨喜，它们的长毛上有一片片蓝灰色和白色的斑块，有点像暴风雨来临前的颜色，巨大的长角弯曲得有些不大自然。虽然几乎没有人类参与长角牛在奈颇的生活，但它们仍

然非常温顺，允许我们走到距它们一两步远的地方。庄园中有一些人行道穿行其中，所以必须选择性格温顺的品种。很明显，有长角的品种通常都很温顺。如果它们太危险的话，早就被替换掉了。

值得关注的是，在经过了数百代的圈养之后，这些驯养动物仍旧保留着一些数千年来早已无用的本能。查理告诉我们，牛群在被释放之后的几年中，有些自然行为会慢慢显现出来。它们自然地结成了十几头一组的群体，并且有一头雌性首领。如果某个群体太大，它们会分成两群，然后各奔东西。当母牛需要产崽的时候，它会离开牛群，躲到茂密的灌木丛中。产崽后，母牛会离开小牛，大部分时间与牛群待在一起，只是偶尔返回去给小牛喂奶。这种策略看起来有点不靠谱，因为刚出生的小牛孤立无助，得不到任何保护。但这正是包括鹿在内的许多野生动物的做法。或许，在它们的进化历史中，当周围有狼和其他捕食者游荡时，把幼崽藏在看
202 不见的树林中更安全。带在外面的幼崽太显眼了，狼群有可能赶走妄想保护幼崽的牛群，然后轻松地享用一顿美餐。乔治·蒙比特认为人类保留了祖先狩猎和采集时的记忆与本能，或许这些牛也从早已绝迹的祖先那里继承了一些行为。在经历了漫长的驯化、圈养和剥夺自由后，这些动物还拥有原始野生动物的一些本能，这一点让我颇感安心。

当然，奈颇庄园明显不具备顶级捕食者。在黄石公园，重新引入狼带来了巨大的好处。非常不幸的是，即使有人能够说服相关部门和当地人，告诉他们狼的存在会带来益处，但奈颇的面积实在是太小了，根本无法维持狼的生存。有些人曾提议可以在苏格兰的偏远地区引入狼，听起来倒是有一定的合理性（在我看来是一种美好的愿景）。但是这招致了很多人的反对，看起来永远也无法实现。当地的生态案例典型——苏格兰高地的部分地区由于有数量庞大的欧洲马鹿，而遭到了过度放牧，与黄石公园原来的情形一模一样。实际上大部分欧洲国家都生活着狼，在西班牙、意大利、瑞典、芬兰和东欧大部分国家都有狼的种群分布。最近几年，有一小部分狼进入法国、德国，甚至还到了丹麦和荷兰。如此看来，英国有狼出现就那么值得大惊小怪吗？虽然有些新闻标题听起来有点耸人听闻[47]，但它们对人类几乎没有直接威胁。当然，它们可能危害牲畜。但是，我们可以通过补偿农民来解决问题，难道我们真的承担不了这些费用吗？由于来黄石 203
公园看狼的游客数量激增，当地因此获得了丰厚的收益。依我看，这带给英国边远乡村的收入可能比目前养羊要高得多。

尽管如此，在奈颇引入狼并不现实，甚至体形更小的独居猞猁都不行。查理粗略地计算了一下，估计奈颇能养活半只猞猁。这样，你就可以想象一下猞猁需要多么大的生活范围了。因此，它们不太可能形成自给自足的稳定种群，人类不得不通过捕杀大型食草动物来扮演顶级捕食者的角色。当然，他们捕杀的数量会影响奈颇的发展。如此看来，这里并非完全由自然主导。不过，即便如此，这里仍然比英国南部的任何地方都更加接近自然。

你可能会想，可以引进更低一层的河狸吗？河狸是本土物种，对牲畜和人类没有直接的威胁。[48]它们曾经遍布欧洲，但由于人类需要它们的皮毛，截止到16世纪，它们仅在英国就被捕杀殆尽。到19世纪时，在欧洲的大部分地区，它们也都绝迹了。现在，河狸在欧洲的大部分地区都已经受到保护。在自然繁殖和24个人为再引入项目的共同作用下，在大部分原来的分布区又出现了它们的身影。当然，相较以前，它们的分布呈现碎片化趋势。有充足的证据表明，河狸确实能够促进生态系统的良性发展。在为自己搭建小屋的过程中，河
204 狸在溪流上筑坝，挖掘水渠，这创造了新的栖息地，增加了植物、鸟类、鱼和两栖动物的多样性。在美国，有河狸的水塘中栖息的生物的总重量是没有河狸的水塘的五倍。除此以外，它们也受到游客的喜爱。为什么它们就不能重返英国呢？

令人沮丧的是，在英国，再引入这种温和、可爱的动物也遭到了反对。英国差不多是唯一一个没有河狸的欧洲国家，

直到最近才有所改变。不过，我们的全国农民联合会非常厌恶河狸。他们的发言人在回应一次有计划的释放行动时称："我从未见到任何证据表明河狸对生态系统有什么作用。历史上有许多引进哺乳动物造成恶果的例子，比如北美灰松鼠、野兔，甚至还有水貂。没有证据表明引入河狸有任何积极作用。"[49]

说这些话的人如果不感到尴尬，可真算难为他们了。除了缺乏起码的常识，以及顽固地否认河狸能使生态环境受益的证据外，他们犯下的另一个可笑错误就是把河狸与三个非本土物种进行比较。没有人否认水貂等外来种会造成巨大的破坏，但河狸毋庸置疑是本土物种。它们在本地消失的唯一原因就是我们把它们都猎杀了，变成用来保暖的帽子。除了全国农民联合会以外，苏格兰的渔猎产业也抵制引进河狸，他们担心河狸活动会损害鲑鱼。其实在其他地方有许许多多
的证据表明，河狸的活动只会使鱼类受益。 205

即使有人出于本能提出了反对意见，但再引入河狸的观点最终还是占了上风。2009年，16只河狸被引入苏格兰西部阿盖尔郡的纳普代尔。大约与此同时，在苏格兰东部的泰赛德和德文郡南部的奥特河里也出现了河狸，但它们是非法放生的结果。官方的释放行动也并非一帆风顺。有些河狸被心怀不满的当地人非法猎杀了；还有一只河狸伐倒了一棵树，结果把自己砸死了，估计它能获得河狸界"达尔文奖"的提

名。尽管如此，截至2014年，共有14只河狸幼崽在野外出生，吸引了三万多人来到奈颇参观河狸和它们的家。释放行动的成功或许也帮助说服了英国相关部门允许保留德文郡的河狸种群。现在，它已经变成了一个官方再引入项目，受到了德文郡野生动植物基金会的监督。最近的一次调查显示，这里至少生活了12只河狸，其中包括一只2015年夏季在野外出生的幼崽。几乎可以肯定的是，奈颇拥有足够的淡水栖息地和充足的小树供它们啃咬和伐倒。如果可以见证这些活动对塑造环境的帮助，那就太棒了。查理希望有朝一日这些都能变成现实。

在奈颇度过了一天之后，我感觉有些饿了，便急切地想要找个理由返回去。好在马上就出现了那样一个理由。查理和他在奈颇的团队非常渴望弄清他们到底有哪些野生动植物，也想知道随着时间的推移，它们正在发生什么变化。他们进行过多项调查，例如调查植物、鸟类和蝴蝶的数量。但是，从来没有人调查过蜂的数量。查理问我是否愿意承担这项任务，这当然是一个难得一遇的机会。在春季和夏季时，每个月都能在奈颇逛一圈，这种机会实在是令人难以拒绝。我非
206 常善于辨识熊蜂。研究了这么多年，如果还不能做到这一点，那才尴尬呢。但是，我并不善于辨认一些体形较小的独居蜂。所以，我问我的博士生汤姆·伍德是否愿意加入。汤姆是一

个非常典型的昆虫迷。说到这里，你可能想到的是瓶瓶罐罐。他的博士研究内容是农田中的野花带在促进熊蜂数量增长方面究竟效果如何，因此工作的时候整天都在研究蜂。周末时，他会去寻找蜂，尤其是较为罕见的独居蜂种。假期时，他还会去欧洲南部寻找更多的蜂。他很快就要过生日了，所以，他希望我能送给他一些关于蜂类的专业书籍，最好是罕见、昂贵的大部头著作，冠以引人入胜的书名，如《认识摩尔多瓦西南部的隧蜂》[50]。可能你觉得我是一个蜂迷，这么说当然没错。但是，与汤姆比较起来，我对蜂的热爱可以说是非常随意，可有可无，十分业余。汤姆对蜂才是真爱，或许是“前无古人，后无来者”的那种。如果我想要找到奈颇所有种类的蜂的话，那他正是我需要的助手。

就这样，我们在2015年四月中旬开始了调查。奈颇的生态学家彭尼也加入了我们的行列，因为他非常渴望对蜂类有进一步的了解。那是个阴天，还有点冷。我们的开头不太顺。因为是早春，所以奈颇的花并不是很多。经过牲畜一个冬天的啃咬，大部分草地在这个时候还非常矮。除了黑刺李树篱
和灌木中正在盛开的花以外，几乎没什么其他的花。然而黑 207
刺李并不受蜂类喜爱。所以，我们很难找到许多蜂，只见到了几只欧洲熊蜂和红尾熊蜂等常见种类的蜂王。

或许我们见到的其他生物更令人激动。彭尼曾经在庄园

里投放过一些旧锡片。尽管看起来不太整洁，当然也并非天然，但这些锡片却为观察爬行动物提供了好办法。锡片下面经常有蛇和蜥蜴出现，在春季寒冷的日子尤其常见。这是因为锡能吸收热量，使这些动物暖和起来。在我掀开的第一块锡片下，我发现了一团蛇蜥，有深棕色的，有银色的，还有浅黄褐色的。由于我的打扰，缠在一起的蛇蜥慢慢散开，在沉默的惊恐中朝四面八方溜走了。我翻起另一块锡片，下面有更多的蛇蜥和一条个头不小的横斑水游蛇，大约有三英尺长。离查理和我曾经观察猪的地方不远也有一块锡片，下面藏着几只青蛙、一只普通欧螈和一只冠欧螈。我本来可以花上一整天的时间，翻开锡片进行两爬类探险，但这并非一个寻蜂的好方法。所以，我决定还是先忙手头的工作。

我们翻锡片的位置附近有一簇黄花柳树苗，上面开满了备受蜂类喜爱的花，我们在这里找到了很多蜂。黄花柳雄树粉扑一样的黄花既能产生花粉，也能产生花蜜；雌树淡绿色的花只能产生大量的花蜜。由于四月时开花的植物很少，因此这些黄花柳树便成了许多熊蜂蜂王和一些独居蜂的主要食物来源。幸好奈颇的黄花柳树长势非常好，吸引了几只常见熊蜂的蜂王，主要是早熊蜂和欧洲熊蜂，也有几只早熊蜂的工蜂。

奈颇有几片古老的小树林，我认为这或许是一个寻蜂的

好去处。现在，蓝铃花刚刚开花，花丛中常有一些熊蜂的蜂 208
王正在觅食。蓝铃花树林是英国标志性的栖息地，尽管它们的分布范围很广，但其他地方的分布密度都比不上英国。在英国，它们的蓝色花海能从四月中旬延续到四月末。到那时，它们头顶的枝条上会长出树叶，在剩下的时间里遮挡住它们的阳光。我走到一棵巨大的橡树旁，想看一看树下有什么。但是，我并没有见到蜂，也没见到蓝铃花，反倒是看到了几头猪。三头母猪和数不清的小猪挤成一团，躺在一起，把周围毁得一塌糊涂，林地的泥土都被它们拱了。查理后来告诉我，猪非常喜欢吃蓝铃花的鳞茎，所以蓝铃花生长的地方对它们来说只有一个含义——该吃饭了。在欧洲大陆上，林地中的植物种类更多，通常混生在一起，但往往都没有英国的漂亮。泥土堆间还生长着几株蓝铃花，但大部分蓝铃花都不见了，土里长出了五叶银莲花、黄水仙和欧报春，我猜想，一段时间以后，它们会向四周扩展的。

这产生了一个有趣的问题。我们漂亮的蓝铃花林地是受人工干预形成的栖息地吗？它们仅仅出现在英国，是不是因为我们对捕猎野猪的狂热把蓝铃花最大的敌人都消灭了呢？
对于那些希望把野猪在欧洲大部分地区的生活状态复制到英 209
国野外的人而言，他们能够承受失去大部分蓝铃花林地的代价吗？[51]我可以给出肯定的回答。但这只是我的判断，其他人肯定会有不同的意见。就环境保护而言，往往没有标准答案。

我蹑手蹑脚地走近这些正在睡觉的猪，边走边拍摄。突然，它们察觉到了我的存在，嗖的一下散开了，卷起一团尘埃，边跑边发出哼哼声和号叫声。真不知道在和这些巨大的动物近距离接触时该做出怎样的反应，因为我很快意识到，那些母猪比我的体形大得多。它们是野生动物还是饲养的结果？我说不准。肾上腺素的作用瞬间传遍了全身。当然，等这些猪回过神来，它们一下子变得很友善。母猪返回原地继续睡觉，好奇的小猪一点点地挪过来，给了我拍照的机会。

我意识到我又有点不务正业了，便离开这些猪去找汤姆和彭尼。与此同时，汤姆正在忙着寻找独居蜂。这些蜂大多个头很小，如果没有经验，很难把它们分辨出来。它们甚至没有一个令人满意的统称——虽然它们常被称为“独居蜂”，但其实有些并不独居。汤姆更喜欢用“不具花粉篮的”蜂来称呼它们，因为从专业角度来说，用熊蜂和蜜蜂专有的花粉篮来描述它们会更准确一些。然而这个名字过于深奥，大多数人根本不懂。或许“被遗忘的蜂”这个名字是最好的选择，因为科学家很少研究这些不起眼的生物，大多数人对它们根本一无所知。不过，我们了解的情况表明，这些被遗忘的蜂在庄稼和野花的授粉方面发挥了重要作用，它们的生活史迷人而复杂，并且千差万别。

这些被遗忘的蜂通常聚在一起筑巢，有时地上会有成百上千的巢穴聚在一起，被挖出的土形成了一座座的微小的环
形山。在大部分种类中，每只雌蜂都有自己的巢穴。（不过， 210
它们究竟如何记住自己的巢穴仍是未解之谜。）雌蜂靠自己的力量储藏花粉，在里面产卵并密封起来。这些卵就在巢里自行发育，无须后续的护理。在这些独居蜂中，有一些其实是群居物种。它们的蜂王筑造一个巢穴，然后养育一批工蜂，后者帮助它养育一群雄蜂和新的蜂王。换言之，这些蜂的生活方式与熊蜂非常类似。我好不容易找到汤姆的时候，他已经发现了那么一个物种的巢穴聚集地。它们的名字稍微有点长，叫锦葵淡脉隧蜂。[52]这种灰色的蜂身长仅六毫米。这些巢穴筑在一条未长草的黏土车辙上。雄蜂在巢穴入口上方来来回回地巡视着，寻找交配的机会，雌蜂则进进出出地往回搬运花粉，尽力躲开那些渴望交配的雄蜂。

由于实在没什么收获，我放弃了在黑刺李灌木中寻找熊蜂，转而在不长草的土地上开始搜寻。我们马上就找到了10多种不同的蜂，大多是地蜂属的成员。它们基本都很小，腹部多为亮黑色，常被称为地蜂。全世界有超过1 300种地蜂，
大部分都很容易被人忽略。有些长得非常漂亮，如红足地蜂 211
和红褐地蜂。前者的胸和腹部是红色的，后者是为数不多能

引起关注并获得俗名的独居蜂。在我小的时候，我家的草坪上就有这么一群蜂。它们个头很大，身上呈铁锈色。我特别喜欢弯下身子，偷窥它们的洞穴。这时，雌蜂们往往也会盯着我看。我们也找到了一只黄斑艳斑蜂。这种一丁点儿大的蜂几乎无毛，全身略呈红色，属于盗寄生蜂。它们会趁着地蜂的蜂王不在时，偷偷溜进它们的巢穴，在储藏花粉的地方产下自己的卵。艳斑蜂与杜鹃极其相似——它们的卵孵化很快，新孵出的艳斑蜂首先会杀死寄主的卵或幼虫。艳斑蜂幼虫的巨大镰刀形上颚就是为了完成上述工作而生的。铲除寄主的后代之后，艳斑蜂便可以悠闲地享受储藏的花粉了。在艳斑蜂成长和蜕皮的过程中，它们会失去巨大的上颚，因为这对于享受花粉没什么用处。这种手段似乎有些卑鄙，但是恶行结好果，现在已知的艳斑蜂就有约850种，每种都适应了不同的寄主。

在接下来几个月的寻访中，我们见证了植物随季节的变换而发生的奇妙变化。早春时，草地上的草非常短，花也很少。这些植物冬季一定生长很慢，而且被牛、鹿和马啃得很低。如果春季和夏季还是这种情形，那么蜂类一定还会很少。我猜想事情可能真的会照此发展，可我忽略了显而易见的一点：植物的生长会随季节推进而提速，但动物的数量几乎是一成不变的。五月末，草地变成了匍枝毛茛的海洋，点缀着

一片片长尾婆婆纳，阴凉的地方还铺展着紫色的欧活血丹。 212
悬钩子花刚刚从灌丛中冒出来。到了七月，开阔地带长满了没膝的白车轴草和四籽野豌豆，点缀着一簇簇红车轴草和百脉根。食草动物非常喜爱车轴草，但是车轴草的数量远超过了这些动物的需求，所以它们有机会生长至开花。八月是止痢蚤草的天下，它们毛茸茸的灰绿色花茎上顶着雏菊一样的黄花。这种植物不受食草动物的欢迎，在奈颇的大部分牧场上却非常常见。查理本来打算去控制它们的生长，因为它们确实造成了牲畜食物的减少，但是这种做法违背了他的初衷。如果蚤草想要疯长，那就顺其自然吧。我想，这里不久就会恢复某种平衡，因为能吃蚤草的昆虫已经出现了，它们正在享受充足的食物资源。走着瞧吧。

在这一年中，我们找到了10种熊蜂，它们都算得上是非常稀有的物种。更令人兴奋的是我们还发现了其他蜂类。夏季结束时，我们已经找到了42种不同的蜂，其中包括许多之前未发现的地蜂和另外几种艳斑蜂，还有叶舌蜂、集蜂、壁蜂等多种蜂，其中有些在英国非常罕见。或许最让人激动的是我们找到了另一种盗寄生蜂：粗颈红腹蜂。它们在欧洲极为罕见，位列英国濒危物种红皮书的榜单之上，是首要的保护对象之一。与艳斑蜂略有不同，成年雌性粗颈红腹蜂会进入宿主的巢穴，并亲自杀死宿主的后代，然后在里面产卵，而不是等着自己的后代来做这些卑鄙的事情。粗颈红腹蜂个头非常小，只有六毫米长，有一条鲜红色的条带环绕腹部。
213 它们专门袭击名字响亮的宽带淡脉隧蜂。

当然，我敢肯定还有很多物种我根本没看到。在3 500英亩的庄园里寻找只有五毫米长的生物，无法把它们全部找到也是情理之中的事。我们也无法得知，在“再野化”项目开展之前，这里有哪些物种。在奈颇还是一座普通农场时，查理就打算为里面生活的野生动植物列一个完整的清单，以便人们观察随时间推移而产生的变化，但是，他既没有时间也没有资源实现这一理想。至少我们能看到未来它会发生什么变化：哪些新物种出现了，哪些物种消失了。这样的观察非常奇妙。或许终有一天，一些罕见熊蜂会来到这里。我想随着时间的流逝，这里的植物群会更加多样化，有些物种可能需要几十年的时间才能到达这里。可以确定的是，奈颇的植物和动物群落会随时间的推移而发生变化，这也是自然的脚步。

有意思的是，人类讨厌改变，他们非常乐意保持现状。查理的项目从一开始就遭到了许多人的反对，有些当地人觉得放弃农田是不道德的行为，因为农民的义务就是要保证农田整洁有序，能高产。当然这种论点本身就靠不住。我们可能已经习惯了现代社会种植单一作物的大块农田，但这些其实是相对较新的现象。一百年前，在机械化和化学杀虫剂出现之前，农田要比现在杂乱得多，都是用茂密的树篱分隔开的小块农田。有些田地里生长着庄稼，庄稼中间长着五花八门的耕地杂草；有些荒着，生长着更多的杂草；有些地被用来种饲料用草；还有些用来放牧。四千年前，可能这里大部分地区是森林；四百万年前，这里是森林或者是类似稀树草原的地方，大象漫步其中。谁能说土地该是什么样子？但是，人类本能地拒绝改变，无论眼下有多乏味，都想要维持已经习惯了的东西。 214

在这个项目刚开始推进时，有一家人抱怨晚上总是被鸟叫声吵醒。他们的小屋子有三面被新出现的荒野包围着。简单调查之后，大家发现噪声来源于一种中等大小的棕色鸟儿。这是一只夜莺，它性情羞涩，把家安在了附近的一簇灌木丛中。奈颇之前没有夜莺，而现在，这里夜莺的数量占英国总数的2%，其中大约有140对处于繁殖期。夜莺喜欢在距离地面一二英尺高且向外延伸的茂密灌木丛中筑巢，奈颇那些被废弃的向侧面伸展的树篱为它们提供了理想的栖息地。四月末，雄鸟从非洲的越冬地返回，寻找一个理想的筑巢场所，然后大声歌唱，吸引那些正向北飞的雌鸟。夜莺大都在夜间迁徙，因此雄鸟会选择在夜间歌唱，它们希望用自己的小夜曲把正在黑暗中飞行的雌鸟吸引过来。它们以歌曲动听而闻名，其中有液体流动般的颤声，也有高声的啭鸣。[53]估计是因为雌鸟很难被打动，因此雄鸟需要充满激情地高唱才有机会赢得某一只雌鸟的芳心。所以，可以想象一下查理邻居的遭遇，他们每晚都要听着夜莺不停地鸣叫，而且这颗心还在滴血呢。值得庆幸的是，这个故事有一个美好的结尾。现在这些居民知道了噪声的真相，最终懂得了夜莺的价值，甚至喜欢上了它，意识到了自己多么有幸能拥有此种特权。正如我之前所说的，我们人类的一个怪异之处是拒绝改变，哪怕是向好的方向改变。

由于有了纳税人的钱，奈颇的实践项目才真正成为可能。这些钱以补贴的形式发放，每年25万英镑。奈颇还有其他一
215 些收入来源：销售高品质的肉，观赏野生动物，组织“特魅营”[54]活动，在豪华圆形帐篷中举办婚礼，把以前的农场建筑出租为办公室或车间，以及很多其他查理和他的团队能想到的方法。总的来说，他们略有盈余，足以维持下去。你可能会质疑为什么要把自己的钱拿来做这些。我个人以为，与其他许多花钱的渠道比较起来，这些都非常廉价。[55]当然，你也能看出来我完全赞同这种做法。

在我看来，奈颇最令人着迷的一点在于，它最了不起的成功根本不是计划或预料之中的。当初这里并没有特意安排要吸引夜莺前来，但它们来到了这儿。在英国，夜莺的数量
216 经历了巨大的滑坡，从1967年至2007年间，英国夜莺的数量

下降了91%，是有记录以来下降最多的繁殖鸟类。如果当初有人想要为它们创建一片栖息地，那么肯定不会采用查理在奈颇的做法。因为，人们把夜莺数量的下降归咎于英国日益庞大的鹿群，还说是它们的过度啃食破坏了夜莺筑巢的灌木丛。所以，如果想要恢复夜莺的数量，创建一座充满鹿和其他食草动物的围场似乎并不是一个好主意。

奈颇的另一个成功之处是紫闪蛱蝶的出现。扫一眼英国蝴蝶指南，你就会发现有两个物种与众不同：金凤蝶和紫闪蛱蝶。前者黑黄相间，呈风筝形，有优雅的尾状突，十分漂亮，可惜现在它们仅存在于诺福克布罗兹；后者个头很大，属于很强壮的昆虫，雄性有着虹彩般的紫色翅膀。它们都是我童年时在什罗普郡的乡下才敢奢望见到的物种。紫闪蛱蝶并不容易见到，它们通常只在英国南部大片成熟的落叶林中出没。不过，即使在那样的地方，你也很难找到它们，因为它们大部分时间都待在树的顶部。它们以蜜露为食，而这其实是蚜虫带有甜味的粪便。如此一来，紫闪蛱蝶就不需要到下面来寻觅花朵。雄性紫闪蛱蝶会在特别高的树冠上建立自己的领地，这棵树被爱好者们称为“主树”。雄蝶在树冠上展开空战，翅膀在七月的阳光下熠熠生辉，与园丁熊蜂的做法并无二致。雌性则把卵产在林中小路或林间空地旁的黄花柳树上。可能有人会得出结论，如果想要保护紫闪蛱蝶，最好

的策略应该是不惜一切代价保护好古老的林地。如果有人建议耕地在十年之内也可以成为紫闪蛱蝶重要的栖息地，那么
217 他们一定会被人视作疯子。不过，这种情况正在奈颇发生。在一些草地上，黄花柳迅速繁殖，长得过高的树篱旁的橡树起到了“主树”的作用。在“再野化”项目启动以前，奈颇根本没有紫闪蛱蝶。但到了2013年，人们曾经在一天之内就发现了84只雄蝶。（在做调查时，人们一般关注领地里的雄蝶，因为通过双筒望远镜就能观察到它们。虽然有些困难，但这还是要比找到并数清那些颜色不太显眼，也不太活跃的雌蝶要容易得多。）

不幸的是，在人类活动中，一个反复出现的特征是我们在不断地塑造着变化，有时是故意地，也常常是无意地。几百万年来，这个星球上的变化通常都是逐渐进行的。除了偶尔发生的小行星撞击以外，数千万年中可能不会发生太大变化。冰河时期的到来和消失用了数千或者数万年。每一年，都会有几个物种自然走向灭绝，但也会逐渐演化出新物种。如此一来，在千年之中，全球生物总量能够保持净增长。这种情况直到最近发生了改变。现在，由人类导致的大规模变化可能在几年甚至几个小时之内发生。我们砍伐森林，创建农田；引进外来种；引入休耕机制；严重破坏渔业资源；密植非本土的针叶林然后把它们砍掉；排干沼泽，建设水坝和水库；放弃边际土地；废

弃几年前才刚刚推行的休耕机制；造成酸雨再勉强地加以治理；造成臭氧空洞然后进行部分修复；改变气候；消灭大型捕食者；引进数不尽的杀虫剂和污染物，只有在见到预料中的危害后才部分禁止使用。如此等等，不一而足。在这一番又一番的变化中，野生动物要么不得不进行适应，要么就死掉了。大部分生物都可以适应逐渐发生的变化，特别是当它们的群体拥有巨大的遗传多样性时，这更加不成问题。但是，鲜有物种能应对我们连续施加给它们的迅速变化。我有时希望我们能够学 218
会静止一段时间，让大自然赶上来。但是，看起来那是人类在短时期内最不可能做的事情了。

奈颇是一个极好的例子，它能证明我们停下来以后会发生什么。停止所有的一切——停止为环保所做的努力，停止干预，停止尝试管理，让自然追上来，吸收之前发生的变化，然后自行其是。谁知道奈颇接下来会发生什么，还有什么新物种会出现？一年后，十年后，一百年后它会是什么样？尽管我是一个科学家，理解和预言这些变化是我的工作，但事实是，我们确实无法知道以上这些问题的答案，也无法预测。而这正是我所乐意见到的。

奢望在英国的每个郡都能有一个“再野化”项目难道非常过分吗？希望近在咫尺的地方能够变成体验冒险的乐园，在这里，我们能够感受不受约束的大自然，可以窥见紫闪蛱蝶的身影，可以倾听夜莺的歌声，或许还能听见河狸用尾巴拍水，提醒它的家庭成员我们正在靠近。

我并非要建议抛弃传统的自然保护区，毕竟它们发挥了重要的作用。但是很明显，传统的保护模式，即建立保护区来保护某一片稀有栖息地或某一罕见物种的方式，并没有能够阻止野生动植物迅速减少的趋势。或许还有另一种方式，能帮我们与自然界重新建立联系。

环保有时让人非常压抑。我常常感觉自己在亡羊补牢，
投身于一场与永不间断的人口增长和不顾一切追求无效经济
增长的斗争。在这场战斗中，人类正在走向失败。如果你感
觉完全没有任何希望了，那么不妨来奈颇或坎维威客看一看，
这样你便会增强信心。自然有非常奇妙的修复能力，尽管我
们破坏的时间越长，康复所需的时间就越长，但它终究会恢
219 复的。堆满工业粉煤灰的潟湖能变成长满鲜花、众多昆虫出
没的草地，难道还有什么比这更像魔法吗？

总有一天我们会停止破坏地球，要么是因为我们被自己
清除掉了，要么是因为我们学会了生活在自然之中，而不是
对它施以控制。到那时，野生动植物还会回来。它们会从混
凝土的缝隙中爬出来，从留存在土壤中的种子里萌发，它们
会适应、繁衍、进化成崭新而又美妙的形式。如果我们自己
220 或是我们的子孙能看到这一幕，那就太好了。

后　记

后院的蜂

全世界的生物多样性正面临威胁，尤其是在像厄瓜多尔这样充满异域风情的地方。这个国家自然景致异常丰富，但是国民非常穷，并且人口正急剧增长。对我们来说，从远处批评他们，哀怨那里的森林砍伐、环境污染和愚蠢地引进入侵物种是件非常容易的事。但这样做的同时，我们在做什么呢？我们正居住在舒适的房间里，一边看着来自韩国的平板电视，一边享受来自加利福尼亚州的杏仁，时不时品一口澳洲的莎瑞斯葡萄酒，思索到底是去马尔代夫度假还是留在特内里费岛。事实上，处在发达国家的我们根本没有资格去说教，因为我们早已彻底破坏了我们的国家。我们砍掉了国土上的森林，消灭了土地上生活的大部分野生动植物来建设城

市、公路、购物中心、高尔夫球场，当然也大面积种植了单
一的作物。即使当我们发现有些野生动植物就栖息在我们的
大城市里，甚至就在我们面前出现时，我们仍然不能有效地
去保护它们。发展中国家的很多需求也是我们创造的，是我
们对化石燃料、食物、矿物和其他资源的无止境消费导致了
这一切。在发展中国家购买廉价土地，建立工业化农场，进行
破坏性采矿活动，在地上挖出大洞并污染河流和土壤的罪魁祸
221 首往往是欧洲和美国的大公司。不管怎样，我们都没资格指责
发展中国家的人们对奢侈生活方式的努力追求。

如果我们想要拯救世界，我们就有能力做到。当然，我们也必须这样做。在五罐可乐中选择少喝一罐，做类似这样的事情并不会给我们的生活造成困难。我们要杜绝跨国公司利用发展中国家在环境立法方面的缺陷而明目张胆地牟取暴利的行径；我们可以为贫穷国家提供资金，让他们保护好自己的野生动植物，这根本花不了多少钱。但是，我们也需要约束自己的生活，因为我们仍然在牺牲古老的林地来建设新的铁路线，用大量的化学物质污染农田，甚至不惜花费巨资在页岩中探察天然气，然后还装出一副要解决环境变化的样子。

所有这些问题都很难解决，我们经常感到孤立无助。如果不是在选举中为自己装个门面，主要政党很少提及环境问

题。还记得在2010年的选举活动中，戴维·卡梅伦短暂的北极之行吗？当时他承诺要打造“有史以来最绿色环保的政府”，但随即便任命对环境变化持怀疑态度的欧文·佩特森担任环境大臣。当然，我们也并非完全孤立无援。除了几年一次的选举以外，我们每天都做着重要的选择。正如简·古道尔所说：“我们必须意识到，每天我们都会产生某种影响。我们能够选择对未来产生何种影响。”

环保始于家中。我们应该尽可能回收利用所有可以回收的东西。我们可以做到完全不产生注定被扔掉的垃圾，尤其是可以选择不去购买过度包装或利用不可回收物进行包装的食物。最近，我在社交媒体上见到某人在一张图片下配的文字说明，图片上是正在莫里森超市售卖的香蕉，每一根香蕉都被置于聚苯乙烯托盘上，并包裹着塑料保鲜膜。图下的评 222
论说道：“如果香蕉能进化出干净卫生、方便剥离的外包装就好了。”我们为何要忍受这种胡说八道呢？每个人都应该尽力购买由本地有机农场生产的食物。我们周围有很多这样的地方，它们需要我们的支持。如果我们不在一月购买产自智利的草莓，我们一样能过得很好。或许，我们大家都不买了，那么智利政府也就不需要进口我们这里的熊蜂。超市马上就会对顾客的需求做出反应，集体的购买行为从而有可能在全球范围内影响食物生产的方式。我们都应该有一个肥堆或者养虫箱，又或者二者兼有。当然，对于生活在公寓的人来说这可能有些困难。如果有地方的话，你应该自己尝试种一些富含营养的健康食物，再种点花来吸引蜂儿、蝴蝶和鸟类。虽然听起来有些不太可能，但每一个小的决定都意义非凡。毕竟，现在世界上约有七十亿人，我们每个人的手中都掌握着这个星球的未来。

想象一下，如果英国的每座花园都是野生动植物友好型的，种着村舍花园里的香草、野花，以及自己种植的健康蔬菜，或许在角落里也有一座自制的供独居蜂筑巢的地方。我们为什么不能在花园和城市中禁用杀虫剂呢？世界上有一些城市已经这样做了，而且并没有出现害虫泛滥成灾的情况。再想象一下，如果用市政厅的土地来养育野生动植物：路旁草坪和环岛不需要五分钟就割一次，而是种上野生花卉；公园中的草坪可以长时间生长。我们应当说服本地有关部门不要在每个春季摆放一年生的花坛植物，而是在公园的狭长花坛中种植能吸引蜂类和蝴蝶的多年生植物。在大学和中学的校园中，我们还可以建一些长满花的干草草地。在工业区和
223 科技园区中，不要再种植常绿的外来植物，而是种植能开花的本土灌木，这样就可以为蜂类提供食物，也能为鸟类提供浆果。为什么不能在郊区的街道旁种植苹果、梨和李树呢？这样，居民就能在街道旁采摘水果，孩子们也能在上学的路

上品尝苹果的味道。我们可以在建筑的屋顶和墙体上种满绿植；可以保护野生动植物丰富的棕地，让它们对公众开放，而不是把它们都铺成柏油地面；可以绿化城市，让野生动植物生活其中，并创建英国最大的自然保护区，而这些根本不需要额外花钱。我们的孩子也可以更加亲近自然，更加尊重自然，能够在高高的草地里用手捕捉蚱蜢，能够观察蜜蜂在荷包豆间飞舞，能够在本地的河渠中寻找蝾螈和边纹龙虱。如果这一切是我们想要送给他们的礼物，那么现在就该采取行动了。我热切地希望我们的后代能有机会亲近自然，这样他们才能爱上自然。我最恐惧的是我的孙辈们（如果我有的话）在一个灰色、枯竭的钢筋混凝土世界里长大，根本无法亲近自然，也无法知道和在意自己失去了什么，因为自然几乎已经消失殆尽。情况可以不必如此，因为我们能够做到绿化城市。既然与日俱增的城市化不可避免，那么我们就应发挥想象力，让我们的城区变成自然保护区的延伸，在那里，人类与野生动植物可以和谐地并肩生活在一起。或许期待我们的城市变成“英国的雨林”有点异想天开，但是如果我们
真的去尝试了，那我们的子孙一定会感激不尽。 224

注 释

1 一种有塞子的小玻璃罐，塞子上有两个可伸缩的塑料管。一根管子的末端指向昆虫，另一根管子则供昆虫学家吮吸。正常情况下，昆虫会被吸进管子，随后落入罐中。一个重要的特征是，用于口吸的管子在罐内侧的一端里有网状物——否则罐子里的东西很容易被吸入肺部。即便如此，当昆虫学家处在捕获昆虫的兴奋中时，很容易就吸错了管子，并吸入之前捕获的所有昆虫。昆虫收集瓶由美国昆虫学家小弗雷德里克·威廉·普斯在20世纪30年代发明。

2 在英格兰地区，豹灯蛾的毛虫一度十分常见，孩子们会称它为“毛熊”。然而这些年来，由于豹灯蛾的数量急剧减少，如今的孩子很少能再见到这种昆虫。

3 在克里斯·科登的《索尔兹伯里平原：从19世纪90年代开始的平原军民生活》一书里，作者列出了军队在平原上各种各样的、不时有点古怪的军事活动，时间从那时一直贯穿至今。

4 有些物种被正式认定为濒危——BAP代表“生物多样性行动计划”，对于这个榜单上的物种，政府应该已经制订并启动了保护计划。在英国，“BAP榜单”上的熊蜂有七种。但是，在2010年，这一计划被终止了。

5 第二年，我和团队中的大部分成员再次回到这里，计划展开更加深入的调查。想要捕捉在头顶高速盘旋的蜂可不容易，但我还是成功地捕捉到了几只。我很惊讶地发现，被捕捉到的蜂无一例外地属于红尾熊蜂和断带熊蜂。在这个平原上，欧洲熊蜂、牧场熊蜂及早熊蜂比红尾熊蜂和断带熊蜂常见多了，然而前几种好像都没有这个奇怪的行为。2003年和2004年夏季，我和团队花了几天站在平原中部，捕捉那些在我们头顶盘旋的蜂。我最初的感觉是正确的——某些熊蜂种类确实更常有这种行为。直到现在，我还一直在好奇它们为什么会有所不同。或许这几种熊蜂会投入更多的精力来记忆它们遇到的地标，方便飞行导航；再或者红尾熊蜂和断带熊蜂只是更加好事而已。

6 为了做到这一点，我们取下蜂的某一条腿的最后一截——这听起来有点残忍，好在这些可怜的蜂几乎不受任何影响。

7 在《草地上的嗡嗡声》这本书中，我描述了如何利用这种植物恢复长满野花的草地，也描述了在阿尔卑斯地区，作为偷盗花蜜高手的熊蜂如何相互学习偷盗小鼻花的花蜜。

8 青贮饲料就是把新鲜的草割下来，密密实实地堆成堆或打成捆，然后用塑料密封起来。在这种无氧条件下，草不会变质，但会稍微发酵，外层变成棕色，带有牛和羊特别喜爱的味道。和干草不同，它们不需要晴朗的天气来晒干。而且，如果肥料充足，草会长得很快，每年能收割几茬。这比晒干草的牧场产的饲料要多很多。对农民来说这当然是好事，但对蜂类、鸨和长脚秧鸡来说，可就是另外一回事了。

9 这些岛屿甚至曾被用作简易监狱。1732年，一位苏格兰法官、政客格兰奇勋爵和妻子吵翻了。他们结婚25年，并且育有九个孩子。妻子指控格兰奇对婚姻不忠，而且还密谋叛国。格兰奇为了让他的妻子闭嘴，找人绑架了她，并把她带到莫纳赫群岛。两年后，他可能认为这里仍然不够远，把她转移到向西60千米之外的圣基尔达岛。这位可怜的女士又在那里生活了十年。

10 苏格兰官员鲍勃·道森是熊蜂保护基金会的前任主席，致力于以10平方千米为网格单位向外拓展搜寻熊蜂栖息地。他以已知的种群为参照，搜寻临近地区的种群和任何可能的栖息地。如果你去查看国家生物多样性网站上的卓熊蜂分布图，你将会注意到2008年至2010年期间，它们的分布范围几乎增加了一倍。但是，恐怕这主要是鲍勃努力寻找和记录造成的结果。从更广泛的意义上来看，很难区分到底是卓熊蜂的分布范围真的扩大了，还是人们记录得更加卖力了。

11 阅读《螯针的故事》，了解更多关于熊蜂嗅探犬托比的故事。

12 这些蜂在英国根本就不存在，因此它们当然没有英文名。我建议可以给这两个物种取名为长头熊蜂（old carder bumblebee）和红尾盗熊蜂（red-tailed robber bumblebee）。至于我为什么给后者取这个名字，以后你就清楚了。

13 我确实非常喜欢波兰食物。不过，到行程结束时，那些大小各异、拥有众多形状和颜色的香肠对我来说味道都一样。

14 非常遗憾的是，为了能够确认某一物种的种类，有时必须要收集一些昆虫。如果不能准确地鉴定它们，我们就不可能加以研究，也不可能找出保护它们的办法。

15 我后来在瑞士的阿尔卑斯山进行野外考察时才对这个物种有了深入了解。我在《草地上的嗡嗡声》中描述了这些发现。我发现红尾盗熊蜂习惯从一侧盗取花蜜，这证明了该蜂种的个体之间存在偷盗行为的相互模仿，其内容甚至包括采食花蜜的方位选择。

16 轮作是土地休耕的一种方式。具体做法是让土地耕而不种，或是种一些豆科植物，然后把它们犁到地里，增加土地肥力。

17 入侵植物是指那些在野外疯狂蔓延的外来植物，是生物多样性的重大威胁。喜马拉雅凤仙花是欧洲最严重的入侵植物之一，会抑制溪岸上本土植物的生长。这种植物从英国一直蔓延到波兰，甚至会扩散到更远的地方。如果能有一些方法有效控制它们的生长，那当然是好事。但是，毫无疑问，这又会给可怜的熊蜂带来负面影响。现代英国的农田大多没有花，在这些地方，沟渠和小溪旁的凤仙花是熊蜂仅有的食物来源。

18 当然，不会有人认为蜂类会为此事认真思考，再召开会议，并集体决定一个通用的颜色搭配模式。我们的看法是，有些个体碰巧拥有某一地区大多数物种拥有的颜色搭配模式，而这样的个体成了自然选择的结果。带螯针或有毒的物种变得彼此相似的现象被称为“缪氏拟态”，这是根据德国博物学家弗里茨·缪勒命名的，是他首先提出了这一概念。

19 有些温和无毒的物种也会进化得看起来和有毒、危险的物种差不多，这种现象被称为“贝氏拟态”，是根据亨利·沃尔特·贝茨命名的。他注意到，巴西一些无毒蝴蝶常常会模拟有毒物种。

20 “隐熊蜂”这个名字非常恰当，因为它们直到2002年才在英国被发现。由于它们与明亮熊蜂极为相似，只有在比对DNA或分析性信息素之后才能把二者区分开，以致我们对此物种几乎一无所知。杰西卡正努力改变这一情况。

21 “阴郁”（dreich）这个词你可能没有见过。它来自苏格兰口语，用来指寒冷潮湿、细雨绵绵、让人感觉忧郁的天气。这个词很适合用来描述苏格兰秋天、冬天和春天里大部分时间的天气，有时也适用于夏天的天气。

22 木蜂之所以有这样一个名字，是因为它们能在木头上咬出隧道，在里面筑巢。多年前，我们刚刚大学毕业时，我和老朋友戴夫（偷鸽子粪的那个家伙）决定要骑自行车穿越撒哈拉沙漠到达西非的喀麦隆。那是一次可笑的冒险，并没有完全成功。不过我们倒也有一些很棒的经历，而且也真的走了一大段路程。在沙漠中宿营的一大困难是要找到足够的燃料来生火煮饭。我们常常拿干骆驼粪来对付，效果倒也不错，可就是在我们的锅底留下了一片黏糊糊的东西。有一次经历让我们记忆犹新。那是一个黄昏，我们正要扎营过夜。这时，我们注意到一簇灌木，很脆，而且没有叶子。我们弄了许多小树枝，生了一堆火来抵御夜晚的寒意。不幸的是，在昏暗的光线下，我们没有注意到树枝是中空的，里面塞满了正在冬眠的木蜂。火势刚要旺起来的时候，树枝里开始出现令人难以置信的嗡嗡声。不久，便看见又大又黑的蜂群正努力逃跑。被火燎了的蜂儿冒着烟，立刻愤怒地朝各个方向横冲直撞，让我们在沙漠星空下的夜晚比预想的更加热闹。

23 阿根廷的饮食里似乎没有蔬菜，大块的牛排和薯片是标准餐。我们住的几家旅馆所提供的早餐中都不可避免地有一种像羊角面包一样的糕点，被称为“梅迪亚卢纳面包”，还有小块蛋糕和一种难以下咽的橙汁，颜色鲜艳得有点不自然。我真担心等到旅程结束时，我会患上脚气或坏血病。

24 在《螫针的故事》中，我记录了在1885年，熊蜂是如何从英国肯特郡被引入新西兰的，也写到了把短毛熊蜂从新西兰重新引回英国邓杰内斯角的尝试。这种熊蜂已经在英国灭绝，邓杰内斯角是当初它们在英国的最后一个据点。

25 这一点存在争议。有些人认为，在发现美洲之前，欧洲早已存在梅毒，但是欧洲第一例关于梅毒的明确记录来自1494年的那不勒斯。看起来很有可能是紧跟第一批从美洲归来的欧洲殖民者的脚步而来。

26 全球每年生产的西红柿数量多得惊人，累计能达到两万亿个，其中大部分依靠熊蜂授粉。

27 这项调查的负责人汤姆·默里后来收到了来自熊蜂商业养殖者的威胁，警告他如果不撤回论文，他们就要诉诸法律。但幸好汤姆并没有撤回论文，威胁也没有成为现实。

28 小哈里·H. 莱德劳虽然别无其他建树，但享有一项重要的荣誉：他是第一个懂得如何给蜂王人工授精的人。估计你也能猜到，这是一项耗时费事的工作。但是，如果希望培育具备某一特性的蜜蜂，这一工作也大有用途。

29 2010年，罗宾和无脊椎动物保护协会向美国鱼类及野生动物管理局递交了一份申请，要求将富兰克林熊蜂列为濒危物种。因诉讼和申请太多，美国鱼类及野生动物管理局忙得不可开交。所以，五年过去了，他们仍然没有时间来评估这一案子。因此，富兰克林熊蜂至今未被列入濒危物种名单，更别说进入灭绝物种名单了。

30 这些优雅的生物有一个成为最长寿蝴蝶的秘诀。它们的成虫能存活三个月甚至更长时间。大部分蝴蝶只能喝花蜜，但是袖蝶也能用它们的喙收集花粉，分泌酶把它们消化掉，然后吸食余下的富含蛋白质的“汤”。在有几种袖蝶中，雄性会找一些雌性虫蛹，在雌蝶尚未发育完全时与它们交配。这种手段给人感觉有些伦理问题。

31 所有的蜂、蚂蚁和胡蜂都有一个共同的祖先，它生活在两亿四千万年前，是独居生物。从那时算起，完全社会性的物种（众多不具备生育能力的成员协助一个或多个蜂王或蚁后）经历了至少11次独立的进化，产生了现在的蜜蜂、熊蜂、蚂蚁和普通黄胡蜂等生物。为什么在这一类有亲缘关系的昆虫中发生了这么多次进化，始终是一个令人困惑的问题。所以，研究处在两种状态之间的蜂和胡蜂可能会为我们回答这一问题提供线索。

32 以下这种做法有人说勇敢，有人说愚蠢：一位名叫贾斯汀·O. 施密特的人故意让78种昆虫蜇自己。这样，他就能把它们造成的疼痛感排名并加以描述。沙漠蛛蜂与子弹蚁并列冠军。前者造成的疼痛被他绘声绘色地描述为“即刻见效的极度疼痛，能让你失去除尖叫以外的所有能力，精神约束根本不起作用”。子弹蚁是一种大型蚂蚁，原产地也是南美洲。施密特把它们蜇刺造成的疼痛描述为“纯粹、剧烈、超凡脱俗的痛感，就像你的脚后跟扎着一根生了锈的三英寸长的钉子，同时还要在冒着火苗的炭火上走过”。很明显，最好避免这两种疼痛中的任何一种。施密特的论文于1990年发表。在他的启发之下，他的同伴，另一名昆虫学家迈克尔·L. 史密斯故意让蜜蜂蜇身体25个不同部位，目的是测试哪个地方最敏感。结果他发现，最疼的地方是鼻孔、上嘴唇和阴茎。由于他们虽有点无聊，但至少也算付出了无私的努力，二人于2015年共同获得了诺贝尔奖的趣味版——搞笑诺贝尔奖。

33 眼镜熊其实是最温顺的熊。在自然状态下，它们吃多种植物，如凤梨科植物、棕榈芯和浆果。眼镜熊杀死人类的记录只有一例：死者是一个猎人，他恰好击中了这头正在树上的熊。垂死的熊掉落在猎人身上，把他压死了。在生活（和死亡）中，正义有时就是这样说到就到。

34 我不应该对英国的鸟儿这么无礼。它们中有很多种都非常漂亮，每一种都令人着迷。但是，童年时的观鸟体验让我大失所望，因为我不能确定我看到的到底是哪种莺、百灵和燕雀，也不具备区分它们鸣叫的听力。如果你正打算去观鸟，我强烈建议你找一位专家帮帮你，否则你也可能会有一段令人沮丧的经历。或者，你也可以去厄瓜多尔。

35 当然我并没有与它们相遇，遇见这些生物的可能性微乎其微。要是我真有幸能瞥见它们，估计它们更愿意消失在森林中，并没有兴趣来攻击我。事实上，走在任何一个城市都比探索雨林要危险，尽管我们对于车流和拦路强者的熟悉，让我们对它们造成的危险不屑一顾。澄清一点你的疑惑：睫角棕榈蝮是一种体形很小的树栖黄色毒蛇，它们拥有一对像英国前财政大臣丹尼士·希利那么壮观的眉毛。

36 人们通常认为，我们需要建造数以千计的住房，以保证房价处于年轻人也能买得起的水平。但真的有人相信建造10万栋新房便足以拉低房价吗？我猜想真正的动机是大规模的房地产开发能产生巨大的利润，足以使那些从事建房、筑路的大公司赚得盆满钵满。

37 后来我才发现，有一家人在那里住了好几年了，他们利用从附近工厂回收来的皱巴巴的锡片搭建住所。不过，我不确定是否真有人被埋在了那里。

38 象甲科昆虫是素食甲虫，它们的鼻子特别长，而且向下弯曲，能让人联想到大象的鼻子。这种貌不惊人、基本无害的昆虫家族发展得相当成功，已知共有40 000种象甲。

39 “威客”是一个古老的撒克逊词汇，意思是“奶酪生产和熟化的地方”。或许曾经有人居住在坎维威客，至少有过一个繁忙的奶酪生产地。但如今，那里仅仅是一块无人居住的棕地而已。

40 另一个令人伤心的转移失败案例是把刺猬从尤伊斯特群岛转移到苏格兰内陆。刺猬并非苏格兰岛上的本土动物，但是一个好心的菜农认为可以用它们来吃地里的蛞蝓，便把它们愚蠢地引进到岛上。可是，刺猬更喜欢吃在外赫布里底群岛的地上筑巢的罕见鸟类的蛋。这倒也是情理之中的事。就这样，刺猬生活得很好，但鸟儿遭了殃，控制刺猬的数量便成为情理之中的事了。为此，人们启动了一项耗资巨大的捕捉和转移刺猬的项目。迄今为止，已经转移了1 600只刺猬。这些工作初衷很好，也是由目的纯正的人负责执行的。但是那些刺猬到底怎么样了？它们被转移到英国的内陆地区，结果数量在数年间直线下降。下降的原因并不是十分清楚——可能是在路上被碾压，抑或是猎物身上的杀虫剂产生的作用。被转移的刺猬前途未卜，这便是残酷的现实。有人可能会质疑，这笔高额的费用能否花得更有价值一些。

41 气步甲（bombardier beetle*）的名字来源于它们格外荒谬的防卫机制。它们的腹部有一个大室，里面装着它们分泌的氢醌和过氧化氢，这两种都是容易发生化学反应且有毒的物质。这个大室与一个装着化学催化剂的小反应室相连。当气步甲受到攻击时，它们就把有毒的化学物质喷射进反应室，并且在催化剂的作用下引起爆炸反应，从身体末端喷出一股滚烫的苯醌烟雾，还带有声音。当然，不要在家里做这些实验。气步甲能扭动腹部进行瞄准，把奇臭无比的滚烫物质喷向对手。有一次，我曾经捡起一只气步甲，它喷射出的物质把我指尖的皮肤都烫成了棕色。有时我很好奇，在它们进化的过程中，会不会有那么一两次意外把自己炸得粉身碎骨。

42 目前对这个地区的调查还很粗略，主要的几种调查对象似乎是随

---

* 直译为“炮手甲虫”。——编注

意选择的结果，特别是冠欧螈和各种蝙蝠。它们的确属于非常可爱的生物，但与很多其他生物比较起来，它们并非急需保护。这些调查通常很少关注昆虫和其他无脊椎动物，而且往往由不具备专业知识的人负责实施。即使有一些珍稀的重要物种存在，这些人也没有办法发现它们。

43 “Defra” 全称为“Department for the Environment Farming & Rural Affairs”。

44 我以前的一位博士生乔治娜·哈珀想出了另一个办法。她对英国所有的白缘眼灰蝶种群进行了基因研究，发现它们都来自共同的祖先，都是同一只雌蝶的后代。或许它生活在240年前，与法国北部的白缘眼灰蝶有密切的亲缘关系；也有可能这只雌蝶被暴风雨吹过了英吉利海峡，又或者是在18世纪初被某个蝴蝶迷有意带到了英国。这个时间与流行研究和收集蝴蝶的时间正好一致。有趣的是，尽管这种蝴蝶非常漂亮，而且生活在蝴蝶收集者相对活跃的南方，可是直到1775年，英国才有人描述白缘眼灰蝶这一物种，比其他蝴蝶要晚很多。当然，清理完森林后才人为引进我们所有的草地昆虫和植物物种的可能性很小，但是或许有一些与众不同的物种应该属于这种情况。

45 在北美用语中，“elk”一词指与欧洲马鹿亲缘关系很近的一个物种。我们用它来指代完全不同的另一种动物，即北美人所谓的“驼鹿”。这时，卡尔·林奈的双名法拉丁学名就显得尤为重要了，它能避免许多混乱。

46 我小的时候，曾经尝试在房间里的淡水水族箱中养这样一只漂亮的河蚌。但是，它们属于滤食动物，因此在狭小空间里存活的可能性十分渺茫。毫无疑问，我的那只也死了。因为它生活在底部的淤泥中，所以我并没有立刻注意到这一点。直到腐臭的味道充斥了我的房间，我才发现它已经死了。

47 2013年，《每日邮报》报道荷兰出现狼群时，使用的标题是“荷兰150年来首次出现杀手动物”。我猜想《每日邮报》的人肯定不想在英国再引入狼。真为他们感到可耻！

48 河狸可能会携带令人讨厌的多房棘球绦虫。它们恐怕能感染人类，而且有致命的风险。所以，在引进河狸之前，我们必须要采取预防措施，保证它们不携带这种绦虫。这其实很简单，因为在欧洲很多地方，例如挪威，那里有河狸生活，但并没有绦虫。

49 与此同时他们正在持续推动一项运动，坚决抵制对使用新碱类杀虫剂的限制。这类杀虫剂毒性很大，会对环境产生深远持久的影响，可以说是导致蜂类和其他农田野生动植物数量下降的罪魁祸首。

50 如果你已经迫不及待地要冲出去买一本，那我需要告诉你，这并不是一个真实的书名，但真实的书名也同样晦涩难懂。倘若你想去市场寻找一本能帮你辨认英国蜂类的书，那我强烈推荐史蒂文·福尔克所著的《大不列颠和爱尔兰蜂类野外指南》，书中漂亮的插图由著名野生动植物艺术家理查德·利文顿绘制。

51 实际上，在英国有许多生活在野外的“野”猪，它们是从农场逃出来的“越狱高手”。在西南部和东萨塞克斯生活着一些小的种群，而迪恩森林里的估计能达到500头。对它们的捕杀引起了广泛争议。支持者认为它们破坏了树木（我在上次观察时发现，欧洲其他地方的树林似乎找到了应对方法），而且它们会拱坏精心维护的草坪（在我看来，这倒不是坏事）。难道它们就不能像我们一样拥有在这里生活的权利吗？

52 以前，大部分独居蜂都没有俗名。这种情况最近才有所改变，目的是鼓励人们对它们感兴趣，使非专业人员也能走近它们。不过，并非所有人都赞同这种做法。汤姆就是纯粹主义者，他对这种降低姿态的做法不屑一顾。

53 虽然大家都承认夜莺的叫声让人颇有好感，但我个人认为在春天的清晨，它们的叫声比乌鸫好不到哪里去。

54 “特魅营”（glamping）是“特有魅力宿营地”（glamorous camping）的缩写，是个不拘一格地汇集许多舒适帐篷和牧羊人小屋的地方。

55 在farmsubsidy.org这个网站上，你能够非常精确地知道欧盟的每个“农民”每年能得到多少补贴。你一定会非常奇怪，因为英国受补贴最多的是糖商泰莱公司。在过去的15年中，它受到的“农场补贴”不下于594 270 084欧元（虽然让人吃惊，但这里的数位并没有出错）。这家公司根本不从事任何形式的农业活动，只是从热带国家购买甘蔗，然后从中提炼糖。我们也把同样是天文数字的补贴给了种植和加工甜菜的公司。事实上，作为一种密集单一栽培的作物，甜菜的生产过程中使用了多种杀虫剂。所有这一切就是为了生产一种对我们基本上没什么好处的物质，它是糖尿病的最主要致病因素之一，而糖尿病正在严重破坏英国的国民医疗服务体系。或许这笔来自纳税人的钱花得并不是很明智。

索 引

（条目后的数字为原书页码，见本书边码。）

本书中出现的主要物种名称

（汉、英、拉对照）

草熊蜂	ruderal bumblebee	*Bombus ruderatus*
长颊熊蜂	garden bumblebee	*Bombus hortorum*
长头熊蜂	old carder bumblebee	*Bombus veteranus*
盗熊蜂	cuckoo bumblebee	—
低熊蜂	brown-banded carder bumblebee	*Bombus humilis*
斗熊蜂	bellicose bumblebee	*Bombus bellicosus*
短毛熊蜂	short-haired bumblebee	*Bombus subterraneus*
断带熊蜂	broken-banded bumblebee	*Bombus soroeensis*
钝头熊蜂	black bumblebee	*Bombus atratus*
凡戴克熊蜂	Van Dyke's bumblebees	*Bombus vandykei*
富兰克林熊蜂	Franklin's bumblebee	*Bombus franklini*
黑尾熊蜂	black-tailed bumblebee	*Bombus melanopygus*
红柄熊蜂	red-shanked carder bumblebee	*Bombus ruderarius*
红尾盗熊蜂	redtailed robber bumblebee	*Bombus wurflenii*
红尾熊蜂	red-tailed bumblebee	*Bombus lapidarius*
黄带熊蜂	yellow-banded bumblebee	*Bombus terricola*

黄腋蜂	yellow armpit bee	—
加州熊蜂	Californian bumblebee	*Bombus californicus*
匠熊蜂	orange-tipped bumblebee	*Bombus opifex*
尖叫熊蜂	shrill carder bee	*Bombus sylvarum*
金巨熊蜂	giant golden bumblebee	*Bombus dahlbomii*
卡氏熊蜂	Cullem's bumblebee	*Bombus cullumanus*
比利牛斯熊蜂	Pyrenean bumblebee	*Bombus pyrenaeus*
眠熊蜂	tree bumblebee	*Bombus hypnorum*
明亮熊蜂	white-tailed bumblebee	*Bombus lucorum*
牧场熊蜂	common carder bumblebee	*Bombus pascuorum*
内华达熊蜂	Nevada bumblebee	*Bombus nevadensis*
熊蜂蚜蝇	bumblebee-mimicking hoverfly	*Volucella bombylans*
欧洲熊蜂	buff-tailed bumblebee	*Bombus terrestris*
欧石南熊蜂	heath bumblebee	*Bombus jonellus*
四色盗熊蜂	four-coloured cuckoo bumblebee	*Bombus quadricolor*
沃氏熊蜂	Vosnesensky bumblebee	*Bombus vosnesenskii*
西部熊蜂	western bumblebee	*Bombus occidentalis*
藓状熊蜂	moss carder bumblebee	*Bombus muscorum*
锈斑熊蜂	rusty patched bumblebee	*Bombus affinis*
阴暗熊蜂	obscure bumblebee	*Bombus caliginosus*
隐熊蜂	cryptic bumblebee	*Bombus cryptarum*
园丁熊蜂	Andean gardener bumblebee	*Bombus hortulanus*
早熊蜂	early bumblebee	*Bombus pratorum*
卓熊蜂	great yellow bumblebee	*Bombus distinguendus*

译后记

从我们规划《寻蜂记》的翻译事宜到这本书行将付梓，中间经历了挺久的时间，然而一切等待都是值得的。《寻蜂记》是一本好书，值得期待。这本书的自序是我非常喜欢的部分之一，作者讲述了自己从无知孩童成长为生物学家的历程，那是一段让人瞠目结舌的童年时光，充满了科学、激情和火光，可以被家长吊起来打的那种，让人感叹小孩子能长大真的不容易（笑）。人虽然长大了，但这种冒险精神仍然贯串着作者的人生，只是少了那份鲁莽，多了反思与睿智。

总体来看，这本书讲述的是作者到世界各地寻找熊蜂的故事。从更大的角度上来说，熊蜂应该属于蜜蜂类，但是它们当然与我们用蜂箱饲养的意大利蜜蜂等物种不同，两者不是一回事。家养蜜蜂仅属于蜜蜂类中被称为蜜蜂属（*Apis*）的极小类群，尽管后者也包括了野生类型，但整个蜜蜂属的物种数不超过10个。熊蜂则要多得多，有数百种，遍布在各个主要大陆的陆地生态系统中。熊蜂的体形更大一些，看起来更加粗壮，有些“熊”味。相比之下，熊蜂的社会组织规模和精细化程度不及狭义的蜜蜂，但是它们更加多样化。在不同的地方，你会遇到不同的熊蜂物种。作为重要的传粉昆虫，熊蜂的数量和状态变化能够反映出生态系统的健康程度，为我们带来有意义的提示。本书的作者大概也是抱着这样的期许踏上寻蜂之路的。在这本书中，我们能够感受到作者的期待、失望、兴奋、无奈、叹惜等情绪，也能够读到他所提出的解决方案。越是读到后面，这种体验感便越强。

不过，这本书在阅读过程中有一个问题，那就是出现了太多的物种名。这些物种名中的绝大多数，我相信大部分读者都是第一次听说，而合上这本书之后，几乎再也没有可能遇到。因此，我希望您不要过分关注这些名词，更不要努力尝试去记住它们。尽管我们为了翻译好这些名词做出了很多的努力，我认为，它们仍然会阻碍您的阅读。您更应该去体验作者寻找熊蜂的经历本身，去体会自然探险的魅力，去思考人与自然共存的关系。当然，如果您确实对这些物种感兴趣，那也是一件好事。我们为此做了一些工作，编辑补充了图书的彩色插页，我们也在本书的附录中整理了许多物种的中文名、英文名和拉丁学名对照表，您可以按图索骥，以它们为关键词，继续检索有关的内容。

这本书由王红斌老师主译，他是一位优秀的译者，研究方向是英语语言文学，非常擅长动物类和科普类的图书翻译，我们一起合作了很多作品。在这本书上，王老师的工作一如既往地出色，也为本书的译文增色不少。他承担了比我多很多的工作，因此当之无愧地为第一译者。

不过，虽然从译者到编辑，都很认真地对待这本书的出版工作，也进行了反复推敲和修改。但限于能力和水平，我想我们仍然会有一些疏漏，甚至会有一些低级错误。但这些都是无心之失，我们也愿意为此改正。因此，如果您发现了任何错误、问题，都请一定联系我们。您可以发电子邮件（ranh@vip.163.com）给我，由我向第一译者和编辑转达，也可以直接联系出版社的工作人员。非常感谢！

最后，开卷有益，祝您阅读愉快！

冉　浩

2021年9月15日